数据科学与工程技术丛书

FUNDAMENTALS OF MACHINE LEARNING FOR PREDICTIVE DATA ANALYTICS

ALGORITHMS, WORKED EXAMPLES, AND CASE STUDIES

机器学习基础

面向预测数据分析的算法、实用范例与案例研究

约翰·D. 凯莱赫（John D. Kelleher）

［爱尔兰］布莱恩·马克·纳米（Brian Mac Namee）著

奥伊弗·达西（Aoife D'Arcy）

顾卓尔 译 张志华 等审校

机械工业出版社
China Machine Press

图书在版编目（CIP）数据

机器学习基础：面向预测数据分析的算法、实用范例与案例研究 /（爱尔兰）约翰·D. 凯莱赫（John D. Kelleher），（爱尔兰）布莱恩·马克·纳米（Brian Mac Namee），（爱尔兰）奥伊弗·达西（Aoife D' Arcy）著；顾卓尔译 . —北京：机械工业出版社，2020.4
（数据科学与工程技术丛书）
书名原文：Fundamentals of Machine Learning for Predictive Data Analytics: Algorithms, Worked Examples, and Case Studies

ISBN 978-7-111-65233-5

I. 机… II. ①约… ②布… ③奥… ④顾… III. 机器学习 – 研究 IV. TP181

中国版本图书馆 CIP 数据核字（2020）第 052463 号

本书详细讨论了预测数据分析中最重要的机器学习方法，涵盖基础理论和实际应用。在讨论了从数据到见解再到决策的过程之后，本书描述了机器学习的四种方法：基于信息的学习、基于相似性的学习、基于概率的学习和基于误差的学习。每种方法都是先对基本概念进行非技术性解释，然后给出由详细工作实例加以说明的数学模型和算法。最后，本书考虑了评估预测模型的技术，并提供了两个案例研究，展示了机器学习在商业环境中的应用。

本书可作为高等院校人工智能、数据科学与大数据、计算机科学、工程学以及数学或统计学专业本科生和研究生的机器学习、数据挖掘、数据分析或人工智能课程的教材，也可作为数据分析等领域从业者的培训教材及参考资料。

出版发行：机械工业出版社（北京市西城区百万庄大街 22 号　邮政编码：100037）
责任编辑：张志铭　　　　　　　　　　　责任校对：殷　虹
印　　刷：北京诚信伟业印刷有限公司　　版　　次：2020 年 4 月第 1 版第 1 次印刷
开　　本：185mm×260mm　1/16　　　　印　　张：23
书　　号：ISBN 978-7-111-65233-5　　　定　　价：99.00 元

客服电话：(010) 88361066　88379833　68326294　　　投稿热线：(010) 88379604
华章网站：www.hzbook.com　　　　　　　　　　　　　　读者信箱：hzjsj@hzbook.com

译 者 序

非常高兴 *Fundamentals of Machine Learning for Predictive Data Analytics* 一书的中文版即将与国内的读者见面了。能够翻译这本书，我感到十分荣幸。感谢机械工业出版社华章公司在本书版权引进以及出版和推广工作上做出的努力，感谢北京大学数学科学学院张志华老师提供的宝贵机会。

毋庸置疑，近年来，机器学习与数据分析这两种紧密联系、互有重叠、高速发展的技术正在创造巨大的价值，也在深刻地改变着各行各业。它们不仅成了信息科学领域热门的研究方向，也吸引着领域外各行各业的人们想要一探究竟，看看是否能够搭上这班信息化、智能化的列车。

然而，掌握机器学习及其在数据分析中的应用所涉及的基础知识颇为广泛，不仅让许多领域外的爱好者望而却步，而且也常令许多科班出身、意图从事机器学习和数据挖掘方向研究和应用工作的人们感到棘手。尤其是许多已经对机器学习有基本了解的研究者和从业人员，常常会因其知识结构停留在理论层面而在实际的数据分析应用中遇到困难。本书正是这类学习者的指南。

本书介绍了机器学习和数据分析领域中一些最为重要的算法和技术。作者用浅显易懂的语言引出每种机器学习方法，由浅及深地介绍其理论和算法。最难能可贵的是，作者用大量实际的数据分析案例贯穿在对机器学习方法的讲解之中，不仅有助于读者轻松地理解和掌握机器学习方法，也将机器学习在预测数据分析场景下的应用方式展现得淋漓尽致。

本书所介绍的机器学习方法虽然不够全面（机器学习的方法和技术实在太多了！），却囊括了几乎所有机器学习方法背后最为本质的思想和理论。而且，近年来深度学习技术和大数据处理技术的发展和应用如火如荼，许多学习者和从业人员都想学习和利用新技术来解决实际问题。需要注意的是，书中介绍的传统方法足以应对实际中遇到的大部分数据分析应用问题，并取得满意的效果。对于科研人员来说，在应用研究中进行科学探索的同时，也要注重研究的实用性和应用潜力，避免进行"为创新而创新"的刻意创新。诚如作者所言："要将注意力集中到解决问题上，而非花哨精致的建模技术上。"

本书对读者的基础知识没有过高的要求，非常适合入门学习。在本书的基础上，读者可以通过其他材料较为轻松地继续深入了解任意感兴趣的机器学习技术，而非徘徊在其陡峭的学习曲线之下。譬如，第 5 章"基于相似性的学习"是了解本书未涉及的聚类算法的基础，而想了解神经网络和深度学习的读者则会得益于第 7 章对"基于误差的学习"的介绍。相信本书会对想深入了解机器学习领域的学习者有所助益。

翻译本书是一项巨大的工程，其工作量大大超出了我的预计：将中英文两种语言进行贴切的转换所需的远不止语言技术，而更像是一种需要斟酌推敲的文学艺术。经常出现的情况是，虽然我已完全明白作者试图表达的内容，但无论如何也无法将其组织成贴切、得体的中文语句。这使我深深地怀疑自己的母语水平是否因思维常转换于两种语言之间而产生了严重的退步。好在合适的译文总是能够在不经意间映入脑中——但这需要一些时间，因此这也是翻译过程中的一大障碍。尽管如此，我偶尔也不得不完全对原文进行重新创作，以免生涩难懂。而翻译本书牵扯到的知识远不止专业知识本身，书中涉及的众多案例和范例都需要相当广泛的各领域知识。例如原文第 6 章开头处所涉及的街头骗子对受害者的黑话称呼、第 7 章开头处对冲浪这项在中国较为小众的运动的描述，更不用说书中例子所涉及的大量金融业、医疗业等各行各业的相关知识。可能这正是在考验数据分析从业者所需的"环境流畅性"（作者语）。所幸，我在本书的翻译过程中得到了很多人的帮助。没有他们的帮助，本书很难有现在的翻译质量。对本书的翻译提供过帮助的分别是牛津大学的高博博士、伯明翰大学的宋之玺博士、华威大学的陈超博士、山西省戒毒管理局的贺鹏宇警官、上海交通大学的黎彧君、海南医科大学的车晓萌以及中央电视台的张珍珠，在此向他们的慷慨帮助表示由衷的感谢。同时，感谢我的家人和同事在本书的翻译过程中提供的支持与帮助。

　　本书的校对由多人完成。除我本人和张志华老师完整校对过一遍之外，为避免校对的主观性，各章分别邀请不同的人进行了校对。中国邮政储蓄银行的舒灿校对了前言、第 1 ~ 3 章以及第 8 ~ 11 章，帝国理工大学的竺桓州博士校对了第 4 章，哈尔滨工业大学的陈俊霖校对了第 5 章，牛津大学的任申元博士校对了第 6 章，华威大学的李骏宇、周玉珏分别校对了第 7 章和附录。在此向他们的无私付出表示感谢。

　　囿于个人水平和精力，本书的译文难免有错漏之处，请读者不吝指正，以便进行修订，改善本书质量。最后，祝愿各位读者能够从本书中获益，并在今后的工作和学习中一切顺利。

顾卓尔

2019 年 11 月 11 日于北京大学

前　言

本书的目的是呈现一个通俗易懂的、引导性的机器学习基础资料，并说明在实践中是如何利用机器学习解决商业、科学以及其他组织环境的预测数据分析问题的。因此，本书不仅讨论一般机器学习书籍所涵盖的内容，也讨论预测分析项目的生命周期、数据准备、特征设计和模型部署。

本书可作为计算机科学、自然与社会科学、工程以及商学专业本科生和研究生的机器学习、数据挖掘、数据分析或人工智能课程的教材。书中的案例研究展示了机器学习在工业领域的数据分析方面的应用，因此本书也可以作为从业者的参考材料，还可用作工业界的培训教材。

本书基于我们多年教授机器学习的经验编写而成，书中的方法和素材源于课堂，并经过了实践检验。在撰写本书的过程中，为使这些素材更易于理解，我们采用了如下指导原则：

- 将最重要且最常用的算法解释清楚，而不是笼统地囊括机器学习的所有方面。作为教师，我们认为让学生深入理解一个领域的核心和基础概念能够为他们打下坚实的基础，如此学生才能够独立地探索这个领域。这种见微知著的方法使我们能够用更多的篇幅去介绍、解释、阐明和情境化那些较为基础和实用的算法。
- 在从技术上正式地描述算法的原理之前，先通俗地解释算法的意图。对每个主题进行通俗的介绍，可以使学生在学习更为技术性的内容之前打下坚实的基础。我们针对本科生、研究生和专业人士等的教学经验表明，这些通俗的介绍能使学生轻松地理解主题。
- 提供完整的实用范例。在本书中，我们展示了所有范例的完整运作方式，这样能使读者检查自己的理解程度。

本书结构

在教授一个技术主题时，展示其实际应用是非常重要的。为此，我们在预测数据分析这一重要且处于成长期的工业界机器学习应用情境下展现机器学习。机器学习与数据分析的联系贯穿本书的每一章。在第 1 章中，介绍机器学习，并解释机器学习在标准的数据分析项目的生命周期中所扮演的角色。在第 2 章，呈现一个设计和构建预测分析解决方案的框架，该框架基于机器学习且能够满足商业需要。所有机器学习算法都假设存在一个可供训练的数据集。因此，第 3 章阐释在预先建好的预测模型上使用数据集前如何对数据集进行设计、构建和质量检查。

第 4 ～ 7 章是本书的主要机器学习章节，每一章都展示了不同的机器学习方法：第 4 章为通过搜集信息来学习；第 5 章为通过类比来学习；第 6 章为通过预测可能的结果来学习；第 7 章为通过搜索误差最小的解来学习。这些章节都分为如下两部分：

- 第一部分首先对该章内容进行通俗的介绍，紧接着详细地阐释理解这些内容所需的技术概念，然后展示使用该学习方法的一个标准机器学习算法以及详细的实用范例。

- 第二部分阐释该标准机器学习算法的各种拓展方法，以及所延伸出的著名的变种算法。

将这些章节分为两部分的目的在于自然地将该章内容分节。由此，一节课就可以涵盖每章的第一部分（大思路、基础知识、标准方法），即一个主题。接着——如果时间允许的话——课程的主题可以延伸至第二部分的全部或部分内容。第 8 章阐述如何评估预测模型的性能，并展示了一系列不同的评估指标。该章也由标准方法以及延伸与拓展这两部分组成。在所有技术章节中，更为广泛的预测分析场景持续地穿插于翔实、完整的实际范例中，并且给出了范例所基于的数据集和论文的引用来源。

第 9 和 10 章的案例研究（客户流失、星系分类）清晰地展现了广泛的商业情境与机器学习之间的联系，尤其强调许多超越建模的问题和任务（比如商业理解、问题定义、数据收集和准备，以及对见解进行交流）对预测分析项目的重要性。最后，第 11 章讨论机器学习中一系列基础性的话题，并强调了针对给定问题选择合适的机器学习方法不仅涉及关于模型精确度的因素，而且必须将模型的特性与商业需求进行匹配。

如何使用本书

多年的教学工作，使我们对适用于一学期的导论课程和适用于两学期的高阶课程所需的教学内容有了清晰的认识。为使本书适用于上述两种不同的教学情境，本书的内容是模块化的，各章之间没有太多依赖关系。因此，教师在使用本书时只需选择自己想要讲授的部分，而不需要担心这些部分之间的依赖关系。讲课时，第 1、2、9～11 章的内容通常需要 2～3 课时，而第 3～8 章的内容则通常需要 4～6 课时。

我们在表 1[⊖]中列出了针对不同情况的建议授课计划。所有课程都包含第 1 章（面向预测数据分析的机器学习）和第 11 章（面向预测数据分析的机器学习艺术）。列出的第一门课程 M.L.（短，深入）设计为一学期机器学习课程，这门课程侧重于让学生深入理解两个机器学习方法，以及了解在评估一个机器学习模型时所应使用的正确方法。在建议的课程中，我们决定纳入全部第 4 章（基于信息的学习）的内容，以及第 7 章（基于误差的学习）的内容。但这些内容也可被第 5 章（基于相似性的学习）和／或第 6 章（基于概率的学习）取代。M.L.（短，深入）也是短期（一周）专业人员培训的理想课程。第二门课程 M.L.（短，广泛）则是另一种一学期机器学习课程，这门课程侧重于涵盖一系列机器学习方法，并且包括了详细的评估方法。对于长达两学期的机器学习课程 M.L.（长）来说，我们建议讲授数据准备（3.6节）、所有的机器学习章节以及评估章节。

然而，有一些课程的侧重点不在于机器学习，我们也为预测数据分析课程制定了计划。P.D.A.（短）设计为一门一学期的预测数据分析课程，这门课为学生介绍预测数据分析，让学生对如何设计机器学习解决方案来满足商业需求有深入的理解，也让学生懂得预测分析的工作原理和评价方法，并且还包含一个案例研究。P.D.A.（短）也是短期（一周）专业人员培训的理想课程。如果时间充裕的话，P.D.A.（短）可以拓展为 P.D.A.（长），以使学生对机器学习有深入而广泛的理解，并且能包含另一个案例研究。

⊖ M. L. 即机器学习（Machine Learning）的缩写，P.D.A. 即预测数据分析（Predictive Data Analytics）的缩写。——译者注

表 1　建议的教学大纲

章	节	M.L.（短，深入）	M.L.（短，广泛）	M.L.（长）	P.D.A.（短）	P.D.A.（长）
1		●	●	●	●	●
2					●	●
3	3.1, 3.2				●	●
	3.3, 3.4				●	●
	3.5				●	●
	3.6	●	●	●		●
4	4.1, 4.2, 4.3	●	●	●	●	●
	4.4.1	●		●		
	4.4.2	●		●		
	4.4.3	●		●		
	4.4.4	●	●	●		
	4.4.5	●	●	●		●
5	5.1, 5.2, 5.3		●	●		●
	5.4.1		●	●		
	5.4.2			●		
	5.4.3		●	●		●
	5.4.4			●		
	5.4.5			●		
	5.4.6		●	●		●
6	6.1, 6.2, 6.3		●	●	●	●
	6.4.1		●	●		●
	6.4.2			●		
	6.4.3			●		
	6.4.4			●		
7	7.1, 7.2, 7.3	●	●	●		●
	7.4.1	●		●		●
	7.4.2	●		●		●
	7.4.3	●		●		●
	7.4.4	●	●	●		●
	7.4.5	●	●	●		
	7.4.6	●	●	●		
	7.4.7	●	●	●		
8	8.1, 8.2, 8.3	●	●	●	●	●
	8.4.1	●	●	●		●
	8.4.2	●	●	●		●
	8.4.3	●	●	●		●
	8.4.4	●	●	●		●
	8.4.5	●	●	●		●
	8.4.6					●
9					●	●
10						●
11		●	●	●	●	●

致谢

在开始写这本书的时候我们就知道工作量将会非常巨大。但是，我们却低估了需要从他人那里得到的支持。很高兴能够借此机会向那些为本书提供帮助的人致谢。感谢我们的同事和学生在过去几年里所提供的帮助。感谢 MIT 出版社的工作人员，特别是 Marie Lufkin Lee，以及文字编辑 Melanie Mallon。也非常感谢两位不愿具名的审稿人，他们为本书的早期草稿提供了深刻而有益的意见。此外，我们都幸运地得到了各自的好友和家人对于本书写作的无价支持。

　　John 感谢 Robert Ross、Simon Dobnik、Josef van Genabith、Alan Mc Donnell 和 Lorraine Byrne 及其所有的篮球球友。John 还感谢他的父母（John 和 Betty）以及他的姐妹们，没有他们的支持，他便无法学会竖式除法和最简单的单词拼写。最后，他向 Aphra 致谢，没有她的启发就没有本书，而没有她的耐心本书也无法完成。

　　Brian 感谢他的父母（Liam 和 Roisín）和家人的支持，也感谢 Pádraig Cunningham 和 Sarah Jane Delany，是他们将他引入机器学习之门。

　　Aoife 感谢她的父母（Michael 和 Mairead）和家人，以及在她的职业生涯中给过她支持的所有人——特别是 The Analytics Store 的宝贵客户，他们为她提供了供她"折腾"的数据！

符号记法

这里我们简短地说明本书所用到的符号。

数据集中的符号

全书讨论使用机器学习算法来训练基于数据集的预测模型。下面列出了用来指代数据集中各个元素的符号。图 1 用一个简单数据集来阐明书中用到的主要符号。

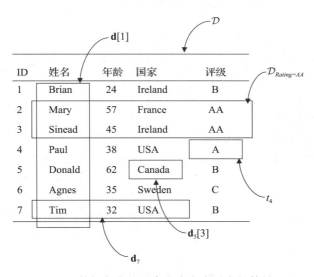

图 1　数据集中的元素在本书中对应的符号

数据集

- 符号 $\mathcal{D}$ 表示一个数据集。
- 一个数据集含有 n 个实例 $(\mathbf{d}_1, t_1)$ 到 $(\mathbf{d}_n, t_n)$，其中 $\mathbf{d}$ 是 m 个描述性特征的集合，t 是目标特征。
- 一个数据集的子集用带有下标的符号 $\mathcal{D}$ 表示，下标表明该子集的定义。例如，$\mathcal{D}_{f=l}$ 代表 $\mathcal{D}$ 中的实例子集，其中特征 f 的值为 l。

特征向量

- 小写粗体字母代表特征向量。例如，$\mathbf{d}$ 表示数据集中一个实例的描述性特征向量，而

$\mathbf{q}$ 则表示一个查询中的描述性特征向量。

实例

- 使用下标作为实例列表中的索引。
- $\mathbf{x}_i$ 表示数据集中的第 i 个实例。
- $\mathbf{d}_i$ 表示数据集中第 i 个实例的描述性特征。

单个特征

- 小写字母表示单个特征（如 f、a、b、c 等）。
- 方括号用来索引特征向量内的特征（如 $\mathbf{d}[j]$ 表示向量 $\mathbf{d}$ 中的第 j 个特征）。
- t 表示目标特征。

特定实例中的单个特征

- $\mathbf{d}_i[j]$ 表示一个数据集 $\mathbf{d}$ 中第 i 个实例的第 j 个描述性特征的值。
- a_i 表示一个数据集中第 i 个实例的特征 a 的值。
- t_i 表示一个数据集中第 i 个实例的目标特征的值。

索引

- 一般来说，i 用来表示数据集中实例的索引，而 j 用来表示向量中特征的索引。

模型

- $\mathbb{M}$ 用来表示一个模型。
- $\mathbb{M}_\mathbf{w}$ 表示用向量 $\mathbf{w}$ 参数化的模型 $\mathbb{M}$。
- $\mathbb{M}_\mathbf{w}(\mathbf{d})$ 表示以 $\mathbf{w}$ 参数化的模型 $\mathbb{M}$ 为描述性特征 $\mathbf{d}$ 生成的输出。

集合大小

- 竖线 $||$ 代表事件发生的次数（例如，$|a = l|$ 表示数据集中 $a = l$ 发生的次数）。

特征的名称和值

- 使用特征的名称来表示特征时，在文中使用特殊的排版形式（例如，POSITION、CREDITRATING 以及 CLAIM AMOUNT）。
- 使用特征的名称来表示类别特征时，使用特殊的排版形式来表示在该特征定义域中的级别（例如，*center*、*aa* 以及 *soft tissue*）。

概率中的符号

为简明起见，第 6 章额外使用了一些关于概率论的符号。

一般事件

- 大写字母表示一般事件，即不特定的特征（或特征的集合）被赋予了值（或值的集合）。为此，我们一般从字母表后面选择字母，例如 X、Y、Z。

- 使用带下标的大写字母来选择不同的事件。因此，$\sum_i P(X_i)$ 被解释为事件集合上的求和，该集合是对 X 中特征的完全赋值（即 X 中特征的所有可能赋值的组合）。

有名称的特征

- 使用大写首字母表示文中显式命名过的特征。例如，名为 MENINGITIS 的特征使用 M 表示。

含有二元特征的事件

- 当有名称的特征是二元特征时，使用特征名称的小写首字母来表示特征为真的情形，而使用小写字母前加 ¬ 符号来表示特征为假的情形。因此，m 代表事件 MENINGITIS = $true$，而 ¬m 表示 MENINGITIS = $false$。

含有非二元特征的事件

- 使用带下标的小写字母来选择特征域中的值，因此 $\sum_i P(m_i) = P(m) + P(\neg m)$。

- 在字母（如 X）表示一个联合事件的情况下，$\sum_i P(X_i)$ 被解释为对 X 中特征的所有可能赋值的组合求和。

事件的概率

- 特征 f 等于值 v 的概率写作 $P(f = v)$。

概率分布

- 使用黑体符号 **P**() 代表概率分布，以区别 P() 代表的概率质量分布。
- 采用以下约定：概率分布向量中的第一个元素是值为真的概率。例如，二元特征 A 为真的概率 0.4 是写作 **P**(A) =<0.4, 0.6>。

目　录

第 1 章

面向预测数据分析的机器学习

温故而知新。

——孔子

现代组织收集了大量的数据。要使数据对组织产生价值，就必须通过对数据进行分析来提取**见解**（insight），以更好地进行决策。图 1.1 展示了从**数据**（data）到**见解**再到**决策**（decision）的过程。**数据分析**（data analytics）就是从数据中提取见解。本书聚焦于数据分析的一个重要子领域——**预测数据分析**（predictive data analytics）。

图 1.1　从数据到见解再到决策的预测数据分析

1.1　什么是预测数据分析

预测数据分析是使用与构建基于从历史数据中提取出的模式来进行预测的**模型**（model）的技术。预测机器学习的应用包括：

- **价格预测**（price prediction）：像连锁酒店、航空公司、网上零售这样的企业需要随时根据诸如季节变换、用户需求变化、出现特殊事件等因素来调整价格，以最大化回报。预测分析模型可以被训练，以便在已知历史销售记录的基础上预测最优价格。企业可使用这些预测作为其价格战略决策的输入。
- **剂量预测**（dosage prediction）：医生和科学家经常需要确定一次处置中需要使用多少药品或其他化学品。预测分析模型可以通过基于过去剂量和相关结果的最优剂量预测来辅助决策。
- **风险评估**（risk assessment）：在一个组织的几乎每一项决策中，风险都是一项重要的考虑因素。预测分析模型可以用于预测与决策相关的风险，如发放一笔贷款或批准一项保险合约。这些模型都是用历史数据训练出来的，可以从中提取出风险的主要指标。风险预测模型的输出可供组织使用，以做出更好的风险评判。
- **倾向性建模**（propensity modeling）：如果我们能够预测每个客户采取不同行动的可能性，或者说**倾向性**，那么大多数企业决策将会简单许多。预测分析可以基于历史行为构建模型来预测客户行动。**倾向性建模**的成功应用包括预测某个客户因为受某项营销活动影响或要购买另一种产品，而由一个移动通信运营商转向另一个运营商的可能性。

- **诊断**（diagnosis）：诊断是医生、工程师和科学家的日常工作之一。通常，这些诊断结果是根据他们大量的训练、专业知识和经验而做出的。预测分析模型能够通过分析远超过人类职业生涯中所能习得的大量历史数据来帮助专家进行更好的诊断。预测分析模型做出的诊断一般会作为专家已有诊断过程的一个输入。

- **文档分类**（document classification）：预测数据分析可以用于自动地将文档分为不同的类别。其实例包括垃圾邮件过滤、新闻情感分析、客户投诉重定向、医疗决策等。确切地说，文档的定义可延伸至图像、声音和视频等一切可以被预测分析模型分类的数据。

这些例子有两个共同点。首先，每个例子都使用了一个预测模型来帮助组织或个人进行决策。在预测数据分析中，我们使用**预测**一词较为广义的定义。日常生活中，预测与时间相关——我们预测未来发生的事情。但在数据分析中，预测就是给任意未知变量赋值。这可以是预测某商品未来的价格，也可以是预测文档的类型。因此，预测并不总是和时间相关。其次，每个例子的模型都是基于在历史样本集上进行训练来预测的。我们使用**机器学习**（machine learning）来训练这些模型。

1.2 什么是机器学习

机器学习就是自动从数据中提取模式的过程。我们使用**监督机器学习**（supervised machine learning）构建用于预测数据分析应用的模型。监督机器学习[⊖]技术自动地根据历史样本集（也称作**实例**（instance）集）来学习**描述性特征**（descriptive feature）集与**目标特征**（target feature）之间的关系。我们可以使用这个模型对新的实例进行预测。图 1.2 说明了这两个步骤。

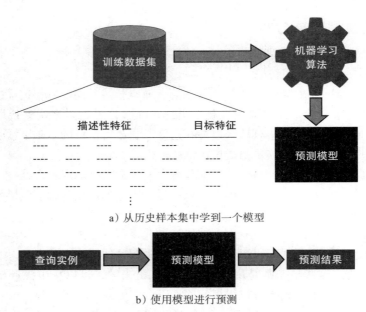

a）从历史样本集中学到一个模型

b）使用模型进行预测

图 1.2　监督机器学习的两个步骤

⊖ 其他类型的机器学习包括**无监督学习**（unsupervised learning）、**半监督学习**（semi-supervised learning）和**强化学习**（reinforcement learning）。但本书只聚焦于监督机器学习，并同义地使用监督机器学习和机器学习这两个术语。

　　表 1.1 列出了一个银行发放房贷的历史实例集[○]，也叫作**数据集**（dataset）。该数据集包括描述房贷的描述性特征，以及表明贷款申请人是拖欠贷款还是全额付清的目标特征。这些描述性特征告诉我们关于这个房贷的三个信息：职业[○]（Occupation，可以是专业人员（*professional*）或工人（*industrial*）），申请人的年龄（Age），申请人的借贷金额 – 薪水比例（Loan-Salary Ratio）。目标特征结果（Outcome）可以是拖欠（*default*）或者还清（*repay*）。机器学习术语中，数据集的每一行叫作**训练实例**（training instance），整个数据集被称为**训练数据集**（training dataset）。

3

表 1.1　一个信用评分数据集

ID	Occupation	Age	Loan-Salary Ratio	Outcome
1	*industrial*	34	2.96	*repay*
2	*professional*	41	4.64	*default*
3	*professional*	36	3.22	*default*
4	*professional*	41	3.11	*default*
5	*industrial*	48	3.80	*default*
6	*industrial*	61	2.52	*repay*
7	*professional*	37	1.50	*repay*
8	*professional*	40	1.93	*repay*
9	*industrial*	33	5.25	*default*
10	*industrial*	32	4.15	*default*

　　对于这个数据集，一个非常简单的预测模型可以是：

if Loan-Salary Ratio > 3 **then**
　　Outcome = *default*
else
　　Outcome = *repay*

　　我们可以说这个模型与数据集是**一致的**（consistent），因为数据集中没有使模型做出错误预测的实例。当接到新的房贷申请时，我们可以使用这个模型来预测申请人是还清贷款还是拖欠贷款，并基于预测结果决定是否发放房贷。

4

　　机器学习算法（machine learning algorithm）将学习模型的过程自动化，即自动地捕捉数据集中描述性特征与目标特征的关系。对于如表 1.1 所示的简单数据集，我们或许可以人工建立一个预测模型。对于这种规模的问题来说，机器学习帮不上什么忙。

　　然而，考虑表 1.2 中的数据集，其呈现出了对同样问题更加完整的表示。这个数据集列出了更多实例，也有更多的描述性特征来描述贷款人的借贷金额（Amount）、贷款人的薪水（Salary）、房贷所涉及的房产（Property）类型（可以是农场（*farm*）、房屋（*house*）或公寓（*apartment*）），以及房贷的类型（Type，对于首次购买者为 *ftb*，二次购买者为 *stb*）。

○　该数据集是为这个例子而人工生成的。Siddiqi（2005）很好地概述了如何构建金融信贷评分预测数据分析模型。

○　专业人员指的是需要专门深入学习大量专业知识和技能，并以脑力劳动为主的职业，如医生、律师、教师、工程师等。工人则指的是不需要深入学习专业知识和技能的职业，如产业工人、管工、服务员等。这是一些西方国家对职业的传统划分，与中文中专家和工人的定义不完全重叠，也不能涵盖所有职业。例如，警察和政府职员就既不属于专业人员，也不属于工人。——译者注

表 1.2   更复杂的信用评分数据集

ID	AMOUNT	SALARY	LOAN-SALARY RATIO	AGE	OCCUPATION	PROPERTY	TYPE	OUTCOME
1	245 100	66 400	3.69	44	*industrial*	*farm*	*stb*	*repay*
2	90 600	75 300	1.20	41	*industrial*	*farm*	*stb*	*repay*
3	195 600	52 100	3.75	37	*industrial*	*farm*	*ftb*	*default*
4	157 800	67 600	2.33	44	*industrial*	*apartment*	*ftb*	*repay*
5	150 800	35 800	4.21	39	*professional*	*apartment*	*stb*	*default*
6	133 000	45 300	2.94	29	*industrial*	*farm*	*ftb*	*default*
7	193 100	73 200	2.64	38	*professional*	*house*	*ftb*	*repay*
8	215 000	77 600	2.77	17	*professional*	*farm*	*ftb*	*repay*
9	83 000	62 500	1.33	30	*professional*	*house*	*ftb*	*repay*
10	186 100	49 200	3.78	30	*industrial*	*house*	*ftb*	*default*
11	161 500	53 300	3.03	28	*professional*	*apartment*	*stb*	*repay*
12	157 400	63 900	2.46	30	*professional*	*farm*	*stb*	*repay*
13	210 000	54 200	3.87	43	*professional*	*apartment*	*ftb*	*repay*
14	209 700	53 000	3.96	39	*industrial*	*farm*	*ftb*	*default*
15	143 200	65 300	2.19	32	*industrial*	*apartment*	*ftb*	*default*
16	203 000	64 400	3.15	44	*industrial*	*farm*	*ftb*	*repay*
17	247 800	63 800	3.88	46	*industrial*	*house*	*stb*	*repay*
18	162 700	77 400	2.10	37	*professional*	*house*	*ftb*	*repay*
19	213 300	61 100	3.49	21	*industrial*	*apartment*	*ftb*	*default*
20	284 100	32 300	8.80	51	*industrial*	*farm*	*ftb*	*default*
21	154 000	48 900	3.15	49	*professional*	*house*	*stb*	*repay*
22	112 800	79 700	1.42	41	*professional*	*house*	*ftb*	*repay*
23	252 000	59 700	4.22	27	*professional*	*house*	*stb*	*default*
24	175 200	39 900	4.39	37	*professional*	*apartment*	*stb*	*default*
25	149 700	58 600	2.55	35	*industrial*	*farm*	*stb*	*default*

仅使用借贷金额 – 薪水比例的简单预测模型不再与本数据集一致。实际上，至少有一个预测模型与数据集是一致的，但相对于前面的模型来说它更难被找出：

if LOAN-SALARY RATIO < 1.5 **then**
    OUTCOME = *repay*
else if LOAN-SALARY RATION > 4 **then**
    OUTCOME = *default*
else if AGE < 40 and OCCUPATION = *industrial* **then**
    OUTCOME = *default*
else
    OUTCOME = *repay*

要通过人工检查数据来学习这个模型几乎是不可能的，但这对于机器学习算法来说非常简单。当我们想从具有多个特征的大规模数据集中建立预测模型时，机器学习便是答案。

1.3   机器学习的工作原理

机器学习算法的工作原理是在一个可能的预测模型的集合中搜索最能刻画数据集中描述

性特征和目标特征之间关系的模型。驱动这种搜索的一个明显标准就是寻找与数据一致的模型。然而，仅搜索一致的模型并不能够学习到有用的预测模型，原因至少有两个：其一，当我们处理大规模数据集的时候，数据中可能含有**噪声**◎（noise），而与噪声数据一致的预测模型会做出错误的预测；其二，在绝大多数机器学习项目中，训练集仅代表整个领域中可能实例集的一个很小的样本。因此机器学习是一个**不适定问题**（ill-posed problem）。不适定问题是无法从已知信息中求得唯一解的问题。

　　我们可以用一个例子表明为什么机器学习是一个不适定问题。例如，一家连锁超市的分析团队想仅仅通过顾客的购物习惯就把他们的家庭状况分为单身（single）、仅夫妻（couple）和有孩子的家庭（family）这三个人口统计学分组◎。表 1.3 中的数据集含有描述 5 名顾客购物习惯的描述性特征。这些描述性特征测量顾客是否购买婴儿食品（B_{BY}）、酒（A_{LC}）或有机蔬菜（O_{RG}）。每个特征可以为是（yes）或否（no）这两个值中的一个。除这些描述性特征外，还有一个描述每名顾客人口统计学分组◎（单身、仅夫妻和有孩子的家庭）的目标特征 G_{RP}。表 1.3 中的数据集被称为标注数据集（labeled dataset），因为它含有目标特征的值。

表 1.3　简单的零售数据集

ID	B_{BY}	A_{LC}	O_{RG}	G_{RP}
1	no	no	no	couple
2	yes	no	yes	family
3	yes	yes	no	family
4	no	no	yes	couple
5	no	yes	yes	single

　　假设我们试图针对这个零售场景，通过搜索与数据集一致的模型的方法来学习一个预测模型。首先我们需要找到在这个场景下确实存在的许多可能的模型。这就是机器学习算法将会搜索的预测模型的集合。站在搜索一致模型的角度上来看，预测模型最重要的性质就是它定义了一个从每个可能的描述性特征值的组合到针对目标特征的预测的映射。这个零售场景仅包含三个二元描述性特征，因此存在 $2^3 = 8$ 个可能的描述性特征值的组合。然而，对于每一个描述性特征值的组合，都存在 3 个可能的目标特征值，这意味着存在 $3^8 = 6561$ 个可供使用的预测模型。表 1.4a 展示了零售场景中描述性特征值的组合与预测模型的关系。描述性特征的组合列在表的左边，该问题潜在的模型为 M_1 到 M_{6561}，列在表的右边。使用表 1.3 所提供的训练数据集，在该场景下，集合中全部 6561 个可能的预测模型会被减少到仅剩与训练实例一致的模型。如表 1.4b 所示，空白的列表明该模型与训练数据不一致。

表 1.4   在提供训练数据之前和之后的潜在预测模型

a）之前

B_{BY}	A_{LC}	O_{RG}	G_{RP}	$\mathbb{M}_1$	$\mathbb{M}_2$	$\mathbb{M}_3$	$\mathbb{M}_4$	$\mathbb{M}_5$	...	$\mathbb{M}_{6561}$
no	no	no	?	couple	couple	single	couple	couple	...	couple
no	no	yes	?	single	couple	single	couple	couple	...	single
no	yes	no	?	family	family	single	single	single	...	family
no	yes	yes	?	single	single	single	single	single	...	couple
yes	no	no	?	couple	couple	family	family	family	...	family
yes	no	yes	?	couple	family	family	family	family	...	couple
yes	yes	no	?	single	family	family	family	family	...	single
yes	yes	yes	?	single	single	family	family	couple	...	family

b）之后

B_{BY}	A_{LC}	O_{RG}	G_{RP}	$\mathbb{M}_2$	$\mathbb{M}_4$	$\mathbb{M}_5$	...	
no	no	no	couple	couple	couple	couple	...	
no	no	yes	couple	couple	couple	couple	...	
no	yes	no	?	family	single	single	...	
no	yes	yes	single	single	single	single	...	
yes	no	no	?	couple	family	family	...	
yes	no	yes	family	family	family	family	...	
yes	yes	no	family	family	family	family	...	
yes	yes	yes	?	single	family	couple	...	

表 1.4b 也表明训练数据集中并不是每种描述性特征值的组合都有实例，而即使排除掉与训练数据集不一致的预测模型，也仍然有大量可能的预测模型与训练数据集一致[⊖]。特别是，有 3 种描述性特征值的组合的正确目标特征值未知，因而有 $3^3 = 27$ 个潜在的模型与训练数据集保持一致。其中三个模型——$\mathbb{M}_2$、$\mathbb{M}_4$ 和 $\mathbb{M}_5$——显示在表 1.4b 中。由于仅靠训练数据集无法找到唯一的一致模型，因此我们称机器学习本质上是一个**不适定问题**。

我们可能会以为存在多个与数据一致的模型是一件好事。但问题是，即使这些模型的预测与训练数据集中的实例所应具有的预测相同，它们也会对不在训练数据集中的实例返回不同的预测。比如，如果一个新客户开始在该超市购物，并且购买了婴儿食品、酒和有机蔬菜，那么我们的一系列一致模型就会在对该客户的预测结果上得出互相冲突的预测，例如，$\mathbb{M}_2$ 会返回 $G_{RP} = single$，$\mathbb{M}_4$ 会返回 $G_{RP} = family$，而 $\mathbb{M}_5$ 则会返回 $G_{RP} = couple$。

当我们处理不在训练数据集中的查询时，以与训练数据集的一致性作为评判标准并不会对我们该偏向哪个一致模型这一问题提供任何指引。这就导致我们无法用一致模型的集合来对这些查询进行预测。实际上，搜索与数据集一致的预测模型与仅记住这个数据集是等价的。由于一致模型的集合告诉我们的关于描述性特征和目标特征的隐含关系的信息并不比简单地对训练数据集进行查询所能提供的更多，因此，这里并没有发生真正的学习。

⊖ 在这个简单的例子中，可以很容易地想象，我们可以收集到匹配所有可能的描述性特征组合的训练实例，因为例子中只有 3 个二元描述性特征，故而只有 $2^3 = 8$ 种组合。而在更真实的情形下，一般会存在许多描述性特征，这也意味着会有许多可能的组合。例如，在如表 1.2 所示的信用评分数据集中，描述性特征的可能组合保守估计超过 36 亿个！

　　一个有用的预测模型必须能够对不在数据中的查询做出预测。对查询做出正确预测，并刻画描述性特征与目标特征的隐含关系的预测模型是能够很好地进行**泛化**（generalize）的模型。实际上，机器学习的目标就是找到最能进行泛化的预测模型。为了找到这个最佳模型，机器学习算法必须使用一些判断标准来在搜索时从那些正在被考虑的候选模型中做出选择。

　　考虑到与数据集的一致性不是选择最佳预测模型的合格标准，我们应当使用怎样的标准？这个问题有许多潜在的答案，因此便有了许多种不同的机器学习算法。每个机器学习算法都使用不同的模型选择标准来驱动它去搜索最好的预测模型。所以，当我们选择某个机器学习算法的时候，实际上是在选择某个选择模型的标准。

　　所有不同的模型选择标准都包括一系列我们希望算法得出的关于模型特点的假设。这个模型选择标准所确定的一系列假设被称为机器学习算法的**归纳偏置**[⊖]（inductive bias）。机器学习算法可使用的归纳偏置有两种，一种是限定偏置，另一种是优选偏置。**限定偏置**（restriction bias）限制算法在学习过程中要考虑的模型集合。**优选偏置**（preference bias）引导算法更加偏好于某些模型。例如，在第 7 章我们将介绍一个叫作**使用梯度下降法的多变量线性回归**（multivariable linear regression with gradient descent）的机器学习算法。它实现了限定偏置，即算法只考虑基于描述性特征的值的线性组合进行预测的预测模型。然而，该算法在通过权值空间的梯度下降方法所考虑的线性模型的阶数上则应用了优选偏置。另一个例子是我们在第 4 章介绍的**迭代二分器 3**（Iterative Dichotomizer 3，ID3）机器学习算法，它使用了只考虑每根树枝在单个描述性特征上编码一系列检查点的树预测模型的限定偏置，也使用了偏向于更浅的树（更简洁）而不是更大的树的优选偏置。必须认识到，使用归纳偏置是学习的必要前提，没有归纳偏置，机器学习算法便无法习得数据以外的知识。

　　总的来说，机器学习的工作原理就是搜索一系列潜在的模型以找出最能泛化数据集的预测模型。机器学习算法利用两种信息源来指导这种搜索，一种是数据集，而另一种是算法所假设的归纳偏置。

1.4 机器学习会产生什么问题

　　不同的机器学习算法编码不同的归纳偏置。因为机器学习算法编码归纳偏置，所以它可以使模型泛化，从而超越训练数据集中的实例。而不合适的归纳偏置则会导致错误。已经有证据表明，不存在一个平均来说最好用的特殊的归纳偏置[⊖]。同时，总的来说，对于给定的预测任务，没有办法知道何种归纳偏置最为适用。实际上，对于给定的预测任务，能够选出合适的机器学习算法（也就是归纳偏置）正是数据分析师必须掌握的一项核心技能。

　　不适当的归纳偏置可引起两种错误：**欠拟合**（underfitting）与**过拟合**（overfitting）。当算法所选择的预测模型过于简单而不能代表数据集中描述性特征与目标特征的隐含关系时，便会产生欠拟合。相反，当算法所选择的模型太过复杂，以至于该模型与数据集匹配得非常紧密而导致模型对数据中的噪声过于敏感时，则会出现过拟合。

　　为理解欠拟合与过拟合，可考虑使用模型基于一个人的年龄（Age，唯一的描述性特征）

⊖　从有限样本中学习通用规则被称为**归纳学习**（inductive learning）。因此机器学习有时也被称为归纳学习，而机器学习算法所使用的使算法偏向于选择某个模型的一系列假设则被称为这个算法的**归纳偏置**。

⊖　这也被称为**没有免费午餐定理**（No Free Lunch Theorem，Wolpert，1996）。

来预测其收入（INCOME，目标特征）的任务。表 1.5 列出了包含五个人年龄和薪水的简单数据集。图 1.3a 可视化了这个数据集[⊖]。

表 1.5   年龄 – 收入数据集

ID	AGE	INCOME
1	21	24 000
2	32	48 000
3	62	83 000
4	72	61 000
5	84	52 000

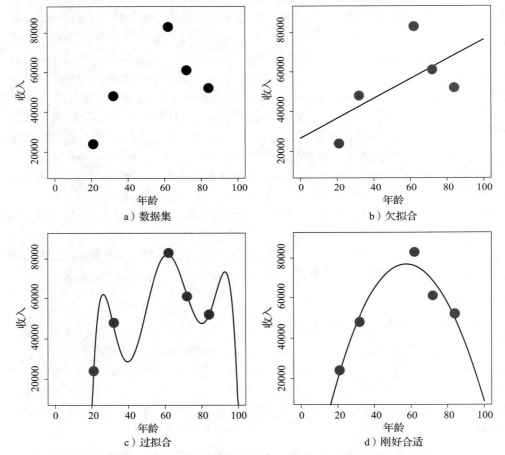

a）数据集   b）欠拟合

c）过拟合   d）刚好合适

图 1.3   当试图由年龄来预测收入时，在欠拟合与过拟合之间寻找平衡点

图 1.3b 中的曲线表示 AGE 和 INCOME 特征的关系。这条曲线展示了一个从 AGE 向 INCOME 映射的非常简单的线性函数。尽管这个简单的模型在某种程度上捕捉到了 AGE 与 INCOME 之间关系的大致趋势，它却没能刻画这种关系的任何细节。这个模型被称为是欠拟合的，因为它不够复杂，以至于无法完全捕捉描述性特征与目标特征之间的关系。相反，图 1.3c 中

⊖　我们在第 3 章讨论这种可视化类型，即散点图。对于本例，仅需知道数据集中的每个人都对应着一个表示其年龄（水平方向）和薪水（垂直方向）的点就可以了。

所示的模型尽管与训练实例一致，但看起来却过分复杂。这个模型被称为过拟合了训练数据。

过拟合和欠拟合的模型都没有太好的**泛化**能力，因此也不能对训练数据集中实例以外的查询实例进行良好的预测。而图 1.3d 中所示的预测模型则是**金发姑娘模型**⊖（Goldilocks model）：它刚好合适，在欠拟合与过拟合之间达到了平衡。我们通过使用有合适归纳偏置的机器学习算法来找到这些金发姑娘模型。这是机器学习的伟大艺术之一，也是本书中时常要涉及的东西。

1.5 预测数据分析项目的生命周期：CRISP-DM

为如 1.1 节所述的应用构建预测数据分析解决方案所涉及的不仅是选择合适的机器学习算法。正如其他重要的项目一样，如果在项目的整个生命周期使用标准流程管理，那么预测数据分析项目成功的概率就会大幅提升。最常用的预测数据分析项目流程是**跨行业数据挖掘标准流程**（CRoss Industry Standard Process for Data Mining，CRISP-DM）⊜。CRISP-DM 吸引数据分析从业人员的重要特性是，它是非专有的，是应用、产业、工具中性的，并且它能够明确地从关注与应用的角度和技术视角来看待数据分析流程。

图 1.4 展示了 CRISP-DM 定义的预测数据分析项目生命周期的六个关键阶段：

- **商业理解**：预测数据分析项目从来不是以构建预测模型为目标而开始的，而是关注像增加新客户、出售更多商品、提升业务效率等事情。因此，在任何分析项目的第一阶段，数据分析师的首要目标都是彻底理解要解决的商业（或组织）问题，然后为此设计一个数据分析解决方案。
- **数据理解**：一旦确定了解决商业问题的预测数据分析方案，有一点便非常重要，即数据分析师应充分理解组织内可供使用的不同数据源和这些数据源所含有的不同类型的数据。
- **数据准备**：构建预测数据分析模型需要特定种类的数据，即组织成叫作**分析基础表**（Analytics Base Table，ABT）这种结构的数据⊜。CRISP-DM 的这一阶段包括所有将组织内可用的迥异数据源转换为结构工整的 ABT 的活动，进而供机器学习模型使用。
- **建模**：机器学习的工作出现在 CRISP-DM 的建模阶段。不同的机器学习算法被用于构建一系列预测模型，从中可选出最佳模型以供部署。
- **评估**：在模型可供组织部署前，对其进行彻底评估并证实它们符合要求是很重要的。CRISP-DM 的这一阶段涵盖了表明预测模型将能在部署后做出准确预测并且不会受欠拟合或过拟合影响所需的所有评估任务。
- **部署**：机器学习模型的构建是为了服务于组织的需求，因此 CRISP-DM 的最后一个阶段涵盖了成功将机器学习模型整合到组织业务必须要做的所有工作。

11 ～ 13

⊖ 源于童话故事中名为 Goldilocks 的姑娘，她喜欢不冷不热的粥、不软不硬的椅子等"刚刚好"的事物。——译者注

⊜ CRISP-DM 的名字里提到了**数据挖掘**（一个与预测数据分析大幅重叠的领域），它同样可应用于预测分析项目。

⊜ 本章出现的所有数据集都已被组织为 ABT。

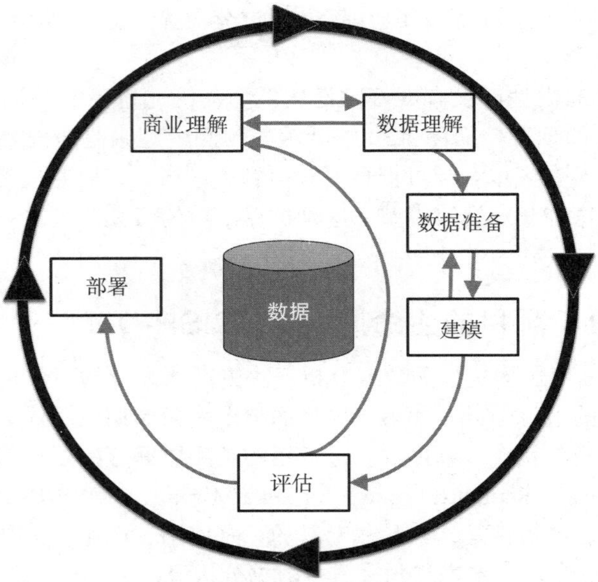

图 1.4　CRISP-DM 示意图，显示了其六个关键阶段与相互关系。该图基于 Wirth and Hipp（2000）中的图 2

图 1.4 也展示了这些阶段之间的转移，并强调了数据是整个流程的核心。CRISP-DM 的某些阶段比其他阶段联系得更加紧密。例如，商业理解和数据理解是紧密捆绑的，项目一般会花些时间在这两个阶段之间来回移动。类似地，数据准备和建模阶段联系紧密，分析项目也经常花时间徘徊在这两个阶段之间。使用 CRISP-DM 流程会增加预测分析项目成功的可能，我们也推荐使用它。

1.6　预测数据分析工具

在整本书中，我们讨论用机器学习技术来构建预测分析模型的多种方法。这些讨论不会涉及特定的工具或这些技术的实现。不过，有许多易于使用的选择可用于实现机器学习模型，有兴趣的读者可以使用它们来实现书中的例子。

选择机器学习平台所要做出的第一个决定就是确定要使用基于应用的解决方案还是使用编程语言。我们首先来看看基于应用的解决方案。设计优良且基于应用的，或者说选中点击式的工具会使开发和部署模型以及执行相关的数据操作任务非常简单和快捷。使用这种工具，可能在一小时内就能完成对一个预测数据分析模型的训练、评估和部署！用于构建预测数据分析模型的基于应用的解决方案主要包括 IBM SPSS、Knime Analytics Platform、RapidMiner Studio、SAS Enterprise Miner 以及 Weka[⊖]。IBM 和 SAS 的工具整合了这两家公司的其他产品，在企业中得到广泛的使用。Knime、RapidMiner 和 Weka 的有趣之处在于它们是开源、免费的解决方案，读者不需任何花销就可以使用它们。

除了使用基于应用的解决方案来构建预测数据分析模型外，另一个有趣的选择是使用编程语言。两个经常用于预测数据分析的语言是 R 和 Python[⊖]。用像 R 或 Python 这样的语言来构建预测

⊖　访问 www.ibm.com/software/ie/analytics/spss、www.knime.org、www.rapidminer.com、www.sas.com 以及 www.cs.waikato.ac.nz/ml/weka 可获取更多细节。

⊖　kdnuggets.com 网站（www.kdnuggets.com/polls/2013/languages-analytics-data-mining-data-science.html）运行着一个表决用于预测数据分析的最流行的编程语言的投票池，R 和 Python 通常位于榜首。可访问 www.r-project.org 和 www.python.org 来了解关于 R 和 Python 的更多细节。

数据分析模型不太难。如下所示的几行简单的 R 语言代码就可以为一个简单任务构建预测模型:

```
creditscoring.train <- read.csv("creditScoringTrain.csv")
glm.mod <- glm(Outcome~Amount+Salary+Age+LoanSalaryRatio,
    family=binomial(link="logit"), data=creditscoring.train)
creditscoring.test <- read.csv("creditScoringTest.csv")
predicted.values <- predict(glm.mod, creditscoring.test)
```

使用编程语言来进行预测数据分析的好处在于,它为数据分析师提供了强大的灵活性。它可以实现分析师的一切设想。相对地,在基于应用的解决方案中,分析师只能实现工具开发者在设计工具时所构想的东西。使用编程语言的其他主要优势是,在大多数情况下,编程语言能够获得最新的先进分析方法,并且其时间远远早于将这些方法实现到基于应用的解决方案上。

不过,使用编程语言显然也是有缺点的。主要的缺点是,编程是一项需要花时间和精力去学习的技能。相比于使用基于应用的解决方案来说,使用编程语言进行高阶分析的学习曲线要陡峭得多。第二个缺点是,使用编程语言意味着我们几乎不会得到基础功能的支持,比如基于应用的解决方案所能提供的数据管理功能。开发者面临着需要自己实现这些功能的额外负担。 16

1.7　本书概览

预测数据分析项目使用机器学习算法从历史数据中得出预测模型。这些预测模型产生的见解被用来帮助组织进行数据驱动的决策。机器学习算法通过从一个特定的训练实例中导出一个表现描述性特征与目标特征之间关系的泛化模型来学习预测模型。而机器学习的困难之处在于通常有不止一个模型与训练数据集一致,因此,机器学习也经常被称为不适定问题。机器学习算法通过为能够引导算法偏好某些模型的归纳偏置(或者说一系列假设)编码来解决这个问题。在本书随后的内容里,我们会看到选择机器学习算法不是偏置预测数据分析过程的唯一方法。需要特别注意我们所做出的其他选择,例如要使用的数据、要使用的描述性特征,以及我们部署模型来偏置整个过程的方式。

本书的目的是让读者通过学习最为常用的机器学习技术打下扎实的理论基础,以及让读者对如何将机器学习技术应用于实际预测数据分析项目有清晰的了解。有了这种概念之后,读者便可将本书看作是对应于 CRISP-DM 不同阶段的三个部分。

第一部分(第 2 章和第 3 章)涵盖了这个流程的商业理解、数据理解以及数据准备阶段。在这一部分,我们讨论商业问题是如何转化为数据分析解决方案的,数据应当为此作何准备,以及应当在这些阶段中进行何种数据探索任务。

本书的第二部分涵盖了 CRISP-DM 的建模阶段。我们考虑机器学习算法的四个主要类别:
- 基于信息的学习(第 4 章)
- 基于相似性的学习(第 5 章)
- 基于概率的学习(第 6 章)
- 基于误差的学习(第 7 章) 17

通过学习这四类算法,我们就能了解用于构建大多数预测数据分析解决方案的最常用的归纳机器学习方法。

本书的第三部分涵盖了 CRISP-DM 的评估与部署阶段。第 8 章阐述评估预测模型的一系列不同方法。第 9 章和第 10 章给出特定预测分析项目从商业理解直到部署的案例研究。这些案例研究展示了前面章节所述的内容是如何在成功的预测数据分析项目中结合到一起的。

最后,第 11 章提供了一些面向预测数据分析的机器学习的宏观视角,并总结了书中所

18 述方法之间的主要区别。

1.8 习题

1. 什么是**预测数据分析**？
2. 什么是**监督机器学习**？
3. 机器学习经常被称为**不适定问题**。这意味着什么？
4. 下表列出了本章讨论过的信用评分领域的一个数据集。表下方我们列出了两个与数据集一致的预测模型：**模型 1** 和**模型 2**。

ID	OCCUPATION	AGE	LOAN-SALARY RATIO	OUTCOME
1	*industrial*	39	3.40	*default*
2	*industrial*	22	4.02	*default*
3	*professional*	30	2.70	*repay*
4	*professional*	27	3.32	*default*
5	*professional*	40	2.04	*repay*
6	*professional*	50	6.95	*default*
7	*industrial*	27	3.00	*repay*
8	*industrial*	33	2.60	*repay*
9	*industrial*	30	4.50	*default*
10	*professional*	45	2.78	*repay*

模型 1

    if LOAN-SALARY RATIO > 3.00 **then**
        OUTCOME = *default*
    else
        OUTCOME = *repay*

模型 2

    if AGE = 50 **then**
        OUTCOME = *default*
    else if AGE = 39 **then**
        OUTCOME = *default*
    else if AGE = 30 **and** OCCUPATION = *industrial* **then**
        OUTCOME = *default*
    else if AGE = 27 **and** OCCUPATION = *professional* **then**
        OUTCOME = *default*
    else
19
        OUTCOME = *repay*

    a. 哪个模型对于不在数据集中的数据有更好的泛化能力？

    b. 提出一个归纳偏置，使得机器学习算法能够做出与你在问题 a 中做出的相同的偏好选择。

    c. 你在问题 a 中否定的方法是欠拟合数据还是过拟合数据？

*5. 术语**归纳偏置**是什么意思？

*6. 机器学习算法是如何解决机器学习是**不适定问题**这一事实的？

*7. 如果使用不合适的**归纳偏置**会产生什么问题？

*8. 人们常说预测数据分析中的工作量用于 **CRISP-DM** 的商业理解、数据理解以及数据准备阶段，而
20   只有花在建模、评估以及部署阶段上。为什么会这样？

第 2 章

数据到见解再到决策

不能用创造一个难题的思路来解决这个难题。

——阿尔伯特·爱因斯坦

预测数据分析项目并非是被条理清晰地交到数据分析从业者手中的。确切地说，分析项目是为了解决商业问题，决定如何使用分析技术来解决这些问题正是分析从业者的工作。在本章的第一部分，我们会阐述开发解决某个**商业问题**（business problem）的**分析解决方案**（analytics solution）的方法。这就涉及对商业需求的分析、可供我们使用的数据以及企业使用分析的规模。将这些因素纳入考虑范围有助于确保我们能开发出高效率、符合需求的分析解决方案。在本章的第二部分，我们将重点转移到构建预测分析模型所需的数据结构上，特别是**分析基础表**（ABT）。设计能够恰当反映**预测主体**（prediction subject）的特征的 ABT 是分析从业者的一项重要技能。我们呈现了一种方法，该方法首先产生一系列描述预测主体的**领域概念**（domain concept），然后将这些概念拓展为具体的**描述性特征**。我们使用案例研究来贯穿本章，以展示这些方法是如何在实际中应用的。

2.1　将商业问题转化为分析解决方案

组织并不为预测数据分析而存在。组织的存在，是为了做诸如赚更多的钱、获得新客户、出售更多产品或者减少诈骗损失等事情。不幸的是，我们能够构建的预测分析模型并不会做其中的任何一件事。分析从业者构建的模型只能根据从历史数据集中提取出的模式来进行预测。预测并不解决商业问题，但能够提供见解来帮助组织在解决其商业问题时做出更好的决策。

因此，在所有数据分析项目中，关键的一步是理解组织想要解决的**商业问题**，并由此来确定预测分析模型所能提供的帮助组织解决该问题的某种见解。这就是分析从业者要使用机器学习来构建的**分析解决方案**。定义分析解决方案是 CRISP-DM 流程中**商业理解**（business understanding）阶段最为重要的任务。

一般来说，将商业问题转化为分析解决方案涉及下面几个重要问题：

1. **商业问题是什么？企业要达成的目标是什么？**这两个问题并不总是那么容易回答。许多情况下组织启动分析项目，是因为他们明白要解决的问题。而有时，组织启动分析项目，只因组织内有人认为这是他们应当运用的重要的新技术。除非项目聚焦于某个能够清楚说明的目标，否则项目不太可能成功。商业问题和商业目标应当始终使用商业语言来表达，这一阶段并不需要关注实际的分析工作。

2. **企业目前的处理方式是什么？**由于分析从业者时常需要在组织内的不同区域甚至不同产业之间快速转移，因此要让他们了解这个企业的一切是不可行的。而分析从业者应当具备被称为**环境流畅性**（situational fluency）的特质。这就意味着他们对商业有足够的理解，因而能够与商业领域的合作者以其可理解的方式交流。例如，保险业中，保单持有者往往被称为会员而不是客户[⊖]。尽管从分析的角度来看并没有太大区别，但使用正确的术语能够让企业合作者更加容易地参与到分析项目中。除了懂得要使用正确的术语外，具有环境流畅特质的分析从业者也需要具有足够的知识来了解每个领域的特殊情况，因此能够在该领域完整地构建分析解决方案。

3. 预测分析模型能够用何种方式解决这个商业问题？对于任何商业问题，我们都能构建许多不同的分析解决方案来解决它。考察这些可能性并与企业在最适合该企业的解决方案上达成一致是很重要的。对于每个解决方案，应当阐述以下几点：①要构建的预测模型；②企业将如何使用这个模型；③使用这些模型将如何帮助解决最初的商业问题。下一节会给出一个将商业问题转化为一系列候选分析解决方案的案例研究。

案例研究：汽车保险诈骗

考虑如下的商业问题：尽管拥有一个最多能调查 30% 的索赔的调查团队，一家汽车保险公司也仍然因欺诈性索赔而损失惨重。可提出下列的预测分析解决方案来帮助解决该商业问题：

- **索赔预测**：可以构建一个模型来预测保险索赔为欺诈的可能性。该模型可以为每个新索赔案件分配一个欺诈可能性，最有可能的情况是，欺诈索赔的那些案件可以被保险公司的索赔调查员标记，以供调查。这样，有限的调查时间就可以被定位于最有可能是诈骗的索赔案件，进而增加欺诈索赔被查出的数量，并减少保险公司的损失。
- **客户预测**：可以构建一个模型来预测客户短期内进行保险欺诈的倾向。每季度都可以运行该模型来找出那些最有可能进行保险诈骗的客户，进而，保险公司可以采取从联系客户并给予某种警告到取消该客户保单这样的措施来降低保险诈骗的风险。通过在客户进行欺诈之前找到他们，公司可以节省大量的金钱。
- **申请预测**：可以使用模型从申请的角度来预测某人申请的保单最终会发生欺诈性索赔的可能性。公司可以在收到每个新申请的时候运行这个模型，并拒绝那些被预测为可能进行欺诈性索赔的申请。由此，公司便可减少欺诈性索赔的数量，减少其产生的经济损失。
- **赔款预测**：许多欺诈性保险索赔只是简单地夸大了其实际应得的赔付金额。这种情况下，经过保险公司成本高昂的调查流程后，仍然必须对该案件赔付降低后的金额。可以构建一个模型来预测在保险公司进行调查后，公司最有可能赔付的金额。这一模型可以在新索赔出现时运行，而投保人可以选择接受模型预测的数额，也可选择进行理赔调查。使用这一模型，保险公司既可以在理赔调查方面节省资金，也可以减少欺诈性索赔的赔付金额。

2.2 可行性评估

一旦确定了解决商业问题的一系列候选分析解决方案，下一个任务就是评估每一个方案的可行性。这就需要考虑如下几个问题：

- 该解决方案所需的数据是否可获取，或者我们是否能使数据可获取？
- 企业利用分析解决方案所提供的见解的接纳力有多大？

第一个问题涉及数据可用性。每一个分析解决方案都会有自己的一系列数据需求，尽早确定企业是否拥有符合需求的足够数据是很有用的。有些情况下，缺乏合适的数据就会直

⊖ 在中文里，保险公司的客户仍然被称为"客户"而非"会员"。为不使读者困惑，后文仍然使用"客户"一词。——译者注

接将所提出的用于解决商业问题的分析解决方案排除掉。更有可能的情况是，一些解决方案因所需数据的易得性而更受青睐。总的来说，根据数据要求来评估一个分析解决方案的可行性，需要用下列问题比照分析解决方案的要求：

- **公司数据模型中的关键对象及其可用性。** 例如，在实体零售店场景中，关键对象很可能是客户、产品、销售、供应商、商店和员工。在保险公司场景中，关键对象很可能是投保人、保单、索赔、保险申请、调查、保险经纪人、客户、调查员以及赔款。
- **存在于数据模型中关键对象之间的联系。** 例如，在银行场景中，是否有可能将某个客户拥有的多个银行账户联系起来？类似地，在保险公司场景中，是否有可能将保险申请和最终保单的细节（比如索赔、赔款等）联系起来？
- **企业可用数据的粒度。** 在实体零售场景中，销售数据可能仅被存储为某类商品的每日销售数量，而不是以某件商品销售给某个客户的形式。
- **所涉及的数据量。** 可用于分析项目的数据的量是很重要的，因为一些较新的数据集庞大到可以耗尽哪怕是最新的机器学习工具；相反，过小的数据集则会在模型部署后限制我们评估模型的预期性能的能力。
- **可用数据的时间范围。** 可用数据能够涵盖分析解决方案所需的时间范围是很重要的。例如，在在线博彩场景中，我们也许能够找出每个客户账户今天的余额，但想找出他们上个月甚至昨天的余额则完全不可能。

第二个影响分析解决方案可行性的问题是企业利用解决方案提供的见解的能力。假如一个企业需要彻底修改其业务流程，以便从预测模型提供的见解中获利，那么企业很可能尚未做好这样做的准备，不论这个模型有多么出色。许多情况下，最好的预测分析解决方案是那些能很容易地结合企业现有业务流程的方案。

根据对相关数据和接纳力要求的分析，分析从业者可以对提出的用于解决商业问题的每个预测分析解决方案的可行性进行评估。这种分析会完全排除掉一些解决方案，而对于那些较为可行的方案则会生成一份关于数据与接纳力要求的列表，以便成功实现方案。那些确定可行的解决方案将呈现给企业，并且应当选择其中一个或多个方案来实现。

作为在要寻求的解决方案方面形成共识的过程的一部分，分析从业者必须尽可能地与企业在成功模型实现的目标定义上达成一致。这些目标可以具体为对模型准确度的要求，或模型对企业的影响。

案例研究：汽车保险诈骗

回顾监测汽车保险诈骗的案例，下面我们根据数据与企业接纳力要求来评估每个所提出的方案的可行性。

- **索赔预测：** ①数据要求：这一解决方案将需要大量被标记为诈骗和非诈骗的历史索赔记录数据。类似地，每个索赔的详情、相对应的保单以及相关索赔者数据应当是可用的。②接纳力要求：在保险公司已经有索赔调查团队的前提下，主要的要求应当是建立一个通知索赔调查员一些索赔的优先级高于其他索赔的机制。这也要求关于索赔的信息能够很快得到，以免索赔调查进度被模型延误。
- **客户预测：** ①数据要求：这个解决方案不仅需要大量被标记为诈骗和非诈骗的、包括其他相关细节的索赔数据，还需要可确认身份的客户的所有保单和索赔信息。它还要求确保对保单的历史修改也是记录过并且可用的。②接纳力要求：这个解决方案首先假设每个季度有可能进行一次对所有客户行为的分析。更具挑战性的是，它假设公司有能力根据分析结果联系到客户，并设计出了在不严重损害客户关系或造成该客户流失的前提下对该客户较高的诈骗可能性进行讨论的办法。最后，很可能存在限制这种联络行为的法律。

- **申请预测**：①数据要求：同样，需要包含所有相关细节的、标记为诈骗和非诈骗的历史索赔数据。十分有必要的是，应该将这些索赔与其所对应的保单，以及保单所对应的客户申请时提供的详情联系起来。该解决方案所需的数据有可能需要回溯到许多年前，因为进行申请的时间和提出索赔的时间可能相差几十年。②接纳力要求：该情形下所面临的挑战是将自动的申请评估过程结合到公司现有的申请审核流程中。
- **赔款预测**：①数据要求：这个解决方案需要保单和索赔的全部详细情况，以及提出索赔的原始金额和最终赔付金额。②接纳力要求：同样，这个解决方案假设无论何时出现索赔，公司都有及时运行模型的能力。它还假设公司有能力让索赔者选择不同的处理方式。这就预设了公司拥有一间客户联络中心。

为进行案例研究，我们假设在进行可行性分析之后，确定执行**索赔预测**方案，该方案将会构建一个能够预测客户进行欺诈性保险索赔可能性的模型。

2.3   设计分析基础表

一旦我们决定了为解决商业问题而开发的分析解决方案，就可以开始设计用于构建、评估以及最终部署模型的数据结构。这一工作主要处于 **CRISP-DM** 流程的**数据理解**阶段（见图 1.4），但也与**商业理解**和**数据准备阶段**有所重叠（别忘了，CRISP-DM 流程不是严格线性的）。

预测模型的基本数据要求惊人地简单。要构建预测模型，我们需要拥有进行预测的场景的大量历史样本数据。每个历史样本必须包含描述该场景的足够多的数据，以及我们要进行预测的结果。因此，例如，如果我们要预测保险索赔是否是欺诈性的，那么便需要大量的历史索赔数据集，而且对于其中的每个样本我们必须知道这起索赔是否被认定为骗保行为。

我们组织这些历史数据集的基本结构是**分析基础表**（Analytics Base Table，ABT），如表 2.1 所示。分析基础表是一种简单的、扁平化的、由行和列构成的表格式数据结构。列被分为一系列**描述性特征**和一个**目标特征**。每行则各代表一个可进行预测的**实例**，包括其所有的描述性特征和目标特征的值。

表 2.1   分析基础表的基本结构：多个描述性特征和一个目标特征

描述性特征						目标特征
—	—	—	—	—	—	—
—	—	—	—	—	—	—
—	—	—	—	—	—	—
—	—	—	—	—	—	—

尽管 ABT 是我们开发机器学习模型的关键结构，但组织中的数据却很少存放在简洁的表格中，也无法直接用于构建预测模型。因此，我们需要在组织所能提供的原始数据源上构建 ABT。图 2.1 展示了通常被结合在一起以创建 ABT 的一些不同数据源。

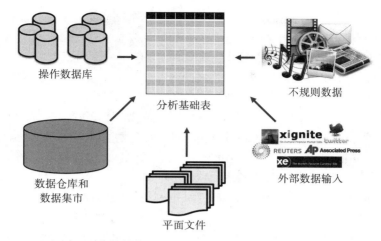

图 2.1　通常被结合在一起以创建 ABT 的一些不同数据源

　　在整合来自不同数据源的数据之前，我们仍然需要做大量的工作来确定 ABT 的合适设计。设计 ABT 时，分析从业者要做出的第一个决定就是确定其试图构建的模型的**预测主体**。预测主体定义了进行预测的基本层次，而 ABT 的每一行都会呈现一个预测主体的实例——我们常用**一个主体一行**（one-row-per-subject）来描述这种结构。例如，在为汽车保险诈骗场景提出的分析解决方案中，索赔预测和赔款预测模型的预测主体是一次保险索赔；对于客户预测模型来说，预测主体是一名客户；而对于申请预测模型来说，预测主体则是一次申请。

　　ABT 的每一行都由一些描述性特征和一个目标特征构成。真正的特征本身却可能存在于组织内的任何数据源中，找到这些特征最初看起来可能是一项庞大的任务。通过构建 ABT 中包含的实际特征（Feature）与特征所基于的**领域概念**（domain concept）集之间的层级关系，可以使该任务简单一些，如图 2.2 所示。

28

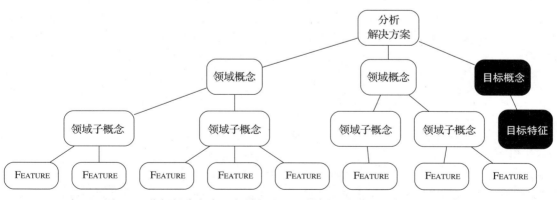

图 2.2　分析解决方案、领域概念以及描述性特征之间的层级关系

　　领域概念是描述预测主体的一些特点的高层次抽象，从预测主体中我们能够推导出一系列将被纳入 ABT 的实际特征。如果我们还记得分析解决方案的最终目标是构建一个由一些描述性特征来预测目标特征的预测模型的话，领域概念就是领域专家和分析专家认为可能对这种预测有用的预测主体的一些特点。在领域专家与分析专家合作时，经常会建立领域概念的层级关系，这些领域概念始于分析解决方案，在经过几个层级的抽象化之后，可形成描述

[29] 性特征。领域概念的例子包括客户价值、行为变更、产品组合使用习惯以及客户生命周期阶段。这些都是被认为可能会对预测产生重要影响的抽象概念。这一阶段我们无须过分考虑领域概念该如何转化为实际特征，而应当试着列举会出现特征的不同领域。

显然，不同分析解决方案的领域概念集之间会有非常重大的区别。但仍然有一些经常用到的通用领域概念：

- **预测主体的详情**：预测主体所有描述性的详细情况。
- **人口统计学**：用户或客户的人口统计学特征，如年龄、性别、职业、住址等。
- **使用习惯**：用户或客户与组织互动的频繁度和新近度；用户与某项服务互动的经济价值；客户或用户使用组织提供的产品或服务的组合。
- **使用习惯的改变**：客户或用户与组织互动的频繁度、新近度、经济价值上的任何变化（例如，在最近几个月中一位有线电视用户是否更改过服务套餐？）。
- **特殊使用习惯**：最近客户或用户使用组织认为很特殊的产品或服务的频繁程度（例如，某客户上个月是否给客户投诉部门打过电话？）。
- **生命周期阶段**：客户或用户在其生命周期中的阶段（例如，某客户是新客户、忠实客户还是即将流失的客户？）。
- **网络关联**：一件事物与其他相关事物的联系（例如，不同客户或产品之间的关联，或客户之间的社交网络）。

确定领域概念的实际程序本质上是一种**知识诱导**（knowledge elicitation），也就是尝试从领域专家那里提取出我们试图建模的场景知识。这个过程通常发生在若干次有分析专家和领域
[30] 专家参加的会议上，会议将为分析解决方案提出并精炼一系列领域概念。

案例研究：汽车保险诈骗

至此，在汽车保险诈骗监测项目中，我们已经决定使用提出的**索赔预测**方案，方案将建立模型来预测保险索赔是骗保行为的可能性。这个系统会检查每个新产生的索赔案，并对那些可能有诈骗风险的索赔进行标记以供进一步调查。在这个例子中，预测主体是一起保险索赔，因此该问题的 ABT 就包括历史索赔的详情，其中包含一系列或许能体现出索赔是诈骗的描述性特征，以及表明该索赔最终是否为诈骗的目标特征。这个例子中的领域概念是保险领域中的概念，可能对确定一起索赔是否为诈骗有重要作用。图 2.3 展示了本例中可能有用的一些领域概念。这些领域概念已经由分析从业者和企业中的领域专家商定好了。

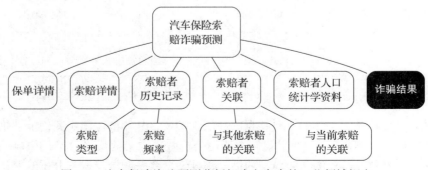

图 2.3   汽车保险诈骗预测分析解决方案中的一些领域概念

此处所示的领域概念包括：保单详情，涵盖了索赔者所持有的保单的信息（例如保单年数

和类型）；索赔详情，涵盖了索赔自身的详情（例如事故类型和索赔金额）；索赔者历史记录，包括先前该索赔者提出的索赔的信息（例如其在过去提出的不同类型的索赔以及索赔的频率）；索赔者关联，刻画索赔者和索赔涉及的其他人的关联（例如在多次事故中都涉及同一个人，通常表明索赔是诈骗）；以及索赔者人口统计学资料，涵盖了索赔者的人口统计学详情（例如年龄、性别、职业等）。最后，使用诈骗结果这个领域概念来涵盖目标特征。在这一阶段将其引入非常重要，因为目标特征时常需要从多个原始数据源中得出，其所需的工作量不应被忽视。

图 2.3 中的领域概念索赔者历史记录和索赔者关联都被分为若干个**领域子概念**（domain subconcept）。在索赔者历史记录中，领域子概念索赔类型明显地指出了设计描述性特征来表示索赔者历史上涉及的索赔的不同类型的重要性，而索赔频率则表明需要具有描述性特征，该特征与索赔者涉及的索赔案件的频率有关。类似地，位于索赔者关联下的子概念与其他索赔的关联以及与当前索赔的关联则表明索赔者的索赔关联可以分为与当前索赔的关联以及与其他索赔的关联。预期的情况是，每个领域概念或领域子概念都能导出一个或多个实际的描述性特征，并且这些特征能够直接从组织的数据源得出。这些描述性特征将组成 ABT。

2.4 特征的设计与实现

在确定了领域概念之后，下一个任务就是基于这些领域概念来设计并实现实际特征。特征是从领域概念中得出的，可以直接纳入 ABT 并用于机器学习算法的任何度量。特征的实现常常是一个近似的过程，我们试图通过这种近似来尽可能多地从可用的数据源表达这些领域概念。当无法对领域概念进行直接测量的时候，我们也可能使用一些**代理特征**（proxy feature）来刻画与领域概念紧密相关的东西。在一些极端的情况下，由于缺乏表达领域概念所需的数据，我们不得不完全舍弃这个领域概念。因此，理解和考察与每个领域概念相关的、在组织中可用的数据源是特征设计的基本组成部分。尽管在进行分析解决方案可行性评估时我们考虑过的所有与数据有关的因素[○]都仍然有用，但在进行特征设计时要特别考虑数据的三个关键点。

第一个关键点是**数据可用性**（data availability），因为我们要使用的数据必须是可用的。例如，在在线支付场景中，我们可能会定义一个计算客户过去六个月的平均账户余额的特征。除非公司保留着过去六个月账户余额的全部历史数据，否则不可能实现这个特征。

第二个关键点是定义特征时，所需数据变为可用的**时机**（timing）。除了目标特征的定义之外，定义特征时所需要的数据必须在我们进行预测之前就是可用的。例如，如果要构建模型来预测足球比赛的结果，那么我们可能会考虑将现场观众出席率作为一个描述性特征。而比赛的最终出席率要在比赛开始后才能确定。因此，如果我们要在开球前预测比赛结果，那么这个特征就不具有可行性。

第三个关键点是我们设计的特征的**寿命**（longevity）。如果产生某个特征的环境发生了变化，那么这个特征本身可能会过时。例如，要预测银行核发贷款的结果，我们可能会使用借贷者的薪水作为一项描述性特征。而薪水却会因通货膨胀和其他社会经济相关因素而时刻变化。如果包含薪水特征的模型使用时间很长（比如 10 年），那么我们起初训练模型时使用的薪水值和后来提供给模型的薪水值就没有什么关系。延长特征寿命的一种方法是使用推导出的比例而不是原始特征。例如，在借贷场景中使用薪水和申请的借贷额的比值作为特征可能就会比单独使用薪水值和借贷额的寿命长得多。

由于这些关键点的存在，特征的设计与实现是一个迭代的过程，其中数据探索为特征的

○　参见 2.1 节关于数据可用性、数据关联、数据粒度、数据量以及数据时间范围的讨论。

设计与实现提供信息，而特征的设计与实现又反过来促成了进一步的数据探索，以此类推。

2.4.1 不同的数据类型

ABT 中特征所包含的数据可分为几种不同的类型：

- **数值数据**：可进行算术运算的纯数值数据（如价格、年龄等）。
- **区间数据**：允许排序操作和减法计算，但不能进行其他算术运算的数据（如日期、时间）。
- **次序数据**：可以排序但不能进行算术运算的数据（例如，以小、中、大度量的尺寸数据）。
- **类别数据**：不能排序也不能进行算术运算的一系列有限数值（如国别、产品类型）。
- **二元数据**：仅包含两个值的数据（如性别）。
- **文本数据**：自由编排的、通常较短的文本数据（如名字、地址）。

图 2.4 给出了这些数据类型的例子。我们经常将这些数据分类简化为两种类型：**连续数据**（continuous，包括数值数据和区间数据），以及**类别数据**（categorical，包括类别数据、次序数据、二元数据以及文本数据）。当提及类别特征时，我们指的是类别特征可以取值的特征的**级别**（level）或特征的**域**（domain）的可能值的集合。例如，在图 2.4 中，信用评级（CREDIT RATING）特征的级别是 $\{aa, a, b, c\}$，而性别（GENDER）特征的级别是 $\{male, female\}$。我们将在学习由第 4 ～ 7 章阐述的机器学习算法时看到，不同类型的描述性特征和目标特征的存在对于算法如何运行会产生很大的影响。

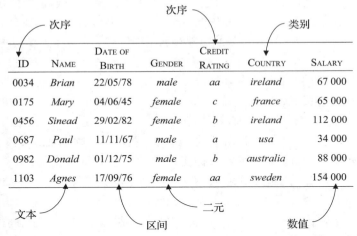

图 2.4 展示了数值、二元、次序、区间、类别和文本数据类型的描述性特征数据的样例

注：图中表格的表内容从左到右分别指的是编号、名字、生日、性别、信用评级、国别以及薪水。

2.4.2 不同的特征类型

ABT 中的特征可以被分为两种类型：**原始特征**（raw feature）与**衍生特征**（derived feature）。原始特征是直接来自于原始数据源的特征，例如客户年龄、客户性别、借贷额、保险索赔类型等，都是我们（很可能）可以从原始数据源直接转移到 ABT 中的描述性特征。

衍生描述性特征不存在于任何原始数据源中，因此它们必须从一个或多个原始数据源的数据中构建。例如客户每月平均购买量、借贷 – 薪水比、不同时期使用频率的变化等，都是 ABT 中可能会有用的描述性特征，并且很可能需要从多个数据源的数据中推导得出。有无数我们可能想要使用的衍生特征。例如，想想我们能够从客户每月向电子账单付款的金额中得出多少衍生特征。仅从原始数据中，我们便可轻易地得出过去六个月的平均付款额、过去六个月的最大付款额、过去六个月的最小付款额、过去三个月的平均付款额、过去三个月的最大付款额、过去三个月的最小付款额、过去六个月是否有未付款项、映射为低中高三个级别的最后一笔付款、当前账单付款额与过往账单付款额的比例等大量衍生特征。

尽管有无数种衍生特征，但也有一些常见的衍生特征类型：

- **聚合**：指的是在一个类别或时期上定义的聚合度量，通常可以为一类数值的总数、总和、平均以及最小或最大值。例如，保险公司的一个客户一生所提出的所有保险索赔的总数可能就是一个有用的衍生特征。类似地，一个在线零售商的某个客户在一个月、三个月和六个月内平均消费金额可能也是几个有意思的衍生特征。
- **标记**：表示数据集具有或不具有某些特性的二元特征。例如，一个指示某账户是否被透支过的标记可能是个有用的描述性特征。
- **比例**：刻画两个或多个原始数据值之间关系的连续特征。在预测模型中，使用两个数据的比例通常比分别使用这两个数据更加强大。例如，在银行业务场景中，我们可以使用借贷申请者薪水和借贷额度的比值而不是这两个数据本身。在手机场景中，我们可以使用三个比例特征来表示某个客户在电话、流量、短信服务之间的用量的混合情况。
- **映射**：能够将连续特征转换为类别特征，经常用来减少模型需要处理的唯一值的数量。例如，除了使用连续特征来度量薪水外，我们也将薪水值映射到低、中、高这三个类别，以建立一个类别特征。
- **其他**：我们结合数据来创造衍生特征的途径是没有限制的。一个在特征设计中特别有创造性的例子是，一家大型零售商希望使用其竞争对手商店的活跃度作为某个分析模型中的描述性特征。显然，竞争对手并不会奉上此类信息，因此分析团队和零售商便找到了一种能够给出非常相似的信息的间接特征。作为一家大型零售商，他们有相当多的资源可供调动，其中便有经常拍摄高分辨率的卫星照片的能力。使用他们竞争对手商店的卫星照片便可计算竞争对手停车场上的汽车数量，并可以此作为竞争对手商店活跃度的间接度量！

尽管在一些应用中，目标特征是从已有数据源直接复制得到的原始值，但在许多其他情形中，它却必须经由推导得出。实现 ABT 中的目标特征可能会需要大量的精力。例如，考虑我们要预测某客户是否会拒绝履行还贷义务的问题。我们是应当将仅一次未偿还视为拖欠贷款，还是为了避免将好客户预测成欠款者，而只将那些连续三次没有还款的客户视为拖欠贷款？又或者是六个月内三次未还款？又或者是五个月内两次未还款？正如描述性特征一样，目标特征也是基于领域概念的，我们必须根据这个领域的特点来确定怎样的实现是有用、可行且正确的。在定义目标特征的时候，从领域专家那里寻求帮助尤为重要。

2.4.3　处理时间

我们构建的许多预测模型都是**倾向性模型**（propensity model），它基于描述过去的一系列描述性特征来预测未来某个结果的可能性（或倾向性）。例如，在前述的保险索赔诈骗场景中，我们的目标是在对索赔本身的详细情况以及索赔者在索赔之前的具体表现进行调查的基础上，预测保险索赔会不会是诈骗行为。倾向性模型天然具有时间元素。在这种情况下，我们必须在设计 ABT 时考虑时间因素。对于**倾向性模型**来说，有两个关键时段：计算描述性特征的**观测时段**（observation period）以及计算目标特征的**结果时段**（outcome period）[⊖]。

在一些情况下，针对所有预测主体，观测时段和结果时段都是在同一个时间段测得的。考虑基于顾客过往的购买行为来预测顾客将购买某件新产品的可能性的任务：描述过往购买行为的特征是在观测时段计算出来的，而结果时段则是我们观测顾客是否会购买新产品的时段。在这种情况下，针对所有预测主体（本例中为顾客）的观测时段可能是新产品发售前的六个月，而结果时段则可能是新产品发售后的三个月。图 2.5a 展示了这两个不同的时期，其中假设顾客的购买行为是在 2012 年 8 月～ 2013 年 1 月测量到的，而顾客是否购买新产品则是在 2013 年 2 月～ 2013 年 4 月观测到的。图 2.5b 展示了多个顾客的观测和结果时段是如何在同一时期测得的。

[37]

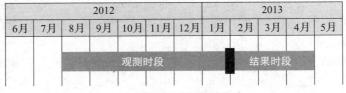

图 2.5　使用观测时段和结果时段来对时间点建模

然而，每个预测主体的观测时段和结果时段通常不是在同一个日期测得的。图 2.6a 展示了一个例子，其中观测时段和结果时段是相对于一个出现在不同日期的事件来定义的，而非固定的日期。我们之前一直在讨论的保险索赔诈骗场景就是这种情况的一个典型例子。其中，观测时段和结果时段都是相对于索赔事件而定义的，每一起索赔所发生的时间都有所不同。观测时段是索赔发生前的时间，在这一时段中我们计算刻画索赔者行为的描述性特征，而结果时段则紧跟在索赔事件之后，这一时段将显现出索赔是欺诈性的或是真实的。图 2.6a 展示了这种数据的示意图，而图 2.6b 则表明了如何将数据对齐以便提取描述性特征和目标特征来构建 ABT。注意，在图 2.6b 中每个月的名称被抽象化了，变为了相对于分隔观测和结果时段的转折点的名称。

[38]

当时间是场景中的一个因素时，描述性特征和目标特征并不都需要与时间相关。在一些情况下，只有描述性特征具有时间成分，而目标特征则是与时间无关的。相反，目标特征也可能具有时间成分，而描述性特征则可能没有。

⊖　我们在这个讨论中用来建立 ABT 并进行训练和评估的所有数据都是历史数据，请记住这一点，这很重要。

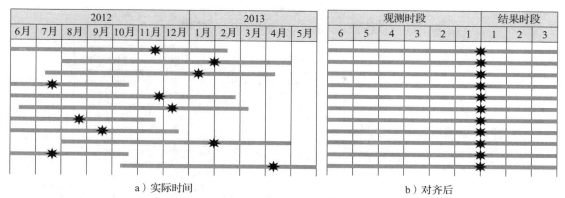

图 2.6 观测和结果时段通过事件而非固定时间点定义（每行代表一个预测主体，星星代表事件）

下一个最佳优惠模型（next-best-offer model）提供了一个描述性特征与时间相关而目标特征与时间无关的范例场景。下一个最佳优惠模型用来确定当客户在考虑取消某项服务时提供给客户的成本最低的激励措施（例如，一项手机通信套餐），以使客户重新考虑这一决定并最终留下来。这一情况下，客户联系公司来取消服务是时间上的关键事件。描述性特征所基于的观测时段是客户在联系公司前的所有行为。这里并没有结果时段，因为目标特征是由公司能否说服客户重新考虑以及为此需要给出的激励措施来决定的。图 2.7 展示了这一场景。

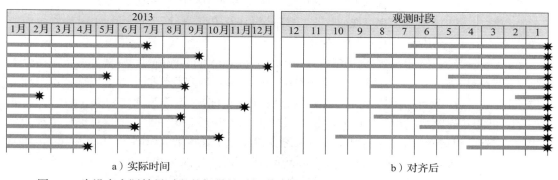

图 2.7 为没有实际结果时段的场景的时间点建模（每行代表一个预测主体，星星代表事件）

借贷拖欠预测的目标特征的定义具有时间元素，而其描述性特征则与时间无关。在借贷拖欠预测中，申请人拖欠借贷的可能性是基于申请人在申请表上提供的信息来预测的。这种情况下确实不存在观测时段，因为所有描述性特征都是基于申请人提供的申请表，而不是基于长时间对申请人行为进行的观测⊖。本例中，我们认为结果时段是申请人全额偿还或没能偿还的贷款生命周期。为了对该问题建立 ABT，我们需要含有申请人详细信息以及偿还行为的历史数据集（根据贷款具体情况，这可能会涉及过去许多年的数据）。这个场景由图 2.8 展示。

2.4.4 法律问题

数据分析从业者可能经常会因为法律禁止他们在 ABT 里面使用那些看起来对某个分析解决方案特别合适的特征而感到苦恼。组织的运行必须在其业务所涉及的司法管辖区内符合相关法律法规，而模型不违反这些法律法规是非常重要的。不同司法管辖区的法律法规千差万别，但有一些相关的重要原则却几乎能广泛适用。

⊖ 可能有人会反驳说申请表上的信息汇总了申请人的一生，这便构成了观测时段！

图 2.8 为没有实际观测时段的场景的时间点建模（每行代表一个预测主体，星星代表事件）

首先是关于**反歧视法规**（anti-discrimination legislation）的。大多数司法管辖区的反歧视法规禁止基于以下理由来实行歧视：性别、年龄、种族、种族特性、国籍、性取向、宗教信仰、残疾以及政治观点。例如，1964 年美国《民权法案》[一]宣布基于种族、肤色、宗教信仰、国家血统以及性别而歧视他人是非法的。随后一些法条又被加入列表（比如，残疾后来被纳入反歧视法规）。在欧盟，1999 年的《阿姆斯特丹条约》[二]禁止基于性别、种族或种族血统、宗教或信仰、残疾、年龄或性取向的歧视行为。而该反歧视条约在欧盟各国法律中的具体实现细节却有所不同。

这对 ABT 中特征设计的影响在于，在分析解决方案中使用会导致一些人受到偏向性对待的特征是违反反歧视法律的。例如，1.2 节所讨论的信用评分模型便不能使用种族作为描述性特征，因为这会成为歧视他人的依据。

第二个重要的原则涉及**数据保护法规**（data pretection legislation），特别是关于使用**个人数据**（personal data）的法规。个人信息是有关已确定或可确定身份的个人的数据，也被称为**数据主体**（data subject）。尽管在不同的司法管辖区，数据保护法规变化很大，但仍有一些被广泛认可的共同原则。经济合作与发展组织（OECD, 2013）定义了八个信息保护法规的总体原则[三]。对于构建分析基础表来说，其中三项尤为相关：**采集限制原则**（collection limitation principle）、**目的规范原则**（purpose specification principle）以及**使用限制原则**（use limitation principle）。

采集限制原则指出，个人数据只能在数据主体知情且同意的情况下通过合法手段取得。这会限制组织能够收集到的数据的数量，有时，因为没有得到同意收集所需数据的授权，还会限制刻画某些领域概念的特征的实现。例如，智能手机应用程序的开发者可能决定通过开启定位来搜集对预测应用程序未来使用情况极为有用的数据。而如果未经该应用程序用户的许可，那么这样做就会违反这项原则。

目的规范原则指出，在采集数据时，必须告知数据主体使用数据的目的。而使用限制原则补充指出，采集到的数据不能再被用于采集时所述目的之外的其他目的。有些时候这就意味着组织采集到的数据不能被纳入 ABT，因为这会与采集数据的最初目的相冲突。例如，一家保险公司可能通过客户的旅行保险保单来搜集客户的旅行行为，并且随后在一个模型中使用该数据来预测每个客户的人寿保险的个性化价格。除非后者的使用在收集数据时便已说

[一] 《民权法案》的全文可参见 www.gpo.gov/fdsys/granule/STATUTE-78/STATUTE-78-Pg241/content-detail.html。

[二] 欧盟《阿姆斯特丹条约》的全文可参见 www.europa.eu/eu-law/decision-making/treaties/pdf/treaty_of_amsterdam/treaty_of_amsterdam_en.pdf。

[三] 这些原则的完整讨论可参见 www.oecd.org/sti/ieconomy/privacy.htm。

明，否则这种使用方式就会违背本项原则。

围绕着预测分析的法律考虑越来越重要，这种法律考虑在任何分析项目的设计中都应该被严肃对待。尽管在较大的组织中可以将提出的特征交给其法律部门进行评估，但在较小的组织中分析师时常需要自己来进行这些评估，因此分析师需要特别注意他们所做的决定的法律后果。

42

2.4.5　特征的实现

一旦 ABT 中特征的初始设计完成，我们就可以开始实现将特征提取、创建、聚合到 ABT 所需的技术过程。此时原始特征与衍生特征的区别开始变得明显起来。实现原始特征只需要复制相关原始值到 ABT 中，而实现衍生特征则需要将来自多个数据源的数据整合到一系列单独的特征值中。

一些重要的**数据操作**（data manipulation）经常被用来计算衍生特征的值，包括合并数据源，筛选数据源中的行，筛选数据源中的领域，通过结合或转换现有特征来衍生出新特征，以及聚合数据源。数据操作是在**数据库管理系统**（database management system）、**数据管理工具**（data management tool）或**数据操作工具**（data manipulation tool）中实现和执行的，并且经常被称为**提取 – 转换 – 载入**（Extract-Transform-Load，ETL）过程。

2.4.6　案例研究：汽车保险诈骗

回到汽车保险诈骗监测解决方案中，我们来考虑产生 ABT 所需的特征的设计与实现。在之前关于处理时间等因素的讨论中，我们说到汽车保险索赔预测场景的观测时段和结果时段的测量日期对于每起保险索赔（本案例中的预测主体）来说都是不同的。每起索赔的观测与结果时段是相对于索赔的具体日期来定义的。观测时段是索赔事件之前的时间，由此来计算刻画索赔者行为的描述性特征；而结果时段紧跟在索赔事件之后，在这一时期将显示出索赔是欺诈性的还是真实的。

我们为此场景提出的索赔者历史领域概念表明了该索赔者的过往索赔信息对于识别欺诈性索赔的重要性。这一领域概念天然地与观测时段相关，我们也会看到，由索赔者历史下的领域子概念衍生出的描述性特征也都是与时间相关的。例如，索赔者历史下面的索赔频率领域子概念应当刻画出这样一个事实，即索赔者过往索赔的次数对新索赔是欺诈行为的可能性有影响。这可以用统计该索赔者过往索赔次数的单个描述性特征来表达。然而，仅有这个值可能无法刻画所有的相关信息。增加更多的描述性特征来对领域概念进行更加完整的表达能够使预测模型的性能更好。本例中我们也许应该加入过去三个月索赔者提出索赔的总次数，每年索赔者提出索赔的平均次数，以及索赔者每年提出索赔的平均次数与索赔者过去 12 个月提出索赔的次数的比值。图 2.9 在部分领域概念图中显示了这些描述性特征。

43

索赔者历史下的索赔类型子概念也是与时间相关的。该领域子概念刻画索赔者过往索赔的不同类型，因为它也许能够为可能的欺诈行为提供证据。图 2.10 显示了该子领域包含的所有特征，这些特征都是衍生特征。这些特征还特别强调了有关软组织损伤的索赔（例如挥鞭样损伤），因为保险业普遍认为它常常与欺诈性索赔有关。索赔者过往对软组织损伤进行索赔的次数和索赔者软组织损伤索赔与其他受伤索赔的比例都在 ABT 中列为描述性特征。一个表明索赔者是否曾至少有一起索赔被拒绝赔付的标记也被纳入 ABT，因为它可能标志着某种可疑索赔的模式。最后，我们也使用了一个代表索赔者过往索赔种类的多样性的特征。它使用了 4.2 节将讨论到的**熵**（entropy）度量，因为其可以使用一个数字来很好地刻画一系列对象的多样性。

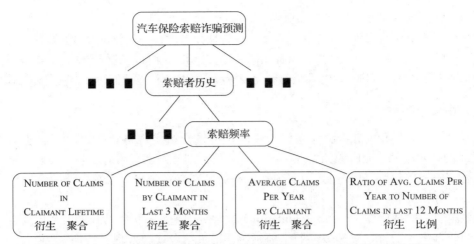

图 2.9　汽车保险诈骗预测分析解决方案领域概念的一个子集和相关特征

注：图中英文从左到右分别指的是索赔者提出索赔的总次数，索赔者过去 3 个月提出索赔的次数，索赔者年
　　均索赔次数，以及索赔者年均索赔次数与过去 12 个月索赔次数的比值。

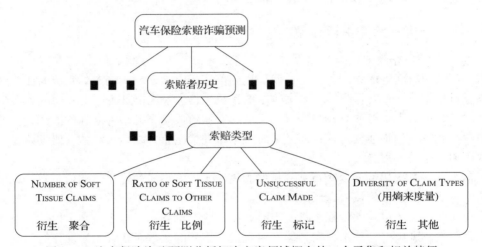

图 2.10　汽车保险诈骗预测分析解决方案领域概念的一个子集和相关特征

注：图中英文从左到右分别指的是软组织损伤索赔次数，软组织损伤索赔次数与其他索赔次数的比值，有无
　　被拒索赔，以及索赔类型多样性。

　　然而，在本场景下，并不是所有的领域概念都与时间相关。比如，领域概念索赔详情就
强调了在区分索赔是欺诈还是真实时索赔本身的详细情况的重要性（如图 2.11 所示）。索赔的
类型和索赔的金额是从保险公司业务数据库内的索赔表中直接得出的。描述索赔金额与迄今该
保单已缴纳保费的比例的衍生特征也被纳入 ABT。这是基于为避免缴纳过多保费，欺诈性索
赔可能会在保单的早期出现这一估计。最后，保险公司将其业务分为几个地理范围，并由公司
内部根据分公司的所在地来划分这些区域，因此可使用一个特征将原始地址映射到这些区域。

　　表 2.2 展示了为汽车保险索赔诈骗监测解决方案设计的 ABT 的最终结构[⊖]。该表中的描
述性特征比我们之前讨论过的要多。表中也展示了前四个实例。如果仔细观察表格，那么我
们会看到一些奇怪的值（比如 –99 999）和一些缺失值。下一章我们会介绍评估 ABT 中数据

―――――――――――――
　⊖　该表比页面宽很多，因此分成了三个部分。

质量的步骤，以及当质量不理想时我们可以采取的行动。

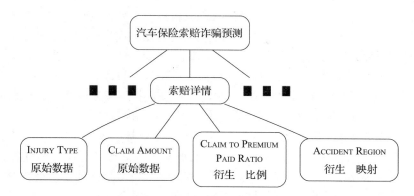

图 2.11　汽车保险诈骗预测分析解决方案领域概念的一个子集和相关特征

注：图中英文从左到右分别指的是受伤类型，索赔金额，索赔金额与已付保费比，事发地点。

表 2.2　汽车保险索赔诈骗监测解决方案的 ABT

ID	TYPE	INC.	MARITAL STATUS	NUM. CLMNTS.	INJURY TYPE	HOSPITAL STAY	CLAIM AMT
1	ci	0		2	*soft tissue*	*no*	1625
2	ci	0		2	*back*	*yes*	15 028
3	ci	54 613	*married*	1	*broken limb*	*no*	−99 999
4	ci	0		3	*serious*	*yes*	270 200
⋮					⋮		

ID	TOTAL CLAIMED	NUM. CLAIMS	NUM. CLAIMS 3 MONTHS	AVG. CLAIMS PER YEAR	AVG. CLAIMS RATIO	NUM. SOFT TISSUE	% SOFT TISSUE
1	3250	2	0	1	1	2	1
2	60 112	1	0	1	1	0	0
3	0	0	0	0	0	0	0
4	0	0	0	0	0	0	0
⋮				⋮			

ID	NUSUCC. CLAIMS	CLAIM AMT. REC.	CLAIM DIV.	CLAIM TO PREM.	REGION	FRAUD FLAG	
1	2	0	0	32.500	*mn*	1	
2	0	15 028	0	57.140	*dl*	0	
3	0	572	0	−89.270	*wat*	0	
4	0	270 200	0	30.186	*dl*	0	
⋮				⋮			

注：1. 表格第一部分的表头内容从左到右分别指的是编号、类型、收入、婚姻状况、索赔者提出索赔的总次
　　数、受伤类型、是否住院以及索赔金额，其中受伤类型分为软组织、背部、四肢骨折、严重四类。

　　2. 表格第二部分的表头内容从左到右分别指的是编号、总索赔金额、索赔者提出索赔的总次数、索赔过
　　去 3 个月提出索赔的次数、索赔者年均索赔次数、索赔者年均索赔次数与过去 12 个月索赔次数的比
　　值、软组织损伤索赔次数、软组织损伤索赔次数与其他索赔次数的比值。

　　3. 表格第三部分的表头内容从左到右分别指的是编号、有无被拒索赔、索赔金额记录、索赔类型多样性、
　　索赔金额与已付保费比、事发地点以及诈骗标记。

2.5　总结

要记得，使用机器学习技术构建的预测数据分析模型是我们帮助组织做出更佳决策的工具，它本身并不是事情的终点。重要的是，在接到构建预测模型的任务时，我们能够充分理解构建这个模型所要解决的商业问题，并且要确保模型能够解决这一问题。这是 CRISP-DM 流程的商业理解阶段中将商业问题转化为分析解决方案这一过程背后的目的。在进行这一步时，重点在于要将数据的可用性和企业的接纳力考虑进来，以便利用分析模型所产生的见解，否则就有可能构建出看起来很准确，但实际上没什么用处的预测模型。

预测数据分析模型依赖于构建它所用的数据——**分析基础表**（ABT），ABT 是这方面的关键数据资源。但 ABT 很少来源于一个组织已有的单个数据源。相反，ABT 必须通过结合一系列业务数据源来创建。这些数据资源结合的方式必须由分析从业者协同领域专家设计和实现。完成这件事的一个高效方式是从与企业协同定义一系列**领域概念**开始，然后再定义表达这些概念的特征以形成实际的 ABT。领域概念能够涵盖一个场景的不同方面对于建模来说很可能非常重要。

描述性特征和目标特征是领域概念的实际数值或符号表示。特征有许多种不同的类型，但考虑将直接来自现有数据源的**原始特征**和从现有数据源的数值操作中得来的**衍生特征**区分开来可能会非常有用。常见的数据操作方法包括聚合、标记、比例以及映射，但任何其他数据操作也都是有效的。完全表达一个领域概念经常需要使用多个特征。

本章所述的技术覆盖了 CRISP-DM 流程的**商业理解**、**数据理解**和（部分）**数据准备**阶段。图 2.12 展示了本章所述的主要任务与这些阶段的对应关系。下一章我们将详细讲述本章简略提到的数据理解和数据准备技术。须知在实践中，**商业理解**、**数据理解**和**数据准备**阶段是重复进行的，而不是线性的。图 2.12 的曲线箭头表现出了这一过程中常见的重复方式。

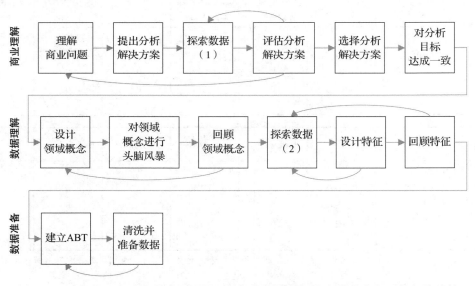

图 2.12　CRISP-MD 流程的商业理解、数据理解和数据准备阶段中各项任务的总结

2.6　延伸阅读

在将商业问题转化为分析解决方案这一主题中，Davenport（2006）和 Davenport and

Kim（2013）都是很好的关注商业的文献。Levitt and Dubner（2005）、Ayres（2008）和 Silver（2012）都给出了关于预测数据分析的不同应用的探讨。

CRISP-DM 流程的文档（Chapman et al.，2000）非常具有可读性，并且附带了很多本章所述的任务的细节。要了解挖掘商业概念和特征设计的相关信息，Svolba（2007）是出色的材料（其所述的方法可以应用于任何工具，不仅是 Svolba 书中所侧重的 SAS）。

要了解更多关于数据分析的法律问题的讨论，Tene and Polonetsky（2013）和 Schwartz（2010）相当有用。Siegel（2013）的第 2 章讨论了预测分析的伦理问题。

2.7　习题

1. 一家在线电影直播公司出现了一个商业问题，就是他们的 **客户流失**（customer churn）在增加——他们的订阅客户取消订阅而转投了另一家竞争商。请创建一个用预测数据分析来解决该商业问题的方法的列表。针对每个所提出的方法，请阐述将要建立的预测模型，企业如何使用这一模型，以及使用这一模型将如何帮助解决一开始的商业问题。

2. 国家税务部门对上市公司进行审计，以找出偷税漏税的企业并进行罚款。税务检查人员通过访问企业并花几天时间仔细检查该企业的账目来进行审计。由于耗时太久并且相当依赖于有经验的专业税务检查人员，进行审计是成本高昂的行为。税务部门目前随机地选择企业来进行审计。如果审计发现一家公司完全符合纳税要求，那么就可以说在该公司上所花的时间被浪费了；更重要的是，另一家违反税务法规的企业则因此逃过一次调查。税务部门打算通过仅针对那些更可能违反税法的公司进行审计来解决这一问题，而不是随机地选择被审计的公司。税务部门希望由此能够最大化审计产出。

   为提高该场景的环境流畅性，我们简述公司是如何与税务部门互动的。公司在建立时会到公司注册部门进行注册。注册时提供的信息包括公司业务类型、公司董事的详细情况以及公司的地址。公司注册后，每个财年结束时必须提供纳税申报单。这包括公司该年运营的所有财务详情，是计算该公司应缴税费的依据。上市公司每年还必须准备公开文件来概述其运营情况、董事变更详情等内容。

   a. 提出两种用预测数据分析解决该商业问题的方法[○]。针对每个所提出的方法，请阐述将要建立的预测模型，企业如何使用这一模型，以及使用这一模型将如何帮助解决一开始的商业问题。

   b. 针对你为税务委员会提出的每个分析解决方案，概述所需的数据类型。

   c. 对于你提出的每个分析解决方案，请概述税务部门使用你的解决方案提供的基于分析的见解所需的接纳力。

3. 下面的表格展示了含有保险公司保单持有人详情的较大数据集的一个样本。该表格包含的描述性特征包括投保人的编号、职业、性别、年龄、汽车价值（MOTOR VALUE）、所持保单类型（POLICY TYPE）以及偏好的联系方式（PREF CHANNEL）。

ID	OCCUPATION	GENDER	AGE	MOTOR VALUE	POLICY TYPE	PREF CHANNEL
1	*lab tech*	*female*	43	42 632	*planC*	*sms*
2	*farmhand*	*female*	57	22 096	*planA*	*phone*
3	*biophysicist*	*male*	21	27 221	*planA*	*phone*

○　全世界的税务部门普遍使用预测数据分析技术来使其业务尽可能高效。Cleary and Tax（2011）便是很好的范例。

（续）

ID	Occupation	Gender	Age	Motor Value	Policy Type	Pref Channel
4	*sheriff*	*female*	47	21 460	*planB*	*phone*
5	*painter*	*male*	55	13 976	*planC*	*phone*
6	*manager*	*male*	19	4866	*planA*	*email*
7	*geologist*	*male*	51	12 759	*planC*	*phone*
8	*messenger*	*male*	49	15 672	*planB*	*phone*
9	*nurse*	*female*	18	16 399	*planC*	*sms*
10	*fire inspector*	*male*	47	14 767	*planC*	*email*

注：Occ 特征的那一列从上到下分别指的是实验室技师、农场工人、生物物理学家、警长、画家、经理、地理学家、邮递员、护士、消防检查员。

a. 说明每个描述性特征包含的是数值、区间、次序、类别、二元还是本文数据。

b. 每个类别和次序特征分别有多少级别？

4. 选择你在回答第2题关于税务部门的问题时提出的一个模型，以探索其**分析基础表**（ABT）的设计。

a. 在你要使用 ABT 进行训练的模型中，预测主体是什么？

b. 描述该 ABT 的领域概念。

c. 为该 ABT 绘制领域概念图。

d. 你使用的领域概念是否会涉及某些法律问题？

*5. 某家在线时装零售店尽管销量还不错，却无法达到他们在创建网站时所期望的销量。请列出预测数据分析能够帮助解决这一商业问题的几种方法。针对每个所提出的方法，请阐述将要建立的预测模型，企业如何使用这一模型，以及使用这一模型将如何帮助解决一开始的商业问题。

*6. 一家石油勘探公司难以确定为发现理想的油井位置所需的钻探点的数量。公司的地质学家找到了许多有潜力的钻探点，但在所有位置进行钻探的成本非常高。如果能够提高对找到真正油井位置有帮助的钻探点的比例，公司就能节省一大笔钱。

目前公司的地质学家通过人工检查许多不同来源的信息来找到可能的钻探点。这包括地形测绘详图、航拍照片、探测点的岩石和土壤样品特征以及灵敏的重力和地震探测仪器。

a. 提出两种用预测数据分析解决石油勘探公司所面临的问题的方法。针对所提出的每个方法，请阐述将要建立的预测模型，企业如何使用这一模型，以及使用这一模型将如何帮助解决一开始的商业问题。

b. 对于你提出的每个分析解决方案，请概述所需的数据类型。

c. 对于你提出的每个分析解决方案，请概述要利用你的解决方案提供的基于分析的见解所需的接纳力。

*7. 选择你为了解答上一个关于石油勘探的问题而提出的预测分析模型来探索**分析基础表**的设计。

a. 在你要使用 ABT 进行训练的模型中，预测主体是什么？

b. 描述该 ABT 的领域概念。

c. 为该 ABT 绘制领域概念图。

d. 你使用的领域概念是否会涉及某些法律问题？

第 3 章

数 据 探 索

若不提前准备，那就准备面对失败吧。

——罗伊·基恩

第 2 章我们阐述了从商业问题转化为分析解决方案的过程，并由此开始设计和构建**分析基础表**（ABT）。预测分析解决方案中的 ABT 包含一系列实例，实例则由一系列描述性特征和一个目标特征构成。在尝试基于 ABT 构建预测模型之前，我们还有一件很重要的事情要做，那便是对 ABT 中的数据进行一些探索性的分析，或者说，**数据探索**（data exploration）。**数据探索**是 CRISP-DM 流程中**数据理解**和**数据准备**阶段的重要组成部分。

进行数据探索有两个目的。第一个目的是充分理解 ABT 中数据的特性。理解 ABT 中每个特征的特性是非常重要的事情，比如特征可以使用的值的类型、特征的值的取值范围、数据集中特征的值在其取值范围内的分布等。我们将此称为了解数据。数据探索的第二个目的是确定 ABT 中的数据是否存在会对我们构建的模型有不利影响的**数据质量**（data quality）方面的问题。典型的数据质量问题有：实例缺失了一个或多个描述性特征的值、实例的某个特征的值过高、实例的某个特征的级别有异常等。无效数据会导致一些数据质量问题的出现，我们应当在发现这些问题的时候就进行纠正。然而，由完全有效的数据导致的数据质量问题却会给一些机器学习方法造成困难。我们在探索时标出这些数据以便在项目的建模阶段进行处理。

数据探索中最为重要的工具是**数据质量报告**（data quality report）。本章从阐述数据质量报告的结构以及如何用它来了解 ABT 中的数据并找到数据质量问题开始。随后我们阐述一些处理数据质量问题的策略，以及使用它们的合适时机。在关于数据质量报告及其使用方法的讨论过程中，我们会回到第 2 章所述的汽车保险诈骗案例研究。本章的最后，我们会介绍更多的高级数据探索技术，尽管这不属于标准的数据质量报告，但在分析项目中却非常有用。我们还会在最后介绍一些数据准备技术，其在建模之前可应用于 ABT 中的数据。

3.1 数据质量报告

数据质量报告是数据探索过程中最为重要的工具。一份数据质量报告包括使用测量**中央趋势**（central tendency）和**离散度**（variation）的标准统计方法来描述 ABT 中每个特征的特点的表格报告（连续特征和类别特征各一份）。与表格报告一同出现的有表明 ABT 中每个特征的值的分布的可视化数据。对中央趋势的标准度量（**平均值**（mean）、**众数**（mode）以及**中位数**（median））、离散程度的标准度量（**标准差**（standard deviation）和**百分位数**（percentile））

以及标准可视化图表（条形图（bar plot）、**直方图**（histogram）以及**箱形图**（box plot））尚不熟悉的读者可阅读附录 A 中的相关介绍。

数据质量报告中描述连续特征的表应当用一行来为每个特征纳入其最小值、第 1 四分位数、平均值、中位数、第 3 四分位数、最大值、标准差等特征的统计数据，还要包含 ABT 中实例的总数、ABT 中该特征有缺失值的实例的百分比，以及每个特征的**基数**（基数用于测量 ABT 中特征含有的唯一值的数量）。表 3.1a 展示了数据质量报告中描述连续特征的表的结构。

表 3.1　数据质量报告中描述连续特征和类别特征的表的结构

a) 连续特征

特征	数量	缺失值 %	基数	最小值	第 1 四分位数	平均值	中位数	第 3 四分位数	最大值	标准差
—	—	—	—	—	—	—	—	—	—	—
—	—	—	—	—	—	—	—	—	—	—
—	—	—	—	—	—	—	—	—	—	—

b) 类别特征

特征	数量	缺失值 %	基数	众数	众数频率	众数 %	第 2 众数	第 2 众数频率	第 2 众数 %
—	—	—	—	—	—	—	—	—	—
—	—	—	—	—	—	—	—	—	—

数据质量报告中描述类别特征的表应当用一行来为 ABT 中的每个特征纳入该特征的两个最常见的级别（众数和第 2 众数），以及它们出现的频率（包括原始频率和相对于数据集中实例总数的百分比）。每行还应该包括 ABT 中该特征有缺失值的百分比以及该特征的基数。表 3.1b 展示了数据质量报告中描述类别特征的表的结构。

数据质量报告还应当包括 ABT 中每个连续特征的直方图。对于基数小于 10 的连续特征来说，我们使用条形图而不是直方图，因为条形图通常能为可视化数据提供更多信息。数据质量报告还应该包含 ABT 中每个类别数据的条形图。

案例研究：汽车保险诈骗

表 3.2 展示了基于 2.4.6 节所述设计为汽车保险索赔诈骗监测解决方案构建的部分 ABT[⊖]。该 ABT 的数据质量报告用表 3.3（连续特征和类别特征的表）和图 3.1（数据集中每个特征的数据可视化）来展示。

⊖ 为使数据集能够印在一页上，只收纳了图 2.9、图 2.10 和图 2.11 中领域概念图所述的全部特征的一部分。

表 3.2　2.4.6 节所讨论的汽车保险索赔欺诈监测问题的部分 ABT

ID	TYPE	INC.	MARITAL STATUS	NUM. CLMNTS.	INJURY TYPE	HOSPITAL STAY	CLAIM AMT.	TOTAL CLAIMED	NUM CLAIMS	NUM. SOFT TISS.	% SOFT TISS.	CLAIM AMT. RCVD.	FRAUD FLAG
1	ci	0		2	soft tissue	no	1625	3250	2	2	1.0	0	1
2	ci	0		2	back	yes	15 028	60 112	1	0	0	15 028	0
3	ci	54 613	married	1	broken limb	no	−99 999	0	0	0	0	572	0
4	ci	0		4	broken limb	yes	5097	11 661	1	1	1.0	7864	0
5	ci	0		4	soft tissue	no	8869	0	0	0	0	0	1
...	ci	...	...	...	...	...	...	...	...	...	...	...	...
300	ci	0	married	2	broken limb	no	2244	0	0	0	0	2244	0
301	ci	0		1	broken limb	no	1627	92 283	3	0	0	1627	0
302	ci	0		3	serious	yes	270 200	92 806	3	0	0	270 200	0
303	ci	0		1	soft tissue	no	7668	0	0	0	0	7668	0
304	ci	46 365	married	1	back	no	3217	0	0	0	0	1653	0
...	ci	...	...	...	...	...	...	...	...	...	...	...	...
458	ci	48 176	married	3	soft tissue	yes	4653	8203	1	0	0	4653	0
459	ci	0		1	soft tissue	yes	881	51 245	3	0	0	0	1
460	ci	47 371	divorced	3	back	no	8688	729 792	56	5	0.08	8688	0
461	ci	0		1	broken limb	yes	3194	11 668	1	0	0	3194	0
462	ci	0		1	soft tissue	no	6821	0	0	0	0	0	1
...	ci	...	...	...	...	...	...	...	...	...	...	...	...
496	ci	0		1	soft tissue	no	2118	0	0	0	0	0	1
476	ci	29 280	married	4	broken limb	yes	3199	0	0	0	0	0	1
498	ci	0		1	broken limb	yes	32 469	0	0	0	0	16 763	0
499	ci	46 683	married	1	broken limb	no	179 448	0	0	0	0	179 448	0
500	ci	0		1	broken limb	no	8259	0	0	0	0	0	1

注：右起第二列表头内容指的是收到的索赔金额，其余表头的含义可参见表 2.2。

表 3.3　表 3.2 中所示的汽车保险索赔诈骗监测 ABT 的数据质量报告

a) 连续特征

特征	数量	缺失值 %	基数	最小值	第 1 四分位数	平均值	中位数	第 3 四分位数	最大值	标准差
INCOME	500	0.0	171	0.0	0.0	13 740.0	0.0	33 918.5	71 284.0	20 081.5
NUM. CLAIMANTS	500	0.0	4	1.0	1.0	1.9	2	3.0	4.0	1.0
CLAIM AMOUNT	500	0.0	493	−99 999	3322.3	16 373.2	5663.0	12 245.5	270 200.2	28 426.3
TOTAL CLAIMED	500	0.0	235	0.0	0.0	9597.2	0.0	11 282.8	729 792.0	35 655.7
NUM. CLAIMS	500	0.0	7	0.0	0.0	0.8	0.0	1.0	56.0	2.7
NUM. SOFT TISSUE	500	2.0	6	0.0	0.0	0.2	0.0	0.0	5.0	0.6
% SOFT TISSUE	500	0.0	9	0.0	0.0	0.2	0.0	0.0	2.0	0.4
AMOUNT RECEIVED	500	0.0	329	0.0	0.0	13 051.9	3253.5	8191.8	295 303.0	30 547.2
FRAUD FLAG	500	0.0	2	0.0	0.0	0.3	0.0	1.0	1.0	0.5

b) 类别特征

特征	数量	缺失值 %	基数	众数	众数频率	众数 %	第 2 众数	第 2 众数频率	第 2 众数 %
INSURANCE TYPE	500	0.0	1	ci	500	1.0	–	–	–
MARITAL STATUS	500	61.2	4	married	99	51.0	single	48	24.7
INJURY TYPE	500	0.0	4	broken limb	177	35.4	soft tissue	172	34.4
HOSPITAL STAY	500	0.0	2	no	354	70.8	yes	146	29.2

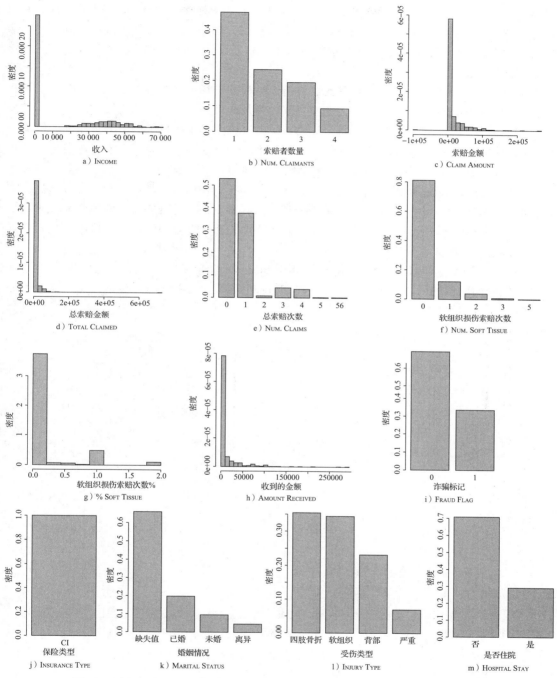

图 3.1　表 3.2 中所示的汽车保险索赔诈骗监测 ABT 的连续和类别特征可视化

3.2　了解数据

　　数据质量报告较为深入地刻画了 ABT 中的数据，我们应当对其进行仔细研究，以便了解我们要使用的数据。对于每个特征，我们应当察看其中央趋势以及离散程度以弄清特征可以使用的值的类型。对于类别特征来说，我们应当在数据质量报告中该类别特征的表里察看其众数、第 2 众数、众数百分比以及第 2 众数百分比。我们由此可知这些特征最为常见的级别，也能了解到是否有某些级别在数据集中占有很大比重（这些级别的众数百分比将非常高）。数据质量报告中的条形图此时也非常有用。它能让我们快速地了解每个类别特征的所有级别，以及这些级别出现的频率。

对于连续特征来说，我们应当首先察看每个特征的平均值和标准差以弄清数据集中该特征的值的中央趋势和离散程度。我们还应当察看特征的最小值和最大值，以便了解每个特征可以取值的范围。数据质量报告中每个连续特征的直方图是了解特征的值的分布和取值范围的极为简便的方式[⊖]。当生成特征的直方图时，我们应该了解到直方图有几种常见且易于理解的形状。这些形状与一些著名的标准**概率分布**[⊜]（probability distribution）有关。认出 ABT 中特征的值的分布与这些标准分布的对应关系能够帮助我们构建机器学习模型。在数据探索阶段，我们只需要辨别出特征大致服从某种分布，只要察看每个特征的直方图就可完成这项工作。图 3.2 展示了分析特征时常见的表现出特征特性的部分直方图的形状，这些形状象征着一些标准且有名的概率分布。

图 3.2a 展现了表示**均匀分布**（uniform distribution）的直方图。均匀分布表明特征在每个取值范围内的取值的可能性相等。有时，均匀分布意味着某个描述性特征包含某种编号，而不是其他更有趣的东西的度量。

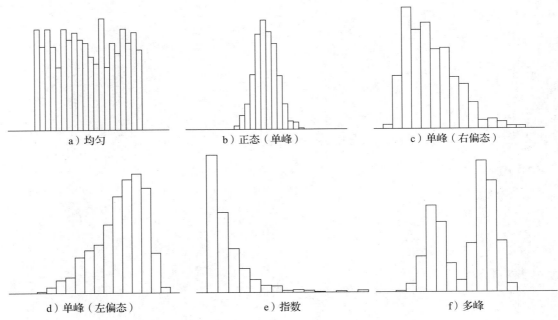

图 3.2　六个不同数据集的直方图，每个都显示出常见且有名的特性

图 3.2b 展现了表示**正态分布**（normal distribution）的形状。服从正态分布的特征具有较强的趋向中心值的趋势，并且在中心值的两边对称分布。自然出现的现象——例如，随机选择的男性或女性群体的身高和体重——趋向于服从正态分布。服从正态分布的直方图也被称

⊖　请注意，在密度直方图中，每个条形的高度代表该条形所覆盖的取值范围中的值在数据样本中出现的可能性，参见 A.4.2 节。

⊜　我们将在第 6 章深入讨论概率分布。

为**单峰**（unimodal），因为在其中央趋势周围只有一个峰值。找到表示正态分布的特征是一件好事情，因为我们将在随后章节讨论的许多建模方法在正态分布的数据上表现得特别好。

图 3.2c 和图 3.2d 展现了表示**偏态**（skew）的单峰直方图。偏态就是朝向非常高（**右偏态**（right skew），如图 3.2c 所示）或非常低（**左偏态**（left skew），如图 3.2d 所示）的值的趋势。记录薪水的特征常常显现出右偏态，因为大部分人的薪水接近于明确的中央趋势，但通常有少量人的薪水极高或极低。偏态分布也常被称为有朝向很高或很低的值的**长尾**（long tail）。

在表现出**指数分布**（exponential distribution）的特征里，如图 3.2e 所示，较低值出现的可能性非常高，而较高值出现的可能性却快速降低。如某个人进行保险索赔或某个人结婚的次数趋于服从指数分布。发现某个特征服从指数分布是很可能出现离群点的明确警报。如图 3.2e 所示，指数分布的长尾表明非常高的值并不罕见。

最后，表现出**多峰分布**（multimodal distribution）的特征拥有两个或多个常常出现却又明显分离的值的范围。图 3.2f 展示了一个有两个明显峰值的**双峰分布**（bi-modal distribution）——我们可以认为这是两个叠加在一起的正态分布。多峰分布往往在特征含有对不同群体的测量值时出现。例如，如果要测量随机选择的爱尔兰男性和女性群体的身高，那么我们便可预料到会出现有女性峰值为 1.635m 和男性峰值为 1.775m 的双峰分布。

观测到多峰分布既是警讯，也是喜讯。警讯是因为对多峰分布数据的中央趋势和离散程度的测量很可能失效。例如，考虑图 3.2f 中所示的分布，其平均值很可能刚好落在两个峰值之间的山谷，即便取该值的实例非常少。喜讯则是因为，如果我们运气好的话，多峰分布数据的不同峰值往往关系到我们要预测的不同目标级别。例如，如果我们要通过一些生理学指标来预测性别，那么身高很可能会是非常有预测力的值，因为它能够将人群分成男女两个群体。

数据探索的这一阶段大体上是一个信息搜集的过程，最后的结果只是让我们对 ABT 中的内容有更深的了解。但这也是我们发现 ABT 中的特征在离散程度和中央趋势上的异常并加以研究的好机会。例如，薪水特征的平均值为 40 就显得不大可能（40 000 看起来更为合理），我们应当对此进行检查。

3.2.1 正态分布

正态分布（也称为**高斯分布**（Gaussian distribution））极为重要，因此值得多花些时间来探讨其特性。标准概率分布具有**概率密度函数**（probability density function），它确定了这个分布的特性。正态分布的概率密度函数是：

$$N(x, \mu, \sigma) = \frac{1}{\sigma \sqrt{2\pi}} e^{-\frac{(x-\mu)^2}{2\sigma^2}} \tag{3.1}$$

其中，x 为任意值，μ 和 σ 是确定分布形状的参数。给定概率密度函数，我们便可绘制出分布的**密度曲线**（density curve）。密度曲线是可视化标准分布的另一种方法。图 3.3 展示了一些不同的正态分布的密度曲线。水平坐标轴上的值所对应的曲线越高，取该值的可能性也就越大。

正态分布的曲线关于单个峰值对称。峰值的位置由参数 μ（音 mu[⊖]）确定，代表**总体平均值**（population mean，也就是，当我们能得到特征所有可能出现的取值时所求得的特征的平均值）。曲线的高度和坡度由参数 σ（音 sigma）确定，代表**总体标准差**（population standard

---

⊖ 此处及下文括号中的发音是英语的读音，不是汉语拼音。——译者注

deviation)。σ 的值越大，曲线的高度越低，坡度也越平缓。图 3.3a 展示了当 μ 改变时曲线峰值位置的变化，而图 3.3b 则展示了当 σ 改变时曲线形状的变化。注意，两张图中由黑色实线绘制的正态分布曲线的平均值 μ = 0，标准差 σ = 1。这种正态分布被称为**标准正态分布**（standard normal distribution）。记法 X 服从 N (μ, σ) 经常被用来作为"X 是平均值为 μ 标准差为 σ 的正态分布的特征"的简称⊖。正态分布的一个重要特征常被称为 **68-95-99.7 法则**：在一个服从正态分布的样本中，大约 68% 的值在 μ 的一个 σ 范围内，95% 的值在 μ 的两个 σ 范围内，99.7% 的值在 μ 的三个 σ 范围内。图 3.4 展示了这一法则。这条法则表明，服从正态分布的数据在距离平均值两个标准差之外出现观测值的概率很低。

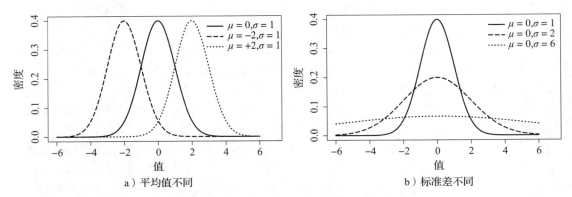

a）平均值不同   b）标准差不同

图 3.3   标准差相同平均值不同的三个正态分布，以及标准差不同平均值相同的三个正态分布

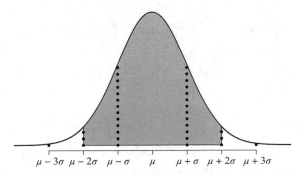

图 3.4   68-95-99.7 法则示意图；灰色区域覆盖了样本中 95% 的值预计会出现的区域

3.2.2 案例研究：汽车保险诈骗

表 3.3 和图 3.1 中所示的数据质量报告使我们很快就熟悉了 ABT 中数据的中央趋势和离散程度。这些都大致符合企业的预期。在图 3.1 中所示的条形图内，每个类别特征领域内的各个级别及其分布情况都非常明显。例如，INJURY TYPE 有四个级别，其中 *broken limb*、*soft tissue* 以及 *back* 这三个级别在 ABT 中出现得非常频繁，而 *serious* 则非常罕见。INSURANCE TYPE 的分布有些奇怪，因为它只显示出一个级别。

从图 3.1 的直方图中我们可以看到除了 INCOME 和 FRAUD FLAG 之外的连续特征似乎都服从指数分布。INCOME 非常有趣，因为它似乎服从正态分布，但却在 0 处有一个很大的条形。FRAUD FLAG 特征的分布在直方图中看起来并不是连续特征的典型形状。

⊖ 有时候，特征的方差 σ² 而不是其标准差 σ 被用作正态分布的参数。本书中我们使用标准差 σ。

通过分析数据质量报告，我们能够了解 ABT 中数据的特性。我们稍后还会回来检查那些分布有点奇怪的特征。

3.3 找出数据质量问题

在了解数据之后，数据探索的下一个目标是找出 ABT 中的**数据质量问题**（data quality issue）。数据质量问题泛泛地定义为 ABT 中数据的任意不寻常之处。而最为常见的数据质量问题是**缺失值**（missing value）问题、**异常基数**（irregular cardinality）问题以及**离群点**（outlier）问题。本节我们会描述每种数据质量问题，并概述如何使用数据质量报告来找出这些问题。

我们从数据质量报告中找出的数据质量问题分为两种：由**无效数据**（invalid data）导致的数据质量问题，以及由**有效数据**（valid data）导致的数据质量问题。由无效数据导致的数据质量问题一般是由生成 ABT 时的错误引起的，通常与计算衍生特征有关。当找到由无效数据引起的数据质量问题时，我们应该立刻纠正它们，重新生成 ABT，并重建数据质量报告。由有效数据引起的数据质量问题可由一些领域特有的问题引发（我们将在随后章节探讨其中一些问题），但我们并不一定要对其进行改正。除了在使用 ABT 中的数据来训练预测模型要求时必须纠正某些数据质量问题外，通常我们无须纠正由有效数据引起的数据质量问题。比如，我们无法使用含有缺失值的数据来训练基于误差的模型，而包含离群点的数据会严重影响基于相似性的模型的性能。此时我们只需在**数据质量计划**（data quality plan）中记录下所有由有效数据引发的数据质量问题，以使我们知道它们的存在，并在后面——如果有必要的话——对其进行处理。表 3.4 展示了数据质量计划的结构。对于每个找到的数据质量问题，我们记录下所出现问题的特征，以及数据质量的细节。随后我们对每个数据质量问题添加可能的处理策略。

表 3.4　数据质量计划的结构

特征	数据质量问题	可能的处理策略
——	——	——
——	——	——
——	——	——
——	——	——

3.3.1　缺失值

在生成 ABT 时，一些实例的一个或多个特征经常会出现缺失值。数据质量报告的**缺失值 %**（%Miss.）列表明了每个特征（连续和类别）的缺失值所占的百分比，因此很容易便可找出哪些特征有缺失值的问题。如果特征出现缺失值，那么我们必须首先确定为什么这些值会出现缺失。缺失值常常由合并数据或生成衍生特征值时的错误导致。如果是这两个原因的话，这些缺失值就是由无效数据所产生的，因此数据合并错误可以被纠正，并且可以通过重新生成 ABT 来修复缺失值的错误。但缺失值也可能是由合法性原因导致的。在组织中，有时候某些值只能在某个日期之后才能采集，而用来生成 ABT 的数据可能既涵盖了该日期之前的时间，也涵盖了该日期之后的时间。在其他一些情况下，特别是数据来源于人工输入的情形，某些个人的敏感数据（例如薪水、年龄或体重）可能只被输入到少数实例中。这些缺失值是由有效数据导致的，因此无须对其进行处理，但应当记录到数据质量计划中。

在进行数据探索时，有一种情况下我们可能需要处理由有效数据产生的缺失值。如果某个特征的缺失值比例非常高（经验上来说超过 60%），那么该特征所含有的信息就会过少，因此直接从 ABT 中去掉这个特征很可能是一个不错的想法。

3.3.2 异常基数

数据质量报告中的**基数**（Card.）列表明了 ABT 中一个特征可取的不同值的数量。当特征的基数与我们的预期不符时便会产生数据质量问题，我们称其为**异常基数**（irregular cardinality）。首先应当检查基数列中基数为 1 的特征。这表明该特征在所有实例中都是同样的值，因此该特征对于建立预测模型来说不包含任何信息。应当首先调查基数为 1 的特征，以确保它不是由生成 ABT 所产生的错误。如果是的话，我们应当改正这个错误，并且重新生成 ABT。如果生成过程确实没有错误，那么尽管基数为 1 的特征是有效的，我们也应当将其从 ABT 中移除，因为它对于构建预测模型来说毫无价值。

在基数列中要注意的第二件事情是被错标为连续特征的类别特征。连续特征的基数通常与数据集中的实例数接近。如果连续特征的基数值远小于数据集中的实例数，那么我们应当对其进行调查。有时候一个特征实际上是连续的，但实践中却只能取到很小范围的值，例如一个人的子女的数量。这种情况并没有问题，我们也无须对该特征进行处理。而在其他情况下，类别特征的设计可能会是使用数值来代表类别，并且可能会在数据质量报告中被错误地识别为连续特征。例如，记录性别的特征使用 1 来代表女性，0 来代表男性。如果在数据质量报告中将此特征作为连续特征来对待，那么它的基数将会是 2。一旦找到这种特征，我们应当将其记录为类别特征。

异常基数可造成的第三种数据质量问题是，一个类别特征所具有的基数比我们根据其定义所预期的要高很多。例如，如果一个存储性别的类别特征的基数是 6 的话，便值得我们调查一番。这一问题的出现常常是由于多个级别被用来表示同一件事情——例如，在存储性别的特征中，我们可能会找到 *male*、*female*、*m*、*f*、*M* 以及 *F* 这几个级别，都是表示男性（*male*）和女性（*female*）的略微不同的形式。这也属于无效数据导致的数据质量问题。我们应当通过将其映射到标准级别的集合上来纠正这一错误，并且重新生成 ABT。

异常基数可造成的最后一种数据质量问题是类别特征的基数非常高——基数超过 50 的类别特征都值得我们研究。在许多情况下一个特征确实需要如此高的基数，但我们会看到，一些机器学习算法难以利用基数过高的特征。这是由有效数据导致的数据质量问题，因此如果 ABT 中的数据出现这一问题，那么我们应当在数据质量计划中加以注明。

3.3.3 离群点

离群点（outlier）是特征中距离中央趋势非常远的值。ABT 中可能出现两种离群点：**无效离群点**（invalid outlier）和**有效离群点**（valid outlier）。无效离群点是被错误地包含到样本里的值，也常被称为数据中的噪声。无效离群点可能由各种不同的原因产生。例如，在人工输入数据的过程中，一位胖手指[⊖]的分析师可能输入了 100 000 而不是 1000。有效离群点是正确的值，只是与特征的其他值有很大不同，例如，一个有巨额薪水的亿万富翁与样本中的

⊖ 胖手指是金融交易中常用的习语，指代那些由于交易员失误而多输入了几个零，继而导致的比本来要交易的数额多得多的买入或卖出。

其他所有人相比。

数据质量报告主要通过两种方式来找出数据集中的离群点。首先是检查每个特征的最大和最小值，并用领域知识来确定这些值看起来是不是合理。比如，年龄的最小值为 −12 显然是错误的。这样发现的离群点很可能是无效离群点，如果数据源允许的话，我们应当立刻予以改正，如果不能改正，那么应当移除这个值并将其标为缺失值。有些情况下，因为离群点的存在，我们可能需要从数据集中移除整个实例。

找出离群点的第二个方法是比较中位数、最小值、最大值、第 1 四分位数以及第 3 四分位数之间的差异。如果第 3 四分位数和最大值的差异显著地大于中位数和第 3 四分位数的差异，这就意味着最大值有些不寻常，很可能是离群点。类似地，如果第 1 四分位数和最小值之间的差异明显大于中位数和第 1 四分位数之间的差异，这就意味着最小值不太寻常，很可能是离群点。箱形图中所显示的离群点也有助于进行这种比较。直方图中的指数或偏态分布也是存在离群点的很好的指示器。

第二种方法所找到的离群点很可能是有效离群点，因此它们是由有效数据导致的数据质量问题。一些机器学习技术在有离群点的情形下性能不佳，因此我们应当在数据质量计划中记录这些问题，便于在项目的稍后阶段加以处理。

3.3.4 案例研究：汽车保险诈骗

使用表 3.3 和图 3.1 中所示的数据质量报告和表 3.2 中的部分 ABT，我们可以对 ABT 中的数据质量问题进行分析。我们会分别探讨其中的缺失值、异常基数以及离群点。

3.3.4.1 缺失值

表 3.3 中数据质量报告的缺失值 % 列表明了 MARITAL STATUS 和 NUM. SOFT TISSUE 是仅有的明显有缺失值问题的特征。实际上，MARITAL STATUS 超过 60% 的值缺失了，因此几乎可以确定该特征应当被移出 ABT（我们稍后再讨论这个特征）。而 NUM. SOFT TISSUE 中只有 2% 的值缺失，因此移除该特征就过于极端了。我们应当在数据质量计划中记录这一问题。

检查 INCOME 特征的直方图（见图 3.1a）以及表 3.2 中所示的该特征的实际数据，便可发现一个有趣的模式。直方图中我们可以看到 INCOME 特征的值为零的数量有些异常，它与中央趋势——值大概为 40 000——的区别似乎太大了。对数据质量报告中 INCOME 行的检查也显示出了中位数和平均值的巨大不同，这很奇怪。通过检查特征在表 3.2 中的行，我们发现零值与 MARITAL STATUS 特征的缺失值同时出现。我们与企业共同调查这个模式，以找出这一情况是由有效数据还是无效数据导致。企业最终证实，INCOME 特征下的零值实际上代表缺失值，由于 MARITAL STATUS 和 INCOME 是同时采集的，导致 ABT 中同一个实例的这两个特征都是缺失值。没有其他数据源能够修正这些有缺失值的特征，因此我们决定将这两个特征移出 ABT。

3.3.4.2 异常基数

从数据质量报告的基数列看下去，我们可以发现 INSURANCE TYPE 特征的基数为 1，很明显这是一个需要我们调查的数据问题。这样的基数值表明每个实例中的这个特征都有相同的值 ci。与企业调查该问题后发现 ABT 的生成过程没有任何问题，而 ci 代表汽车保险（car insurance）。ABT 中的每个实例都应当为这个值，因此我们将它从 ABT 中移除。

数据集中许多连续特征的基数也非常低。NUM. CLAIMANTS、NUM. CLAIMS、NUM. SOFT TISSUE、% SOFT TISSUE 以及 FRAUD FLAG 的基数都低于 10，这对于有 500 个实例的数据集来说很罕见。我们与企业调查了这些基数。最终发现，NUM. CLAIMANTS、NUM. CLAIMS 以及 NUM. SOFT

TISSUE 特征是有效的，因为它们是类别特征，并且只能取很小范围的值（因为人们不会进行太多次索赔）。% SOFT TISSUE 特征是 NUM. CLAIMS 和 NUM. SOFT TISSUE 的比值，是由低基数导致的低基数。

FRAUD FLAG 特征的基数为 2，表明它并不是真的连续特征。相反，FRAUD FLAG 是类别特征，只是恰好使用了 0 和 1 作为类别标签而导致在 ABT 中被作为连续特征对待。FRAUD FLAG 被改为类别特征。这一点在此时非常重要，因为 FRAUD FLAG 是目标特征，我们将在随后的几章中看到，目标特征的类型对于我们如何使用机器学习方法有很大的影响。

3.3.4.3　离群点

检查表 3.3a 中每个连续特征的最大和最小值，我们会发现 CLAIM AMOUNT 的最小值出现异常，为 –99 999。稍加调查便可发现该最小值来自于表 3.2 中的 d_3。图 3.1c 中，在 –99 999 处并未显示出很高的条形，这证明该值没有多次出现。类似 99 999 的模式也意味着这很可能是输入错误，或 ABT 中出现了系统默认值。这一情况得到了企业方面的证实，因此该值被视为无效离群点，并被替换为缺失值。

CLAIM AMOUNT、TOTAL CLAIMED、NUM. CLAIMS 以及 AMOUNT RECEIVED 的最高值似乎都异常地高，尤其是相对于中位数和第 3 四分位数来说。要调查离群点，我们应当总是从在数据集中找到含有异常最大值和最小值的实例开始。本例中，TOTAL CLAIMED 和 NUM. CLAIMS 的最大值都来自于表 3.2 中的 d_{460}。该投保人似乎比其他所有人的索赔数量都多得多，总索赔额也反映了这一点。我们与企业调查了这一异常，最终表明这些数字虽然正确，但该保单实际上是企业保单而不是个人保单，并且其因失误而列入了 ABT。因此，d_{460} 实例从 ABT 中被移出。

CLAIM AMOUNT 和 AMOUNT RECEIVED 过大的最大值都来自于表 3.2 中的 d_{302}。与企业一同调查该问题后发现，它实际上是一个有效离群点，代表的是由严重受伤导致的巨额索赔。检查图 3.1c 和图 3.1h 中所示的直方图发现，CLAIM AMOUNT 和 AMOUNT RECEIVED 特征有几个很大的值（相比于直方图右边的小条形），因而 d_{302} 并不是唯一的例子。这些离群点应当被记录在数据质量计划中，以便在后面寻求可能的处理方法。

3.3.4.4　数据质量计划

根据先前章节的分析，我们创建了如表 3.5 所示的数据质量计划。它记录了每个在汽车保险诈骗 ABT 中找出的由有效数据导致的数据质量问题。在该项目的建模阶段，我们会使用该表来提醒我们可能会影响到模型训练的数据质量问题。下一节末尾我们会通过添加可能的处理办法来完成这张表。

表 3.5　汽车保险诈骗预测 ABT 的数据质量计划

特征	数据质量问题	可能的处理策略
NUM. SOFT TISSUE	缺失值（2%）	
CLAIM AMOUNT	离群点（高）	
AMOUNT RECEIVED	离群点（高）	

3.4　处理数据质量问题

如果在进行数据探索时找到了由有效数据导致的数据质量问题，那么我们应当在数据质量报告中记录这些问题，便于在项目的稍后阶段加以处理。这一方面最为常见的问题是缺失值和离群点，它们都是数据中的**噪声**（noise）。即使我们通常会将噪声问题拖延到项目的建模阶段处理（不同的预测模型类型需要不同水平的噪声处理，总的来说，我们应当尽可能减少噪声处理），本节我们也依旧会阐述处理缺失值和离群点的最为常见的技术。进行数据探索时，在数据质量计划中对每个数据质量问题添加最佳处理方法是个不错的想法，因为它能在建模时帮我们节省时间。

3.4.1　处理缺失值

处理缺失值最简单的方法就是从 ABT 中删除掉所有包含缺失值的特征。然而这会对数据造成大量的，而且往往是没有必要的损失。比方说，如果在含有 1000 个实例的 ABT 中，某个特征的一个值产生了缺失，那么仅因此就删除整个特征显得太过极端了。仅考虑彻底删除缺失值超过 60% 的特征是总体的经验法则，我们应当使用更为精细的方法来处理那些缺失值较少的特征。

除了完全删除有大量缺失值的特征之外，另一种方法是从其中衍生出一个缺失值指示特征。这是一个标记原始特征中某个值是否缺失的二元特征。如果缺失特定特征值的原因与目标特征具有某种关系，那么这种方法将会非常有用——例如有缺失值的特征代表敏感个人数据，而一个人是否乐意提供这种数据可能也意味着某些事情。当使用缺失值来指示特征时，原始特征通常会被丢弃。

另一种简单的处理缺失值的方法是**完整实例分析**（complete case analysis），它从 ABT 中删除所有缺失一个或多个特征值的实例。而这个方法会导致大量的数据损失，如果数据集中的缺失值不是完全随机的话，该方法也会在数据集中引入偏差。总的来说，我们建议仅使用完整实例分析来移除那些目标特征值缺失的实例。实际上，任何目标特征值缺失的实例都应当被移出 ABT。

填充（imputation）是根据现有的特征的值，来较为合理地估计并替换缺失值。最为常见的填充方法是将特征的缺失值替换为度量该特征中央趋势的值。对于连续特征来说，平均值或中位数最为常用。而对于类别数据来说，众数最为常用。

然而，填充不能用于有大量缺失值的特征，因为填充大量缺失值会使特征的中央趋势出现很大变化。对于缺失值超过 30% 的特征我们尚且可以勉强对其进行填充，但我们非常不建议对缺失值超过 50% 的特征的缺失值进行填充。

还有其他更为复杂的填充方式。例如，我们实际可以建立一个预测模型，以便根据数据集中某个实例的现有特征值来估计该实例缺失特征的值。但是，我们建议首先使用那些简单的模型，只有在必要的时候才寻求复杂的处理方法。

填充技术常常能给出不错的结果，并且能避免由删除特征或完整实例分析带来的数据损失。但要注意到，所有的填充技术都会改变数据集中本来的数据，也会导致我们低估特征的离散程度，进而扭曲描述性特征和目标特征的关系。

3.4.2　处理离群点

处理离群点最简单的方法是使用**夹钳变换**（clamp transformation）。这种变换将所有高于上阈值和低于下阈值的值都"夹"成这些阈值，以去除值过高或过低的离群点：

$$a_i = \begin{cases} lower & 若\ a_i < lower \\ upper & 若\ a_i > upper \\ a_i & 否则 \end{cases} \tag{3.2}$$

其中 a_i 是特征 a 的某个值，*lower* 和 *upper* 分别为下阈值和上阈值。

上下阈值可以根据领域知识人工设置，也可从数据中计算得出。计算夹钳阈值的一个常用方法是将下阈值设为第 1 四分位数减去 1.5 倍的**四分位距**（inter-quartile range），将上阈值设为第 3 四分位数加上 1.5 倍的四分位距。这个方法效果很好，并且考虑到了数据集内中央趋势两边的数值离散程度的差异。

假设要对汽车保险诈骗监测场景中的 CLAIM AMOUNT 特征使用这一方法，则上下阈值由下式给出：

$$lower = 3322.3 - 1.5 \times 8923.2 = -10\,062.5$$
$$upper = 12\,245.5 + 1.5 \times 8923.2 = 25\,630.3$$

其中使用的值由表 3.3 给出。所有超出阈值的值都将转换为阈值。查看图 3.1c 中的直方图对于考虑由使用该阈值进行夹钳变换造成的影响有所帮助。找到水平轴上的 25 630.3 处，可看到该上阈值会改变大量的值。将计算阈值所用的乘数 1.5 改为更大的值可以减少夹钳变换的影响。

另一个设置上下阈值的常用方法是用特征的平均值加上或者减去 2 倍的标准差[○]。这个方法的效果也很好，但它假设了数据服从正态分布。

如果将这个方法用于汽车保险诈骗监测场景中的 AMOUNT RECEIVED 特征，那么上下阈值由下式给出：

$$lower = 13\,051.9 - 2 \times 30\,547.2 = -48\,042.5$$
$$upper = 13\,051.9 + 2 \times 30\,547.2 = 74\,146.3$$

[75] 其中数值也是从表 3.3 得到的。查看图 3.1h 中所示的直方图也能很好地反映使用该变换的影响。将计算阈值所用的乘数 2 改为更大的值可以减少这一影响。

对于何时使用像夹钳变换这样的变换来处理数据中的离群点，有许多不同的看法。许多人认为，进行这样的变换可能会消除掉数据集中最有趣且（从预测建模的观点来看）信息量最丰富的实例。而另一方面，我们将在随后几章讨论的一些机器学习方法因离群点的存在而表现不佳。因此，夹钳变换的影响应当通过分别比较由应用变换的数据集所训练出的模型和由未应用变换的数据集所训练出的模型的不同性能来评估。

3.4.3　案例研究：汽车保险诈骗

如果需要的话，处理 NUM. SOFT TISSUE 特征最明智的方法是填充法。该特征的缺失值非常少（2%），因此将其替换为填充值不会过分影响特征的方差。这种情况下中位数 0.0（见表 3.3a）是替换缺失值最合适的值，因为这个特征只能取离散值，自然情况下，平均值 0.2 永远不可能在数据集中出现。

在 CLAIM AMOUNT 和 AMOUNT RECEIVED 特征中出现的离群点可以用夹钳变换来轻松处理。两个特征都大致服从于指数分布，这就意味着设置夹钳阈值的方法不会有太好的效果（两种方法都是在正态分布数据上效果最好）。因此，这一情况下，根据领域知识人工设置上下阈值是最合适的方法。企业建议，对这两个特征较为合理的设定是设置 0 为下阈值，80 000 为上阈值。

通过纳入这些可能的处理策略，我们便可完成数据质量计划。最终的数据质量计划如表 3.6 所示。数据质量计划和数据质量报告是汽车保险诈骗监测项目数据探索工作的成果。

[76]

○　想想 3.2 节我们讨论过的关于正态分布的 68-95-99.7 法则。这一处理离群点的方法直接基于该法则。

表 3.6　汽车保险诈骗预测 ABT 的含有可能处理策略的数据质量计划

特征	数据质量问题	可能的处理方法
Num. Soft Tissue	缺失值（2%）	填充（中位数：0.0）
Claim Amount	离群点（高）	夹钳变换（人工：0，80 000）
Amount Received	离群点（高）	夹钳变换（人工：0，80 000）

3.5　高阶数据探索

本章前述的所有统计和数据可视化技术都侧重于单个特征的特性。本节将介绍一些能够检查特征之间关系的方法。

3.5.1　可视化特征之间的关系

准备构建预测模型时，调查特征之间的关系常常是个好主意。它有助于发现可能对预测目标特征有帮助的描述性特征，也有助于找出紧密相关的描述性特征。找到紧密相关的两个描述性特征是降低 ABT 大小的一种方式，因为如果两个描述性特征之间的联系足够强，我们便不需要同时使用这两个特征。本节我们将阐述可视化两个连续特征、两个类别特征以及一个连续特征和一个类别特征之间的关系的方法。

我们使用一个新的数据集作为本章的范例。表 3.7 展示了一个职业篮球队的三十个球员的详情。数据集含有每个球员的身高（Height）、体重（Weight）、年龄（Age）；球员平常比赛时的位置（Position，包括后卫（guard）、中锋（center）和前锋（forward））；球员的生涯阶段（Career Stage，包括新人（rookie）、中期（mid-career）和老将（veteran））；每个球员每周的平均赞助商收入（Sponsorship Earnings）；以及球员是否有球鞋赞助商（Shoe Sponsor，可以为是（yes）或否（no））。

77

表 3.7　职业篮球队的详细情况

ID	Position	Height	Weight	Career Stage	Age	Sponsorship Earnings	Shoe Sponsor
1	forward	192	218	veteran	29	561	yes
2	center	218	251	mid-career	35	60	no
3	forward	197	221	rookie	22	1312	no
4	forward	192	219	rookie	22	1359	no
5	forward	198	223	veteran	29	362	yes
6	guard	166	188	rookie	21	1536	yes
7	forward	195	221	veteran	25	694	no
8	guard	182	199	rookie	21	1678	yes
9	guard	189	199	mid-career	27	385	yes
10	forward	205	232	rookie	24	1416	no
11	center	206	246	mid-career	29	314	no
12	guard	185	207	rookie	23	1497	yes
13	guard	172	183	rookie	24	1383	yes
14	guard	169	183	rookie	24	1034	yes
15	guard	185	197	mid-career	29	178	yes
16	forward	215	232	mid-career	30	434	no

（续）

ID	POSITION	HEIGHT	WEIGHT	CAREER STAGE	AGE	SPONSORSHIP EARNINGS	SHOE SPONSOR
17	*guard*	158	184	*veteran*	29	162	*yes*
18	*guard*	190	207	*mid-career*	27	648	*yes*
19	*center*	195	235	*mid-career*	28	481	*no*
20	*guard*	192	200	*mid-career*	32	427	*yes*
21	*forward*	202	220	*mid-career*	31	542	*no*
22	*forward*	184	213	*mid-career*	32	12	*no*
23	*forward*	190	215	*rookie*	22	1179	*no*
24	*guard*	178	193	*rookie*	21	1078	*no*
25	*guard*	185	200	*mid-career*	31	213	*yes*
26	*forward*	191	218	*rookie*	19	1855	*no*
27	*center*	196	235	*veteran*	32	47	*no*
28	*forward*	198	221	*rookie*	22	1409	*no*
29	*center*	207	247	*veteran*	27	1065	*no*
30	*center*	201	244	*mid-career*	25	1111	*yes*

3.5.1.1　两个连续特征的可视化

散点图是数据可视化最为重要的工具之一。散点图有两个轴：表示一个特征的横轴，以及表示另一个特征的纵轴。数据集中的每个实例都通过图中的一个点来表示，点的位置由该实例要绘制散点图的两个特征的值确定。图 3.5a 展示了一个关于表 3.7 中所示数据集的 HEIGHT 和 WEIGHT 特征的散点图范例。该散点图的点呈现出沿对角线大致为线性的分布。这意味着 HEIGHT 特征和 WEIGHT 特征之间存在着较强的正线性关系——当 HEIGHT 增加时，WEIGHT 也增加。我们说这种关系的特征具有正协方差。图 3.5b 展示了表 3.7 中 SPONSORSHIP EARNINGS 和 AGE 特征的散点图，这两个特征是强负协方差。图 3.5c 展示了 HEIGHT 和 AGE 的特征散点图，这两个特征没有明显的正或负的协方差。

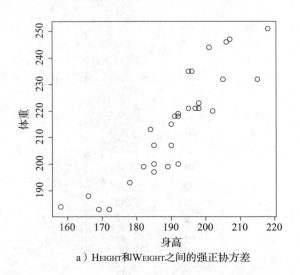

a）HEIGHT和WEIGHT之间的强正协方差

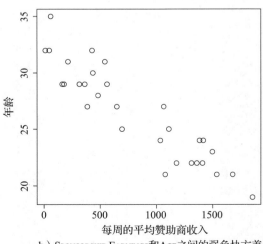

b）SPONSORSHIP EARNINGS和AGE之间的强负协方差

图 3.5　由表 3.7 中的两个特征绘制的散点图范例

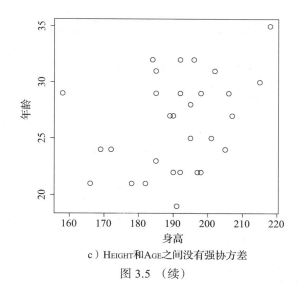

c）HEIGHT和AGE之间没有强协方差

图 3.5 （续）

散点图矩阵（Scatter PLOt Matrix, SPLOM）将一大组特征的散点图排列成一个矩阵来展示。这有助于探索一组特征之间的关系——例如，ABT 中所有的连续特征。图 3.6 的范例展示了表 3.7 中所示的职业篮球队数据集中连续特征的散点图矩阵：HEIGHT、WEIGHT、AGE 以及 SPONSORSHIP EARNINGS。每行和每列代表着对应的沿对角线排列的特征。对角线上方和下方的方格展示了该方格对应的行和列中所示特征的散点图。

散点图矩阵是探索整个集合中的连续特征之间关系的快捷方法。而一旦特征的数量超过 8 个，散点图矩阵的有效性便会减小，因为每张图都会变得非常小。使用辅助数据探索的交互式工具有助于克服这一局限性。

3.5.1.2　两个类别特征的可视化

可视化两个类别特征最简单的方法是使用一组条形图。它也常被称为**小型多重**（small multiple）可视化。首先我们绘制一张简单的条形图来展示第一个特征的不同级别的密度。然后，针对第二个特征的每个级别，我们也为第一个特征绘制一张条形图，但只使用第二个特征具有该级别的实例。如果被可视化的两个特征具有较强的关系，那么第二个特征的每个级别的条形图之间将有明显的区别，并且与第一个特征自身的条形图也有明显的区别。如果特征之间不存在关系，我们便可预计，第一个特征的级别将在具有第二个特征的不同级别的实例中均匀分布，因此所有条形图看起来都会非常相似。

图 3.7a 展示了表 3.7 中所示的职业篮球队数据集中 CAREER STAGE 和 SHOE SPONSOR 特征的例子。左侧条形图展示了 CAREER STAGE 特征不同级别的分布。余下两幅图展示了有和没有球鞋赞助商的球员的生涯阶段分布。由于这几幅图的分布情况非常相似，因此可以断定这两个特征之间不存在实际的关系，任何生涯阶段的球员有或没有球鞋赞助商的可能性都是相同的。

图 3.7b 展示了另一个例子：同一个数据集里的 POSITION 和 SHOE SPONSOR 特征。这种情形下三幅图区别很大，因此我们可以断定这两个特征之间存在关系。看起来位置是后卫的球员拥有球鞋赞助的可能性比前锋或者中锋大得多。

使用小型多重图时，保持所有图的一致性是非常重要的，这样才能确保图表凸显出真正的区别，而非由格式不同导致的区别。例如，坐标轴的尺度应当始终保持一致，每个条形图中条形的顺序也应当保持一致。使用密度而不是频率来表示也是很重要的，因为每个可视化图表左

79

侧的总体条形图所涵盖的数据远多于另外两张图，所以基于频率的图表看起来会非常不均匀。

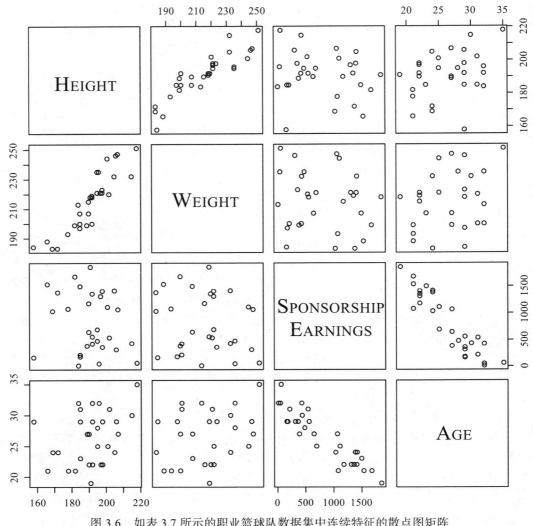

图 3.6　如表 3.7 所示的职业篮球队数据集中连续特征的散点图矩阵

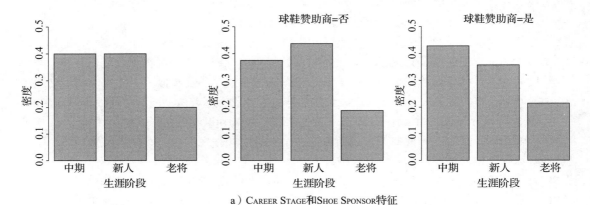

a）Career Stage 和 Shoe Sponsor 特征

图 3.7　用小型多重条形图可视化方法来阐明两个类别特征的关系的范例；所有数据都来自表 3.7

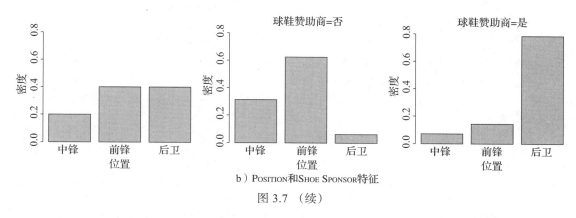

b）Position和Shoe Sponsor特征

图 3.7 （续）

    如果被对比的特征中某个特征的级别数量较少（建议不超过三个），那么可以使用**堆叠式条形图**（stacked bar plot）来代替小型多重条形图。当使用这种方法时，我们会在上方展示第一个特征的条形图，而在下方显示第二个特征的每个级别在第一个特征的每个级别内的相对分布。由于使用了相对分布，第二幅条形图的条形会覆盖整个可用的空间——这也常被称为 100% 堆叠式条形图。如果两个特征不相关，我们便可以预料到第二个特征的每个级别在第一个特征的每个级别中所占的比例相同。

80 ～ 82

    图 3.8 显示了两个使用堆叠式条形图的例子。在如图 3.8a 所示的第一个例子中，Career Stage 特征的条形图展示在上方，下方是显示 Shoe Sponsor 各个级别在具有 Career Stage 各个级别的实例中的分布情况的 100% 堆叠式条形图。Shoe Sponsor 各个级别的分布对于 Career Stage 的各个级别来说几乎是完全相同的，因此我们可以断定这两个特征之间没有关系。如图 3.8b 所示的第二个例子显示了 Position 和 Shoe Sponsor 特征。此时我们可以看到，Shoe Sponsor 特征的各个级别的分布对于每个位置来说是不同的。由此我们可以断定后卫比其他位置的球员更有可能拥有球鞋赞助。

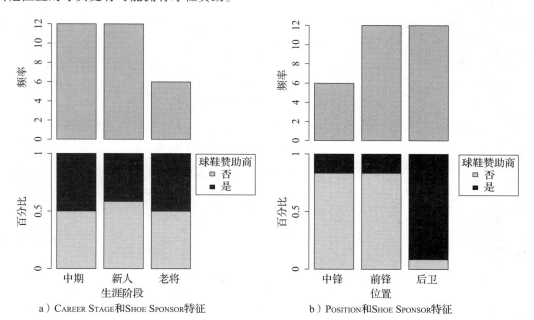

a）Career Stage和Shoe Sponsor特征　　　　　b）Position和Shoe Sponsor特征

图 3.8　用堆叠式条形图可视化方法来阐明两个类别特征的关系的范例；所有数据都来自表 3.7

3.5.1.3 一个类别特征和一个连续特征的可视化

可视化一个连续特征和一个类别特征之间关系的最好办法是使用小型多重方法来为类别特征的每个级别绘制连续特征的值的密度直方图。每张直方图仅包括数据集中具有相应类别特征的级别的实例。类似于对两个类别应用小型多重图，如果两个特征不相关（或者说互相独立），那么每个级别的直方图应当非常相似。而如果两个特征相关，那么直方图的中央趋势和形状就会有区别。

图 3.9a 展示了表 3.7 中 AGE 特征的直方图。我们可以从图中看到，AGE 服从值介于 19 到 35 之间的均匀分布。图 3.9c 展示了 POSITION 特征的不同级别所对应的 AGE 的值的小型多重直方图。这些直方图显示出中锋有比后卫和前锋稍微年长一些的轻微趋势，而这种关系似乎不是很强，因为每幅小型直方图与 AGE 特征的直方图都总体上呈现均匀分布。图 3.9b 和 3.9d 展示了第二个例子，HEIGHT 特征和 POSITION 特征。从图 3.9b 中我们可以看出，HEIGHT 服从于中心为平均值（约 194）的正态分布。三张稍小的直方图则不同于这种分布，表明中锋的身高趋向于比前锋更高，而前锋则趋向于比后卫更高。

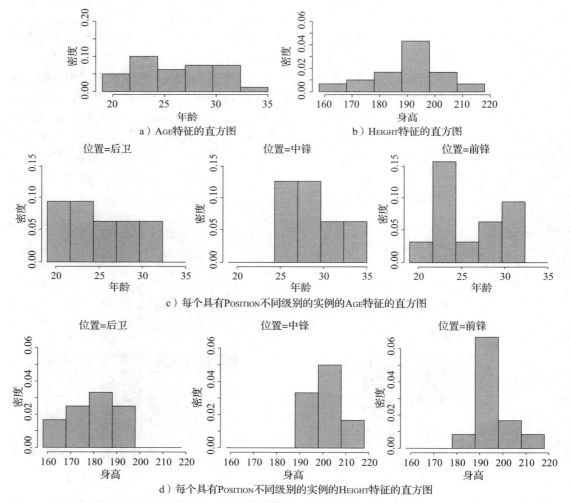

图 3.9 用小型多重直方图来可视化一个类别特征和一个连续特征的关系的例子。所有例子所用的数据均来自表 3.7 中所示的职业篮球队数据集

　　用小型多重图来可视化一个类别特征和一个连续特征之间的关系的另一种方法是使用一系列箱形图。对于类别特征的每个级别，我们绘制连续特征对应的值的箱形图。这使得多个箱形图能够轻松地比较连续特征的中央趋势和离散程度是如何随着类别特征的不同级别而变化的。当这两个特征之间存在关系时，箱形图应当显示出不同的中央趋势和离散程度。而当两个特征之间不存在关系时，箱形图应当都是较为相似的。

　　在图 3.10a 和图 3.10b 中，我们用表 3.7 中所示的 AGE 和 POSITION 特征展示了多重箱形图方法。图 3.10a 展示了整个数据集中 AGE 特征的箱形图，而图 3.10b 则展示了在 POSITION特征每个级别上 AGE 的箱形图。类似于图 3.9 中所示的直方图，这种可视化方法也略微显示出中锋比前锋和后卫更加年长的趋势，而这三个箱形明显重叠，表明这种关系不是非常强。

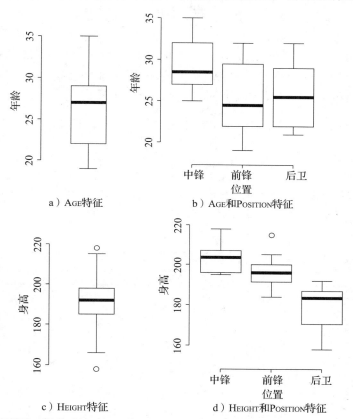

a）AGE特征　　　　　　b）AGE和POSITION特征

c）HEIGHT特征　　　　　　d）HEIGHT和POSITION特征

图 3.10　用箱形图可视化来自表 3.7 中所示的类别特征和连续特征的关系（POSITION 特征与AGE 特征之间的关系，以及 POSITION 特征与 HEIGHT 特征之间的关系）的直方图

　　类似地，图 3.10c 和图 3.10d 可视化了 HEIGHT 和 POSITION 这一对特征。图 3.10d 是表明连续特征和类别特征存在很强关系的一种典型的箱形图。我们可以看到中锋的平均身高高于前锋，而前锋则高于后卫。尽管箱形的"胡须"表明这三组之间存在一些重叠，但它们看起来能被很好地区分开。

　　直方图比箱形图能展示更多细节，因此小型多重直方图为两个特征之间的关系提供了更为详细的视角。而各个级别之间中央趋势和离散程度的区别在箱形图中更为明显。当类别特征的级别太多（超过四个）时，箱形图也更为适用，这是小型多重直方图往往难以表示的。一个不错的方法是，使用箱形图来确定哪些特征对可能具有很强的关系，之后再对这些特征对使用小型多重直方图进行深入研究。

3.5.2　度量协方差和相关性

同目视检查散点图一样，我们也可用**协方差**（covariance）和**相关性**（correlation）来计算两个连续特征之间关系的形式化度量。对于有 n 个实例的数据集中的两个特征 a 和 b，a 和 b 之间的**样本协方差**（sample covariance）为：

$$\mathrm{cov}(a,b) = \frac{1}{n-1}\sum_{i=1}^{n}((a_i - \overline{a}) \times (b_i - \overline{b})) \tag{3.3}$$

其中 a_i 和 b_i 是特征 a 和 b 在数据集中第 i 个实例上的值，而 $\overline{a}$ 和 $\overline{b}$ 是特征 a 和 b 的样本均值。协方差的值域为 $[-\infty, \infty]$，其中负值代表负关系，正值代表正关系，接近零的值代表特征之间关系极小或者不存在关系。

表 3.8 展示了表 3.7 的数据集中 HEIGHT 特征与 WEIGHT 和 AGE 特征之间的协方差的计算过程。表中展示了如何对数据集中的每个实例计算式（3.3）的 $(a_i - \overline{a}) \times (b_i - \overline{b})$ 部分，以计算这两个协方差。给出该表，我们便可计算如下的协方差：

$$\mathrm{cov}\,(\text{HEIGHT}, \text{WEIGHT}) = \frac{7009.9}{29} = 241.72$$

$$\mathrm{cov}\,(\text{HEIGHT}, \text{AGE}) = \frac{570.8}{29} = 19.7$$

这两个数字表明球员的身高和体重具有很强的正关系，而身高和年龄的正关系则弱得多。这也印证了由散点图图 3.5a 和图 3.5c 得出的这几个特征的关系。

表 3.8　计算协方差

ID	HEIGHT (h)	$h - \overline{h}$	WEIGHT (w)	$w - \overline{w}$	$(h - \overline{h}) \times$ $(w - \overline{w})$	AGE (a)	$a - \overline{a}$	$(h - \overline{h}) \times$ $(a - \overline{a})$
1	192	0.9	218	3.0	2.7	29	2.6	2.3
2	218	26.9	251	36.0	967.5	35	8.6	231.3
3	197	5.9	221	6.0	35.2	22	−4.4	−26.0
4	192	0.9	219	4.0	3.6	22	−4.4	−4.0
5	198	6.9	223	8.0	55.0	29	2.6	17.9
					...			
26	191	−0.1	218	3.0	−0.3	19	−7.4	0.7
27	196	4.9	235	20.0	97.8	32	5.6	27.4
28	198	6.9	221	6.0	41.2	22	−4.4	−30.4
29	207	15.9	247	32.0	508.3	27	0.6	9.5
30	201	9.9	244	29.0	286.8	25	−1.4	−13.9
平均值	191.1		215.0			26.4		
标准差	13.6		19.8			4.2		
和					7009.9			570.8

注：该表展示了式（3.3）的 $((a_i - \overline{a}) \times (b_i - \overline{b}))$ 部分对于数据集中的每个实例是如何计算的，以完成式中求和部分的计算。表中展示了相应的平均值和标准差（并不需要用标准差来计算协方差，但随后我们计算相关性时要用到标准差，故而放入表中）。

这个例子也凸显出使用协方差会产生的一个问题。度量协方差的单位是使用其所度量的特征的单位。因此，比较特征对之间的协方差只有当每对特征的单位是相同的时候才有意义。相关性⊖是值域从 –1 到 1 的归一化的协方差。我们通过用两个特征的协方差除以它们的标准差的乘积来计算相关性。两个特征 a 和 b 之间的相关性可以用下式计算：

$$\text{corr}(a,b) = \frac{\text{cov}(a,b)}{\text{sd}(a) \times \text{sd}(b)} \tag{3.4}$$

其中 cov(a, b) 是特征 a 和 b 之间的协方差，而 sd(a) 和 sd(b) 则分别是 a 和 b 的标准差。由于相关性是归一化的，因此它是无量纲的，继而，也不会有协方差带来的表示能力差的问题。相关性的值域为 [–1, 1]，接近 –1 的值表明非常强的负相关（或协方差），接近 1 的值表明非常强的正相关，而接近于 0 的值则表明无相关性。没有相关性的特征被称为是**独立**（independent）的。

HEIGHT 特征分别与 WEIGHT 和 AGE 特征之间的相关性可以用表 3.8 给出的协方差和标准差计算，如下式：

$$\text{corr}(\text{HEIGHT}, \text{WEIGHT}) = \frac{241.72}{13.6 \times 19.8} = 0.898$$

$$\text{corr}(\text{HEIGHT}, \text{AGE}) = \frac{19.7}{13.6 \times 4.2} = 0.345$$

这两个相关性的值比先前计算的协方差有用得多，因为相关性在归一化后的尺度上，这就让我们能够相互比较关系的强度。HEIGHT 和 WEIGHT 特征之间存在很强的正相关，而 HEIGHT 和 AGE 特征之间的相关性则极小。

在大部分 ABT 中，我们可能会对其中多个连续特征之间的关系进行探索。为此，协方差矩阵和相关矩阵是两个非常有用的工具。协方差矩阵中的每个特征都有一行和一列，矩阵中的每个元素都列出了相应特征对之间的协方差。因此，沿着主对角线的元素列出了一个特征和其自身的协方差，也就是，特征的方差。一系列连续特征 {a, b, ⋯, z} 的协方差矩阵通常用 **Σ** 表示，由下式给出： |88|

$$\underset{\{a,b,\cdots,z\}}{\boldsymbol{\Sigma}} = \begin{bmatrix} \text{var}(a) & \text{cov}(a,b) & \cdots & \text{cov}(a,z) \\ \text{cov}(b,a) & \text{var}(b) & \cdots & \text{cov}(b,z) \\ \vdots & \vdots & \ddots & \vdots \\ \text{cov}(z,a) & \text{cov}(z,b) & \cdots & \text{var}(z) \end{bmatrix} \tag{3.5}$$

类似地，相关矩阵就是归一化的协方差矩阵，展示了每对特征的相关性：

$$\underset{\{a,b,\cdots,z\}}{\text{correlation matrix}} = \begin{bmatrix} \text{corr}(a,a) & \text{corr}(a,b) & \cdots & \text{corr}(a,z) \\ \text{corr}(b,a) & \text{corr}(b,b) & \cdots & \text{corr}(b,z) \\ \vdots & \vdots & \ddots & \vdots \\ \text{corr}(z,a) & \text{corr}(z,b) & \cdots & \text{corr}(z,z) \end{bmatrix} \tag{3.6}$$

HEIGHT、WEIGHT 和 AGE 的协方差矩阵和相关矩阵分别为：

$$\underset{\{\text{HEIGHT, WEIGHT, AGE}\}}{\boldsymbol{\Sigma}} = \begin{bmatrix} 185.128 & 241.72 & 19.7 \\ 241.72 & 392.102 & 24.469 \\ 19.7 & 24.469 & 17.697 \end{bmatrix}$$

以及

$$\underset{\{\text{HEIGHT, WEIGHT, AGE}\}}{\text{correlation matrix}} = \begin{bmatrix} 1.0 & 0.898 & 0.345 \\ 0.898 & 1.0 & 0.294 \\ 0.345 & 0.294 & 1.0 \end{bmatrix}$$

⊖ 此处陈述的相关系数全称为 Pearson 积距相关系数或 Pearson 相关系数 r，以统计学巨擘 Karl Pearson 的名字命名。

3.5.1 节所述的散点图矩阵（SPLOM）实际是可视化的相关矩阵。在 SPLOM 对角线上方的方格中标明相关系数便能更加明显地看出这一点。在图 3.11 中，对角线上方的方格展示了每对特征的相关系数。相关系数的字体大小根据相关性强度的绝对值进行了缩放，以使人们注意到关系最强的一对特征。

相关性是两个连续特征之间关系的不错的度量方法，但还远不是完美的方法。首先，式（3.4）给出的相关性度量只能对特征之间的线性关系做出反应。在两个特征之间的线性关系中，若其中一个特征增长或降低，则另一个特征也增长或降低相应的量。特征之间常常呈现出相关性无法度量的很强的非线性关系。同时，数据集中的一些特有情况也会影响到两个特征间相关性的计算。这个问题由著名的 Anscombe 四重图[⊖]（Anscombe's quartet）清楚地指出，如图3.12 所示。它含有相关性值均为 0.816 的四对特征，即使它们的关系所表现出的区别很大。

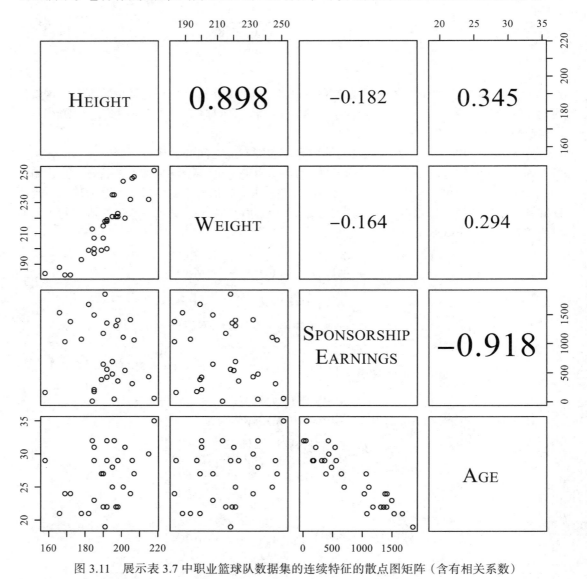

图 3.11　展示表 3.7 中职业篮球队数据集的连续特征的散点图矩阵（含有相关系数）

　⊖　Francis Anscombe 是著名的统计学家，在 1973 年发表了其四重图（Anscombe，1973）。

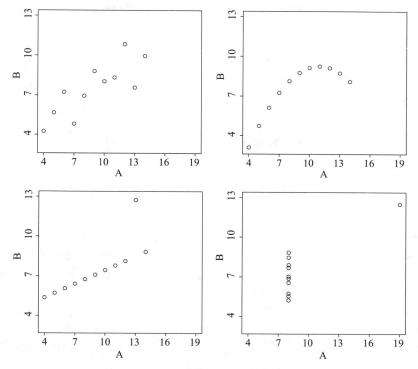

图 3.12   Anscombe 四重图。四个样本的相关性度量都具有相同的值（0.816），即
使每个情形下特征之间的关系区别很大

关于相关性，也许最重要的事情就是记住相关不代表因果。仅仅是两个特征的值相关并不意味着两者之间事实上存在因果关系。有两种主要方式可以错误地假设因果关系。第一种是误解因果关系的顺序。例如，仅凭相关性检验，我们便可能推断出燕子的出现会导致天气炎热，旋转的风车会产生风，或打篮球使人变高。而实际上，燕子会迁徙到更温暖的地方，风车被设计为随风旋转，而长得高的人常常因其身高在比赛中能够带来优势而选择打篮球。

使人们错误地推断两个特征之间的因果关系的第二种方式，是忽略第三个重要的隐藏特征的存在。一个广为人知的例子是发表在著名的《自然》杂志上的一篇文章，阐述了儿童开着夜灯睡觉和这些儿童未来罹患近视的因果关系（Quinn et al.，1999）。后来的研究（Gwiazda et al.，2000；Zadnik et al.，2000）却无法再次发现这种联系，并最终发现了一个在使用夜灯和近视的相关性上更加令人信服的解释。原来，由于近视的父母夜晚视力较差，因而更倾向于使用夜灯来让他们在晚上能更容易地找到孩子的卧室。近视的父母更有可能拥有近视的孩子——这能够解释使用夜灯和儿童近视之间的关联，而不是其他因果联系。这是一个始料未及的特征的示例，该特征会影响到其他两个特征，并导致因果关系的出现。未能预料的特征往往能解释对于因果关系的错误论断。我们要从中学习的教训是，在基于两个特征的强相关性推出因果性之前，需要与领域专家进行深入调研——相关性本身还远远不够。尽管有各种困难，但对于机器学习来说，相关性仍是度量两个连续特征之间关系的好方法[⊖]。

89
～
91

⊖   存在度量一对类别特征之间的关系（例如，χ^2 检验）以及度量一个类别特征和一个连续特征之间关系的形式化方法（例如，**方差分析**（ANOVA test））。虽然我们在书中不谈及这些内容，但读者可以到本章末尾的延伸阅读部分获取这些方法的相关信息。

3.6 数据准备

除了明确地对 ABT 中数据的问题（比如噪声）进行处理外，一些数据准备方法会仅仅为了使数据与某些机器学习算法更为兼容而改变数据的表示方式。本节将阐述这类技术中最为常见的两种：归一化和分箱。这两种技术都是用来对单个特征进行某种变换的。还有一些情况，我们想改变 ABT 中某些值的数量或者分布。我们也会阐述一些用来完成这项工作的不同的**采样**（sampling）方法。这些方法与前几节所述的方法有时会在 CRISP-DM 流程中的数据准备阶段使用，而有时则会在建模阶段使用。

3.6.1 归一化

ABT 中连续特征值区间[○]的区别太大会对一些机器学习算法造成困扰。例如，代表客户年龄的特征可能涵盖的区间是 [16, 96]，而表示客户薪水的特征可能涵盖的区间则是 [10 000, 100 000]。**归一化**技术可以将连续特征限定到特定的区间，而不会改变特征内部值之间的相对关系。最简单的归一化方法是**区间归一化**（range normalization），它能够线性地将连续特征的原始值缩放到指定的区间中。我们使用下式将特征的区间转换到区间 [*low*, *high*] 中去：

$$a'_i = \frac{a_i - \min(a)}{\max(a) - \min(a)} \times (high - low) + low \tag{3.7}$$

其中 a'_i 是归一化的特征的值，a_i 是原始值，$\min(a)$ 是特征 a 的最小值，$\max(a)$ 是特征 a 的最大值，而 *low* 和 *high* 是要转换到的区间的最小值和最大值。归一化特征值常用的区间是 [0, 1] 和 [−1, 1]。表 3.9 展示了对表 3.7 中数据集的 HEIGHT 和 SPONSORSHIP EARNINGS 特征应用区间归一化的效果。

表 3.9　表 3.7 中职业篮球队数据集的 HEIGHT 和 SPONSORSHIP EARNINGS 特征的一个小样本，展示了区间归一化和标准化的结果

	值	HEIGHT 区间归一化	标准化	值	SPONSORSHIP EARNINGS 区间归一化	标准化
	192	0.500	−0.073	561	0.315	−0.649
	197	0.679	0.533	1312	0.776	0.762
	192	0.500	−0.073	1359	0.804	0.850
	182	0.143	−1.283	1678	1.000	1.449
	206	1.000	1.622	314	0.164	−1.114
	192	0.500	−0.073	427	0.233	−0.901
	190	0.429	−0.315	1179	0.694	0.512
	178	0.000	−1.767	1078	0.632	0.322
	196	0.643	0.412	47	0.000	−1.615
	201	0.821	1.017	1111	0.652	0.384
最大值	206			1678		
最小值	178			47		
平均值	193			907		
标准差	8.26			532.18		

区间归一化的缺点是它对离群点非常敏感。另一个归一化数据的方法是将其**标准化**（standardize）为**标准分数**（standard score）[○]。标准分数度量特征的值与特征的平均值之间相差多少

　　[○] 英语中，"range"一词可指代函数的**值域**、实数的**区间**，以及样本的**极差**。出于严谨性考虑，在翻译时，译者根据语境进行区别，请读者注意。——译者注

　　[○] 标准分数又称为 **z 分数**（z-score），以此种方式标准化数据又称为对数据进行 **z 变换**（z-transform）。

个标准差。为计算标准分数，我们计算特征的平均值和标准差，并用下式将特征的值归一化：

$$a'_i = \frac{a_i - \bar{a}}{\text{sd}(a)} \tag{3.8}$$

其中 a'_i 是特征归一化后的值，a_i 是原始值，$\bar{a}$ 是特征 a 的平均值，而 $\text{sd}(a)$ 是 a 的标准差。用这种方式标准化特征的值就是对特征的值进行挤压，使得其平均值为 0，标准差为 1。这会导致特征的大部分值落在 [−1, 1] 的区间内。使用标准化时我们应当特别注意，因为该方法假设数据是正态分布的。如果假设不成立，那么标准化便会引入失真。表 3.9 也展示了对 HEIGHT 和 SPONSORSHIP EARNINGS 特征应用标准化的效果。

在随后的几章中，我们使用归一化方法来准备用于机器学习算法的数据，这些算法要求描述性特征在特定的区间内。正如在数据分析中常常会出现的情况一样，没有简便可靠的方法来判断哪些是最佳的归一化技术，通常我们需要基于实验结果做出决定。

3.6.2 分箱

分箱（binning）能将连续特征转换为类别特征。分箱时，我们为连续特征定义一系列区间（也叫作**箱子**（bin）），以对应于新创建的类别特征的各个级别。通过为数据集中的实例分配新特征的级别来创建新分类特征的值，该新特征的级别对应于其连续特征的值所落入的区间。存在许多不同的分箱方法。我们将会介绍其中较为流行的两种：**等宽分箱**（equal-width binning）和**等频分箱**（equal-frequency binning）。

等宽分箱和等频分箱都需要人工指定要使用的箱子的数目。确定箱子的数目可能会很困难。我们需要在下面两点中取舍：

- 如果设定的箱子的数量非常少——例如，2 或 3 个箱子（或者说，抽象到很低的分辨率）——那么我们就会失去关于原始连续特征的值的分布的大量信息。但使用少量箱子的好处在于每个箱子中都有大量实例。
- 如果设定的箱子的数量非常多——比如 10 个甚至更多——那么由于箱子的边界更多，我们的一些箱子对应到我们感兴趣的原始连续特征的分布上的可能性就更高。这就意味着我们的分箱类别会更好地表达这种分布。然而，我们的箱子越多，每个箱子中的实例就越少。实际上，随着箱子数量的增加，我们最终会得到许多空箱子。

图 3.13 展示了使用不同数量箱子的效果[⊖]。例子中，虚线表示生成连续特征的值所用的多峰分布。方条代表箱子。理想情况下方条的高度应当贴合虚线。图 3.13a 中的三个箱子都很宽，方条的高度也完全没有贴合虚线；这表明分箱没有准确表达连续特征的值的真实分布。图 3.13b 中有 14 个箱子；总体来说，方条的高度贴合虚线，因此可以认为分箱是连续特征的良好表达；同时，方条之间没有空隙，表明不存在空箱子。最后，图 3.13c 表明了使用 60 个箱子时会发生的情况；方条高度基本贴合虚线，但图中箱子之间的高度差异太大；一些箱子非常高，而另一些则是空箱子，我们从条形之间的空隙便可看出。比较这三幅图，14 个箱子的图看起来最能反映数据。不幸的是，对于连续特征的一系列值来说，没有方法能确保找到最优的箱子数目。选择箱子的数目经常得依靠直觉和一系列试错实验。

一旦确定了箱子的数量 b，等宽分箱算法便会将特征的区间分为 b 个大小为 $\frac{极差}{b}$ 的箱子。例如，如果一个特征的值介于 0 到 100 之间，而我们希望有 10 个箱子，那么第一个箱子就会覆盖区间⊖[0, 10)，第二个箱子会覆盖区间 [10, 20)，以此类推，直到覆盖区间 [90, 100] 的第 10 个箱子。因此，特征的值为 18 的实例会被放进第二个箱子里。

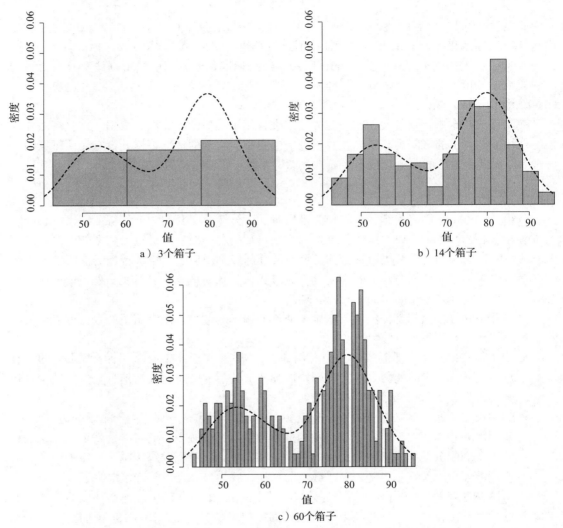

a) 3个箱子

b) 14个箱子

c) 60个箱子

图 3.13   通过分箱将连续特征转换为类别特征时，使用不同数量箱子的效果

等宽分箱简单直观，在实践中也非常实用。然而，当连续特征的值的分布不是均匀分布时，有些箱子内的实例数量就会非常少，而其他箱子的实例数量则非常多。例如，假设数据服从正态分布，那么涵盖特征位于正态分布尾端的区间的箱子中会有非常少的实例，而涵盖特征位于平均值附近位置的区间的箱子中则会有很多实例。图 3.14a ～图 3.14c 展示了这种情形，即将服从正态分布的特征转换为不同数量的等宽分箱的箱子。其中的问题在于，由于一些箱子仅能表示很少的实例（图中条形的高度代表每个箱子中实例的数量），因此我们其实是在浪费箱子。如果我们能够合并同一区域内实例数量很少的箱子，那么多余的箱子就可以用来表示实例非常密集的区域中实例之间的区别。等频分箱便可实现这一点。

⊖   根据区间的定义，方括号"["或"]"表明边界值包括在区间内，而圆括号"（"或"）"则表明边界值不包括在区间内。

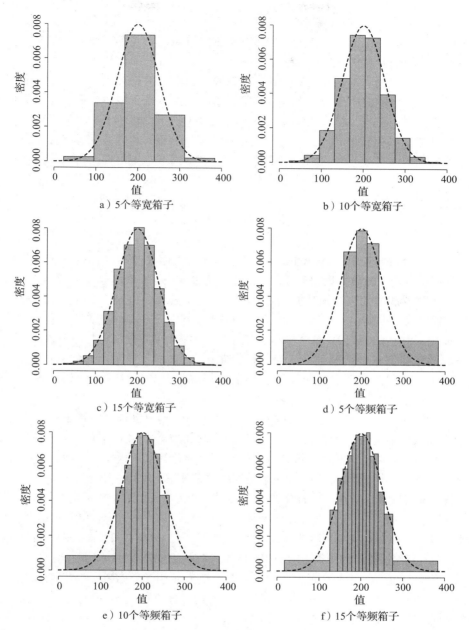

图 3.14 a～c 展示正态分布数据上不同箱子数量的等宽分箱；d～f 展示同样数据上不同箱子数量的等频分箱。虚线代表原始连续特征的值的分布，灰色方条代表箱子

等频分箱首先将连续特征的值升序排序，然后从第 1 个箱子开始，将相同数量的实例放入箱子中。每个箱子中的实例数量就是实例总数除以箱子的数量 b。例如，如果我们的数据集中有 10 000 个实例而我们只希望使用 10 个箱子，那么第 1 个箱子就会含有 1000 个该特征的值最小的实例。以此类推，则第 10 个箱子含有 1000 个该特征的值最大的实例。图 3.14d ～图 3.14f 展示了先前提到的相同正态分布特征被等频分箱至不同数量的箱子中[⊖]。

───────────

⊖ 使用等频分箱创建的箱子与百分位数等价（见 A.1 节）。

[97]   用图 3.14 来比较这两种分箱方法，我们可以看出，通过改变箱子的宽度，等宽分箱能够更加精确地对连续特征取值范围内样本最为稠密的区域进行建模。而此法的缺点是，因为箱子大小不同，箱子看起来不是很直观。

不论使用何种分箱算法，一旦被分箱，连续特征就会被替换为类别特征，其中每个箱子表示一个级别——箱子的序号可以作为级别的标签，也可以人工地生成更有意义的标签。后续几章我们会看到，使用分箱算法将连续特征转换为类别特征对于一些机器学习算法来说往往是处理连续特征最为简单的方式。分箱（尤其是等频分箱）的另外一层好处是，它有利于对离群点进行处理。很大或者很小的值最终会被分到最高或最低的箱子里。不过，还是要记得，不管分箱的效果多么好，分箱始终会丢弃数据集中的一些信息，因为它是从连续表示中抽象出的更为粗糙的类别分辨率。

3.6.3 采样

在一些预测分析场景中，我们的数据集会非常大，因而我们不在 ABT 中使用全部的可用数据，而是从这个较大的数据集中**采样**一小部分。不过，采样时我们必须非常小心，以确保采样结果数据集仍然能够代表原始数据，并且没有引入不必要的偏差。如果由于采样过程的问题，导致采样结果数据集特征的分布和原始数据集特征的分布区别很大，那么我们就会引入偏差。偏差的危险性在于，我们在这个样本上进行的一切分析和建模都将与整个数据集不相关。

最简单的采样方法是**顶部采样**（top sampling），它选择数据集顶部的 s% 个实例来创建样本。但由于顶部采样会受到数据集中任何有序情况的影响，这种方法引入偏差的风险很大。因此，我们建议避免使用顶部采样。

我们推荐的默认方法——同样也是更好的选择——是**随机采样**（random sampling），它能够随机地从大数据集中选择 s% 的实例来创建较小的数据集。大部分情况下，随机采样是很好的方法，因为在选择实例时，随机性应当能够避免偏差的引入。

有时我们想在样本内保持原始数据集中的某些特定关系。例如，如果目标特征是类别特征，[98] 那么我们有可能想要确保样本中该特征的各个级别的分布与原始数据集保持一致。大多数情况下随机采样能够维持这种分布，然而，如果数据集中存在只有一小部分实例才具有的级别，那么使用随机采样就存在这些级别被遗漏或者欠表达的可能。**分层采样**（stratified sampling）便是一种确保某个特定层级特征的级别之间的相对频率能够保留在样本中的采样方法。

使用分层采样时，数据集中的实例首先会被分为若干组（或称为层），每组只包含具有层级特征的某个级别的实例。随机选取每层 s% 的实例，并将这些实例组合起来构成 s% 的原始数据集中的实例。每一层级所包含的实例数量不同，因此，通过对每一层级进行百分比采样，从每个层级中取出的实例数量就会与每个层级所含有的实例数量成比例。因此，这种采样策略能保证维持原层级特征不同级别的相对频率不变。

而与分层采样相反，有时我们希望样本中某个特征不同级别的相对频率与原始数据集不同。例如，我们可能希望创建一个某类别特征各个级别平均分布的样本，而不是依照该特征在原始数据集中的分布。要达成这一目标，我们可以使用**欠采样**（under-sampling）或**过采样**（over-sampling）。

像分层采样一样，欠采样也是首先将数据集分为不同的组，每个组只包含具有要欠采样的特征的某个级别的实例。最小组内的实例数量就是欠采样目标大小。每个比最小组实例数量多的组随后都以合适的比例进行随机采样，样本大小为欠采样目标大小。这些欠采样的组随后被合并，以便建立整个欠采样数据集。

过采样与欠采样所要解决的问题一样，但方式恰好相反。将数据分组后，最大组内的实例数量被作为过采样目标大小。从每个更小的组中，我们创建具有这个大小的样本。为了创建大于我们所采样组的大小的样本，我们使用有放回的随机采样。这就意味着当从原始数据集中随机选择一个实例后，该实例又被放回到原始数据集中，因而可以被再次选择。这样做的结果就是每个原始数据集中的实例可能都会在采样数据集中出现不止一次[⊖]。我们合并这些组来创建整个过采样数据集。

采样技术可以用来减小大型 ABT 的大小以简化探索性分析，改变 ABT 中目标特征的分布，以及将 ABT 分为两个不同的部分以分别用于训练和评估模型。

3.7 总结

对于数据分析从业者来说，**数据探索**过程（横跨 **CRISP-DM** 的**数据理解**和**数据准备**两个阶段）的主要成果是从业者应当：

1. 已了解了 ABT 中的特征，特别是其中央趋势、离散程度以及**分布**。
2. 找出了 ABT 中所有的**数据质量问题**，特别是**缺失值**、**异常基数**以及**离群点**。
3. 纠正了由**无效数据**导致的所有数据质量问题。
4. 在**数据质量计划**中记录了由**有效数据**导致的数据质量问题及其可能的处理策略。
5. 确保数据质量已经足够好，可以继续进行项目。

虽然**数据质量报告**只是一系列描述性的统计数字和**分析基础表**中特征的可视化图表，但它仍然是非常强大的工具，也是达成上述成果的关键。通过检查数据质量报告，分析从业者能够对其将在接下来的项目中使用的数据有全面的了解。本章我们聚焦于使用数据质量报告来探索 ABT 中的数据。而数据质量报告也能用于探索任何数据集，且经常用于理解生成 ABT 的原始数据源。

本章所讨论的**相关性**是我们向构建预测模型所迈出的第一步。与目标特征强相关的描述性特征是开始构建预测模型的好地方，后面几章我们还会回顾到相关性上。将检查特征之间的相关性作为数据探索的一部分可以产生如下的成果：

1. 注意到 ABT 中特征之间的关系。
2. 将从 ABT 中移除一些特征作为**特征选取**（feature selection）工作的开始。

3.6 节聚焦于我们能够在 ABT 中的数据上使用的**数据准备**技术。需要注意的是，当进行数据准备时（比如像 3.6 节和 3.4 节所述的操作），我们是在改变将用来训练模型的数据。如果把数据改变得太多，那么我们构建的模型就不能很好地符合要部署模型的原始数据源。因此，我们需要在为机器学习算法准备合适的数据和保持数据忠实于生成它的隐含过程之间维持微妙的平衡。设计精良的评估实验是找到这种平衡的最佳方法（我们将在第 8 章讨论评估）。

值得提到的最后一点是，本章与部署相关。ABT 中的数据是来自于组织中不同数据源的历史数据。我们使用这种数据来训练并评估将被部署用于新产生的数据的机器学习模型。例如，在本章使用过的汽车保险诈骗监测例子中，ABT 中的索赔都是历史数据。我们要使用这些数据建立的预测模型将被部署，以用于预测新产生的索赔是否可能是欺诈性的。我们在 ABT 中的数据上使用的所有数据准备技术都应当记录下来（通常在数据质量计划中），以便对新数据使用同样的技术。这是模型部署中有时会被忽略的重要细节，常常会导致模型出现怪异表现。

⊖ 虽然没有明确说明，但在其他地方我们说到的随机采样指的是不放回的随机采样。

3.8　延伸阅读

数据探索的基础是统计学。Montgomery and Runger（2010）是统计学的出色应用性入门材料，并且更为详实地介绍了本章用到的所有基本度量。它也包括了一些高阶主题，比如 3.5.2 节提到的 χ^2 检验和**方差分析**。Rice（2006）更好地（更为理论地）介绍了统计学。

Svolba（2007，2012）是了解如何在实践中建立数据质量报告的很好的材料，尽管它没有使用 SAS 语言。类似地，Dalgaard（2008）没有使用 R 语言，但也是非常好的材料。Batista and Monard（2003）是值得一读的、对使用数据准备方法的效果进行研究的文献。

数据可视化是统计学、图形设计、艺术和心理学的综合。Chang（2012）和 Fry（2007）都给出了可视化的一般性详述以及使用 R 语言进行可视化的详细技术（本书中的可视化图表几乎都是用 R 语言生成的）。要了解关于数据可视化的更为概念性的讨论，Tufte（2001）和 Bertin（2010）是这个领域的重要文献。

3.9　习题

1. 下表展示了纸盒工厂每个员工年龄（AGE）。

ID	1	2	3	4	5	6	7	8	9	10
AGE	51	39	34	27	23	43	41	55	24	25
ID	11	12	13	14	15	16	17	18	19	20
AGE	38	17	21	37	35	38	31	24	35	33

根据该数据，对 AGE 特征计算如下**概括统计量**（summary statistics）：

a. 最小值、最大值以及极差

b. 平均值和中位数

c. 方差和标准差

d. 第 1 四分位数（第 25 百分位数）和第 3 四分位数（第 75 百分位数）

e. 四分位距

f. 第 12 百分位数

2. 下表展示了一家人寿保险公司的客户所持有的保单（POLICY）类型。

ID	POLICY	ID	POLICY	ID	POLICY
1	*Silver*	8	*Silver*	15	*Platinum*
2	*Platinum*	9	*Platinum*	16	*Silver*
3	*Gold*	10	*Platinum*	17	*Platinum*
4	*Gold*	11	*Silver*	18	*Platinum*
5	*Silver*	12	*Gold*	19	*Gold*
6	*Silver*	13	*Platinum*	20	*Silver*
7	*Bronze*	14	*Silver*		

注：保单类型分为四种，即青铜（*Bronze*）、白银（*Silver*）、黄金（*Gold*）以及铂金（*Platinum*）。

a. 根据这一数据，为 POLICY 特征计算下列**概括统计量**：

i. 众数和第 2 众数

ii. 众数 % 和第 2 众数 %

b. 为 POLICY 特征绘制**条形图**。

3. 一家保险公司的分析咨询师创建了一张用于训练预测潜在客户最佳通信方式的模型的 ABT，以向客户提供最新产品和优惠信息[⊖]。下表是该 ABT 的一部分——整张 ABT 含有 5200 个实例。 |103|

ID	Occ	Gender	Age	Loc	Motor Ins	Motor Value	Health Ins	Health Type	Health Deps Adults	Health Deps Kids	Pref Channel
1	*Student*	*female*	43	*urban*	*yes*	42 632	*yes*	*PlanC*	1	2	*sms*
2		*female*	57	*rural*	*yes*	22 096	*yes*	*PlanA*	1	2	*phone*
3	*Doctor*	*male*	21	*rural*	*yes*	27 221	*no*				*phone*
4	*Sheriff*	*female*	47	*rural*	*yes*	21 460	*yes*	*PlanB*	1	3	*phone*
5	*Painter*	*male*	55	*rural*	*yes*	13 976	*no*				*phone*
⋮					⋮			⋮			
14		*male*	19	*rural*	*yes*	4866	*no*				*email*
15	*Manager*	*male*	51	*rural*	*yes*	12 759	*no*				*phone*
16	*Farmer*	*male*	49	*rural*	*no*		*no*				*phone*
17		*female*	18	*rural*	*yes*	16 399	*no*				*sms*
18	*Analyst*	*male*	47	*rural*	*yes*	14 767	*no*				*email*
⋮					⋮			⋮			
2747		*female*	48	*rural*	*yes*	35 974	*yes*	*PlanB*	1	2	*phone*
2748	*Editor*	*male*	50	*urban*	*yes*	40 087	*no*				*phone*
2749		*female*	64	*rural*	*yes*	156 126	*yes*	*PlanC*	0	0	*phone*
2750	*Reporter*	*female*	48	*urban*	*yes*	27 912	*yes*	*PlanB*	1	2	*email*
⋮					⋮			⋮			
4780	*Nurse*	*male*	49	*rural*	*no*		*yes*	*PlanB*	2	2	*email*
4781		*female*	46	*rural*	*yes*	18 562	*no*				*phone*
4782	*Courier*	*male*	63	*urban*	*no*		*yes*	*PlanA*	2	0	*email*
4783	*Sales*	*male*	21	*urban*	*no*		*no*				*sms*
4784	*Surveyor*	*female*	45	*rural*	*yes*	17 840	*no*				*sms*
⋮					⋮			⋮			
5199	*Clerk*	*male*	48	*rural*	*yes*	19 448	*yes*	*PlanB*	1	3	*email*
5200	*Cook*	female	47	*rural*	*yes*	16 393	*yes*	*PlanB*	1	2	*sms*

注：Occ 特征的一列从上到下分别指的是学生、医生、警长、画家、经理、农民、分析师、编辑、记者、护士、快递员、售货员、调查员、职员以及厨师。

数据集中描述性特征的定义如下： |104|

- AGE：客户的年龄。
- GENDER：客户的性别（男（*male*）或女（*female*））。
- LOC：客户的地址（乡镇（*rural*）或城市（*urban*））。
- OCC：客户的职业。
- MOTORINS：客户是否持有该公司的汽车保险保单（是（*yes*）或否（*no*））。
- MOTORVALUE：汽车保单中的汽车价值。
- HEALTHINS：客户是否持有该公司的医疗保险保单（是（*yes*）或否（*no*））。
- HEALTHTYPE：医疗保险的保单类型（*PlanA*、*PlanB* 或 *PlanC*）。

⊖ 该题所用的数据是为本书人工生成的。通信方式倾向性建模在业界被广泛使用；例子可看 Hirschowitz（2001）。

- HEALTHDEPSADULTS：医疗保险保单中有多少位被保险成年人。
- HEALTHDEPSKIDS：医疗保险保单中有多少位被保险儿童。
- PREFCHANNEL：客户偏好的通信方式（邮件（*email*）、电话（*phone*）或短信（*sms*））。

咨询师由 ABT 生成了如下的**数据质量报告**（为节省空间，我们省略了二元特征的可视化）。

特征	数量	缺失值 %	基数	最小值	第 1 四分位数	平均值	中位数	第 3 四分位数	最大值	标准差
AGE	5200	0	51	18	22	41.59	47	50	80	15.66
MOTORVALUE	5200	17.25	3934	4352	15 089.5	23 479	24 853	32 078	166 993	11 121.
HEALTHDEPSADULTS	5200	38.25	4	0	0	0.84	1	1	2	0.65
HEALTHDEPSKIND	5200	39.25	5	0	0	1.77	2	3	3	1.11

特征	数量	缺失值 %	基数	众数	众数频率	众数 %	第 2 众数	第 2 众数频率	第 2 众数 %
GENDER	5200	0	2	*female*	2626	50.5	*male*	2574	49.5
LOC	5200	0	2	*urban*	2948	56.69	*rural*	2252	43.30
OCC	5200	37.71	1828	*Nurse*	11	0.34	*Sales*	9	0.28
MOTORINS	5200	0	2	*yes*	4303	82.75	*no*	897	17.25
HEALTHINS	5200	0	2	*yes*	3159	60.75	*no*	2041	39.25
HEALTHTYPE	5200	39.25	4	*PlanB*	1596	50.52	*PlanA*	796	25.20
PREFCHANNEL	5200	0	3	*email*	2296	44.15	*phone*	1975	37.98

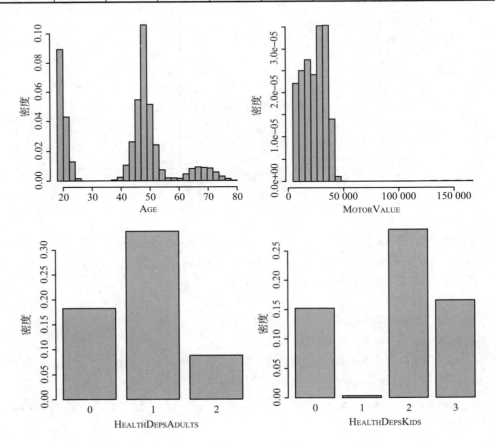

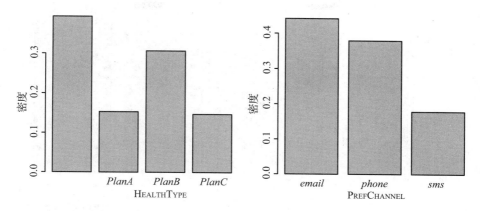

就如下的主体对数据质量报告进行讨论：

a. 缺失值

b. 异常基数

c. 离群点

d. 特征的分布

4. 如下的**可视化数据**是基于第 3 题的通信方式预测数据集。每个可视化图表都表明了描述性特征和目标特征 PREFCHANNEL 之间的关系。每个可视化图表都由四张图构成：其中一张表明整个数据集中描述性特征的值的分布，另外三张表明描述性特征的值在目标特征每个级别上的分布。讨论每个可视化图表中关系的强度。

106

a. 如下的可视化图表表明了连续特征 AGE 和目标特征 PREFCHANNEL 之间的关系。

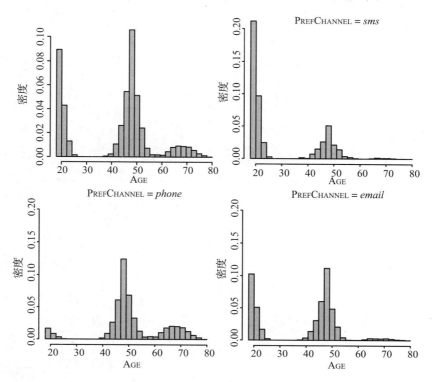

b. 如下的可视化图表表明了类别特征 GENDER 和目标特征 PREFCHANNEL 之间的关系。

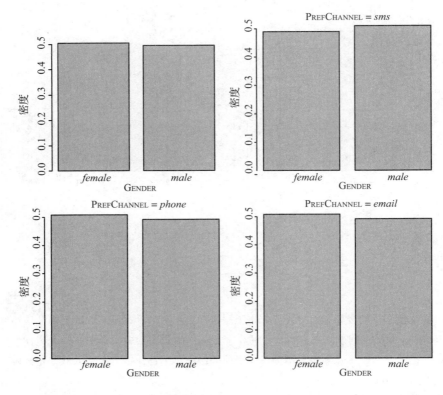

[107]

c. 如下的可视化图表表明了类别特征 Loc 和目标特征 PrefChannel 之间的关系。

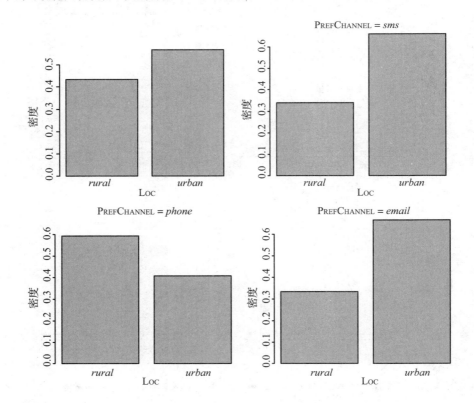

5. 下表展示了一群学生在考试中的得分（Score）。

ID	1	2	3	4	5	6	7	8	9	10
Score	42	47	59	27	84	49	72	43	73	59
ID	11	12	13	14	15	16	17	18	19	20
Score	58	82	50	79	89	75	70	59	67	35

使用该数据，对 Score 特征完成如下的任务：

a. 将数据**区间归一化**到区间（0，1）

b. 将数据**区间归一化**到区间（–1，1）

c. 将数据**标准化**

6. 下表展示了一群申请参加电视知识竞猜的人的智商（IQ）。

ID	1	2	3	4	5	6	7	8	9	10
IQ	92	107	83	101	107	92	99	119	93	106
ID	11	12	13	14	15	16	17	18	19	20
IQ	105	88	106	90	97	118	120	72	100	104

|108|

使用该数据，对 IQ 特征进行如下的**分箱**：

a. 使用 5 个箱子的**等宽分箱**

b. 使用 5 个箱子的**等频分箱**

*7. 对如下每个特征的直方图显示出的**分布**进行评述。

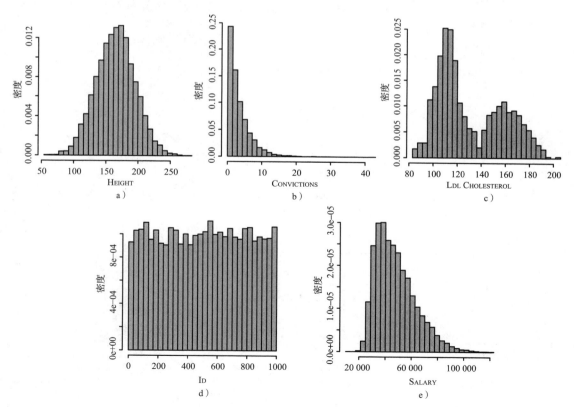

a. 卡车驾驶公司员工的身高（HEIGHT）。

b. 一座城市某地区一年内被审判入狱的人先前的犯罪次数（CONVICTIONS）。

c. 一大群包括吸烟者和非吸烟者在内的患者体内低密度脂蛋白胆固醇的值（LDL CHOLESTEROL）。

d. 一所大学教研人员的职工编号（ID）。

e. 汽车保险保单持有人的薪水（SALARY）。

109　*8. 下表展示了部分国家 2009 年的社会 – 经济数据[⊖]，使用到了如下特征：

COUNTRY	LIFE EXPECTANCY	INFANT MORTALITY	EDUCATION	HEALTH	HEALTH USD
Argentina	75.592	13.500	16.841	9.525	734.093
Cameroon	53.288	67.700	7.137	4.915	60.412
Chile	78.936	7.800	17.356	8.400	801.915
Colombia	73.213	16.500	15.589	7.600	391.859
Cuba	78.552	4.800	44.173	12.100	672.204
Ghana	60.375	52.500	11.365	5.000	54.471
Guyana	65.560	31.200	8.220	6.200	166.718
Latvia	71.736	8.500	31.364	6.600	756.401
Malaysia	74.306	7.100	14.621	4.600	316.478
Mali	53.358	85.500	14.979	5.500	33.089
Mongolia	66.564	26.400	15.121	5.700	96.537
Morocco	70.012	29.900	16.930	5.200	151.513
Senegal	62.653	48.700	17.703	5.700	59.658
Serbia	73.532	6.900	61.638	10.500	576.494
Thailand	73.627	12.700	24.351	4.200	160.136

注：COUNTRY 特征的一列从上到下分别指的是阿根廷、喀麦隆、智利、哥伦比亚、古巴、加纳、圭亚那、
拉脱维亚、马来西亚、马里、蒙古、摩洛哥、塞内加尔、塞尔维亚以及泰国。

- COUNTRY：国家的名字。

- LIFEEXPECTANCY：平均预期寿命（以年计）。

- INFANTMORTALITY：婴儿死亡率（每 1000 活产）。

- EDUCATION：初等教育学生支出占人均 GDP 的百分比。

- HEALTH：健康支出占人均 GDP 的百分比。

- HEALTHUSD：人均健康支出（以美元计）。

a. 计算 LIFEEXPECTANCY 和 INFANTMORTALITY 特征之间的**相关性**。

110　b. 下图展示了该数据集中连续特征的**散点图矩阵**（省略了 LIFEEXPECTANCY 和 INFANTMORTALITY 之间
的相关性）。讨论图表显示出的数据集中特征之间的关系。

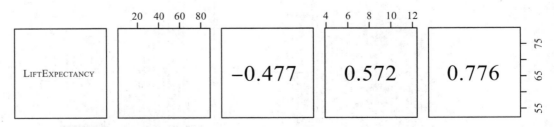

⊖　该表列出的数据是真实的，是由 Gapminder（www.gapminder.org）的众多报告提取整合而来。EDUCATION 数据
是根据世界银行（data.worldbank.org/indicator/SE.XPD.PRIM.PC.ZS）的一份报告得出的；HEALTH 和 HEALTHUSD
数据是根据世界卫生组织（www.who.int）的报告得出的；其他特征则是根据 Gapminder 的报告得出的。

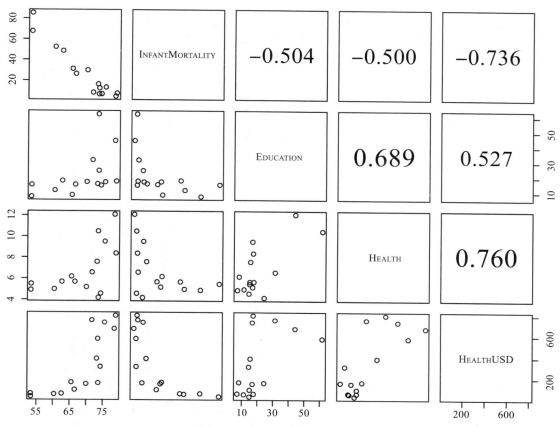

*9. 心动过速是人在平静时，心跳比正常心率快的一种症状。心动过速会导致一系列严重的后果，包括增加中风或心脏骤停的风险。一家大型医院雇用了一位分析咨询师来建立预测模型，用以预测心脏门诊患者在访问门诊后一个月内罹患心动过速的可能性。医院将在每名患者访问门诊时使用这个模型来进行预测，并对被认为有风险的患者提供加强监视。分析咨询师已经生成了一张 ABT 用以训练这个模型[○]。该数据集的描述性特征如下：

- AGE：患者的年龄。
- GENDER：患者的性别（*male* 或 *female*）。
- WEIGHT：患者的体重。
- HEIGHT：患者的身高。
- BMI：患者的身体质量指数，由 $\dfrac{体重}{身高^2}$ 计算得出，其中体重以公斤计，身高以米计。
- SYS. B.P.：患者的收缩压。
- DIA. B.P.：患者的舒张压。
- HEART RATE：患者的心率。
- H.R. DIFF.：患者本次和上次访问门诊的心率差。
- PREV. TACHY.：患者此前是否患过心动过速。
- TACHYCARDIA：患者一个月内患上心动过速的风险是否很高。

下表是该 ABT 的一部分——整张 ABT 包含 2440 个实例。

111

○ 本题所使用的数据是为本书人工生成的，但机器学习技术的这种应用非常常见，例如 Osowski et al. (2004)。

ID	Age	Gender	Weight	Height	BMI	Sys. B.P.	Dia. B.P.	Heart Rate	H.R. Diff.	Prev. Tachy.	Tachycardia
1	6	*male*	78	165	28.65	161	87	143			*true*
2	5	*m*	117	171	40.01	216	143	162	17	*true*	*true*
⋮					⋮			⋮			
143	5	*male*	108	1.88	305 568.13	139	99	84	21	*false*	*true*
144	4	*male*	107	183	31.95	1144	90	94	−8	*false*	*true*
⋮					⋮			⋮			
1158	6	*female*	92	1.71	314 626.72	111	75	75	−5		*false*
1159	3	*female*	151	1.59	596 495.39	124	91	115	23	*true*	*true*
⋮					⋮			⋮			
1702	3	*male*	86	193	23.09	138	81	83		*false*	*false*
1703	6	*f*	73	166	26.49	134	86	84	−4		*false*
⋮					⋮			⋮			

咨询师从该 ABT 中生成了如下的**数据质量报告**。

特征	数量	缺失值 %	基数	众数	众数频率	众数 %	第 2 众数	第 2 众数频率	第 2 众数 %
Gender	2440	0.00	4	*male*	1591.00	65.20	*female*	647.00	26.52
Prev. Tachy.	2440	44.02	3	*false*	714.00	52.27	*true*	652.00	47.73
Tachycardia	2440	2.01	3	*false*	1205.00	50.40	*true*	1186.00	49.60

[112]

特征	数量	缺失值 %	基数	最小值	第 1 四分位数	平均值	中位数	第 3 四分位数	最大值	标准差
Age	2440	0.00	7	1.00	3.00	3.88	4.00	5.00	7.00	1.22
Weight	2440	0.00	174	0.00	81.00	95.70	95.00	107.00	187.20	20.89
Height	2440	0.00	109	1.47	162.00	162.21	171.50	179.00	204.00	41.06
BMI	2440	0.00	1385	0.00	27.64	18 523.40	32.02	38.57	596 495.39	77 068.75
Sys. B.P.	2440	0.00	149	62.00	115.00	127.84	124.00	135.00	1144.00	29.11
Dia. B.P.	2440	0.00	109	46.00	77.00	86.34	84.00	92.00	173.60	14.25
Heart Rate	2440	0.00	119	57.00	91.75	103.28	100.00	110.00	190.40	18.21
H.R. Diff.	2440	13.03	78	−50.00	−4.00	3.00	1.00	8.00	47.00	12.38

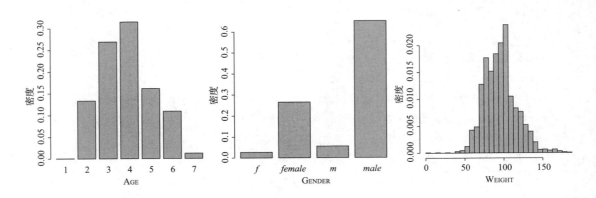

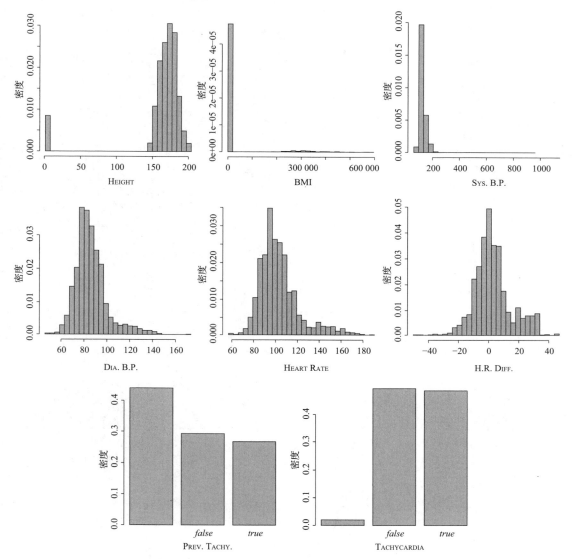

113

就如下主体对数据质量报告进行讨论：

a. 缺失值

b. 异常基数

c. 离群点

d. 特征的分布

*10. 如下的数据可视化图表是基于第9题的心动过速预测数据集（缺失 Tachycardia 值的数据已经被移除，离群点也已经被处理）。每张可视化图表都表明了一个描述性特征和目标特征 Tachycardia 之间的关系，并由三幅图组成：其中一张表明整个数据集中描述性特征的值的分布，另外两张表明描述性特征的值在目标特征每个级别上的分布。讨论每张可视化图表中所示的关系。

a. 下列的可视化图表展示了连续特征 Dia. B.P. 与目标特征 Tachycardia 的关系。

b. 下列的可视化图表展示了连续特征 Height 与目标特征 Tachycardia 的关系。

c. 下列的可视化图表展示了连续特征 Prev. Tachy. 与目标特征 Tachycardia 的关系。

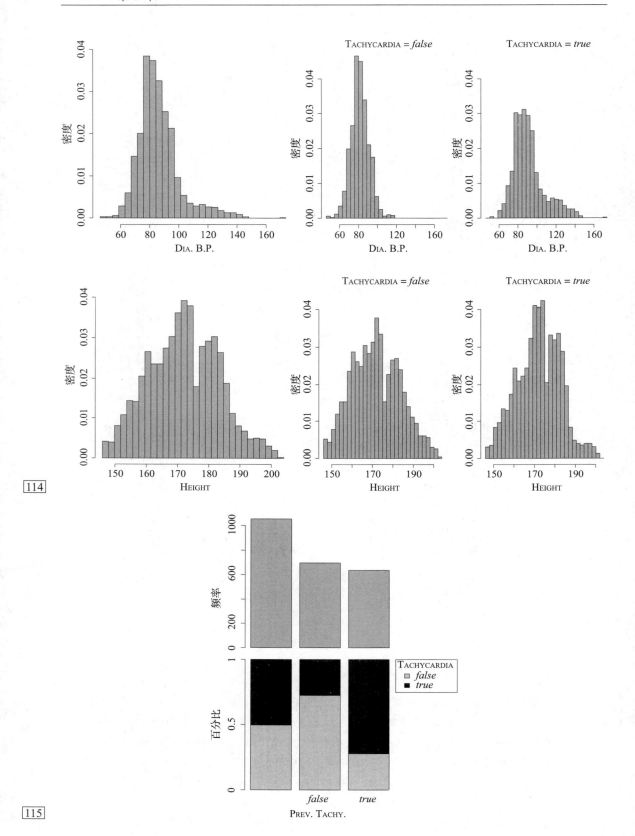

114

115

第 4 章

基于信息的学习

信息是解决不确定性的方法。

——克劳德·艾尔伍德·香农

本章我们讨论用**信息论**（information theory）来构建预测模型的一些方法。我们首先讨论基于信息的机器学习中的基础结构——**决策树**（decision tree），之后我们会介绍要用到的两个重要的信息内容度量——**熵**（entropy）和**信息增益**（information gain）。随后，我们介绍 **ID3** 算法，它是从数据集中导出决策树的标准算法。该标准方法的延伸与拓展将介绍如何处理不同的数据类型，如何使用决策树**剪枝**（pruning）来避免过拟合，以及如何将多个预测模型结合为**组合**（ensemble）来改善预测准确度。

4.1 大思路

我们从玩一个游戏开始。《猜猜是谁》是一个双人游戏，其中一个玩家从桌子上选择一个人物卡片，另一个玩家通过提出一系列只能回答是或否的问题来试着猜测卡片上是哪个人物。通过提出少量问题来猜出卡片上的人物，提问的玩家便可取胜，否则就会输掉游戏。图 4.1 展示了我们的游戏要使用的卡片。我们可以用表 4.1 给出的数据集来表示这些卡片。

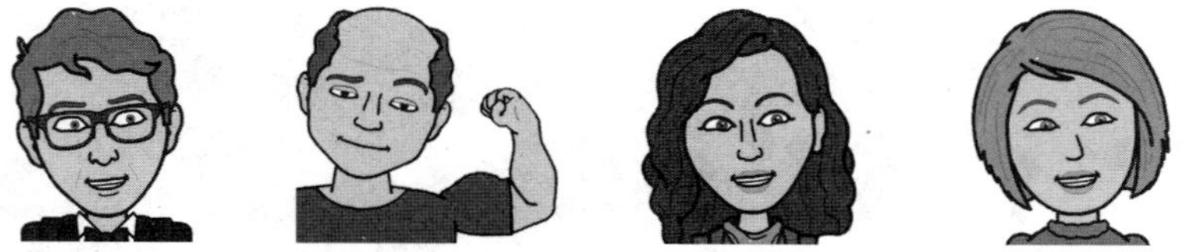

布莱恩　　　　　约翰　　　　　阿弗拉　　　　　伊法

图 4.1 《猜猜是谁》游戏中显示有人物面部和名字的卡片

表 4.1 代表《猜猜是谁》游戏中人物的数据集

男性	长发	眼镜	名字
是	否	有	布莱恩
是	否	无	约翰
否	是	无	阿弗拉
否	否	无	伊法

现在，想象我们已经选择了一张卡片，而你要试图通过提问来猜出是谁。那么你会先提出下列哪个问题？

1. 这个人是男人吗？

2. 这个人戴眼镜吗？

大多数人会首先提出问题 1。为什么呢？乍看之下，这种选择似乎没什么作用。例如，如果你提出问题 2，我们回答了是，那么你就可以确定我们选择的人物是布莱恩而不必再提出其他问题。然而，这种推理的问题在于，平均来看，你每玩四局游戏，其中只有一局中问题 2 的答案为是。这就意味着你每四局中回答其中三局提出的问题 2 的答案为否，这样你就不得不去辨别其他三个人物。

图 4.2 展示了一局游戏中由问题 2 开始的两个可行的问题序列。在图 4.2a 中，我们接下来问 "这个人是男人吗？"。随后，如果需要的话，我们会问 "这个人是长发吗？"。在图 4.2b 中，我们将提问的顺序倒过来。在这两张图中，针对猜测卡片上的人物这一问题，这里有一条路径长度为 1 的答案，一条路径长度为 2 的答案，以及两条路径长度为 3 的答案。因此，如果你首先提出问题 2，那么你每局游戏的平均问题数量为：

$$\frac{1+2+3+3}{4} = 2.25$$

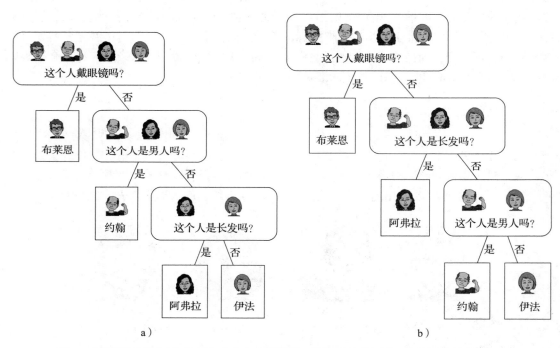

a)　　　　　　　　　　　　　　b)

图 4.2 《猜猜是谁》游戏中从 "这个人戴眼镜吗？" 开始的两个可行的不同问题序列

另一方面，如果你首先提出问题 1，那么只需要再提出一个问题即可。图 4.3 展示了这一情况。不论问题的回答是什么，你都要再提出一个问题来确定最终的答案，即卡片上的某个人物。这就意味着如果总是先提出问题 1，那么你每局游戏平均要提出的问题数量就是：

$$\frac{2+2+2+2}{4} = 2$$

有趣的是，不论你提出什么问题，回答总是是或者否，而平均来看，问题 1 的回答似乎比问题 2 的回答携带了更多的信息量。这不是由于回答的字面意义（不论是是还是否），而是由于对每个问题的回答都会根据问题所问的描述性特征（男性（Men）、长发（Long Hair）或戴眼镜（Glasses））的值和每个问题的可行回答的可能性将人物卡片分为不同的集合。

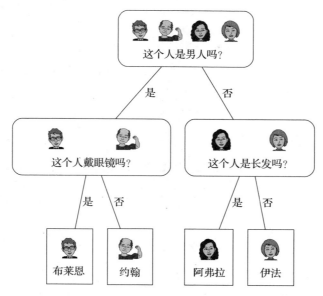

图 4.3 《猜猜是谁》游戏中从 "这个人是男人吗?" 开始的两个可行的不同问题序列

问题 1 "这个人是男人吗?" 的回答将游戏的值域分为两个大小相同的集合:一个含有布莱恩和约翰,另一个含有阿弗拉和伊法。其中一个集合包含答案,使得你只需再问一个问题便可结束游戏。相反,对问题 2 的回答将游戏的值域分为一个含有元素布莱恩的集合,以及另一个含有元素约翰、阿弗拉和伊法的集合。当只有一个元素的集合包含答案时,其效果会很好。而可能性更大的情况是含有三个元素的集合包含答案,那么你可能必须要多问两个问题来找出正确答案。因此,当你考虑回答的可能性以及回答是如何分割答案值域时,显然,相比于问题 1 来说,问题 2 的回答使你获得游戏正确答案的工作量更大。

因此,大的思路是通过考虑问题的不同回答的效果,来找出对哪些特征提问能得到更多的信息,即考虑得到问题的每个回答的可能性,以及这些回答是如何分割值域的。有点令人惊讶的是,人们似乎能够通过直觉来轻易地做到这一点。基于信息的机器学习算法用到了同样的思路。这些算法可判断哪个描述性特征所提供的关于目标特征的信息更多,并按照其信息量大小的顺序依次检验这些特征,以便进行预测。

4.2 基础知识

本节我们介绍克劳德·香农度量信息的方法[⊖],特别是他的**熵**模型,以及该模型是如何用在**信息增益**中以刻画一个描述性特征的信息量的。我们将首先介绍**决策树**,它是我们试图要建立的实际预测模型。

4.2.1 决策树

正如我们在玩《猜猜是谁》时所做的,进行预测的一种有效方法是对描述查询实例的一

⊖ 克劳德·香农被公认为信息论之父。香农工作于美国电话电报公司的贝尔实验室,研究电话通信的高效消息编码。正是这种对编码的专注使他产生了提出信息度量方法的动机。在信息论中,**信息**一词的含义刻意排除了通信中心理层面的因素,而应当被解释为给定通信中可能传输的消息的集合后,对最佳编码长度的度量。

119
~
120

系列描述性特征的值进行检验，并使用这些检验的回答来确定预测值。**决策树**就使用这种方法。我们将使用表 4.2 中所示的数据集来展示决策树的原理。该数据集包含一些训练实例，可以用于构建一个预测电子邮件是垃圾（*spam*）邮件还是正常（*ham*）邮件的预测模型。该数据集含有三个二元描述性特征：如果邮件包含一个或多个常常出现在垃圾邮件中的词语（例如，赌场、银行、账户等），那么 Suspicious Words 特征为 *true*；如果邮件的发件人不在收件人的联系人列表中，那么 Unknown Sender 为 *true*；如果邮件含有一个或多个图片，那么 Contains Images 为 *true*。

表 4.2　垃圾电子邮件预测数据集

ID	Suspicious Words	Unknown Sender	Contains Images	Class
376	*true*	*false*	*true*	*spam*
489	*true*	*true*	*false*	*spam*
541	*true*	*true*	*false*	*spam*
693	*false*	*true*	*true*	*ham*
782	*false*	*false*	*false*	*ham*
976	*false*	*false*	*false*	*ham*

注：此表表头内容从左到右分别指的是编号、可疑词、未知发件人、包含图片以及分类。

图 4.4 展示了两个与垃圾邮件数据集**一致**的决策树。决策树很像我们为游戏《猜猜是谁》所画的游戏树。与所有树状表示一样，决策树包含一个**根节点**（root node，或起始节点）、**内部节点**（interior node，或中间节点）以及**叶子节点**（leaf node，或终止节点），它们由**树枝**（branch）连接。树上的每个非叶子节点（根节点或内部节点）都代表对一个描述性特征的检验。描述性特征的可能级别数量决定了非叶子节点向下的树枝的数量。每个叶子节点都代表对目标特征的一个级别的预测。

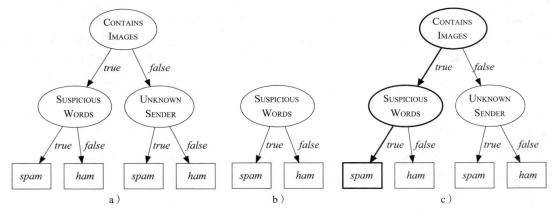

图 4.4　a 和 b 是与垃圾邮件数据集中的实例相一致的两个决策树；c 则是决策树 a 中对查询实例 Suspicious Words = *true*、Unknown Sender = *true*、Contains Images = *true* 进行预测时采取的路径

如图 4.4 所示，椭圆形代表根节点或内部节点，长方形代表叶子节点。椭圆形内的标签表明该节点检验的是哪个描述性特征。每个树枝上的标签都表明上方节点所述的描述性特征可取的级别。长方形叶子节点上的标签则表明当由内部节点所代表的检验构成的路径到达叶子节点并终止时所应做出的预测。

　　使用决策树对查询实例进行预测的过程开始于检验该树根节点上的描述性特征的值。这个检验的结果决定该过程应当下降到该根节点的哪个子节点上。检验描述性特征的值和移动到树的下一层这两个步骤被不断重复，直到这个过程到达一个做出预测的叶子节点。

　　为展示这个过程的原理，假设我们给出查询邮件的 SUSPICIOUS WORDS = *true*、UNKNOWN SENDER = *true* 以及 CONTAINS IMAGES = *true*，那么该查询要求预测邮件是 *spam* 还是 *ham*。对查询应用如图 4.4a 所示的决策树，我们可以看到该决策树的根节点检验 CONTAINS IMAGE 特征。查询实例在 CONTAINS IMAGES 上的值为 *true*，因此这一过程下降到根节点标签为 *true* 的左分支上，到达检验 SUSPICIOUS WORDS 特征的内部节点。查询实例在这个特征上的值为 *true*，因此根据该节点的检验结果，这一过程下降到其标签为 *true* 的左分支，到达标签为 *spam* 的叶子节点。由于这个过程已经到达了叶子节点，因此过程终止，并且叶子节点所指示的目标级别 *spam* 被作为查询实例的预测。图 4.4c 显示了这个查询实例在决策树上的路径。

　　图 4.4b 中所示的决策树会为该查询实例返回相同的预测结果。实际上，图 4.4a 和图 4.4b 中所示的两个决策树与表 4.2 中所示的数据集都是一致的，并且都有足够的泛化能力对我们刚刚考虑过的例子中的查询实例进行预测。我们已经证明了至少有两个决策树能做到这一点，那么就产生了一个问题：如何确定哪一个是最好的决策树？

　　我们可以使用在《猜猜是谁》游戏中用到的几乎一样的方法来进行预测。观察图 4.4a 和图 4.4b 中的决策树，我们注意到图 4.4a 中的决策树使用两个特征来进行预测，而图 4.4b 中的决策树则只需要使用一个特征来进行预测。这样做的原因是图 4.4b 中决策树根节点上的描述性特征 SUSPICIOUS WORDS 能够完美地将数据分割为只有 *spam* 邮件的一类和只有 *ham* 邮件的一类。可以说，由于 SUSPICIOUS WORDS 特征所做出的这种分割的完美性，其为一个实例的目标特征的值所提供的信息比 CONTAINS IMAGES 特征要多，因此我们偏向于使用在根节点处检验此描述性特征的决策树。

　　这为我们在一系列与训练数据集一致的不同决策树中做出选择提供了一种方法。我们可以引入一种对检验次数少的决策树的偏好，即平均来看更浅的决策树⊖。这就是基于信息的机器学习算法所编码的首要的归纳偏置。要构建较浅的树，我们需要把最能区分不同目标特征的值的描述性特征置于树的顶部。为此我们需要一个刻画描述性特征能够多么有效地区分目标特征级别的形式化度量。类似于我们在《猜猜是谁》游戏中分析每个问题的方法，我们将通过分析在检验特征的值时创建的每个实例集合的大小和概率，以及每个实例集合中实例的目标特征的值有多么单一，来度量描述性特征的区别能力。我们要用到的达成这一目的的形式化度量就是香农熵模型。

4.2.2　香农熵模型

　　克劳德·香农的熵模型定义了一个集合中元素纯度的计算度量。在考察熵的数学定义之前，我们首先对其含义做出直观的解释。图 4.5 展示了几组熵不同的扑克牌。理解一个集合的熵的一种简单方法是思考如果你从集合中随机抽取一个元素并猜测其结果，那么其结果

⊖　实际上，有人主张，总体来说偏好于更浅的决策树是个好主意，并且可以将这种偏好看作对**奥卡姆剃刀法则**（Occam's razor）的遵循。奥卡姆剃刀是保持理论尽可能简单的原则。该原则得名于 14 世纪天主教方济会修士"奥卡姆的威廉姆"（William of Occam，有时被拼写为 Ockham），他是第一个提出这一原则的人。题中的剃刀来源于剔除理论中不必要的假设的构想。

的不确定性是多少。例如，如果你要从如图 4.5a 所示的一组牌中随机抽取一张，那么你的不确定性是零，因为你完全确定你会抽到黑桃 A。因此，这组牌的熵是零。而如果你要从如图 4.5f 所示的这组牌中随机选择一张的话，你对牌面结果做出的预测就会非常不确定，因为有 12 种不同的结果，每一种结果出现的可能性都是一样的，所以这组牌的熵非常高。图 4.5 中其他几组牌的熵则介于这两个极值之间。

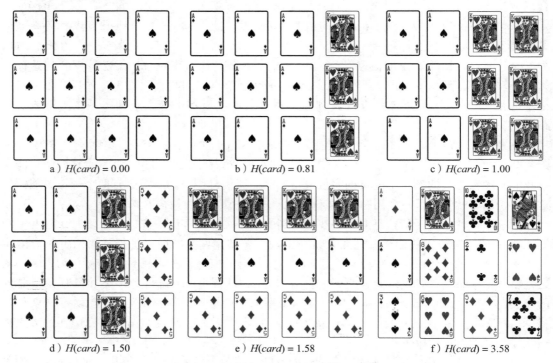

图 4.5　用比特度量的几组扑克牌的熵

这就为我们定义熵的计算模型提供了一些思路。当在集合中随机选择元素时，我们可以将不同可能结果的概率[⊖]变换为熵值。概率大的结果应当映射为较低的熵值，而概率小的结果则应当映射为较高的熵值。数学中的**对数**（logarithm 或 log）函数[⊜]几乎可以完全实现我们需要的变换。

[124]

如果考察图 4.6a 中 0 到 1 之间的**二进制对数**（binary logarithm，底为 2 的对数）图像，那么我们可以看到对数函数对小概率返回值很大的负数，而对大概率返回值很小的负数。不考虑对数函数返回的值是负数的话，它返回的数值的大小便是一个理想的对熵的度量：大数值对应于小概率，而小数值（接近于零）则对应于大概率。同时还应当注意到概率值的二进制对数的值域为 $[-\infty, 0]$，远大于概率值的定义域 $[0, 1]$。这也是该函数具有吸引力的一个特性。我们因此能更为方便地将对数函数的输出（通过将其乘以 -1）转换为正数。图 4.6b 展示了这样做的效果。

⊖　本章我们用到了一些概率论的简单知识。不熟悉如何基于事件的相对频率来计算概率的读者应当在继续阅读本章前先阅读 B.1 节。

⊜　以 b 为底的 a 的对数写作 $\log_b(a)$，是指我们需要将 b 自乘多少次来得到 a。例如，$\log_2(8) = 3$，因为 $2^3 = 8$；而 $\log_5(625) = 4$，因为 $5^4 = 625$。

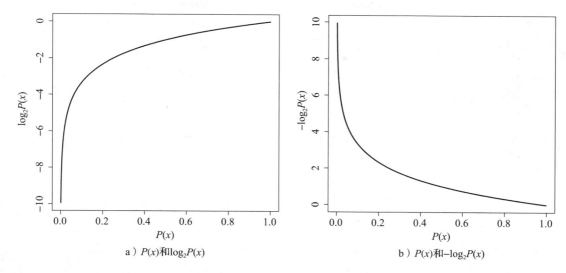

a）$P(x)$和$\log_2 P(x)$　　　　　　　　b）$P(x)$和$-\log_2 P(x)$

图 4.6　子图 a 展示了概率的二进制对数（以 2 为底的对数）的值在概率值值域上的变化情况；子图 b 则是将这些值乘以 −1 后的效果

　　香农的熵模型是当我们随机地对集合中的元素做出选择时，每个可能结果概率的对数的加权和。求和中用到的权值是结果的概率自身，这样大概率的结果对一个集合的熵值贡献比小概率的结果大。香农的熵模型定义为：

$$H(t) = -\sum_{i=1}^{l} \left(P(t=i) \times \log_s \left(P(t=i) \right) \right) \qquad (4.1)$$

其中 $P(t=i)$ 是随机选择的元素 t 是 i 类型的概率。l 是集合中不同类型的事物的数量，而 s 是任意对数的底。公式开头处的负号是为了使对数函数返回的负数转换为正数（如前所述）。我们会在计算熵时始终使用 2 作为对数底 s 的值，这意味着我们以**比特**（bit）来度量熵⊖。公式（4.1）是现代**信息论**的基石，同时也是集合的纯度（即**异质性**（heterogeneity））的优良度量。

　　要理解香农熵模型的工作原理，可考虑由 52 张不同的扑克牌构成的集合。从集合中随机抽取到某个特定扑克牌 i 的概率 $P(card=i)$ 非常低，仅为 $\dfrac{1}{52}$。计算 52 张扑克的集合的熵的方法为：

125
~
126

$$H(card) = -\sum_{i=1}^{52} P(card=i) \times \log_2 \left(P(card=i) \right) = -\sum_{i=1}^{52} 0.019 \times \log_2(0.019) = -\sum_{i=1}^{52} -0.1096 = 5.700 \text{ bits}$$

在计算中，对于每个可能的扑克牌，香农模型都以一个小概率 $P(card=i)$ 来乘以一个大负数 $\log_2(P(card)=i)$，以得出一个较大的负数。为每张牌计算出的每个较大的负数通过求和来得出一个大负数。改变这个数的负号就可以得出一个大正数，以作为这个非常不纯的集合的熵。

⊖　使用二进制对数，由两个类别的元素所组成的集合的熵的最大值为 1.00 bit，而由超过两类元素构成的集合的熵则可能会大于 1.00 bit。在本章后面的场景中使用香农模型，其底数可以是任意选择的。我们选择 2 作为底数的部分原因是考虑计算机科学背景下的惯例，而另一部分原因则是这可以允许我们用比特作为信息的单位。

相反，考虑只区分牌面的花色（suit，包括红心 ♥、梅花 ♣、方块 ♦ 以及或黑桃 ♠）来计算这个包含 52 张扑克牌的集合的熵。这样从集合中随机选择一张牌只有 4 种可能的结果，每一种的概率都比较大，为 $\frac{13}{52}$。这个集合的熵应当通过如下计算得出：

$$
\begin{aligned}
H(suit) &= -\sum_{l \in \{\heartsuit, \clubsuit, \diamondsuit, \spadesuit\}} P(suit = l) \times \log_2(P(suit = l)) \\
&= -((P(\heartsuit) \times \log_2(P(\heartsuit))) + (P(\clubsuit) \times \log_2 P(\clubsuit))) \\
&\quad + (P(\diamondsuit) \times \log_2(P(\diamondsuit))) + (P(\spadesuit) \times \log_2(P(\spadesuit)))) \\
&= -((^{13}\!/_{52} \times \log_2(^{13}\!/_{52})) + (^{13}\!/_{52} \times \log_2(^{13}\!/_{52})) \\
&\quad + (^{13}\!/_{52} \times \log_2(^{13}\!/_{52})) + (^{13}\!/_{52} \times \log_2(^{13}\!/_{52}))) \\
&= -((0.25 \times (-2)) + (0.25 \times (-2)) + (0.25 \times (-2)) + (0.25 \times (-2))) \\
&= 2 \text{bits}
\end{aligned}
$$

在这次计算中，香农模型通过将选择某个花色的较大概率 $P(suit = l)$ 乘以小负数 $\log_2(P(suit = l))$，来得到较小的负数。每个花色对应的较小负数累加得到一个总的小负数。同样，反转这个数字的符号来得出一个小正数，并将其作为这个纯得多的集合的熵。

要进一步了解熵，我们可以回顾图 4.5 中所示的每组扑克牌的熵值。在如图 4.5a 所示的集合中，所有的牌都是一样的。这就意味着从这个集合中进行抽取时，抽取的结果没有不确定性。香农的信息模型反映了这种直觉，因而这个集合的熵为 0.00 bits。在如图 4.5b 和图 4.5c 所示的集合中混合有两种不同类型的卡片，因此熵值更高，在这两个例子中分别为 0.81 bits 和 1.00 bit。有两种元素的集合的最大熵值为 1.00 bit，当集合中每种类型的元素数量相等时会出现这种情况。

图 4.5d 和图 4.5e 中所示的扑克牌集合都含有三种牌。有三种元素的集合的最大熵值为 1.58 bit，当集合中每种元素的数量相同时会出现，如图 4.5e 所示。在图 4.5d 中，一种牌的出现次数比其他种类多，因此总的熵值稍低，为 1.50 bits。最后，图 4.5f 中的集合有许多不同种类的牌，每张只出现一次，使得其熵值高达 3.58 bits。

以上讨论表明一个事实，那就是熵的本质是对集合异质性的度量。当集合中的元素种类从只有一种（图 4.5a）变化到有许多不同种类且每种被选到的可能性相同（图 4.5f）时，集合的熵值就会增加。

4.2.3　信息增益

集合异质性的度量和预测分析的关系是什么？如果可以构建一系列检验来将训练数据划分为单一目标特征的值的集合，那么我们便可用这样的检验序列来将查询实例标为该实例落入的集合的目标特征的值。

为阐明这个过程，我们可以回顾表 4.2 中所示的垃圾邮件数据集。图 4.7 展示了使用垃圾邮件数据集中的不同描述性特征来分割垃圾邮件数据集时实例的划分情况。在图 4.7a 中，我们可以看到基于 SUSPICIOUS WORDS 特征划分数据集为区分邮件是垃圾邮件还是正常邮件提供了很多信息。实际上，使用这个特征划分数据产生了两个纯的集合：其中一个只包含目标特征级别为 *spam* 的实例，另一个集合只包含目标特征级别为 *ham* 的实例。这就表明 SUSPICIOUS WORDS 特征是检验新邮件（也就是不在训练数据集中的邮件）是不是垃圾邮件的好特征。

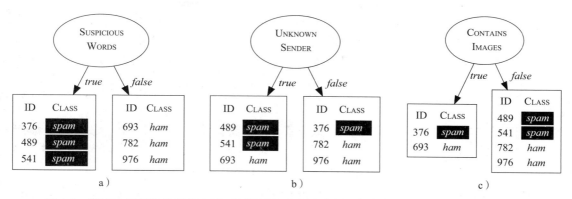

图 4.7   使用垃圾邮件数据集中的不同描述性特征来分割垃圾邮件数据集时实例的划分情况

那么其他特征呢？图 4.7b 展示了 UNKNOWN SENDER 特征是如何划分数据集的。分割后的两个数据集中，各自都混合了 spam 实例和 ham 实例。这表明 UNKNOWN SENDER 特征区分垃圾邮件和正常邮件的能力不如 SUSPICIOUS WORDS 特征。尽管分割后的每个集合中都有垃圾邮件实例和正常邮件实例，但似乎当 UNKNOWN SENDER = true 时，大部分邮件是 spam，而当 UNKNOWN SENDER = false 时，大部分邮件是 ham。因此尽管这个特征不能完美地区分垃圾邮件和正常邮件，但它仍然能为我们提供一些有用的信息，我们也许可以将它与其他特征一起使用，以确定一封新邮件是垃圾邮件还是正常邮件。最后，如果我们检查如图 4.7c 所示的基于 CONTAINS IMAGES 特征划分数据集的结果，那么就会发现这个特征似乎完全不能区分 spam 邮件和 ham 邮件。划分后的两个集合各自含有数量相同的垃圾邮件实例和正常邮件实例。

我们现在要做的是开发出一种能够直观体现上述这些特征的信息量的形式化模型。不出所料，我们采用香农熵模型来实现这一点。我们要用到的测量信息量的度量被称为**信息增益**（information gain），它是通过使用描述性特征对集合中的实例进行检验以测量总的熵减来实现的。信息增益的计算分为三步：

1. 计算原始数据集在目标特征上的熵。这样能够测量出将数据集整理成纯的集合需要多少信息。

2. 根据每个实例的每个描述性特征的值来划分数据集，计算每个划分后的数据集的熵并对熵求和。这样能够测量出使用每个描述性特征分别划分数据集后，还需要多少信息才能将其整理成纯的数据集。

3. 在原始数据集的熵（第 1 步计算得出）中减去剩余的熵（第 2 步计算得出），以计算出信息增益。

我们需要定义三个方程来形式化地说明信息增益（每步一个方程）。第一个方程计算数据集在目标特征上的熵[⊖]：

$$H(t, \mathcal{D}) = - \sum_{l \in \text{levels}(t)} \left(P(t = l) \times \log_2 \left(P(t = l) \right) \right) \tag{4.2}$$

其中 levels(t) 是目标特征 t 的级别的集合，$P(t = l)$ 是随机选择的实例具有目标特征级别 l 的概率。

第二个方程定义了我们用某个描述性特征 d 划分数据集后如何计算剩余的熵。当使用描述性特征 d 划分数据集 $\mathcal{D}$ 时，会产生一些分块（或集合）$\mathcal{D}_{d=l_1} \cdots \mathcal{D}_{d=l_k}$，其中 $l_1 \cdots l_k$ 是特征 d 可取

⊖   这与式（4.1）给出的香农熵模型的定义几乎相同。我们拓展了这个定义来为要计算熵的数据集 $\mathcal{D}$ 增加一个显式的参数，并且指定对数的底为 2。

的 k 个级别。每个分块 $\mathcal{D}_{d=l_i}$ 都含有 $\mathcal{D}$ 中 d 特征的级别为 l_i 的实例。对 d 进行检验后，剩余的熵便是熵在每个分块的目标特征上的加权和。权值由每个分块的大小决定——这样大的分块相比于小的分块对总的剩余熵值贡献更大。我们使用 $\mathrm{rem}(d, \mathcal{D})$ 来表示这个量，形式化定义如下：

$$\mathrm{rem}(d, \mathcal{D}) = \sum_{l \in \text{levels}(d)} \underbrace{\frac{|\mathcal{D}_{d=l}|}{|\mathcal{D}|}}_{\text{权值}} \times \underbrace{H(t, \mathcal{D}_{d=l})}_{\text{分块}\mathcal{D}_{d=l}\text{的熵}} \tag{4.3}$$

使用式（4.2）和式（4.3），我们可以形式化地定义由使用特征 d 来划分数据集 $\mathcal{D}$ 所产生的信息增益：

$$\mathrm{IG}(d, \mathcal{D}) = H(t, \mathcal{D}) - \mathrm{rem}(d, \mathcal{D}) \tag{4.4}$$

为阐明信息增益的计算方法，并检验其能够在何种程度上概括本节开头所述的直观感觉，我们来计算垃圾邮件数据集中每一个描述性特征的信息增益。第一步是用式（4.2）计算整个数据集的熵：

$$H(t, \mathcal{D}) = - \sum_{l \in \{spam, ham\}} (P(t=l) \times \log_2(P(t=l))) = -((P(t=spam) \times \log_2(P(t=spam)))$$
$$+ (P(t=ham) \times \log_2(P(t=ham))) = -(\tfrac{3}{6} \times \log_2(\tfrac{3}{6})) + (\tfrac{3}{6} \times \log_2(\tfrac{3}{6})) = 1 \text{ bit}$$

下一步是计算使用每个描述性特征划分数据集后剩余的熵。对 Suspicious Words 特征[注]的计算如下：

$$\mathrm{rem}(\text{WORDS}, \mathcal{D})$$
$$= \left(\frac{|\mathcal{D}_{\text{WORDS}=true}|}{|\mathcal{D}|} \times H(t, \mathcal{D}_{\text{WORDS}=true}) \right) + \left(\frac{|\mathcal{D}_{\text{WORDS}=false}|}{|\mathcal{D}|} \times H(t, \mathcal{D}_{\text{WORDS}=false}) \right)$$
$$= \left(\tfrac{3}{6} \times \left(-\sum_{l \in \{spam, ham\}} P(t=l) \times \log_2(P(t=l)) \right) \right) + \left(\tfrac{3}{6} \times \left(-\sum_{l \in \{spam, ham\}} P(t=l) \times \log_2(P(t=l)) \right) \right)$$
$$= (\tfrac{3}{6} \times (-((\tfrac{3}{3} \times \log_2(\tfrac{3}{3})) + (\tfrac{0}{3} \times \log_2(\tfrac{0}{3}))))) + (\tfrac{3}{6} \times (-((\tfrac{0}{3} \times \log_2(\tfrac{0}{3})) + (\tfrac{3}{3} \times \log_2(\tfrac{3}{3}))))) = 0 \text{ bits}$$

Unknown Sender 特征剩余的熵为：

$$\mathrm{rem}(\text{SENDER}, \mathcal{D})$$
$$= \left(\frac{|\mathcal{D}_{\text{SENDER}=true}|}{|\mathcal{D}|} \times H(t, \mathcal{D}_{\text{SENDER}=true}) \right) + \left(\frac{|\mathcal{D}_{\text{SENDER}=false}|}{|\mathcal{D}|} \times H(t, \mathcal{D}_{\text{SENDER}=false}) \right)$$
$$= \left(\tfrac{3}{6} \times \left(-\sum_{l \in \{spam, ham\}} P(t=l) \times \log_2(P(t=l)) \right) \right) + \left(\tfrac{3}{6} \times \left(-\sum_{l \in \{spam, ham\}} P(t=l) \times \log_2(P(t=l)) \right) \right)$$
$$= (\tfrac{3}{6} \times (-((\tfrac{2}{3} \times \log_2(\tfrac{2}{3})) + (\tfrac{1}{3} \times \log_2(\tfrac{1}{3}))))) + (\tfrac{3}{6} \times (-((\tfrac{1}{3} \times \log_2(\tfrac{1}{3})) + (\tfrac{2}{3} \times \log_2(\tfrac{2}{3}))))) = 0.9183 \text{ bits}$$

Contains Images 特征剩余的熵为：

$$\mathrm{rem}(\text{IMAGES}, \mathcal{D})$$
$$= \left(\frac{|\mathcal{D}_{\text{IMAGES}=true}|}{|\mathcal{D}|} \times H(t, \mathcal{D}_{\text{IMAGES}=true}) \right) + \left(\frac{|\mathcal{D}_{\text{IMAGES}=false}|}{|\mathcal{D}|} \times H(t, \mathcal{D}_{\text{IMAGES}=false}) \right)$$
$$= \left(\tfrac{2}{6} \times \left(-\sum_{l \in \{spam, ham\}} P(t=l) \times \log_2(P(t=l)) \right) \right) + \left(\tfrac{4}{6} \times \left(-\sum_{l \in \{spam, ham\}} P(t=l) \times \log_2(P(t=l)) \right) \right)$$
$$= (\tfrac{2}{6} \times (-((\tfrac{1}{2} \times \log_2(\tfrac{1}{2})) + (\tfrac{1}{2} \times \log_2(\tfrac{1}{2}))))) + (\tfrac{4}{6} \times (-((\tfrac{2}{4} \times \log_2(\tfrac{2}{4})) + (\tfrac{2}{4} \times \log_2(\tfrac{2}{4}))))) = 1 \text{ bit}$$

⊖ 注意，我们在计算中缩写了特征名称以节省空间。

现在，我们便可计算每个描述性特征的信息增益：

$$IG\ (\text{WORDS}, \mathcal{D}) = H\ (\text{CLASS}, \mathcal{D}) - rem\ (\text{WORDS}, \mathcal{D}) = 1 - 0 = 1\ bit$$

$$IG\ (\text{SENDER}, \mathcal{D}) = H\ (\text{CLASS}, \mathcal{D}) - rem\ (\text{SENDER}, \mathcal{D}) = 1 - 0.9183 = 0.0817\ bits$$

$$IG\ (\text{IMAGES}, \mathcal{D}) = H\ (\text{CLASS}, \mathcal{D}) - rem\ (\text{IMAGES}, \mathcal{D}) = 1 - 1 = 0\ bits$$

SUSPICIOUS WORDS 特征的信息增益为 1 bit。这与整个数据集的总熵相等。一个特征的信息增益值与整个数据集的熵值相同，就表明这个特征能够完美地在目标特征的值上区分数据集。不幸的是，在更真实的数据集中，鲜少能找到像 SUSPICIOUS WORDS 特征那样强大的特征。UNKNOWN SENDER 特征的信息增益为 0.0817 bits。如此低的信息增益值通常表明尽管根据这个特征进行划分能够提供一些信息，但它并不是特别有用。最后，CONTAINS IMAGES 特征的信息增益值为 0 bits。特征在信息增益值上的高低次序反映了我们在先前讨论中产生的对特征有用性的直觉。

本节我们首先探讨了一种想法，即是否可以通过建立一系列检验来将训练数据集划分为在目标特征的值上的纯的集合，接着通过对预测查询实例进行相同次序的检验并将其标记为所落入集合的目标特征来做出预测。完成这个任务的一个重要部分就是在检验时应当如何确定检验的次序，以便在给定的数据集上选择最佳的特征。下一节，我们将以这种方式来介绍决策树生长的标准算法。

133

4.3　标准方法：ID3 算法

假设我们想使用较浅的决策树，那么，是否有自动从数据中生成它们的方法呢？一种最有名的决策树归纳方法是**迭代二分器 3**（Iterative Dichotomizer 3, ID3）算法[⊖]。该算法试图建立与给定数据一致的最浅的决策树。

ID3 算法使用递归的、深度优先的方式来构建决策树，它始于根节点，向叶子节点方向运行。首先，算法选择最佳的描述性特征（也就是最应当首先提出的问题）来检验。这种选择是通过计算训练数据集中描述性特征的**信息增益**来完成的。随后为决策树添加根节点，并标记为算法所选定的检验特征。然后，使用这个检验来划分训练数据集。每种可能的检验结果都会产生一个对应的分块，其中包含在被检验时返回了该结果的训练实例。从根节点为每个分块生长出一根树枝。为每根树枝重复这一过程，每次使用训练集相对应的分块而非整个训练集，并且每次都使用被选定的检验特征。每个检验特征都只能使用一次，之后的检验就不再使用该特征。这一过程一直重复，直到分块中的所有实例都具有相同的目标特征级别，此时为其生成一个叶子节点并标以该级别。

ID3 算法的设计是基于一种假设，即当某个领域的正确决策树对该领域实例进行分类时，各类别的实例比例与该领域目标级别的比例一致。因此，给定表示某个领域的包含两个目标级别 C_1 和 C_2 的数据集 $\mathcal{D}$，其中任意一个实例都应被分类为关联于目标级别 C_1 的概率为 $\frac{|C_1|}{|C_1| + |C_2|}$，关联于目标级别 C_2 的概率为 $\frac{|C_2|}{|C_1| + |C_2|}$，其中 $|C_1|$ 和 $|C_2|$ 代表 $\mathcal{D}$ 中实例分别关联于 C_1 和 C_2 的数量。为确保生成的决策树以正确比例分类，算法通过反复划分[⊖]训练数据集来构建决策树，直到单个分块的所有实例都映射到同一个目标级别。

算法 4.1 展示了 ID3 算法的伪代码描述。尽管算法看起来有点复杂，但实际上每次调用

⊖　该算法首次发表于 Quinlan（1986）。

⊖　因此得名**迭代二分器**。

时它只做了两件事中的一件：要么是通过为树添加叶子节点来停止树在当前路径的生长，如 1 ~ 6 行所示；要么是通过为树添加中间节点，并通过再次运行算法来促进该节点树枝的生长，如 7 ~ 13 行所示。

算法 4.1 ID3 算法的伪代码描述

需要： 描述性特征的集合 **d**

需要： 训练实例的集合 $\mathcal{D}$

1: **if** $\mathcal{D}$ 中的所有实例都有相同的目标级别 C **then**

2:     **return** 由一个标签为 C 的叶子节点构成的决策树

3: **else if d** 为空 **then**

4:     **return** 由一个 $\mathcal{D}$ 中多数目标级别为标签的叶子节点构成的决策树

5: **else if** $\mathcal{D}$ 为空 **then**

6: **return** 由一个直接父节点的数据集中多数目标级别为标签的叶子节点构成的决策树

7: **else**

8:     **d**[*best*] ← arg max$_{d \in \mathbf{d}}$ IG $(d, \mathcal{D})$

9:     创建一个新节点 *Node*$_{\mathbf{d}[best]}$ 并将其标记为 **d**[*best*]

10:     使用 **d**[*best*] 划分 $\mathcal{D}$

11:     从 **d** 中移除 **d**[*best*]

12:     **for** 每个 $\mathcal{D}$ 中的分块 $\mathcal{D}_i$ **do**

13: 从 *Node*$_{\mathbf{d}[best]}$ 生长一根树枝连接到由参数 $\mathcal{D} = \mathcal{D}_i$ 重新运行 ID3 而生成的决策树

    算法 4.1 的 1 ~ 6 行控制着何时需要在树中创建新叶子节点。我们已经提到，ID3 算法通过递归划分数据集来构建决策树。设计递归过程要做出的一个重要决定就是确定使递归停止的基本情况。在 ID3 算法中，基本情况是我们停止划分数据集并用相应的目标级别来创建叶子节点。在设计基本情况时有两点需要特别注意。首先，由树中每个中间节点所考虑的训练实例构成的数据集不是完整的训练数据集，而是其父节点所考虑的实例中由包含从父节点到当前节点的树枝所对应的特征值的实例构成的子集。其次，一旦某个特征已经被检验，那么在其树中所在的路径上便不会考虑再次选择该特征。在树中的任何路径上，一个特征只会 被检验一次，但同一个特征可以在树中的不同路径上出现多次。根据这些约束条件，算法定义了三种停止递归并创建新叶子节点的情况：

    1. 数据集中的所有实例都具有相同的目标特征级别。这种情况下，算法返回只有一个叶子节点的树，并以该目标级别作为其标签（算法 4.1 的第 1 和 2 行）。

    2. 待检验特征的集合为空。这就意味着我们已经在根节点和当前节点之间的路径上检验完所有的特征。我们没有剩余特征能够用来进一步区分实例，因此返回一个单叶子节点的树，并使用数据集中的多数目标级别作为其目标级别（算法 4.1 的第 3 和 4 行）。

    3. 数据集为空。当数据集的某个划分不包含具有该特征的值的实例时会出现这种情况。此时我们返回一个单叶子节点的树并将其标为执行递归调用的父节点上数据集的大多数目标级别（算法 4.1 的第 5 和 6 行）。

    如果上述情况都没有出现，那么算法就会继续递归地创建中间节点，如算法 4.1 的第 7 ~ 13 行所示。创建中间节点的第一步是决定该节点应当检验哪个描述性特征（算法 4.1 的第 8 行）。我们一开始提到 ID3 算法时，就介绍过算法试图构建与给定数据一致的最浅的决策树。使得 ID3 算法能够偏好于浅树的关键是该算法在选择描述性特征于新节点处进行检验时用于确定哪个描述性特征信息量最大的机制。ID3 算法使用**信息增益**度量来选择在树中每个节点处用于检验的最佳特征。因此，对用于分割数据集的最佳特征的选择是基于划分结果的纯度，或异质性。同时，每个节点创建时的环境都是由一个实例的数据集（其中一个实例子集已被用于创建其父节点）和一个在根节点到父节点的路径上尚未被检验过的描述性特征的集合来构成的。这就导致在同一个树的不同节点处，同一个描述性特征的信息增益可能会有所不同，因为信息增益会在整个训练数据集的不同子集上进行计算。这会导致一种情况，即一个在根节点处信息增益很低的特征（当考虑整个数据集的情况下）可能会在某个中间节点处有很高的信息增益，因为在这个中间节点所考虑的实例子集上，该特征是有预测力的。

[136]

一旦信息量最大的特征 **d**[*best*] 被选定，算法就会以 **d**[*best*] 为标签来为树添加一个新节点（第 9 行）。算法随后根据 **d**[*best*] 可取的级别 $\{l_1, \cdots, l_k\}$ 将该节点所考虑的数据集 $\mathcal{D}$ 划分为 $\mathcal{D}_1, \cdots, \mathcal{D}_k$（第 10 行）。接着，算法从该路径随后需要用于检验的特征的集合中删除 **d**[*best*]，以实现每个特征在树中的单个路径上只能被检验一次的约束条件（第 11 行）。最后，在第 12 和 13 行，算法通过为每个在第 10 行创建的分块递归调用自身来为 **d**[*best*] 域的每个取值生长树枝。每个递归调用使用调用它的分块作为要考虑的数据集，并被限制于只能选择当前在从根节点起始的路径上尚未被检验过的特征。递归调用算法所返回的节点可能是子树的根节点或一个叶子节点。无论怎样，这个节点被连接到当前节点，并在连接的树枝上标出了所选特征的对应级别。

实用范例：预测植物分布

本节我们会通过将 ID3 算法应用于一个例子来阐明如何用它归纳出决策树。本例基于**生态学建模**（ecological modeling），这是一个应用统计和分析方法来建模生态学过程的科学研究领域。生态管理从业者面临的一个难题是，进行大规模、高精度的土地调查常常成本高昂。而使用预测分析则能以小规模调查的结果来构建预测模型，并应用于较大的区域。这些模型被用于为资源管理与保护活动⊖提供信息，例如在某个地理区域管理动物物种和植被分布。这些模型使用的描述性特征常常是那些可以自动化地从数字化地图、航拍图片或卫星影像中提取出来的特征——例如地形的海拔、坡度、颜色和反射光谱，以及特征的有无（例如河流、道路、湖泊等）。

表 4.3 列出了生态学建模领域的一个样本数据集⊖。该样本中，预测任务是仅根据该区域地图上提取出的描述性特征对可能生长在某片土地上的植被类型进行分类。生态学建模者可以使用某区域内生长的植被类型的信息作为其动物物种管理和保护项目的直接输入，因为不同类型的植被所覆盖的区域能够供不同的动物物种栖息。通过使用只需要来自地图的特征的预测模型，生态学建模者可以避免昂贵的地面或航空调查。这个模型需要识别三种植被。第一种是查帕拉尔群落（*chapparal*），这是一种易燃的常绿灌木林。通常在这种植被中能够找到的动物包括灰狐、短尾猫、臭鼬、野兔等。第二种是河岸（*riparian*），这种植被在溪流附近出现，特点是含有树木和灌木。它通常是小型动物的家园，包括浣熊、青蛙、蟾蜍等。最后一种植被是针叶林（*conifer*），指那些由多种树木（包括松树、柏树以及杉树）组成的森林区域，森林底层存在多种灌木。在这些森林中，能够找到的动物包括熊、鹿以及美洲豹。一个区域的植被类型被存储于目标特征植被（VEGETATION）中。

[137]

⊖ 可参见 Guisan and Zimmermann（2000）以及 Franklin（2009）来了解生态学建模中的预测分析。
⊖ 此人工生成的样本数据集是受 Franklin et al.（2000）的研究报告启发而来。

表 4.3　植被分类数据集

ID	STREAM	SLOPE	ELEVATION	VEGETATION
1	*false*	*steep*	*high*	*chapparal*
2	*true*	*moderate*	*low*	*riparian*
3	*true*	*steep*	*medium*	*riparian*
4	*false*	*sleep*	*medium*	*chapparal*
5	*false*	*flat*	*high*	*conifer*
6	*true*	*sleep*	*highest*	*conifer*
7	*true*	*steep*	*high*	*chapparal*

　　数据集中有三个描述性特征。溪流（STREAM）是描述该区域是否有河流的二元特征。坡度（SLOPE）描述该区域的陡峭程度，并拥有平坦（*flat*）、适中（*moderate*）、陡峭（*steep*）三个级别。高度（ELEVATION）描述该区域的海拔高度，有低（*low*）、中（*medium*）、高（*high*）以及最高（*highest*）四个级别。

　　构建决策树的第一步是确定三个描述性特征中的哪一个是在根节点处划分数据集的最佳特征。算法通过为每个特征计算信息增益来找到该特征。在计算信息增益时需要用到的数据集的总熵的计算方法为：

$$H(\text{VEGETATION}, \mathcal{D}) = - \sum_{l \in \left\{\begin{smallmatrix}chapparal,\\riparian,\\conifer\end{smallmatrix}\right\}} P(\text{VEGETATION} = l) \times \log_2(P(\text{VEGETATION} = l))$$

$$= - ((\tfrac{3}{7} \times \log_2(\tfrac{3}{7})) + (\tfrac{2}{7} \times \log_2(\tfrac{2}{7})) + (\tfrac{2}{7} \times \log_2(\tfrac{2}{7}))) = 1.5567 \text{ bits} \quad (4.5)$$

表 4.4 展示了使用这一结果算得的每个特征的信息增益。

表 4.4　表 4.3 中所示数据集的分块集合、熵、剩余熵以及信息增益

划分特征	级别	分块集合	实例	分块熵	剩余熵	信息增益
STREAM	*true*	$\mathcal{D}_1$	$\mathbf{d}_2, \mathbf{d}_3, \mathbf{d}_6, \mathbf{d}_7$	1.5000	1.2507	0.3060
	false	$\mathcal{D}_2$	$\mathbf{d}_1, \mathbf{d}_4, \mathbf{d}_5$	0.9183		
SLOPE	*flat*	$\mathcal{D}_3$	$\mathbf{d}_5$	0.0	0.9793	0.5774
	maderate	$\mathcal{D}_4$	$\mathbf{d}_2$	0.0		
	steep	$\mathcal{D}_5$	$\mathbf{d}_1, \mathbf{d}_3, \mathbf{d}_4, \mathbf{d}_6, \mathbf{d}_7$	1.3710		
ELEVATION	*low*	$\mathcal{D}_6$	$\mathbf{d}_2$	0.0	0.6793	0.8774
	medium	$\mathcal{D}_7$	$\mathbf{d}_3, \mathbf{d}_4$	1.0		
	high	$\mathcal{D}_8$	$\mathbf{d}_1, \mathbf{d}_5, \mathbf{d}_7$	0.9183		
	highest	$\mathcal{D}_9$	$\mathbf{d}_6$	0.0		

　　我们可以从表 4.4 看出 ELEVATION 特征在三个特征中具有最大的信息增益，因此被算法选为根节点。图 4.8 展示了用 ELEVATION 划分数据集后树的情况。注意，整个数据集被划分为四个分块（在表 4.4 中标记为 $\mathcal{D}_6$、$\mathcal{D}_7$、$\mathcal{D}_8$ 以及 $\mathcal{D}_9$），ELEVATION 特征也不再列入这些分块中，因为它已经被用来划分数据集。$\mathcal{D}_6$ 和 $\mathcal{D}_9$ 分块各自仅含有一个实例。因此，它们是纯集合，并且这两个分块可以被转换为叶子节点。而 $\mathcal{D}_7$ 和 $\mathcal{D}_8$ 分块则含有不同目标特征级别的实例，因此算法需要继续划分这两个分块。为此，算法需要确定哪个剩余的描述性特征对于每个分块来说具有最高的信息增益。

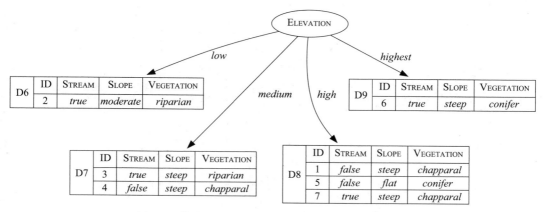

图 4.8　使用 Elevation 特征划分数据集后的决策树

要处理分块 $\mathcal{D}_7$，算法首先计算 $\mathcal{D}_7$ 的熵：

$$H(\text{Vegetation}, \mathcal{D}_7) = -\sum_{l \in \left\{\begin{smallmatrix}chapparal,\\riparian,\\conifer\end{smallmatrix}\right\}} P(\text{Vegetation} = l) \times \log_2(P(\text{Vegetation} = l))$$

$$= -((\tfrac{1}{2} \times \log_2(\tfrac{1}{2})) + (\tfrac{1}{2} \times \log_2(\tfrac{1}{2})) + (\tfrac{0}{2} \times \log_2(\tfrac{0}{2}))) = 1.0 \text{ bits} \quad (4.6)$$

使用 Stream 和 Slope 划分 $\mathcal{D}_7$ 的信息增益如表 4.5 所示。

表 4.5　图 4.8 中所示的数据集 $\mathcal{D}_7$ 的分块集合、熵、剩余熵以及信息增益

划分特征	级别	分块集合	实例	分块熵	剩余熵	信息增益
Stream	true	$\mathcal{D}_{10}$	$\mathbf{d}_3$	0.0	0.0	1.0
	false	$\mathcal{D}_{11}$	$\mathbf{d}_4$	0.0		
Slope	flat	$\mathcal{D}_{12}$		0.0	1.0	0.0
	moderate	$\mathcal{D}_{13}$		0.0		
	steep	$\mathcal{D}_{14}$	$\mathbf{d}_3, \mathbf{d}_4$	1.0		

表 4.5 中的计算表明 Stream 的信息增益比 Slope 要高，因此是划分 $\mathcal{D}_7$ 的最佳特征。图 4.9 绘制出了 $\mathcal{D}_7$ 分块被划分后的决策树的状态。划分 $\mathcal{D}_7$ 创建了两个新的分块（$\mathcal{D}_{10}$ 和 $\mathcal{D}_{11}$）。注意 Slope 是 $\mathcal{D}_{10}$ 和 $\mathcal{D}_{11}$ 中列出的唯一特征。这就意味着 Elevation 和 Stream 已经在从根节点分别到这两个分块的路径上被使用过了，因而不能再次使用。这两个新的分块在目标特征上都是纯的集合（实际上，每个分块都只含有一个实例），因此，这些集合不需要进一步分割，并且可以被转换成叶子节点。

此时 $\mathcal{D}_8$ 是唯一不纯的分块。有两个描述性特征可用于划分 $\mathcal{D}_8$：Stream 和 Slope。用哪个特征来进行划分的决策是根据 $\mathcal{D}_8$ 上哪个特征的信息增益最高而确定的。$\mathcal{D}_8$ 的总熵计算如下：

$$H(\text{Vegetation}, \mathcal{D}_8) = -\sum_{l \in \left\{\begin{smallmatrix}chapparal,\\riparian,\\conifer\end{smallmatrix}\right\}} P(\text{Vegetation} = l) \times \log_2(P(\text{Vegetation} = l))$$

$$= -((\tfrac{2}{3} \times \log_2(\tfrac{2}{3})) + (\tfrac{0}{3} \times \log_2(\tfrac{0}{3})) + (\tfrac{1}{3} \times \log_2(\tfrac{1}{3}))) = 0.9183 \text{ bits} \quad (4.7)$$

表 4.6 列出了用该结果计算出的 $\mathcal{D}_8$ 中每个描述性特征的信息增益。表 4.6 清楚地表明，在 $\mathcal{D}_8$ 上，Slope 的信息增益比 Stream 高。

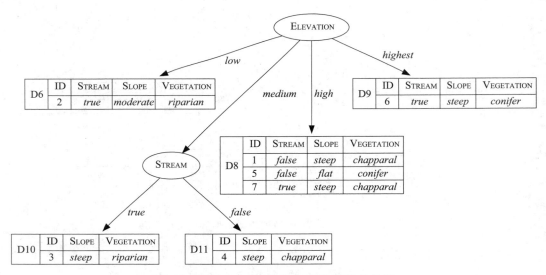

图 4.9 使用 STREAM 划分 $\mathcal{D}_7$ 后决策树的状态

表 4.6 图 4.9 中所示的数据集 $\mathcal{D}_7$ 的分块集合、熵、剩余熵以及信息增益

划分特征	级别	分块集合	实例	分块熵	剩余熵	信息增益
STREAM	true	$\mathcal{D}_{15}$	$\mathbf{d}_7$	0.0	0.6666	0.2517
	false	$\mathcal{D}_{16}$	$\mathbf{d}_1, \mathbf{d}_5$	1.0		
SLOPE	flat	$\mathcal{D}_{17}$	$\mathbf{d}_5$	0.0	0.0	0.9183
	moderate	$\mathcal{D}_{18}$		0.0		
	steep	$\mathcal{D}_{19}$	$\mathbf{d}_1, \mathbf{d}_7$	0.0		

图 4.10 展示了 $\mathcal{D}_8$ 被分割后决策树的状态。注意用 SLOPE 分割 $\mathcal{D}_8$ 后的一个分块为空：$\mathcal{D}_{18}$。这是因为 $\mathcal{D}_8$ 中没有实例在 SLOPE 特征上的值为 *moderate*。空分块会成为叶子节点，并返回 $\mathcal{D}_8$ 中的多数目标特征级别——*chapparal*——作为预测。分割 $\mathcal{D}_8$ 形成的另外两个分块在目标特征上是纯的集合：$\mathcal{D}_{17}$ 含有一个实例，其目标级别为 *conifer*；$\mathcal{D}_{19}$ 含有两个实例，目标级别都是 *chapparal*。

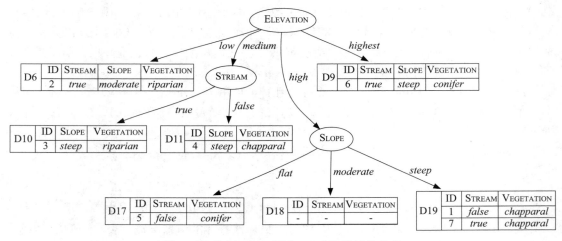

图 4.10 使用 SLOPE 划分 $\mathcal{D}_8$ 后决策树的状态

此时，所有剩余的分块在目标特征上都是纯的集合。因此，算法将每个分块转换为叶子节点，并返回最终的决策树。图 4.11 展示了这棵决策树。如果将这棵树所编码的预测策略应用于表 4.3 给出的原始数据集，它就能正确分类数据集中的所有实例。在机器学习术语中，这个归纳出的模型与训练数据是**一致**的。

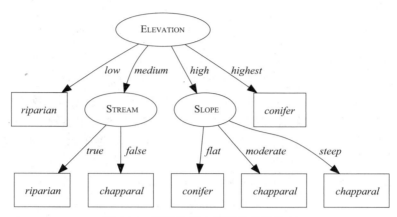

图 4.11　植被分类决策树的最终状态

最后还有一点：回想图 4.10 中被转换为叶子节点并返回目标级别 *chapparal* 的空分块（$\mathcal{D}_{18}$）。这是因为 *chapparal* 是该叶子节点的父节点（$\mathcal{D}_8$）的分块的多数目标级别。因此，这棵树会为下面的查询返回 Vegetation = *chapparal*：

Stream = *true*, Slope = *moderate*, Elevation = *high*

有趣之处在于表 4.3 中并没有实例满足 Slope = *moderate* 和 Vegetation = *chapparal*。这个例子阐明了该模型进行的预测对数据集进行泛化的一种方式。模型的泛化是否正确取决于生成模型所用的假设（也就是**归纳偏置**）是否适当。

142 ～ 143

ID3 算法在更大、更复杂的数据集上的工作原理也完全一样，只不过需要涉及更多的计算。在 ID3 算法被首次提出后，有许多改进算法被提出，以适应真实数据集上的不同特性。我们会在接下来的章节探索算法中最为重要的一些改进。

4.4　延伸与拓展

前面章节所述的 ID3 决策树归纳算法为决策树归纳提供了一个基本的方法：一种自顶向下的、递归的、深度优先的、从根节点开始到叶子节点终止的对数据集进行分块的方法。尽管与我们所展示过的一样，该算法非常有效，但该算法却只能使用干净的数据以及类别特征数据。不过将 ID3 算法拓展为可以处理连续描述性特征和连续目标特征的算法却十分简单，也可以使用许多技术使决策树对数据中的噪声更加健壮。本章我们介绍解决这些问题的方法，以及能够使我们结合多个预测模型的预测结果的模型组合的使用。但我们要先介绍一些除了基于熵的信息增益之外的度量方法，它们也能够在构建决策树时用于选择出可进行下一步划分的特征。

4.4.1　其他特征选取与纯度度量方法

4.2.3 节所述的信息增益度量使用熵来评判使用某个特征划分数据集后分块的纯度。然而，基于熵的信息增益有一些缺点，特别是它偏好于使用有许多级别的特征——因为这些特征能够将数据划分为许多较小的子集，这些子集更可能是纯的集合，而不论描述性特征与目标特征是否真的相关。解决这个问题的一种方法是使用**信息增益比**（information gain ratio）而不是熵。信息增益比是通过用一个特征的信息增益除以确定这个特征的值所用到的信息的量来计算的：

$$\mathrm{GR}(d, \mathcal{D}) = \frac{\mathrm{IG}(d, \mathcal{D})}{\sum\limits_{l \in \mathrm{levels}(d)} P(d = l) \times \log_2(P(d = l)))} \tag{4.8}$$

其中，IG(d, $\mathcal{D}$) 是数据集 $\mathcal{D}$ 上特征 d 的信息增益（使用 4.2.3 节的式（4.4）计算），而除数是数据集 $\mathcal{D}$ 在特征 d 上的熵（注意 levels(d) 是特征 d 可取的级别的集合）。这个除数使得信息增益比不再偏好于选取那些可取大量不同值的特征，因而抵消了信息增益在这些特征上的偏好。

　　为阐明信息增益比是如何计算的，我们将为表 4.3 的植被分类数据集中的描述性特征 STREAM、SLOPE 以及 ELEVATION 计算信息增益比。我们已经知道了这些特征的信息增益（见表 4.4）：

$$\mathrm{IG}(\mathrm{STREAM}, \mathcal{D}) = 0.3060$$
$$\mathrm{IG}(\mathrm{SLOPE}, \mathcal{D}) = 0.5774$$
$$\mathrm{IG}(\mathrm{ELEVATION}, \mathcal{D}) = 0.8774$$

　　要将这些信息增益值转换为信息增益比，我们需要计算每个特征的熵，并将信息增益比除以各自的熵值。这些描述性特征熵的计算为：

$$H(\mathrm{STREAM}, \mathcal{D}) = -\sum_{l \in \left\{ \begin{smallmatrix} true, \\ false \end{smallmatrix} \right\}} P(\mathrm{STREAM} = l) \times \log_2(P(\mathrm{STREAM} = l))$$
$$= -\left((\tfrac{4}{7} \times \log_2(\tfrac{4}{7})) + (\tfrac{3}{7} \times \log_2(\tfrac{3}{7})) \right) = 0.9852 \ \mathrm{bits}$$

$$H(\mathrm{SLOPE}, \mathcal{D}) = -\sum_{l \in \left\{ \begin{smallmatrix} flat, \\ moderate, \\ steep \end{smallmatrix} \right\}} P(\mathrm{SLOPE} = l) \times \log_2(P(\mathrm{SLOPE} = l))$$
$$= -\left((\tfrac{1}{7} \times \log_2(\tfrac{1}{7})) + (\tfrac{1}{7} \times \log_2(\tfrac{1}{7})) + (\tfrac{5}{7} \times \log_2(\tfrac{5}{7})) \right) = 1.1488 \ \mathrm{bits}$$

$$H(\mathrm{ELEVATION}, \mathcal{D}) = -\sum_{l \in \left\{ \begin{smallmatrix} low, \\ medium, \\ high, \\ highest \end{smallmatrix} \right\}} P(\mathrm{ELEVATION} = l) \times \log_2(P(\mathrm{ELEVATION} = l))$$
$$= -\left((\tfrac{1}{7} \times \log_2(\tfrac{1}{7})) + (\tfrac{2}{7} \times \log_2(\tfrac{2}{7})) + (\tfrac{3}{7} \times \log_2(\tfrac{3}{7})) + (\tfrac{1}{7} \times \log_2(\tfrac{1}{7})) \right)$$
$$= 1.8424 \ \mathrm{bits}$$

　　使用这些结果，我们便可通过将信息增益除以特征上的熵来为每个描述性特征计算信息增益比：

$$\mathrm{GR}(\mathrm{STREAM}, \mathcal{D}) = \frac{0.3060}{0.9852} = 0.3106$$

$$\mathrm{GR}(\mathrm{SLOPE}, \mathcal{D}) = \frac{0.5774}{1.1488} = 0.5026$$

$$\mathrm{GR}(\mathrm{ELEVATION}, \mathcal{D}) = \frac{0.8774}{1.8424} = 0.4762$$

　　从这些计算中我们可以看出，尽管 ELEVATION 的信息增益最高，但信息增益比最高的特征却是 SLOPE。这就意味着，如果我们用信息增益比来为表 4.3 中的数据集构建决策树，那么 SLOPE（而不是 ELEVATION）就会是树的根节点。图 4.12 展示了使用信息增益为数据集生成的决策树。

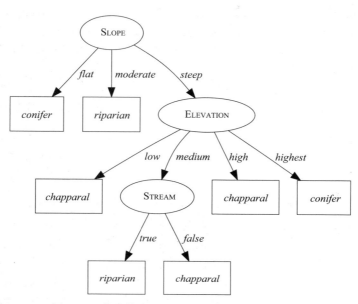

图 4.12　使用信息增益比生成的植被分类决策树

我们可以发现，在 ELEVATION = *low* 树枝的末端有一个 *chapparal* 叶子节点，即使在数据集中并不存在满足 ELEVATION = *low* 而 VEGETATION = *chapparal* 的实例。这个叶子节点是由于在划分 ELEVATION 节点处的分块产生了空分块而导致的。该叶子节点被分配了目标级别 *chapparal*，因为这是 ELEVATION 节点处的分块的多数目标级别。

如果我们将这棵决策树与使用信息增益生成的决策树（见图 4.11）相比，便可明显看到两棵树的结构差别很大。这种差别体现了在构建树时选择用于划分的特征的度量方法的影响。在比较两棵树时，还可以发现另一个有趣的地方，也就是即便这两棵树与表 4.3 中所示的数据集都是一致的，它们有时也会做出不同的预测。例如，给定如下的查询：

STREAM = *false*, SLOPE = *moderate*, ELEVATION = *highest*

使用信息增益比生成的树（见图 4.12）会返回 VEGETATION = *riparian*，而使用信息增益生成的树（见图 4.11）会返回 VEGETATION = *conifer*。数据集中并不包含上述查询的特征组合。因此，两棵树都在试图泛化数据集。这体现了与数据集一致的两个不同模型是如何做出不同的泛化的[⊖]。因此，应当使用哪个特征选取度量，信息增益还是信息增益比？相比于信息增益比，信息增益具有计算成本较低的优势。而如果不同描述性特征可取的值的数量差异较大，那么信息增益比可能是更好的选择。除了这些因素，描述性特征选取度量的有效性随领域的变化而变化。因此我们应当对不同的度量进行实验，以找出在每个数据集上哪个度量会产生最佳的模型。

另一个常用的纯度度量是**基尼指数**（Gini index）：

$$\text{Gini}(t, \mathcal{D}) = 1 - \sum_{l \in \text{levels}(t)} P(t = l)^2 \qquad (4.9)$$

⊖　这就体现了机器学习是一个**不适定问题**，正如 1.3 节所讨论的。

其中 $\mathcal{D}$ 是目标特征为 t 的数据集；levels (t) 是目标特征的级别的集合；而 $P(t=l)$ 是 $\mathcal{D}$ 中一个目标级别为 l 的实例的概率。基尼指数可以被理解为计算如果仅根据数据集中目标级别的分布进行预测，实例的目标级别被错误分类的频繁程度。例如，如果数据集中有两个等可能性的目标级别，那么预期的分类错误率为 0.5，而如果数据集中有四个等可能性的目标级别，那么预期的分类错误率就是 0.75。当数据集中所有实例的目标级别相同时，其基尼指数为 0；而当存在 k 个等可能性的目标级别时，基尼指数为 $1-\dfrac{1}{k}$。实际上，基尼指数的一个优秀特性是其值始终在 0 和 1 之间，在一些情况下，这会使在特征之间比较其基尼指数更加容易。

148

我们可以对表 4.3 中数据集的基尼指数进行计算：

$$\text{Gini}(\text{VEGETATION},\mathcal{D})=1-\sum_{l\in\left\{\substack{chapparal,\\riparian,\\conifer}\right\}}P(\text{VEGETATION}=l)^2=1-((\tfrac{3}{7})^2+(\tfrac{2}{7})^2+(\tfrac{2}{7})^2)=0.6531$$

一个特征基于基尼指数的信息增益和基于熵的信息增益的计算方法相同：计算整个数据集的基尼指数，然后减去根据该特征划分数据集形成的各子集的基尼指数的加权和。表 4.7 展示了使用基尼指数为植被分类数据集中各个描述性特征的信息增益进行的计算。将结果与用熵计算出的信息增益（见表 4.4）比较，我们可以看到尽管得出的数值不同，但特征的相对排名是相同的——两种情况下 ELEVATION 的信息增益都最高。实际上，对于植被数据集来说，用基于基尼指数的信息增益生成的决策树与用基于熵的信息增益生成的决策树（见图 4.11）完全相同。

表 4.7   表 4.3 中所示数据集的每个特征的分块集合、基尼指数、剩余基尼指数以及信息增益

划分特征	级别	分块集合	实例	分块基尼指数	剩余基尼指数	信息增益
STREAM	true	$\mathcal{D}_1$	d_2, d_3, d_6, d_7	0.6250	0.5476	0.1054
	false	$\mathcal{D}_2$	d_1, d_4, d_5	0.4444		
SLOPE	flat	$\mathcal{D}_3$	d_5	0.0	0.4000	0.2531
	maderate	$\mathcal{D}_4$	d_2	0.0		
	steep	$\mathcal{D}_5$	d_1, d_3, d_4, d_6, d_7	0.5600		
ELEVATION	low	$\mathcal{D}_6$	d_2	0.0	0.3333	0.3198
	medium	$\mathcal{D}_7$	d_3, d_4	0.5000		
	high	$\mathcal{D}_8$	d_1, d_5, d_7	0.4444		
	highest	$\mathcal{D}_9$	d_6	0.0		

因此，在基尼指数和熵之间应当选择哪个纯度度量？我们能提出的最佳建议是：在构建决策树模型时，尝试不同的纯度度量并比较其结果以判断哪个度量最适合数据集是很好的做法。

149

4.4.2   处理连续描述性特征

在决策树中处理连续描述性特征的最简单方法是在连续特征的取值范围内定义阈值，并使用这个阈值，根据实例的该特征的值是高于还是低于这个阈值来划分实例[⊖]。唯一的挑战是确定最佳的阈值。理想中，当使用某个特征划分数据集时，阈值应当使划分的信息增益最大。但问题是，对于连续特征来说，有无穷多个阈值可以选择。

⊖　这个方法与 3.6.2 节所述的**分箱**（bining）相关。将连续特征分箱以转换为类别特征是在决策树中处理连续特征的另一个有效方法。

不过仍然有找到最优阈值的简单方法，能够避免检验无穷多个可能的阈值。首先，根据连续特征的值的大小对数据集中的实例进行排序。排序中相邻的具有不同目标特征级别的实例被选为可能的阈值点。可以证明最优阈值一定会处于某个目标级别不同的相邻实例之间。通过对每个目标级别转变边界计算信息增益，并选择信息增益最高的边界作为阈值来找出最优阈值。设置了阈值后，连续特征就可以像类别特征一样，用来在任意节点处划分数据集。为阐明这一过程，我们使用表 4.3 中植被数据集的一个修改版，其中 Elevation 特征改为以英尺为单位的实际海拔高度。该数据集列在表 4.8 中。

表 4.8　用于预测某区域植被的数据集，其中 Elevation 特征为连续特征（以英尺度量）

ID	Stream	Slope	Elevation	Vegetation
1	false	steep	3900	chapparal
2	true	moderate	300	riparian
3	true	steep	1500	riparian
4	false	steep	1200	chapparal
5	false	flat	4450	conifer
6	true	steep	5000	conifer
7	true	steep	3000	chapparal

要选择树的根节点的最佳特征，我们需要计算每个特征的信息增益。由我们先前的计算可知，数据集的熵为 1.5567（见式（4.5）），而类别特征的信息增益为 IG (Stream, $\mathcal{D}$) = 0.3060，以及 IG (Slope, $\mathcal{D}$) = 0.5774（见表 4.4）。剩下的任务就是计算用来划分 Elevation 特征的最优阈值，以及使用这一最优阈值后用 Elevation 划分数据集的信息增益。我们的第一个任务是基于 Elevation 进行排序，如表 4.9 所示。

表 4.9　用于预测某区域植被的数据集，以连续特征 Elevation 排序

ID	Stream	Slope	Elevation	Vegetation
2	true	moderate	300	riparian
4	false	steep	1200	chapparal
3	true	steep	1500	riparian
7	true	steep	3000	chapparal
1	false	steep	3900	chapparal
5	false	flat	4450	conifer
6	true	steep	5000	conifer

实例被排序后，我们会找出目标级别不同的相邻实例对。在表 4.9 中，我们可以看到四对相邻实例出现了目标级别的转换，分别是实例 d_2 和 d_4、d_4 和 d_3、d_3 和 d_7 以及 d_1 和 d_5。这些实例对之间的边界值就是其 Elevation 值的平均：

- d_2 和 d_4 的边界是 $\dfrac{300 + 1200}{2} = 750$

- d_4 和 d_3 的边界是 $\dfrac{1200 + 1500}{2} = 1350$

- d_3 和 d_7 的边界是 $\dfrac{1500 + 3000}{2} = 2250$

- d_1 和 d_5 的边界是 $\dfrac{3900 + 4450}{2} = 4175$

这就产生了四个候选阈值：$\geqslant 750$、$\geqslant 1350$、$\geqslant 2250$ 以及 $\geqslant 4175$。表 4.10 展示了分别使用这些阈值进行划分来计算信息增益的过程。阈值 $\geqslant 4175$ 的信息增益比其他候选阈值都高（0.8631 bit），这一信息增益也比其他两个描述性特征高。因此，我们应当使用 ELEVATION $\geqslant 4175$ 作为树上根节点处的检验，如图 4.13 所示。

表 4.10　用候选 ELEVATION 阈值 $\geqslant 750$、$\geqslant 1350$、$\geqslant 2250$ 以及 $\geqslant 4175$
分别划分数据集的分块集合、熵、剩余熵以及信息增益

划分特征	分块集合	实例	分块熵	剩余熵	信息增益
$\geqslant 750$	$\mathcal{D}_1$	$\mathbf{d}_2$	0.0	1.2507	0.3060
	$\mathcal{D}_2$	$\mathbf{d}_4, \mathbf{d}_3, \mathbf{d}_7, \mathbf{d}_1, \mathbf{d}_5, \mathbf{d}_6$	1.4591		
$\geqslant 1350$	$\mathcal{D}_3$	$\mathbf{d}_2, \mathbf{d}_4$	1.0	1.3728	0.1839
	$\mathcal{D}_4$	$\mathbf{d}_3, \mathbf{d}_7, \mathbf{d}_1, \mathbf{d}_5, \mathbf{d}_6$	1.5219		
$\geqslant 2250$	$\mathcal{D}_5$	$\mathbf{d}_2, \mathbf{d}_4, \mathbf{d}_3$	0.9183	0.9650	0.5917
	$\mathcal{D}_6$	$\mathbf{d}_7, \mathbf{d}_1, \mathbf{d}_5, \mathbf{d}_6$	1.0		
$\geqslant 4175$	$\mathcal{D}_7$	$\mathbf{d}_2, \mathbf{d}_4, \mathbf{d}_3, \mathbf{d}_7, \mathbf{d}_1$	0.9710	0.6935	0.8631
	$\mathcal{D}_8$	$\mathbf{d}_5, \mathbf{d}_6$	0.0		

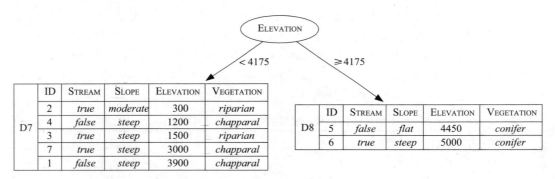

图 4.13　使用 ELEVATION $\geqslant 4175$ 划分数据集后的植被分类决策树

与类别特征不同，连续特征可以在决策树的一条路径的多个点上使用，尽管每个检验所用的特征的阈值不同。这十分重要，因为其使得一条路径上所考虑的连续特征能够在取值范围内多次划分数据集。所以，在构造树的剩余部分时，我们可以重复使用 ELEVATION 特征。这就是 ELEVATION 特征在图 4.13 中的两个分块集合（$\mathcal{D}_7$ 和 $\mathcal{D}_8$）都出现的原因。我们可以通过递归地拓展每根树枝来继续构建决策树，正如我们在之前的决策树范例中所做的。图 4.14 展示了这一过程所最终生成的决策树。注意，这棵树既使用了连续特征，也使用了类别特征，并且 ELEVATION 特征被使用了两次，而每次使用的阈值有所不同。

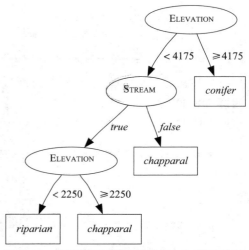

图 4.14　使用信息增益为表 4.9 中所示的植被分类数据集所生成的决策树

4.4.3　预测连续目标

当使用决策树来对连续目标进行预测时，我们将该树称为**回归树**（regression tree）[○]。通常来说，回归树叶子节点的输出是训练集中到达该节点的实例的目标特征值的平均值。这就意味着回归树对查询实例进行预测的误差是到达这个做出预测的叶子节点的训练实例的平均值与本应为该查询返回的正确值之间的差。如果一系列到达叶子节点的训练实例都能够体现被该节点标注的查询的值，那么以降低在树中每个叶子节点处的训练实例集合的目标特征值的**方差**（variance）的方式来构建一棵回归树就是有道理的。我们可以通过令 ID3 算法在选择最佳特征时采用方差[○]的度量而非熵的度量来实现这一点。使用方差作为我们度量纯度的方法，则一个节点处的纯度可如此计算：

$$\mathrm{var}(t, \mathcal{D}) \frac{\sum_{i=1}^{n}(t_i - \bar{t})^2}{n-1} \tag{4.10}$$

其中 $\mathcal{D}$ 是到达该节点的数据集，n 是 $\mathcal{D}$ 中实例的数量，$\bar{t}$ 是数据集 $\mathcal{D}$ 中目标特征的平均值，而 t_i 则依次为 $\mathcal{D}$ 中每个实例的目标特征的值。使用方差作为对纯度的度量，我们可以选择使划分后的数据集的加权方差最小的特征作为在一个节点处进行划分的特征。**加权方差**（weighted variance）是通过对每个由一个描述性特征划分数据集所产生的分块的方差乘以该分块在数据集中的比重，再进行求和得到的。因此，在每个节点处算法都会选择进行划分的特征，方法是通过选取目标特征上加权方差最低的特征：

$$\mathbf{d}[best] = \arg\min_{d \in \mathbf{d}} \sum_{l \in \mathrm{levels}(d)} \frac{|\mathcal{D}_{d=l}|}{|\mathcal{D}|} \times \mathrm{var}(t, \mathcal{D}_{d=l}) \tag{4.11}$$

其中 $\mathrm{var}(t, \mathcal{D}_{d=l})$ 是数据集 $\mathcal{D}$ 中实例满足 $d = l$ 的分块的目标特征的方差，$|\mathcal{D}_{d=l}|$ 是当前分块的大小，而 $|\mathcal{D}|$ 是数据集的大小。这意味着在每个决策节点，算法都会选择使分块的加权方差最小的特征来划分数据集。这就使得算法会将与目标特征的值相似的实例聚集起来。最终，节点处实例集的目标特征值的方差较小的叶子节点就比节点处实例集的目标特征值的方差较大的叶子节点更受偏好。要将算法 4.1 中所示的 ID3 算法改为基于方差选择特征，我们可以将第 8 行替换为式（4.11）。

我们要对算法 4.1 进行另一项改变，以处理有关停止算法运行并创建叶子节点的基本情况的连续目标。关于 ID3 算法，在当前处理的分块中没有剩余实例时（第 5 行）、在没有用于划分数据的剩余特征时（第 3 行）或者当我们创建的数据集在目标级别上是纯的分块时（第 1 行），我们都会创建叶子节点。从连续特征中学习决策树的算法可以使用前两个基本情况。当这些情况出现时，算法创建返回数据分块中目标特征的平均值的叶子节点，而不是多数级别。对于连续特征来说，并不存在纯划分这样的东西，因此我们需要修改最后一个基本情况。

图 4.15 展示了在决策树中使用方差度量来选择特征进行划分时，我们试图达到的划分的类型。图 4.15a 绘制了连续数轴上的实例集。图 4.15b 绘制了对这些实例分组的一个极端情况，其中我们将所有实例都视为属于一个分块。明显的两堆实例之间的巨大空隙会导致较大的方差，表明这个分组很可能是欠拟合的。在图 4.15c 中，实例被分配到两个相比于图 4.15b

---

　　○　预测连续目标的任务有时被称为**回归任务**（regression task）。

　　○　我们将在 A.1.2 节中介绍**方差**，但此处我们拓展方差的形式化定义以引入数据集参数 $\mathcal{D}$——这样做可以明确地表现出我们是在一个特定的数据集里计算一个特征的方差，通常是树中叶子节点处的数据集。我们使用的对方差的度量与式（A.3）所定义的方差是完全一样的。

中单个分组的方差低得多的分组中。我们可以直观地看到这个分组——就像金发姑娘[⊖]所说的一样——是刚刚好的，而这正是我们在使用方差度量来选择划分点时试图生成的分组。

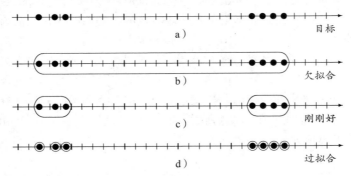

图 4.15　a 代表连续数轴上的实例集；b、c 和 d 绘制了一些可能对实例进行的分组方式

图 4.15d 描绘了使用方差度量来划分连续目标特征时会产生的一个问题。在这个例子中，每个实例都被放置在了单独的分块中，而尽管这些分块的方差各自为零，它却象征着对数据的过拟合。这种将数据集划分为单实例集合的极端划分方式会在数据集中存在大量描述性特征，或者存在一个或多个允许算法重复用于划分的连续特征时出现。将数据集划分为单个实例象征着过拟合的原因是，一旦训练数据存在噪声（在实际应用中很可能有），那么因噪声实例而生成的叶子节点就会引起对查询的不可靠预测。为避免这种极端的划分，我们为算法引入一个**提前停止判据**（early stopping criterion）来构建回归树。最简单的提前停止判据是，如果我们正在处理的这个节点的分块中的训练实例数量小于某个阈值，那么便停止划分。阈值通常为数据集大小的 5% 左右[⊖]。这个提前停止判据会替换掉 ID3 算法第 1 行的基本情况。

155
〜
156

改变选择最佳划分特征的机制（出现在第 8 行）以及引入提前停止判据（替换了第 1 行）是使得 ID3 算法（算法 4.1）能够处理连续目标特征所需要进行的仅有修改。为了看到这个修改后的算法是如何归纳决策树的，我们将使用为城市共享单车项目预测单车每日租赁数量的例子，根据季节（Season）以及该日是否为工作日（Work Day）进行预测。预测一天的单车租赁数量非常有用，因为这可以让共享单车项目的管理者了解到他们每天需要投入多少资源。表 4.11 列出了这个领域的一个小数据集[⊜]。

表 4.11　列出每日单车租赁数量的数据集

ID	Season	Work Day	Rentals	ID	Season	Wore Day	Rentals
1	winter	false	800	7	summer	false	3000
2	winter	false	826	8	summer	true	5800
3	winter	true	900	9	summer	true	6200
4	spring	false	2100	10	autumn	false	2910
5	spring	true	4740	11	autumn	false	2880
6	spring	true	4900	12	autumn	true	2820

⊖　参见第 1 章关于金发姑娘的注释。——译者注
⊖　使用最小划分方差作为提前停止判据也很常见。如果处理中的分块的方差低于设定的阈值，那么算法将不会划分数据，而会创建一个叶子节点。
⊜　这个例子受到了 Fanaee-T and Gama（2014）的研究的启发。此处呈现的数据集是为本例合成的；不过用于此任务的真实共享单车数据集可以通过 UCI 机器学习知识库（Bache and Lichman，2013）获得，网址为 archive.ics.uci.edu/ml/datasets/Bike+Sharing+Dataset。

表 4.12 展示了用 SEASON 和 WORK DAY 划分数据的加权方差的计算。由表 4.12 可以看出，使用 SEASON 划分数据集形成的加权方差比使用 WORK DAY 更低。这就告诉我们使用 SEASON 划分数据会比使用 WORK DAY 划分所形成的目标数据更为聚集。图 4.16 展示了用 SEASON 创建根节点后的决策树的状态。

表 4.12　基于 SEASON 和 WORK DAY 特征对表 4.11 中数据集进行的划分，以及每个分块加权方差的计算

划分特征	级别	分块	实例	$\dfrac{|\mathcal{D}_{d=l}|}{|\mathcal{D}|}$	var(t, $\mathcal{D}$)	加权方差
SEASON	*winter*	$\mathcal{D}_1$	$\mathbf{d}_1, \mathbf{d}_2, \mathbf{d}_3$	0.25	2692	1 379 331
	spring	$\mathcal{D}_2$	$\mathbf{d}_4, \mathbf{d}_5, \mathbf{d}_6$	0.25	2 472 533	
	summer	$\mathcal{D}_3$	$\mathbf{d}_7, \mathbf{d}_8, \mathbf{d}_9$	0.25	3 040 000	
	autumn	$\mathcal{D}_4$	$\mathbf{d}_{10}, \mathbf{d}_{11}, \mathbf{d}_{12}$	0.25	2100	
WORK DAY	*true*	$\mathcal{D}_5$	$\mathbf{d}_3, \mathbf{d}_5, \mathbf{d}_6, \mathbf{d}_8, \mathbf{d}_9, \mathbf{d}_{12}$	0.50	4 026 346	2 551 813
	false	$\mathcal{D}_6$	$\mathbf{d}_1, \mathbf{d}_2, \mathbf{d}_4, \mathbf{d}_7, \mathbf{d}_{10}, \mathbf{d}_{11}$	0.50	1 077 280	

注：表中 SEASON 特征的级别从上到下的分别是冬、春、夏和秋。

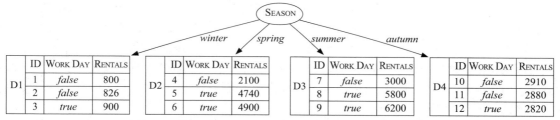

图 4.16　使用 SEASON 特征划分表 4.11 所形成的决策树

图 4.17 展示了为这个数据集生成的完整决策树。这棵树将返回由查询实例的描述性特征所指示的叶子节点的平均值作为预测。例如，给出 SEASON = *summer* 以及 WORK DAY = *true* 的查询实例，决策树将预测该日会有 6000 次单车租赁。

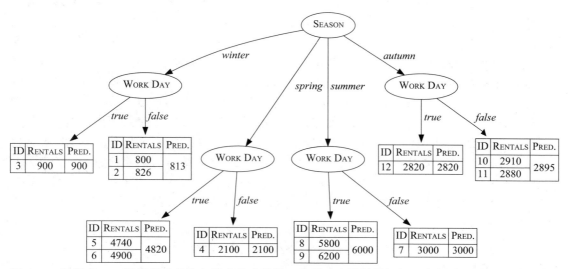

图 4.17　根据表 4.11 的数据集最终归纳出的决策树。为展示这棵树是如何生成预测的，树中列出了落入每个叶子节点的实例，以及每个叶子节点做出的预测（PRED.）

4.4.4   剪枝

当预测模型至少有一些预测是基于在用于归纳模型的训练数据中存在的虚假模式时，模型就会**过拟合**训练集。过拟合出现的原因很多，包括**采样偏差**[⊖]（sampling variance）以及训练集中的噪声[⊖]。虽然过拟合会困扰所有机器学习算法，但决策树归纳算法递归划分训练数据的工作方式则意味着它们天然具有提取噪声实例并以这些实例创建叶子节点的倾向。最终，决策树基于仅与训练数据中的噪声或采样偏差相关的无关特征来划分数据，并造成了过拟合。树的深度增加，则过拟合出现的可能性也会增加，因为当数据集在路径上每被检验一次并被分割，做出的预测便会基于越小的数据子集。

[158]

剪枝（tree pruning）会找到并移除决策树中可能是由用于归纳决策树的训练集的噪声和采样偏差导致的子树。当一个子树被认为是过拟合的，剪下这个子树就意味着将子树替换为叶子节点，该节点基于由合并该子树所有叶子节点的实例所形成的数据集的多数目标级别（或目标特征的平均值）进行预测。显然，剪枝会使创建的决策树不再与用于建立它的训练数据集一致。但总体来说，我们对于构建更能良好地泛化到新数据的预测模型更感兴趣，而不是与训练数据严格一致的模型，因此牺牲一致性来换取泛化能力是很常见的。

对决策树进行剪枝的最简单的方法是将**提前停止判据**（类似于在前面一节所述的那个）引入树归纳算法中，这常被称为**预剪枝**（pre-pruning）。存在许多预剪枝策略。例如，我们可以在某个分块的实例数量低于某个阈值时，或者当节点处测量到的信息增益（或者任意其他选用的特征选取度量）被认为不足以对数据进行有价值的划分时[⊜]，或者树的深度超过预先定义的限度时停止创建子树。更为高阶的预剪枝方法使用统计显著性检验来确定子树的重要性，例如，χ^2 **剪枝**（χ^2 pruning）[⊛]。

预剪枝方法的计算效率很高，在小数据集上效果也很好。然而通过提前停止划分数据，使用预剪枝的归纳算法可能无法创建效果最好的树，因为这些算法丢弃了在考虑子树的父节点时尚不明显的，子树内特征之间出现的相互作用。预剪枝可能意味着这些有用的子树根本就没有被创建。

后剪枝（post-pruning）是剪枝的另一种方法，使用这种方法，树归纳算法可以生成完整的树，随后轮流检查每根树枝。被认为是由过拟合导致的树枝随后被剪掉。后剪枝依赖于能够分辨对数据的相关部分进行建模的子树与对数据中不相关特征进行建模的子树的判定方法。从简单地为树上一个节点处的实例数量设定阈值到像 χ^2 那样的统计显著性检验，有许多不同的判定方法可供使用。我们建议使用对加入子树和剪掉子树时决策树做出的预测的**错误率**（error rate）进行比较的判定方法。要测量错误率，我们可以将部分训练数据取出并作为**验证数据集**[⊕]（validation dataset），这部分数据将不用于决策树归纳。我们可以通过为决策树输入验证集中的实例并比较决策树做出的预测值与该实例目标特征的实际值来测量决策树的性能。错误率测量决策树所做出的错误预测的数量。如果剪掉某个子树后决策树在验证集上的错误率不大于加入子树时决策树的错误率，那么子树就会被剪掉。由于验证集在训练时并不使用，验证集上的错误率便可为决策树的泛化能力提供一个良好的估计。

[159]

⊖ 这就意味着目标特征的分布在训练集样本和样本总体之间有所不同。
⊖ 例如，在一个或多个训练实例的目标特征或描述性特征的值中可能存在误差。
⊜ **关键值剪枝**（Mingers，1987）是这种剪枝技巧的一个著名版本。
⊛ 参见 Frank（2000）以获取关于在决策树剪枝中使用统计检验的更为详尽的讨论和分析。
⊕ 在决策树剪枝的语境中，验证集常被称为**剪枝集**（pruning dataset）。

错误减少剪枝（reduced error pruning（Quinlan，1987））是一个流行的基于错误率的剪枝方法。在错误减少剪枝中，先完整地生成决策树，随后以循环、自底向上、自左向右的方式在树中搜索可供剪枝的子树。由子树的根节点在验证集上做出预测的错误率被拿来与由子树的叶子节点做出预测的错误率进行比较。如果子树的根节点的错误率小于或等于叶子节点处的综合错误率，那么这个子树就会被剪掉。

为展示减少错误决策树的工作方式，我们考虑一个预测患者手术后是应当被送往加强护理病房（ICU）进行康复还是送往普通病房进行康复的任务[⊖]。体温过低是对术后患者的一个主要关注点，因此关于该领域的许多描述性特征都与患者的体温有关。在我们的范例中，核心体温（CORE-TEMP）用于描述患者的核心体温（可以为低（*low*）或高（*high*）），稳定体温（STABLE-TEMP）用于描述患者的当前体温是否稳定（真（*true*）或假（*false*））。我们还使用了患者的性别（GENDER）（男（*male*）或女（*female*））。该领域的目标特征为决定（DECISION），记录了患者是被送往加强护理病房（*icu*）还是普通病房（*gen*）进行康复。图 4.18 展示了已经为术后患者分流任务训练好的决策树。树中每个中间节点上方括号内的目标级别都展示了该节点处的数据分块的多数目标级别。

[160]

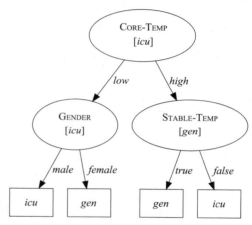

图 4.18　术后患者分流任务的决策树

表 4.13 列出了该领域的验证集，而图 4.19 展示了验证集是如何用于进行错误减少剪枝的。图 4.19a 中，剪枝算法考虑修剪 GENDER 节点下的子树。树为验证集中的实例 **d**$_2$、**d**$_5$ 以及 **d**$_6$ 进行预测时的路线通向这个子树。这个子树根节点（GENDER 节点）处的多数目标级别能够为所有三个实例都做出级别为 *icu* 的正确预测，因此验证集在这个子树的根节点处的错误率为 0。相反，这个子树的叶子节点所做出的预测对于 **d**$_2$ 和 **d**$_5$ 来说是不正确的（因为这些患者是 *female*，做出的预测是 *gen*，与验证集不相符），因此这棵子树叶子节点的错误率是 0 + 2 = 2。因为子树叶子节点的错误率高于根节点的错误率，这棵子树被剪掉并用叶子节点代替。剪枝的结果可以通过图 4.19b 的左树枝看出。

表 4.13　术后患者分流任务的验证集范例

ID	CORE-TEMP	STABLE-TEMP	GENDER	DECISION
1	*high*	*true*	*male*	*gen*
2	*low*	*true*	*female*	*icu*
3	*high*	*false*	*female*	*icu*
4	*high*	*false*	*male*	*icu*
5	*low*	*false*	*female*	*icu*
6	*low*	*true*	*male*	*icu*

⊖　这个预测术后患者应当被送往哪里的范例受到了 Woolery et al.（1991）的研究的启发。该研究的真实数据集可通过 UCI 机器学习知识库（Bache and Lichman，2013）获得，网址为 archive.ics.uci.edu/ml/datasets/Post-Operative+Patient/。

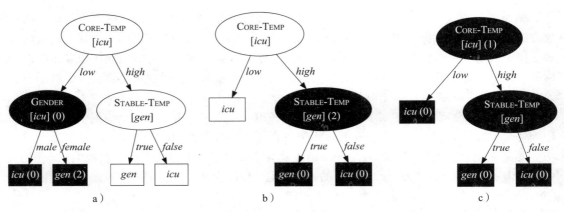

图 4.19 使用表 4.13 所示验证集为图 4.18 所示决策树进行错误减少剪枝的各次循环。每次循环所考虑修剪的子树都用黑色突出显示。每个非叶子节点返回的预测都列在方括号里。每个节点的错误率都显示在圆括号里

算法的第二次循环中，考虑是否对 STABLE-TEMP 下的子树进行修剪（突出显示在图 4.19b 中）。在这个情形下，这个子树根节点（STABLE-TEMP 节点）处的错误率为 2，而叶子节点的错误率为 0 + 0 = 0。由于子树根节点的错误率高于叶子节点的错误率，因此这个子树没有被剪掉。图 4.19c 展示了算法的最后一个循环。在这个循环中，考虑是否对根节点（CORE-TEMP 节点）下的子树进行修剪（也就是整个决策树）。这个循环中，根节点的错误率（1）大于叶子节点的错误率（0 + 0 + 0 = 0），因此整棵树维持原样。

161
~
162使用错误率判据的后剪枝算法很可能是修剪决策树最为流行的方法[⊖]。修剪决策树的一个好处是它能够使树更小，因而也更容易被解释。另一个好处是剪枝常常能够在训练数据集有噪声的情况下提高树的准确度。这是因为剪枝通常会影响到决策树的底部，这是有噪声的训练数据最有可能引起过拟合的地方。因此，剪枝可以看作是能够移除由一小部分噪声实例创建的节点的**噪声抑制机制**（noise dampening mechanism）。

4.4.5　模型组合

机器学习的很多注意力都投入到了针对某个任务开发单个尽可能准确的预测模型当中。本节我们所要介绍的技术则采取了略有不同的方法。相比于创建单个模型，这种技术生成模型的集合，并通过结合这些模型的输出进行预测。由模型的集合构成的预测模型被叫作**模型组合**（model ensemble）。

使用组合方法背后的动机是根据这样一个思路，即一组专家协作解决一个问题的可能性比一个专家单独解决这个问题的可能性要高。而正如一组专家协作时那样，我们需要采取一些措施来防止**群体思维**（group think）。在模型组合的视角下，这就意味着每个模型需要独立于组合中的其他模型来做出预测。给定大量独立模型，即使每个模型的表现仅比随意猜测稍好一些，其组合也仍然会非常精确。

模型组合有两个明显的特性：

1. 组合通过使用同一个数据集的不同修改版本来归纳每个模型，从而建立多个不同的模型。

⊖　参见 Esposito et al.（1997）以及 Mingers（1989）以获取对多种基于错误率的剪枝方法的综述以及经验性对比。

2. 组合通过结合其中不同模型的预测结果来进行预测。对于类别目标特征来说，这可以通过不同类型的投票机制来完成，而对于连续目标特征来说，可以通过测量不同模型所做出的预测的中央趋势（比如平均值或中位数）来实现这一点。

有两种创建组合的标准方法：**提升法**（boosting）以及**装袋法**（bagging）。本节将分别阐释这两种方法。

4.4.5.1 提升法

当我们使用**提升法**[一]时，每个加入组合的新模型都被偏置成为更为关心那些先前模型分类错误的实例。这是通过递增地调节用于训练模型的数据集来实现的。要实现这一点，我们可以使用**加权数据集**（weighted dataset），其中每个实例都有一个对应的权值 $\mathbf{w}_i \geqslant 0$，初始值设为 $\dfrac{1}{n}$，其中 n 为数据集中实例的数量。这些权值用作对数据集进行采样以创建**复制训练集**（replicated training set）的分布，复制训练集中每个实例重复出现的次数正比于其权值。

提升法通过循环创建模型并将其加入组合来工作。当达到预先定义的模型数量时，算法停止循环。每次循环中，算法都进行如下的操作：

1. 使用加权数据集归纳模型，并在对训练集中实例做出的预测的集合上计算总误差 ε[二]。ε 的值通过对模型预测错误的训练实例的权值进行求和来计算。

2. 使用下式来增加被模型错误分类的实例的权值：

$$\mathbf{w}[i] \leftarrow \mathbf{w}[i] \times \left(\frac{1}{2 \times \varepsilon} \right) \tag{4.12}$$

并使用下式来降低被模型正确分类的实例的权值[三]：

$$\mathbf{w}[i] \leftarrow \mathbf{w}[i] \times \left(\frac{1}{2 \times (1-\varepsilon)} \right) \tag{4.13}$$

3. 为模型计算**置信系数**（confidence factor）α，使得当 ε 下降时 α 增加。计算置信系数的常见方式为：

$$\alpha = \frac{1}{2} \times \log_e \left(\frac{1-\varepsilon}{\varepsilon} \right) \tag{4.14}$$

创建好模型的集合之后，组合就会根据每个模型做出的预测的加权整合来进行预测。在这种整合中使用的权值是每个模型所对应的置信系数。对于类别目标特征来说，组合使用加权投票来返回大多数目标级别，而对于连续目标特征来说，组合返回加权平均值。

4.4.5.2 装袋法

当使用**装袋法**（或称**自助采样聚合法**（bootstrap aggregating））时，组合中的每个模型都在数据集的随机样本[四]上训练，而重要的是，其中每个随机样本的大小都与数据集的大小一样，并使用**有放回采样**（sampling with replacement）。这些随机样本被称为**自助采样样本**（bootstrap sample），每个模型都是从一个自助采样样本归纳而来的。我们进行有放回采样的原因是，这能够使每个自助采样样本中都有重复实例，从而使得每个自助采样样本都缺失数据集中的某些实例。因此，每个自助采样样本都将是不同的，这也意味着在不同自助采样样

  ㊀ 在 Schapire（1999）中，提升法的一位提出者对其进行了颇具可读性的介绍。

  ㊁ 在机器学习中，我们通常不使用可用于训练模型的数据集来测试这个模型。而提升法则是这条准则的一个例外。

  ㊂ 使用式（4.12）和式（4.13）来更新权值能够确保权值的和始终为 1。

  ㊃ 参见 3.6.3 节。

本上训练出的模型是不同的[⊖]。

　　决策树归纳算法特别适用于装袋法。这是因为决策树对数据集的改变非常敏感：数据集的微小改变就能导致算法选择不同的特征来在决策树的根节点或其他节点处划分数据集，进而使该节点下的子树产生连锁反应。当装袋法被用于决策树时，采样过程经常会被扩展，以使得每个自助采样样本只使用数据集中随机选择的描述性特征子集。这种对特征集进行的采样被称为**子空间采样**（subspace sampling）。子空间采样进一步增加了组合中树的多样性，并拥有减少每棵树的训练时间的优点。

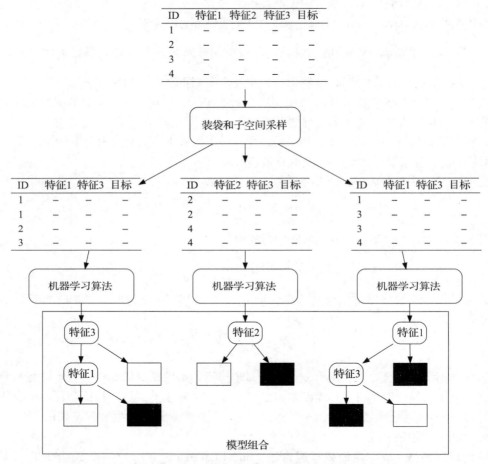

图 4.20　使用装袋法及子空间采样创建模型组合的过程

　　图 4.20 展示了使用装袋法和子空间采样创建模型组合的过程。装袋法、子空间采样和决策树的结合被称为**随机森林**（random forest）模型。每个模型被归纳出来之后，组合就可以根据需要做出的预测的类型来通过多数票或中位数进行预测。对于连续目标特征来说，我们更倾向于使用中位数而不是平均值，因为平均值受离群点的影响更大。

4.4.5.3　总结

　　我们应当使用哪个方法？装袋法的实现和并行化比提升法要简单，因此在易用性和训练

⊖　如果有一个非常大的数据集，那么我们可能（为了计算）想要创建一个比原始数据集小的自助采样样本。这种情况下，我们偏向于使用**无放回采样**。这也被称为**次装袋法**（subagging）。

时间方面装袋法更好。至于装袋法以及提升法组合的总体的预测准确性方面，根据 Caruana et al.（2008）所报告的结果，对于含有不超过 4000 个特征的数据来说，决策树提升法模型组合在被测试的模型中性能最佳。而在超过 4000 个特征的数据集上，随机森林组合（基于装袋法）性能更好。Caruana et al.（2008）认为，对于该结果的可能解释是提升法组合更易于过拟合，而在具有大量特征的领域中，过拟合就会成为一个严重的问题[⊖]。

165
~
166

4.5　总结

我们引入了信息论作为确定进行预测所需的最短的描述性特征检验序列的方法。我们还介绍了**决策树**模型，它基于对查询实例的描述性特征的值进行一系列检验来进行预测。因此，决策树天然地适合使用基于信息的度量来训练。我们也介绍了 **ID3** 算法来作为从数据集中归纳决策树的标准算法。ID3 算法自顶向下地、递归地、深度优先地划分数据集，以从根节点开始到叶子节点终止的方式构建树模型。尽管该算法看起来效果良好，但算法预先假设了我们使用的数据是干净的，并且全部是没有缺失值的类别特征。不过，该算法可以被拓展为能够处理连续描述性特征以及连续目标特征的算法。我们还讨论了如何使用**剪枝**来帮助改善过拟合。

C4.5 算法是 ID3 算法的一个著名变种，它使用这些拓展来处理连续和类别描述性特征以及缺失值，它也使用后剪枝来改善过拟合。**J48** 是 C4.5 算法的开源实现，可用于众多数据分析工具包。另一个广为人知的 ID3 算法的变种是 **CART** 算法。CART 算法使用**基尼指数**（在 4.4.1 节介绍过）而非信息增益来选择要加入树中的特征。算法也可以处理连续目标特征。对于某个问题应当使用何种决策树算法的变种取决于问题的特性以及所使用的数据集。使用不同类型的模型并进行性能评估实验是唯一能够确定对于特定问题使用哪个变种效果最好的方法。

决策树模型的主要优势在于它是可解释的。我们可以轻易理解决策树为了做出预测所执行的检验序列。在一些领域中，可解释性是非常重要的。例如，如果预测模型要在医疗场景中作为一种诊断工具，那么一个只能给出诊断结果的系统是远远不够的。在这些情况下，医生和患者都希望系统能够为它做出预测的方式进行一些解释。决策树模型非常适用于这类场景。

167

决策树模型可以用于同时包括类别和连续描述性特征的数据集。决策树模型的一个重要优势是它具有对描述性特征之间的交互进行建模的能力。这是由于树中每个节点所进行的检验是执行在其他描述性特征的检验的结果之上的，也就是那些从根节点到当前节点的路径上已经检验过的描述性特征。因此，如果两个或多个描述性特征之间有**交互效应**（interaction effect），那么决策树就能对其进行建模。但值得一提的是，如果使用了**预剪枝**，这种能力就会被削弱，因为预剪枝可能会阻止能够刻画描述性特征之间交互的子树形成。最后，正如之前提到过的那样，如果使用了**剪枝**，那么决策树归纳算法相对来说就会对噪声比较健壮。

然而，对于一些情况来说，决策树模型并不是最好的选择。尽管决策树能够处理类别和连续特征，但它在处理连续描述性特征时会容易变得非常庞大。这就使树变得难于解释。因此，如果要处理的数据全部是连续的，那么其他预测模型可能更为合适，比如，我们会在第 7 章看到的基于误差的模型。

决策树难于处理有大量描述性特征的情形，特别是当训练数据集的实例数量很少的时候。这些情况下，过拟合的可能性变得非常高。我们将在第 6 章看到的基于概率的模型更能胜任处理高维数据的工作。

⊖　本章末尾的习题 5 更为详细地探索了模型组合，答案中则提供了实用范例。

决策树另一个潜在的问题是，它是急切的学习者。这样的话，决策树便不适合对随时间变化的概念进行建模，因为这需要对决策树重新进行训练。在这些场景中，第 5 章的主题——基于相似性的预测模型——表现得更好，因为这些模型可以递增式地重新训练。

我们用阐释**模型组合**来作为本章的结尾。我们可以使用任意预测模型来构建模型组合，或者干脆混搭不同类型的模型。我们并不一定要使用决策树。然而，决策树在模型组合中常常被用到，这是出于决策树对数据集中改变的敏感性。这也是我们在本章介绍模型组合的原因。模型组合跻身于最为强大的机器学习算法之中：Caruana and Niculescu-Mizil（2006）对七种不同类型的预测模型进行了大规模的比较。根据报告，装袋决策树和提升决策树组合是其中性能最佳的模型。而这种高性能的代价则是对学习和建模复杂性的增加。

4.6 延伸阅读

Gleick（2011）对信息论及其历史进行了出色且简单易懂的介绍。Shannon and Weaver（1949）是信息论的基础书，Cover and Thomas（1991）则是该主题下颇受好评的教科书。MacKay（2003）是信息论与机器学习的优秀教科书。

Quinlan（1986）率先介绍了 ID3 算法，而 Quinlan（1993）和 Breiman（1993）则是关于决策树最为人所知的两本书。Loh（2011）对较新的决策树归纳算法进行了综述。

Schapire（1990）包含了弱学习与计算学习理论的较为早期的一些工作范例。Freund and Schapire（1995）提出了 **AdaBoost** 算法，这是一种影响重大的提升算法。Friedman et al.（2000）推广了 AdaBoost 算法，并提出了另一种流行的提升算法，**LogitBoost** 算法。Breiman（1996）将装袋法的用途拓展到预测上，而 Breiman（2001）提出了**随机森林**。Kuncheva（2004）和 Zhou（2012）各自对组合学习进行了不错的综述。

4.7 习题

1. 下图展示了拼词游戏[一]的八张字母卡片。

$$\boxed{O}\ \boxed{X}\ \boxed{Y}\ \boxed{M}\ \boxed{O}\ \boxed{R}\ \boxed{O}\ \boxed{N}$$

  a. 以 bit 为单位，这组字母的**熵**是多少？

  b. 如果我们将这些字母分为两组，一组含有元音，另一组含有辅音，则熵的减小值（也就是**信息增益**）为多少[二]？

  c. 以八张字母卡片为一组的话，该组可能的最大熵是多少？

  d. 玩拼词游戏时你总体上倾向于哪种情况：熵高的一组牌，还是熵低的一组牌？

2. 罪犯被释放后再次进行犯罪，被称为累犯。下方的表格列出了描述假释的犯人的数据集，以及他们是否在释放两年内重犯[三]。

  ㊀ 拼词游戏是将一些给定的字母进行组合以拼成单词的游戏。

  ㊁ 元音即英语字母中的 A、E、I、O、U 五个字母，剩余的 21 个字母为辅音。——译者注

  ㊂ 这个预测累犯的范例是基于机器学习的一个实际应用：假释审查委员会依靠机器学习预测模型来帮助他们进行决策。参见 Berk and Bleich（2013）以获取对用于此任务的不同机器学习模型的比较。关于罪犯累犯的数据集可在线获取，例如 catalog.data.gov/dataset/prisoner-recidivism/。此处呈现的数据集不是基于真实数据的。

ID	GOOD BEHAVIOR	AGE < 30	DRUG DEPENDENT	RECIDIVIST
1	*false*	*true*	*false*	*true*
2	*false*	*false*	*false*	*false*
3	*false*	*true*	*false*	*true*
4	*true*	*false*	*false*	*false*
5	*true*	*false*	*true*	*true*
6	*true*	*false*	*false*	*false*

这个数据集列出了六个因犯获得假释的实例。每个实例都由三个二元描述性特征（表现良好（GOOD BEHAVIOR）、年龄小于30（AGE < 30）、吸毒（DRUG DEPENDENT））以及一个二元目标特征累犯（RECIDIVIST）构成。如果犯人在被监禁时没有不良行为，则 GOOD BEHAVIOR 特征的值为真（*true*）。如果犯人假释时年龄在30岁以下，则 AGE < 30 的值为 *true*。如果犯人在假释时有毒瘾，则 DRUG DEPENDENT 为 *true*。如果犯人被释放后两年内被逮捕，则目标特征 RECIDIVIST 的值为 *true*；否则其值为假（*false*）。

a. 使用本数据集构建用 **ID3** 算法生成的决策树，使用基于熵的信息增益。

b. 对于如下的查询，问题 a 中的决策树会产生什么预测？

GOOD BEHAVIOR = *false*, AGE < 30 = *false*,

DRUG DEPENDENT = *true*

c. 对于如下的查询，问题 a 中的决策树会产生什么预测？

GOOD BEHAVIOR = *true*, AGE < 30 = *true*,

DRUG DEPENDENT = *false*

3. 下表列出了一次人口普查的部分数据[⊖]。

ID	AGE	EDUCATION	MARITAL STATUS	OCCUPATION	ANNUAL INCOME
1	39	*bachelors*	*never married*	*transport*	25K ～ 50K
2	50	*bachelors*	*married*	*professional*	25K ～ 50K
3	18	*high school*	*never married*	*agriculture*	<25K
4	28	*bachelors*	*married*	*professional*	25K ～ 50K
5	37	*high school*	*married*	*agriculture*	25K ～ 50K
6	24	*high school*	*never married*	*armed forces*	<25K
7	52	*high school*	*divorced*	*transport*	25K ～ 50K
8	40	*doctorate*	*married*	*professional*	>50K

数据集中有四个描述性特征：

- 年龄（AGE），表明人员年龄的连续特征。
- 教育水平（EDUCATION），表明人员获得的最高学历的类别特征（高中（*high school*）、本科（*bachelors*）以及博士（*doctorate*））。
- 婚姻状况（MARITAL STATUS），表明人员婚姻状况的类别特征（未婚（*never married*）、已婚（*married*）以及离异（*divorced*））。
- 职业（OCCUPATION），表明人员职业的类别特征（*transport* = 在交通行业工作；*professional* = 医生、

⊖ 该普查数据集基于人口收入数据集（Kohavi，1996），可以从 UCI 机器学习知识库（Bache and Lichman，2013）获取，网址为 archive.ics.uci.edu/ml/datasets/Census+Income/。

律师等职业；*agriculture* = 在农业产业工作；*armed forces* = 在军队工作）。

- 年收入（Annual Income），有 3 个级别的目标特征（<25K、25K ~ 50K 以及 >50K）。

a. 计算这个数据集的**熵**。

b. 计算这个数据集的**基尼指数**。

c. 当构建决策树时，处理连续性特征最简单的方式是定义用于划分的阈值。对于连续特征 Age 来说，最佳的阈值是什么（用基于熵的信息增益作为特征选择度量）？

d. 计算 Education、Marital Status 以及 Occupation 特征的**信息增益**（基于熵）。

e. 计算 Education、Marital Status 以及 Occupation 特征的**信息增益比**（基于熵）。

f. 使用**基尼指数**，为 Education、Marital Status 以及 Occupation 特征计算**信息增益**。

4. 下图展示了为预测心脏病构建的决策树[⊖]。这个领域的描述性特征描述了患者是否胸痛（Chest Pain）以及患者的血压（Blood Pressure）。二元目标特征是心脏病（Heart Disease）。图旁边的表格列出了这个领域的一个剪枝集。用剪枝集对决策树应用**错误减少剪枝**。假设算法采用自底向上、自左向右的运行方式。对于算法的每次循环来说，指出当前考虑剪枝的候选子树，解释算法为何决定剪掉或保留这些子树，并绘制出每次循环后产生的树。

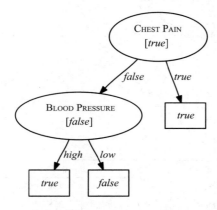

ID	Chest Pain	Blood Pressure	Heart Disease
1	*false*	*high*	*false*
2	*true*	*low*	*true*
3	*false*	*low*	*false*
4	*true*	*high*	*true*
5	*false*	*high*	*false*

5. 下表[⊖]列出了包含一项心脏病研究项目中五名患者的详细情况的数据集，目标特征风险（Risk）描述了他们罹患心脏病的风险。通过四个二元描述性特征描述每名患者：

- 锻炼（Exercise）：描述他们的锻炼习惯，包括每天（*daily*）、每周（*weekly*）和很少（*rarely*）三种情况。
- 吸烟（Smoker）：他们是否吸烟。
- 肥胖（Obese）：他们是否超重。
- 家庭（Family）：他们的父母或近亲是否患有心脏病。

ID	Exercise	Smoker	Obese	Family	Risk
1	*daily*	*false*	*false*	*yes*	*low*
2	*weekly*	*true*	*false*	*yes*	*high*
3	*daily*	*false*	*false*	*no*	*low*
4	*rarely*	*ture*	*ture*	*yes*	*high*
5	*rarely*	*false*	*ture*	*no*	*high*

⊖ 这个例子受到 Palaniappan and Awang（2008）研究的启发。

⊖ 本表是为该习题人工生成的，但受到佛雷明翰心脏研究项目的启发：www.framinghamheartstudy.org。

a. 作为研究的一部分，科研人员已经决定构建预测模型，根据罹患心脏病的风险来筛选参与者。要求你用**随机森林**来实现这个筛选模型。下列的三张表列出了从上面的数据集生成的三个自助采样样本。使用这些采样样本创建随机森林中的决策树（使用基于熵的信息增益作为特征选取标准）。

ID	Exercise	Family	Risk
1	*daily*	*yes*	*low*
2	*weekly*	*yes*	*high*
2	*weekly*	*yes*	*high*
5	*rarely*	*no*	*high*
5	*rarely*	*no*	*high*

自助采样样本 A

ID	Smoker	Obese	Risk
1	*false*	*false*	*low*
2	*true*	*false*	*high*
2	*true*	*false*	*high*
4	*true*	*true*	*high*
5	*true*	*true*	*high*

自助采样样本 B

ID	Obese	Family	Risk
1	*false*	*yes*	*low*
1	*false*	*yes*	*low*
2	*false*	*yes*	*high*
4	*true*	*yes*	*high*
5	*true*	*no*	*high*

自助采样样本 C

b. 假设你创建的随机森林模型使用多数投票，那么对于下面的查询，该模型将返回什么预测结果？

Exercise = *rarely*, Smoker = *false*, Obese = *true*, Family = *yes*

*6. 下表列出了含有六名患者的数据集。每名患者用三个二元描述性特征（肥胖（Obese）、吸烟（Smoker）、饮酒（Drinks Alcohol）），并有一个目标特征（癌症风险（Cancer Risk））来描述[一]。

ID	Obese	Smoker	Drinks Alcohol	Cancer Risk
1	*true*	*false*	*true*	*low*
2	*true*	*true*	*true*	*high*
3	*true*	*false*	*true*	*low*
4	*false*	*true*	*true*	*high*
5	*false*	*true*	*false*	*low*
6	*false*	*true*	*true*	*hish*

174

a. 在构建决策树时，哪个描述性特征会被 ID3 算法选择为根节点上的特征？

b. 在设计数据集时，使所有描述性特征都代表目标特征取一个特定值总体上是个坏主意。比如，对于本问题中数据集设计的一种可能的批评是所有描述性特征都代表着 Cancer Risk 目标特征的值取 *high* 的情形。你能否想到一些可以加入这个数据集，并且代表着目标级别为 *low* 的描述性特征？

*7. 下面的表格列出了在电子商店收集的数据集，展示了客户的详情（包括年龄（Age）、收入高低（Income）、是否是学生（Student）以及信用好坏（Credit））以及它们是否对购买新笔记本电脑的优惠活动做出回应 Buys。

ID	Age	Income	Student	Credit	Buys
1	<31	*high*	*no*	*bad*	*no*
2	<31	*high*	*no*	*good*	*no*
3	31 ~ 40	*high*	*no*	*bad*	*yes*
4	>40	*med*	*no*	*bad*	*yes*
5	>40	*low*	*yes*	*bad*	*yes*
6	>40	*low*	*yes*	*good*	*no*
7	31 ~ 40	*low*	*yes*	*good*	*yes*

○ 表中的数据集是为该习题人工生成的。但美国癌症学会则提供了引发癌症的原因：www.cancer.org/cancer/cancercauses/。

（续）

ID	AGE	INCOME	STUDENT	CREDIT	BUYS
8	<31	*med*	*no*	*bad*	*no*
9	<31	*low*	*yes*	*good*	*yes*
10	>40	*med*	*yes*	*bad*	*yes*
11	<31	*med*	*yes*	*good*	*yes*
12	31～40	*med*	*no*	*good*	*yes*
13	31～40	*high*	*yes*	*bad*	*yes*
14	>40	*med*	*no*	*good*	*no*

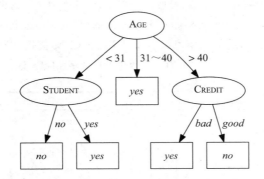

[175]　　　　这个数据集已经被用于构建预测哪个客户会参加今后的优惠活动的决策树。这个使用 ID3 算法构建的决策树如下所示。

a. 树根节点处的 AGE 特征的**信息增益**（使用熵计算）为 0.247。一位同事认为 STUDENT 特征放在根节点处会更好。请表明他的说法是错误的。

b. 而另一位同事则认为，如果将 ID 特征放置在根节点的话，决策树会非常高效。你同意这种说法吗？

*8. 下表列出了学生在一场考试中取得的成绩（SCORE）的数据集，其中包含学生是否复习了考试（STUDIED）以及教师在判卷时的精力水平（ENERGY）。

ID	STUDIED	ENERGY	SCORE
1	*yes*	*tired*	65
2	*no*	*alert*	20
3	*yes*	*alert*	90
4	*yes*	*tired*	70
5	*no*	*tired*	40
6	*yes*	*alert*	85
7	*no*	*tired*	35

[176]　这两个描述性特征中我们应当使用哪个在预测学生分数的决策树的根节点处进行检验？

*9. 计算使用简单多数投票的**模型组合**在下述场景中预测错误的概率。（提示：理解如何使用**二项分布**（binomial distribution）对于回答该问题很有用。）

　a. 组合含有 11 个独立的模型，模型的错误率均为 0.2。

　b. 组合含有 11 个独立的模型，模型的错误率均为 0.49。

[177]　c. 组合含有 21 个独立的模型，模型的错误率均为 0.49。

第 5 章

基于相似性的学习

当我看到一只走路像鸭子，游泳像鸭子，叫声也像鸭子的鸟，我就称其为鸭子。

——詹姆斯·惠特科姆·莱利

机器学习中基于相似性的方法源自一个想法，这种想法认为进行预测的最佳方法就是去看看先前行之有效的那些东西，然后在相同的情况下预测与先前相同的东西。根据这种想法来构建一个系统所需要的基本概念是**特征空间**（feature space）和**相似性测量**（measure of similarity），这些内容将被涵盖在本章的 5.2 节。这些概念让我们能够理解用来构建基于相似性的模型的标准方法：**最近邻算法**（nearest neighbor algorithm）。讨论过标准方法之后，我们随后浏览其延伸与拓展，这些方法让我们能处理嘈杂数据（**k 近邻**（k Nearest Neighbor，kNN）算法），更高效地进行预测（**k-d 树**），预测连续目标，以及用不同的**相似性测量**来处理不同类型的描述性特征。我们也利用这一机会来介绍在基于相似性的学习中**数据归一化**（data normalization）和**特征选取**（feature selection）的用处。这些技术在机器学习的所有算法中都可以通用，但在基于相似性的方法中尤为重要。

5.1 大思路

假设你是 1798 年英国皇家海军"加尔各答号"的大卫·柯林斯中校，正在探索新南威尔士的霍克斯伯里河周边区域。一天，在结束了一次向上游的探险返回战舰后，探险队中的一名水手告诉你他在河边看到了一只奇怪的动物。你让他描述一下这只动物，而他解释说自己并没有看得太清楚，因为他一靠近那个动物，它就向他低吼，因此无法靠得太近。不过，他注意到这只动物长着有蹼的脚以及和鸭嘴一样的长鼻子。

为了制订第二天的探险计划，你决定将这种动物进行分类，以确定接近它是否有危险。你决定通过回想你以前见过的动物，并比较这些动物的特征和水手对你描述的那些特征有何异同。表 5.1 通过比较一些你先前见过的动物和水手描述的那个吼叫的、有蹼的、长着鸭嘴的动物来说明这一过程。你统计每个已知动物有多少个特征与那个未知动物相同。最后，你断定这个未知动物与鸭子最为相似，因此它一定是鸭子。一只鸭子，不论多么奇怪，都不是一种危险的动物，因此你告诉那名手下准备明天继续向上游探险。

178
~
179

表 5.1 将水手描述的未知动物的特征与你记起的动物进行对比

	嗷呜！			分数
	√	×	×	1
	×	√	×	1
	×	√	√	2

注：图片由 English for the Australian(www.e4ac.edu.au) 网站的 Jan Gillbank 制作。根据知识共享–署名协议 3.0 版许可使用。

通过将未知动物的特征与你先前见过的动物的特征进行对比而对动物分类的方法精炼地概括了支撑基于相似性的学习的大思路：如果要对目前的情况进行预测，那么你应当在记忆里寻找与其相似的情况，并根据你记忆中与之最为相似的情况进行预测。本章我们将了解这种推理是如何被实现为机器学习算法的。

5.2　基本概念

正如其名字"基于相似性的学习"所蕴含的，这种预测方法的关键组成部分是对实例之间相似程度定义一个可计算的相似性测量。这种相似性测量实际上常常是某种形式的距离测量。因此，针对基于相似性的测量，在某种程度上不那么明显的要求是，如果要计算两个实例之间的距离，那么我们需要对模型所使用的域有一个空间上的表示方法。本节我们会介绍用来表示训练数据集的特征空间的概念，然后说明我们如何能够在特征空间中计算实例之间的相似性。

5.2.1　特征空间

表 5.2 列出了一个示例数据集，含有高校运动员的速度（Speed）和敏捷性（Agility）这两个描述性特征（满分都为 10），以及一个目标特征，后者用来表明该运动员是否会被选入职业队伍[⊖]。我们可以让每个描述性特征作为**坐标系**（coordinate system）的一个坐标轴，进而在**特征空间**中表示这个数据集。这样我们就可以根据每个实例的描述性特征的值将实例放入特征空间。图 5.1 显示了当我们用表 5.2 的数据进行这个操作后形成的特征空间的散点图。图中，Speed 被绘制在横坐标轴上，而 Agility 被绘制在纵坐标轴上。被选拔（Draft）特征的值用代表每个实例的散点的形状表示：三角形代表否（*no*），而十字形代表是（*yes*）。

表 5.2　20 名高校运动员的 Speed 和 Agility 评分情况，以及他们是否被选为职业队员

ID	Speed	Agility	Draft	ID	Speed	Agility	Draft
1	2.50	6.00	*no*	11	2.00	2.00	*no*
2	3.75	8.00	*no*	12	5.00	2.50	*no*
3	2.25	5.50	*no*	13	8.25	8.50	*no*
4	3.25	8.25	*no*	14	5.75	8.75	*yes*
5	2.75	7.50	*no*	15	4.75	6.25	*yes*
6	4.50	5.00	*no*	16	5.50	6.75	*yes*
7	3.50	5.25	*no*	17	5.25	9.50	*yes*
8	3.00	3.25	*no*	18	7.00	4.25	*yes*
9	4.00	4.00	*no*	19	7.50	8.00	*yes*
10	4.25	3.75	*no*	20	7.25	5.75	*yes*

数据集的每个描述性特征总是拥有一个维度。本例中，仅有两个描述性特征，因此特征空间是二维的。不过，特征空间可能会有多得多的维度——例如，在文档分类任务中，有几千个描述性特征且在对应的特征空间有几千个维度的情况并不鲜见。尽管我们很难绘制超过三维的特征空间，但其背后的思路是一样的。

我们可以形式化地将一个特征空间定义为 m 维空间，创建该空间的方法是将数据集中的

⊖　本示例数据集受职业和高校运动中数据分析应用的启发，常被称为**棒球计量学**（sabremetrics）。Lewis（2004）和 Keri（2007）是针对该领域的两个浅显易懂的介绍。

每个描述性特征作为 m 维坐标系的一个坐标轴，并根据实例的描述性特征的值，将数据集中的每个实例映射到这个坐标系中的一个点。

对于基于相似性的学习来说，特征空间的工作原理带来的一件好事是，如果两个或多个实例的描述性特征的值相同，那么这些实例会被映射到特征空间中的同一个点。同时，如果两个实例的描述性特征的值的差异增加，那么特征空间中表示这两个实例的点之间的距离也会增加。因此，特征空间中两个点之间的距离是对这两个实例的描述性特征的值的相似性的有效度量。

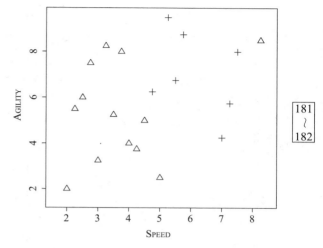

图 5.1　表 5.2 中高校运动员数据的特征空间图

5.2.2　用距离度量测量相似性

测量一个数据集中两个实例 **a** 和 **b** 之间相似性的最简单的方法是测量这两个实例在特征空间中的距离。我们可以使用**距离度量**（distance metric）来做这项工作：metric (**a**, **b**) 是返回两个实例 **a** 和 **b** 之间距离的函数。数学上，一个**度量**[⊖]（metric）必须符合以下四个条件：

1. **非负性**（non-negativity）：metric (**a**, **b**) $\geq$ 0
2. **同一性**（identity）：metric (**a**, **b**) = 0 $\Leftrightarrow$ **a** = **b**
3. **对称性**（symmetry）：metric (**a**, **b**) = metric (**b**, **a**)
4. **三角不等性**（triangular inequality）：metric (**a**, **b**) $\leq$ metric (**a**, **c**) + metric (**b**, **c**)

最著名的距离度量之一是**欧几里得距离**（Euclidean distance，又称欧氏距离），欧氏距离计算两个点之间线段的长度。m 维空间中两个实例 **a** 和 **b** 的欧氏距离定义为

$$\text{Euclidean}(\mathbf{a}, \mathbf{b}) = \sqrt{\sum_{i=1}^{m} (\mathbf{a}[i] - \mathbf{b}[i])^2} \tag{5.1}$$

高校运动员数据集的描述性特征都是连续的，这就意味着表示这些数据的特征空间严格来说叫作**欧氏坐标空间**（Euclidean coordinate space），我们可以用欧氏距离来计算实例之间的距离。例如，表 5.2 中实例 $\mathbf{d}_{12}$(SPEED = 5.00、AGILITY = 2.50) 和 $\mathbf{d}_5$(SPEED = 2.75、AGILITY = 7.50) 之间的欧氏距离是

$$\text{Euclidean}(\mathbf{d}_{12}, \mathbf{b}_5) = \sqrt{(5.00 - 2.75)^2 + (2.50 - 7.50)^2} = \sqrt{30.0625} = 5.4829$$

另外一个不太为人所知的距离度量是**曼哈顿距离**[⊖]（Manhattan distance）。一个特征空间中两个实例 **a** 和 **b** 之间的曼哈顿距离定义为

$$\text{Manhattan}(\mathbf{a}, \mathbf{b}) = \sum_{i=1}^{m} \text{abs}(\mathbf{a}[i] - \mathbf{b}[i]) \tag{5.2}$$

⊖　为示区别，本章采用"度量"一词指代 metric，使用"测量"一词指代 measure，故本章的"度量"与其他章节的"度量"含义有所区别。在本书其余章节，measure 一词仍视中文习惯译作测量（动词）或度量（名词）。——译者注

⊖　曼哈顿距离又被称为**出租车距离**（taxi-cab distance），得名于出租车司机在像曼哈顿道路系统那样的街区道路系统中从一点到另一点时必须驾驶的距离。

181 ～ 182

183

其中 abs() 函数返回绝对值。例如，表 5.2 中实例 $\mathbf{d}_{12}$(SPEED = 5.00、AGILITY = 2.50) 和 $\mathbf{d}_5$(SPEED = 2.75、AGILITY = 7.50) 之间的曼哈顿距离是

$$\text{Manhattan}(\mathbf{d}_{12}, \mathbf{d}_5) = \text{abs}(5.00 - 2.75) + \text{abs}(2.5 - 7.5) = 2.25 + 5 = 7.25$$

图 5.2a 描述了二维特征空间中两点之间曼哈顿距离和欧氏距离的不同之处。如果比较式（5.1）和式（5.2），那么我们可以看出两个距离度量本质上都是特征值之间差异的函数。实际上，欧氏距离和曼哈顿距离都是**闵可夫斯基距离**（Minkowski distance），闵可夫斯基距离基于特征之间的差异定义了一族距离度量。

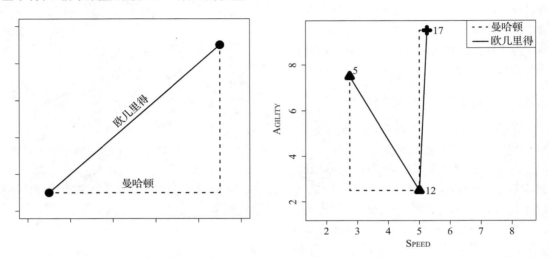

图 5.2   a 为两点之间曼哈顿距离和欧氏距离；b 为实例 $\mathbf{d}_{12}$ 和 $\mathbf{d}_5$ 之间以及 $\mathbf{d}_{12}$ 和 $\mathbf{d}_{17}$ 之间的曼哈顿距离和欧氏距离

在一个包含 m 个描述性特征的特征空间中，两个实例 $\mathbf{a}$ 和 $\mathbf{b}$ 之间的闵可夫斯基距离定义为

$$\text{Minkowski}(\mathbf{a}, \mathbf{b}) = \left(\sum_{i=1}^{m} \text{abs}(\mathbf{a}[i] - \mathbf{b}[i])^p \right)^{\frac{1}{p}} \qquad (5.3)$$

[184]　其中参数 p 一般设定为正数，它可以定义距离度量的行为。调整 p 的值会产生不同的距离度量。例如，$p = 1$ 的闵可夫斯基距离是曼哈顿距离，而 $p = 2$ 的闵可夫斯基距离则是欧氏距离。以此类推，我们可以定义无穷多个距离度量。

"我们能定义无穷多个距离度量"这一事实不仅是学术上的好奇而已。实际上，基于相似性的模型所做出的预测依赖于具体使用的闵可夫斯基距离（比如，$p = 1, 2, \cdots, \infty$）。较大的 p 值比较小的 p 值更强调特征值之间的较大差异，因为所有差异都被求取了其 p 次方。因此，欧氏距离（$p = 2$）受某个特征中单个巨大差异的影响比曼哈顿距离（$p = 1$）更大$^{\ominus}$。

如果我们用实例 $\mathbf{d}_{12}$ 和 $\mathbf{d}_5$ 之间的欧氏距离和曼哈顿距离来与实例 $\mathbf{d}_{12}$ 和 $\mathbf{d}_{17}$(SPEED = 5.25、AGILITY = 9.50) 的欧氏距离和曼哈顿距离进行对比，那么就可以看出这一点。图 5.2b 绘制了这些实例对之间的欧氏距离和曼哈顿距离。

两对实例之间的曼哈顿距离相同，均为 7.25。而惊人的是，$\mathbf{d}_{12}$ 和 $\mathbf{d}_{17}$ 之间的欧氏距离

$\ominus$　在 $p = \infty$ 的极端情况下，闵可夫斯基度量仅会返回各特征差异的最大值。这被称为**切比雪夫距离**（Chebyshev distance），有时也被称为**棋盘距离**（chessboard distance），因为它等于国际象棋中国王从一个格子移动到任意格子所需的步数。

为 8.25，比 d_{12} 和 d_5 之间仅为 5.48 的距离要大得多。这是因为 d_{12} 和 d_{17} 之间任意特征的最大差异为 7 个单位（对于 AGILITY），而 d_{12} 和 d_5 之间任意特征的最大差异为 5 个单位（对于 AGILITY）。因为这些差异在欧氏距离的计算中被平方，而 d_{12} 和 d_{17} 之间的最大单个值差异更大，导致针对这对实例计算出的总距离更大。总的来说，欧氏距离对值差异较大的特征所赋的权值大于值差异较小的特征。这就意味着欧氏距离受一个特征内单个较大差异的影响更大，而非一系列特征内的许多小差异，而曼哈顿距离则与之相反。

尽管我们有无穷多个基于闵可夫斯基的距离度量来选择，但欧氏距离和曼哈顿距离是其中最为常用的。然而，"哪个距离度量最好"这一问题仍然有待解答。从计算量的角度来看，曼哈顿距离比欧氏距离有些许优势——它省去了平方和开方的计算——而在处理非常大的数据集时，对计算量的考虑会变得非常重要。不考虑计算量的话，欧氏距离常常被优先使用。

[185]

5.3　标准方法：最近邻算法

我们现在已经理解了基于相似性的学习中的两个基本组件：数据集中实例的特征空间表示，以及实例之间的相似性测量。我们将这两个组件放在一起来定义基于相似性的学习中的标准方法：**最近邻算法**。构建最近邻模型所需的训练过程非常简单，只涉及将所有训练实例存储在内存中。在这个算法的标准版本里，用于存储训练数据的数据结构是一个简单列表。在预测阶段，当模型被用来对查询实例进行预测时，计算查询实例与内存中每个实例在特征空间中的距离，模型返回的预测就是特征空间中与查询实例距离最近的实例的目标特征级别。算法 5.1 给出了该算法预测阶段的伪代码。算法的确很简单，因此我们可以直接讨论其实际工作时的实用范例。

算法 5.1　最近邻算法的伪码描述

需要：一个训练实例的集合
需要：查询实例
  1：在内存的实例中依次查找最近邻——即特征空间中与查询实例的距离最短的实例
  2：对查询实例做出与其最近邻目标特征的值相等的预测

实用范例

假设要使用表 5.2 中的数据集作为标记过的训练数据集，那么我们要进行预测，以确定一个 SPEED = 6.75 和 AGILITY = 3.00 的查询实例是否会被选拔（DRAFT）。图 5.3 展示了包含查询实例的训练数据集的特征空间，查询实例以"?"表示。

仅通过目视察看图 5.3，我们就能看出查询实例的最近邻的目标级别为 *yes*，因此这是模型应当返回的预测。然而，我们需要一步一步地考察算法是如何做出这个预测的。别忘了在预测阶段，最近邻算法轮流使用训练集上的所有实例来计算每个实

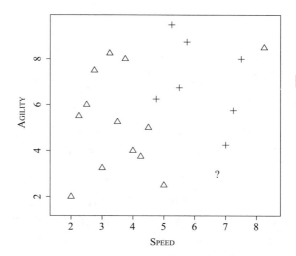

[186]

图 5.3　表 5.2 中数据的特征空间图，查询实例在特征空间中的位置用"?"表示

例和查询之间的距离。这些距离随后按从低到高的顺序排列，以便找到最近邻。表 5.3 展示了我们的查询实例与表 5.2 中每个实例的距离，并从低到高排列。正如我们在图 5.3 中看到的，这表明查询实例的最近邻是实例 $\mathbf{d}_{18}$，距离为 1.2749，目标级别为 *yes*。

表 5.3 描述性特征的值为 S<small>PEED</small> = 6.75 以及 A<small>GILITY</small> = 3.00 的查询实例与表 5.2 中每个实例的距离（Dist.）

ID	S<small>PEED</small>	A<small>GILITY</small>	D<small>RAFT</small>	D<small>IST.</small>	ID	S<small>PEED</small>	A<small>GILITY</small>	D<small>RAFT</small>	D<small>IST.</small>
18	7.00	4.25	*yes*	1.27	11	2.00	2.00	*no*	4.85
12	5.00	2.50	*no*	1.82	19	7.50	8.00	*yes*	5.06
10	4.25	3.75	*no*	2.61	3	2.25	5.50	*no*	5.15
20	7.25	5.75	*yes*	2.80	1	2.50	6.00	*no*	5.20
9	4.00	4.00	*no*	2.93	13	8.25	8.50	*no*	5.70
6	4.50	5.00	*no*	3.01	2	3.75	8.00	*no*	5.83
8	3.00	3.25	*no*	3.76	14	5.75	8.75	*yes*	5.84
15	4.75	6.25	*yes*	3.82	5	2.75	7.50	*no*	6.02
7	3.50	5.25	*no*	3.95	4	3.25	8.25	*no*	6.31
16	5.50	6.75	*yes*	3.95	17	5.25	9.50	*yes*	6.67

当算法用欧氏距离搜索最近邻时，它是在用被称为**沃罗诺伊镶嵌**[⊖]（Voronoi tessellation）的方法划分特征空间，并且算法在试图确定查询实例属于哪一个**沃罗诺伊区域**（Voronoi region）。从预测的观点来看，属于某个训练实例的沃罗诺伊区域定义了一个预测值由该实例决定的查询实例集。图 5.4a 用表 5.2 的训练实例展示了特征空间的沃罗诺伊镶嵌，并在这个划分中显示了我们查询实例的位置。我们可以在图中看到查询实例位于一个由目标级别为 *yes* 的实例所定义的沃罗诺伊区域中。因此，查询实例的预测应当为 *yes*。

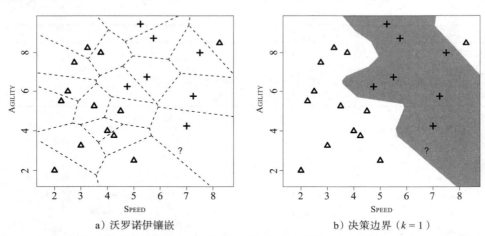

a）沃罗诺伊镶嵌 b）决策边界（*k* = 1）

图 5.4 a 是表 5.2 中数据集的特征空间的沃罗诺伊镶嵌，其中查询实例用 "？" 表示；b 是根据合并属于同一目标级别的相邻沃罗诺伊区域而得到的决策边界

最近邻预测算法在整个特征空间中创建了一系列**局部模型**（local model），或称为邻居，其中每个模型都由训练数据集的一个子集定义。而不太明显的是，算法也根据整个数据集创建了一个全局预测模型。如果在特征空间中绘出决策边界，那么我们就看出这一点。**决策边界**（decision boundary）是特征空间中区域之间的边界，边界两边将预测不同的目标级别。我

⊖ 沃罗诺伊镶嵌是将空间分解为区域的方法，其每个区域属于一个实例，并且包含空间中与该实例的距离小于任意其他实例的所有点。

们可以通过合并相邻的做出相同预测的局部模型（此例中为沃罗诺伊区域）来生成决策边界。图 5.4b 在高校运动员数据集的特征空间中展示了两个目标级别的决策边界。考虑到决策边界是由合并沃罗诺伊区域而生成的，查询实例位于决策边界代表 *yes* 目标级别的这一边并不意外。这表明决策边界是与训练集中的每个实例有关的局部模型所做出的预测的全局表示。这也表明，最近邻算法使用多个局部模型来创建一个隐含的全局模型，以便将描述性特征的值映射到目标特征中。

最近邻算法在预测上的一个优点是，它在获取新的标记数据后可以相当直接地更新模型——我们只要将其加入训练数据集就行了。表 5.4 列出了更新后的数据集，也包括了查询实例与其预测值 *yes*[○]。图 5.5a 展示了更新后特征空间的沃罗诺伊镶嵌；而图 5.5b 则展示了更新后的决策边界。将图 5.5b 与图 5.4b 比较，我们可以看到其主要不同点在于，特征空间右下角的决策边界向左移动了。这表明新实例的加入导致了 *yes* 区域的延伸。

表 5.4　拓展后的高校运动员数据集

ID	SPEED	AGILITY	DRAFT	ID	SPEED	AGILITY	DRAFT
1	2.50	6.00	*no*	12	5.00	2.50	*no*
2	3.75	8.00	*no*	13	8.25	8.50	*no*
3	2.25	5.50	*no*	14	5.75	8.75	*yes*
4	3.25	8.25	*no*	15	4.75	6.25	*yes*
5	2.75	7.50	*no*	16	5.50	6.75	*yes*
6	4.50	5.00	*no*	17	5.25	9.50	*yes*
7	3.50	5.25	*no*	18	7.00	4.25	*yes*
8	3.00	3.25	*no*	19	7.50	8.00	*yes*
9	4.00	4.00	*no*	20	7.25	5.75	*yes*
10	4.25	3.75	*no*	21	6.75	3.00	*yes*
11	2.00	2.00	*no*				

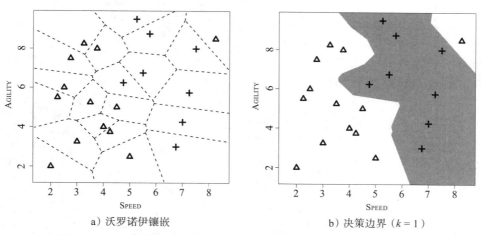

a）沃罗诺伊镶嵌　　　　　　　　b）决策边界（$k=1$）

图 5.5　a 是数据集更新纳入查询实例后特征空间的沃罗诺伊镶嵌；b 是训练集加入查询
　　　　实例后更新的决策边界

总而言之，支撑基于相似性的机器学习算法的归纳偏置是相似的事物（比如，具有相似描

[○]　仅当已经确定我们所做出的预测确实正确时，我们才能把实例加入训练数据集。本例中，我们假设在选拔时，查询选手被选入了职业队。

述性特征的值的实例）也具有相同的目标特征的值。最近邻算法通过合并局部模型（或称为邻居）来创建一个隐含的全局预测模型。这些邻居的定义是基于其在特征空间中与已标记训练实例的相似性。查询实例的预测是特征空间中定义该查询实例所在区域的训练实例的目标级别。

5.4　延伸与拓展

我们现在已经理解了标准的最近邻算法。如你所见，该算法在含有连续描述性特征的、干净的、大小适中的数据集上表现良好。然而，数据集常常是嘈杂的、大型的、可能含有不同数据类型的。因此，发展出了许多该算法的延伸和拓展方法来解决这些问题。本节我们将介绍其中最为重要的一些方法。

5.4.1　处理嘈杂数据

在我们的高校运动员数据集的实用范例中，其特征空间右上角含有一个 *no* 区域（见图 5.4）。该区域的存在是由于一个 *no* 实例距离其他含有该目标级别的实例非常远。考虑到所有与该实例直接相邻的实例都含有目标级别 *yes*，这个实例实际上很可能是被错误标记了，它本应具有的目标级别是 *yes*；或该实例的某个描述性特征的值出现错误，因而被放在了特征空间的错误位置。无论如何，该实例很可能是数据集中的一个**噪声**示例。

本质上，最近邻算法是一个局部模型的集合，每个模型都用单个实例来定义。因此，该算法对噪声非常敏感，因为训练数据集中的任何描述或标记错误都会导出错误的局部模型，进而导致错误预测。缓解数据集中噪声对最近邻算法影响的最直接方法是削弱算法对单个（可能是噪声的）实例的依赖。为此我们只需要修改算法，使其返回查询 **q** 的 **k 个最近邻**集合中的多数目标级别：

$$\mathbb{M}_k(\mathbf{q}) = \underset{l \in \text{levels}(t)}{\arg\max} \sum_{i=1}^{k} \delta(t_i, l) \tag{5.4}$$

其中 $\mathbb{M}_k(\mathbf{q})$ 是模型参数为 k 时模型 $\mathbb{M}$ 对查询 **q** 做出的预测；levels(t) 是目标特征域内级别的集合，l 是集合中的元素；i 以距离查询 **q** 从近到远的顺序索引 $\mathbf{d}_i$；t_i 是 $\mathbf{d}_i$ 实例的目标特征的值；$\delta(t_i, l)$ 是**克罗内克 δ**（Kronecker delta）函数，当两个参数相等时其值为 1，否则为 0。图 5.6a 展示了这个方法是如何为表 5.4 中的数据集调整决策边界的。图中，我们设定 $k = 3$，这个改动使右上角的 *no* 区域消失。

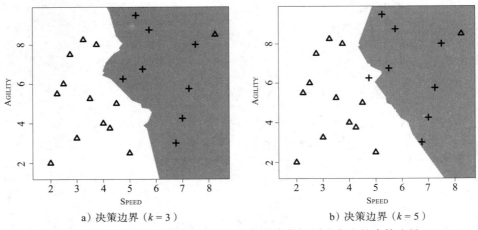

a）决策边界（$k = 3$）　　　　　　　　　b）决策边界（$k = 5$）

图 5.6　分别使用 3 个实例和 5 个实例的多数投票法产生的决策边界

尽管在我们的例子中将邻居数量从 1 提高到 3 解决了噪声问题，但 $k = 3$ 却并不适用于一切数据集。如何设定 k 的值总是需要进行权衡。如果设定的 k 值过低，那么我们就会陷入算法对数据集中的噪声过于敏感以及过拟合的问题中。反过来，如果设定的 k 值过高，那么我们就会面临无法刻画数据的真正模式以及欠拟合的风险。比如，图 5.6b 展示了当我们将 k 设定为 5 时会发生的情况。这里我们可以看到决策边界可能被过分地推向 *yes* 区域（有一个十字形被错划在决策边界的一边）。因此，即使 k 的小幅增加也会对决策边界造成重大影响。

在处理**不平衡数据集**时，我们将 k 设定为较高值的风险就会特别巨大。不平衡数据集是具有一个目标级别的实例数量比具有另一个目标级别的实例数量要多得多的数据集。这种情况下，当 k 增加，多数目标级别就会主导特征空间。高校运动员样本数据集就是不平衡的——它含有 13 个 *no* 实例，但仅含有 7 个 *yes* 实例。尽管数据集中目标级别之间的这种差异可能不够显著，但当 k 增长时也会造成影响。图 5.7a 展示了 $k = 15$ 时的决策边界。显然，大量的 *yes* 实例被错划在决策边界的 *no* 侧。更进一步地，如果我们将 k 设为大于 15 的值，那么多数目标级别就会主导整个特征空间。在算法对 k 值的选择如此敏感的情况下，我们应当如何设置参数？解决这一问题最常见的方法是进行评估实验，以研究不同 k 值下模型的性能，并选择令模型性能最好的那个参数。我们将在第 8 章继续探讨评估实验的问题。

192

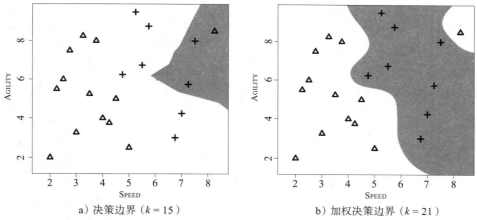

a）决策边界（$k = 15$）　　　　　　b）加权决策边界（$k = 21$）

图 5.7　a 是使用最近 15 个邻居的多数投票法产生的决策边界；b 是加权 k 最近邻模型的决策边界（当 $k = 21$ 时）

另一个解决 k 值设定问题的方法是使用**加权 k 最近邻**（weighted k nearest neighbor）方法。将 k 设定为较高值的问题的产生是因为算法开始将特征空间中远离查询实例的邻居纳入考虑范围。因此，算法倾向于数据集中的多数目标级别。制衡这一趋势的一个方法是使用**距离加权的 k 最近邻**（distance weighted k nearest neighbor）方法。当使用距离加权的 k 最近邻方法时，每个邻居对预测值的贡献与该邻居和查询实例之间的距离成反比。因此，当在 k 个最近邻上计算总的多数票时，离查询实例近的邻居的投票被赋予很高的权值，而离查询实例远的邻居的投票被赋予较低的权值。实现该方法最简单的方案是将每个邻居的权值设为邻居 **d** 和查询 **q** 之间距离平方的倒数[⊖]：

193

$$\frac{1}{\text{dist}(\mathbf{q}, \mathbf{d})^2} \tag{5.5}$$

⊖　当使用距离平方的倒数作为加权函数时，我们得注意避免在查询与其最近邻完全重合时产生除以零的情况。通常采用将与查询实例完全重合的训练实例 **d** 的目标级别赋值给查询实例的方法来解决这一问题。

使用距离加权的 k 最近邻方法，对一个查询返回的预测值是我们在为每个目标级别计算查询实例的 k 个最近邻实例的投票求和时分数最高的目标级别。加权 k 最近邻模型定义为

$$\mathbb{M}_k(\mathbf{q}) = \underset{l \in \text{levels}(t)}{\arg\max} \sum_{i=1}^{k} \frac{1}{\text{dist}(\mathbf{q}, \mathbf{d}_i)^2} \times \delta(t_i, l) \tag{5.6}$$

其中 $\mathbb{M}_k(\mathbf{q})$ 是给定模型 $\mathbb{M}$ 的参数 k 时为查询 $\mathbf{q}$ 所做出的预测；$\text{levels}(t)$ 是目标特征域内的级别集，l 是该集合中的元素；i 以距查询 $\mathbf{q}$ 由近到远的顺序依次给出实例 $\mathbf{d}_i$；t_i 是实例 $\mathbf{d}_i$ 的目标特征的值；而 $\delta(t_i, l)$ 是**克罗内克 δ 函数**，当两个参数相等时其值为 1，否则为 0。我们乘以克罗内克 δ 函数的原因是确保在计算每个候选目标级别的分数时，我们只用到目标特征的值为该级别的实例的权值。

当我们通过求每个邻居距查询实例的距离的倒数来为该邻居对查询实例预测的贡献度加权时，我们实际上可以将 k 的值设定为训练集的大小，这样就能在训练过程中涵盖所有训练实例。丢失数据实际模式的问题在此时并不突出，因为距离查询实例非常远的训练实例显然不会对预测产生太多影响。

图 5.7b 显示了表 5.4 中数据集应用加权 k 最近邻模型的决策边界，其中 $k = 21$（正是数据集的大小），权值采用距离平方的倒数。图中最明显的事情是，特征空间中右上角的区域再次归为 *no* 区域。如果这个实例来自数据中的噪声的话，这就可能是件坏事。这也表明，没有解决数据集中噪声问题的万能方法。这也是创建数据质量报告[一]并花时间清洗数据集对于任何机器学习项目来说都如此重要的原因之一。虽说如此，图中的其他一些特性还是非常令人鼓舞的。比如，特征空间右上角 *no* 区域的大小小于 $k = 1$ 的最近邻模型相应区域的大小（见图 5.4b）。因此，通过对数据集中的每个实例进行加权投票，我们至少能减少噪声实例的影响。同时，图中的决策边界也比本节我们看到的其他模型的决策边界更为平滑。这可以表明该模型在建模不同目标级别间的转变上表现得更好。

使用加权 k 最近邻模型时，我们不需要像在这个例子中那样将 k 的值设为数据集大小。使用评估实验，我们有可能找到一个能够大大减少或消除噪声对模型影响的 k 值。正如机器学习中常常遇到的情况，为模型设定合适的参数与选择使用何种模型一样重要。

最后，值得一提的是加权 k 最近邻模型可能会产生问题的两种情况。第一种是如果数据集非常不平衡，那么主要特征级别可能产生主导效应。第二种是当数据集非常大时，计算查询实例与所有训练实例之间距离平方倒数的代价会高昂到不可行的地步。

5.4.2　高效内存搜索

最近邻算法将整个训练数据集存储在内存中，这对该算法的时间复杂度产生了负面影响。具体来说，如果我们要处理大数据集，那么计算查询实例和所有训练实例之间的距离以及检索 k 个最近邻所花费的时间可能会让人难以承受。假设训练集始终较为稳定，那么时间的问题就可以被消除——方法是用一次性计算来为实例创建索引，该索引可用来高效地检索最近邻，而不必费力地搜索整个数据集。

***k-d* 树**[二]是 k 维树的简称，是著名的索引方法之一。*k-d* 树是平衡**二叉树**[三]（binary tree），树

　　　　㊀　参见 3.1 节。
　　　　㊁　最早提出 *k-d* 树的论文是 Bentley（1995）以及 Friedman et al.（1977）。另外，注意此处的 k 与 k 最近邻当中的 k 没有关系。此处 k 用于表明树的深度的层级，可以是任意值，但通常由构建该树的算法确定。
　　　　㊂　二叉树是每个节点最多有两根树枝的树。

中的每个节点（中间节点和叶子节点）索引训练数据集中的一个实例。树构建的形式是特征空间中相近的实例，其节点在树中也相近。

　　构建 *k-d* 树时，我们首先选择特征，并用该特征的中位数将特征分为两个分块⊖。随后，我们递归地划分这两个新的分块，当分块中的实例少于两个时便停止划分。这个过程中要进行的主要决策是如何选择要划分的特征。最常见的方法是在构建树前对描述性特征任意定义一个顺序。然后，用列表的起始特征进行第一次划分，我们依次在表中选取下一个特征来进行每次划分。如果已经划分完所有的特征，那么我们就回到特征列表的开头处。

　　我们每次划分数据时都会为 *k-d* 树添加一个有两条树枝的节点。这个节点索引了具有特征中位数的实例，左边的树枝连着所有小于该中位数的实例，右边的树枝连着所有大于该中位数的实例。递归式划分随后以深度优先的方式生长这些树枝。

　　k-d 树中的每个节点都用节点处数据的特征的中位数来定义一个划分特征空间的边界。严格来说，这些边界是**超平面**⊖（hyperplane），当用 *k-d* 树找到最近邻时，我们将看到它们所扮演的重要角色。具体来说，节点处的超平面定义了该节点下两个子树所存储的实例之间的边界。当我们在查找最近邻时，这个超平面对于决定是对两根树枝都进行搜索还是剪下其中一根非常有用。

　　图 5.8 为表 5.4 中的高校运动员数据集展示了 *k-d* 树前两个节点的创建。生成这个图时我们假设算法选定了要划分的特征，顺序为：Speed，Agility。树的非叶子节点列出了节点所索引的实例的 ID，以及一个特征和其数值，用于定义该节点分割特征空间的超平面。图 5.9a 展示了为数据集生成的整个 *k-d* 树，图 5.9b 展示了该 *k-d* 树所定义的对特征空间的划分。图中的线段表明了划分特征空间的超平面，它们是由树的非叶子节点编码的划分所创建的。绘制超平面的线段越粗，则这次划分在树中出现的时间越早。

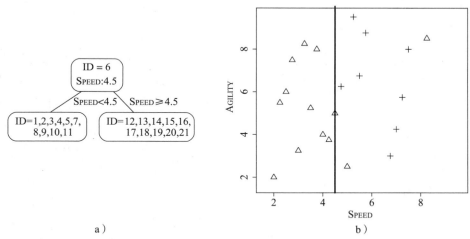

a）　　　　　　　　　　　　　　　　b）

图 5.8　a 为表 5.4 的数据集生成的 *k-d* 树，已经用阈值为 4.5 的 Speed 特征进行了一次划分；b 为 a 中的 *k-d* 树对特征空间进行的划分；c 为使用阈值为 5.5 的 Agility 特征划分根节点 左子节点后的 *k-d* 树；d 为 c 中的 *k-d* 树对特征空间进行的划分

⊖　我们选择用中位数作为划分阈值，因为相比于平均值，它较不易受离群点的影响，这就能够使树尽可能地平衡——平衡的树有助于提高检索时的效率。如果数据集中有超过一个实例的被划分特征的值为该特征的中位数，我们就选择其中一个实例代表中位数，并将其他值为中位数的实例放置在特征的值大于中位数的实例集中。

⊖　**超平面**是将平面的概念推广到多维度情形的几何概念。例如，二维空间中的超平面是一条直线，而三维空间中则是一个平面。

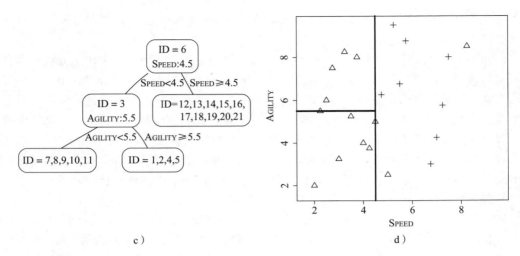

c)

d)

图 5.8 （续）

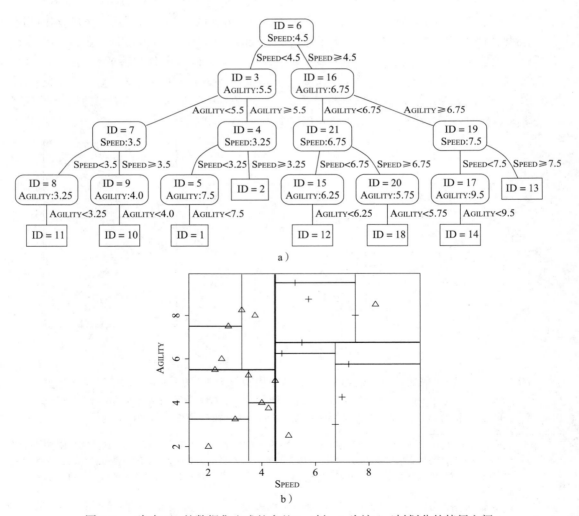

a)

b)

图 5.9　a 为表 5.4 的数据集生成的完整 *k-d* 树；b 为该 *k-d* 树划分的特征空间

一旦将数据集中的实例存储到 *k-d* 树中，我们就可以用这棵树来快速地检索查询实例的最近邻。算法 5.2 列出了我们用来为查询实例检索最近邻的算法。算法从根节点开始向树的下方移动，在每个中间节点处选择符合查询实例被检验特征的值的树枝，直到叶子节点处（算法第 3 行）。算法把被叶子节点索引的实例存储在 best 变量中，并将 best-distance 变量设定为该叶子节点索引的实例与查询实例的距离（第 5、6、7 行）。不走运的是，我们无法保证这个实例是最近邻，尽管它应当能够很好地近似该查询的最近邻。因此算法随后搜索这棵树，试图找出相比存储在 best 中的实例来说距离查询实例更近的实例（算法第 4 ～ 11 行控制此搜索）。

算法 5.2　*k-d* 树最近邻检索算法的伪代码

需要：查询实例 **q** 以及 *k-d* 树 **kdtree**
```
1: best = null
2: best-distance = ∞
3: node = descendTree(kdtree,q)
4: while node! = NULL do
5:   if distance(q,node) < best-distance then
6:     best = node
7:     best-distance = distance(q, node)
8:   if boundaryDist(q, node) < best-distance then
9:     node = descendtree(node,q)
10:  else
11:    node = parent(node)
12: return best
```

针对在搜索中遇到的每个节点，算法会做三件事情。第一，它检查该节点是否为空。如果节点为空，则说明算法已经到达了树根节点的父节点，应当返回存储在 best 中的实例（第 12 行）并终止算法（第 4 行）。第二，算法检查被节点索引的实例距离查询实例是否比当前最佳节点更近。如果是的话，就对 best 以及 best-distance 进行更新以反映这一情况（第 5、6、7 行）。第三，算法选择它接下来要关注的节点：当前节点的父节点，或当前节点的另一根树枝下的子树节点（第 8、9、10、11 行）。

通过检查当前节点的另一根树枝下的子树中是否有节点索引的实例是最近邻，来决定下一步移动到哪个节点。这种情况发生的唯一可能是当平分该节点的超平面边界的另一边至少有一个实例比当前 best-distance 更接近查询实例。幸运的是，由于 *k-d* 树创建的超平面都是平行于坐标轴的，因此算法可以很快地检测这种情况。平分一个节点的超平面是由节点处划分描述性特征的值定义的。这就意味着我们只需要检验查询实例的该特征的值与定义超平面的该特征的值的差异是否小于 best-distance（第 8 行）。如果检验通过，那么算法会使用与找出原始叶子节点相同的方法来下降到该子树的一个叶子节点（第 9 行）。否则，算法上升到当前节点的父节点，并排除含有超平面另一边区域的子树，而无须检验该区域的实例（第 11 行）。无论哪种情况，搜索都会照常从新节点开始。当到达根节点，并且其树枝都已经被搜索或排除时，搜索会停止。算法会返回 best 变量中保存的实例作为最近邻。

我们可以通过阐述算法如何为 SPEED = 6.00 以及 AGILITY = 3.50 的查询实例找到最近邻来说明这个算法的工作方式。图 5.10a 展示了检索最近邻的第一个阶段。黑色粗线标明了根据查询实例的值从根节点下降到叶子节点的路径（用图 5.9a 来详细查看路径）。该叶子节点索引了实例 **d**$_{12}$（SPEED = 5.00, AGILITY = 2.50）。因为这是第一次下降到叶子节点，best 自动地设定为 **d**$_{12}$，而 best-distance 则设定为从 **d**$_{12}$ 到查询实例的距离，其值为 1.4142（我们在本例中全部使用欧氏距离）。这时检索过程已经执行了算法的第 1 ～ 7 行。

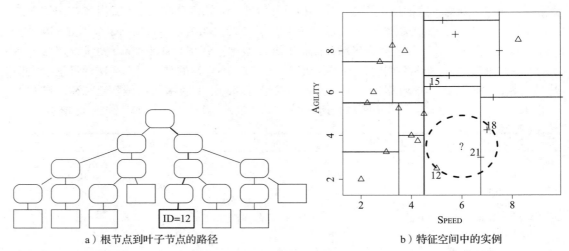

a）根节点到叶子节点的路径   b）特征空间中的实例

图 5.10   a 是用查询 SPEED = 6.0 和 AGILITY = 3.5 在树中搜索时从根节点到叶子节点的路径；而在 b 中，
"？"标出了查询实例的位置，虚线圆画出了目标的范围，为方便讨论，我们标出了一些节点
索引的实例的 ID（12、15、18 及 21）

图 5.10b 显示了特征空间中查询实例的位置（用"？"表示）。以查询实例为中心的虚线圆圈半径等于 best-distance。我们可以从图 5.10b 中看到，这个圆圈与用三角形标出位置的 d_{12} 实例相交，d_{12} 目前被存储在 best 中（即 d_{12} 是当前对最近邻的最佳猜测）。我们知道，这个圆内确实包含所有比 best 离查询实例更近的实例。尽管这个例子只有两个维度，但 k-d 树算法也可以在有许多维的特征空间中运行，因此我们使用术语**目标超球面**⊖（target hypersphere）来表示查询实例附近位于 best-distance 内的区域。我们可以在图 5.10b 中看到，实例 d_{12} 并非查询的真正最近邻——有其他几个实例就在超球面内。

200
～
201

搜索现在必须转移到新的节点上来（第 8、9、10、11 行）。这个转移由第 8 行确定，该行检查当前节点定义的超平面⊜到查询实例的距离是否小于 best-distance 的值。这时，当前节点是一个叶子节点，没有在特征空间定义超平面。因此，第 8 行的检验失败，搜索移动到当前节点的父节点（第 11 行）。

这个新节点索引 d_{15}。该节点为非空节点，因此第 4 行的 while 循环检验通过。d_{15} 实例与查询实例之间的距离为 3.0208，不小于当前 best-distance 的值，因此第 5 行的 if 语句检验失败。这是由于 d_{15} 在目标超球面外相当远的位置，我们可以在图 5.10b 中轻易看出这一点。搜索随后转向新节点（第 8、9、10、11 行）。为计算查询实例与由索引 d_{15} 的节点定义的超平面的距离（第 8 行的 boundaryDist 函数），我们仅使用 AGILITY 特征，因为其是在这个节点处进行划分的特征。距离值为 2.75，大于 best-distance（可以从图 5.10b 中看出这一点，因为由索引 d_{15} 的节点定义的超平面不与目标超球面相交）。这就意味着第 8 行的 if 语句检验失败，搜索移动到当前节点的父节点（第 11 行）。

该新节点索引 d_{21}，为非空节点，因此第 4 行的 while 循环检验通过。查询实例与 d_{21} 之

⊖ 类似于超平面，超球面是几何概念中的球面在多维情况下的推广。因此，在二维空间中超球面表示一个圆，而在三维空间中则是一个球，以此类推。

⊜ 记住树的每个非叶子节点都索引了数据集中的一个实例，同时也定义了一个划分特征空间的超平面。比如，图 5.9b 的水平和垂直线段绘制了由图 5.9a 中 k-d 树的非叶子节点定义的超平面。

间的距离为 0.9014，小于 best-distance 中存储的值（我们可以从图 5.10b 中看出这一点，因为 d_{21} 位于超球面内）。因此，if 语句检验通过，best 被设定为 d_{21}，best-distance 被设定为 0.9014（第 6、7 行）。图 5.11a 展示了进行更新后，已调整的目标超球面的范围。

接着执行第 8 行的 if 语句，该语句检验从查询实例到由当前 best 节点定义的超平面的距离。从查询实例到由索引实例 d_{21} 的节点定义的超平面的距离为 0.75（别忘了，因为该节点的超平面由 Speed 的值 6.75 定义，我们仅将其与查询实例的 Speed 值 6.00 比较）。该距离小于当前 best-distance（在图 5.11a 中，由索引实例 d_{21} 的节点定义的超平面与目标超球面相交）。第 8 行的 if 语句检验成功，搜索将沿着当前节点的另一根树枝下降（第 9 行），因为该树枝下可能有比当前存储的最佳实例距离查询更近的实例。

从图 5.11a 中可以明显看出这次搜索不会找到任何比 d_{21} 距离查询实例还要近的实例，也不会有任何其他超平面与目标超球面相交。因此余下的搜索会下降到索引 d_{18} 的节点，并直接上升到根节点，随后搜索过程将结束并返回 d_{21} 作为最近邻（我们将略过这些步骤的细节）。图 5.11b 展示了搜索过程中 k-d 树被检验或排除的部分。

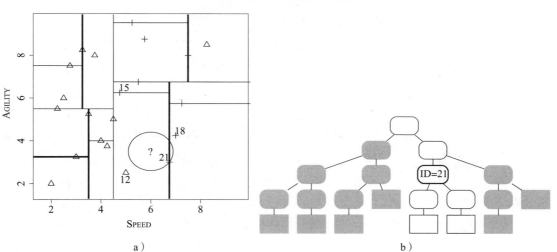

a）　　　　　　　　　　　　　　　　b）

图 5.11　a 是实例 d_{21} 被存储为 best 后的目标超球面，best-distance 也被更新；而在 b 中，搜索的范围：白色节点在搜索过程中被检验，黑色粗线边框内的节点索引了实例 d_{21}，它被作为查询的最近邻返回。灰色分支表明 k-d 树中从搜索排除的部分

本例中，使用 k-d 树节省了我们对查询实例与数据集中十四个实例的距离计算。这就是使用 k-d 树的好处，它在数据集非常大的情况下尤为显著。然而，使用 k-d 树并不总是合适的，只有当实例的数量比特征的数量多得多的时候 k-d 树才会比较高效。大概的经验法则是，对于 m 个描述性特征，我们应当有大约 2^m 个实例。如果不到这个比例，那么 k-d 树的效率就会严重下降。也有其他高效的内存读取方法，比如局部敏感散列、R 树、B 树、M 树、VoR 树等。这些方法与 k-d 树相似，它们都试图建立能够高效检索数据集的索引。显然，它们之间的区别使得它们有各自较为适用或不适用的数据集，而要搞清楚哪个是针对某个问题的最佳方法则往往需要进行一些实验。

我们可以通过将搜索改变为用第 k 个距离最近的实例作为 best-distance，来使得算法能够检索 k 近邻。我们也可以在树被创建以后在其上添加实例。这非常重要，因为最近邻方法的一个主要优点就是它在收到更多已标记数据时能够将其更新为新实例。为了将新实例添加到树中，我们从根节点下降到叶子节点，根据新实例的特征的值是大于还是小于每个节点处的划分值来确定在该节点处走左边还是右边的树枝。到达叶子节点后，我们只需将这个新实例添加为这个叶子节点的左子节点或右子节点。不幸的是，用这种方式添加节点会让树变得不平衡，继而可能对树的效率造成不良影响。因此，如果添加了太多新节点，那么我们可能会发现树太过不平衡，因而需要用更新后的数据集从零开始构建一棵新树以恢复检索的效率。

5.4.3　数据归一化

一家金融机构正在策划一场直接式营销活动来向其客户群推销一款养老金产品。在准备这场活动时，这家金融机构决定创建一个使用欧氏度量的最近邻模型来预测哪些客户最有可能对营销做出回应。这个模型将用于把营销活动的目标对准那些最有可能购买该养老金产品的客户。该机构已经从以前营销活动的结果中创建了一个含有客户信息的数据集，具体来说，它含有客户每年的薪水（SALARY）和客户的年龄（AGE），以及该客户在接收到直接式营销信息后是否购买（PURCH）了某件产品。表 5.5 列出了该数据集的一个样本。

表 5.5　含有客户年龄和薪水信息的数据集，以及它们是否购买了某件产品

ID	SALARY	AGE	PURCH	ID	SALARY	AGE	PURCH
1	53 700	41	*no*	6	55 900	57	*yes*
2	65 300	37	*no*	7	48 600	26	*no*
3	48 900	45	*yes*	8	72 800	60	*yes*
4	64 800	49	*yes*	9	45 300	34	*no*
5	44 200	30	*no*	10	73 200	52	*yes*

市场部想要使用最近邻模型来确定他们是否应该联络具有如下信息的客户：SALARY = 56 000、AGE = 35。图 5.12a 呈现了用 SALARY 和 AGE 特征定义的特征空间，包含表 5.5 中的数据集。特征空间中查询客户的位置用"?"标出。通过查看图 5.12a，似乎目标级别为否（*no*）的实例 d_1 是查询的最近邻。因此我们预计模型会预测 *no*，而该客户不会被联络。

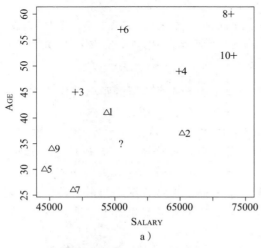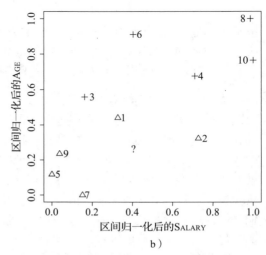

a)　　　　　　　　　　　　　　b)

图 5.12　a 是表 5.5 中的 Salary 和 Age 特征所定义的特征空间；b 是基于表 5.7 中归一化数据的归一化 SALARY 和 AGE 特征空间。实例标出了 ID；三角形代表目标级别为 *no* 的实例；十字代表目标级别为 *yes* 的实例。查询实例 SALARY = 56 000、AGE = 35 的位置用"?"标出

而模型实际上返回的预测值为是（*yes*），表明应当联络该客户。如果考察查询实例和数据集中实例之间的欧氏距离的计算，那么我们就能分析为何会出现这种情况。表 5.6 分别列出了在距离计算中同时考虑 SALARY 和 AGE 特征、只考虑 SALARY 特征以及只考虑 AGE 特征时的距离。我们的最近邻模型在计算距离以找出查询的最近邻时同时使用 SALARY 和 AGE 特征。表 5.6 中的 SALARY 和 AGE 部分列出了这些距离以及模型根据距离对实例进行的排名。从排名我们可以看出，查询的最近邻是 $\mathbf{d}_6$（其排名为 1）。实例 $\mathbf{d}_6$ 的目标级别为 *yes*，这就是模型为查询返回正预测值的原因。

204
～
205

表 5.6　表 5.5 中数据集的每个实例距离查询实例 SALARY = 56 000、AGE = 35 的欧氏距离，分别为同时使用 SALARY 和 AGE 特征，仅使用 SALARY 特征，以及仅使用 AGE 特征时的距离

数据集				SALARY 和 AGE		仅 SALARY		仅 AGE	
ID	SALARY	AGE	PURCH	距离	排名	距离	排名	距离	排名
1	53 700	41	*no*	2300.0078	2	2300	2	6	4
2	65 300	37	*no*	9300.0002	6	9300	6	2	2
3	48 900	45	*yes*	7100.0070	3	7100	3	10	6
4	64 800	49	*yes*	8800.0111	5	8800	5	14	7
5	44 200	30	*no*	11 800.0011	8	11 800	8	5	5
6	55 900	57	*yes*	102.3914	1	100	1	22	9
7	48 600	26	*no*	7400.0055	4	7400	4	9	3
8	72 800	60	*yes*	16 800.0186	9	16 800	9	25	10
9	45 300	34	*no*	10 700.0000	7	10 700	7	1	1
10	73 200	52	*yes*	17 200.0084	10	17 200	10	17	8

注：排名列对每个实例到查询的距离进行排名（1 最接近，10 最远）。

考虑到图 5.12a 所绘制的特征空间中实例的分布，$\mathbf{d}_6$ 为查询实例的最近邻的结果非常令人惊讶。其他一些实例看起来距离查询近得多，而且更为重要的是，这些实例中有不少目标级别为 *no*，比如实例 $\mathbf{d}_1$。为什么我们会得到这样奇怪的结果呢？

通过将同时使用 SALARY 和 AGE 特征算出的距离与仅使用 SALARY 特征算出的距离进行比较，我们可以获得一些提示。这在表 5.6 的仅 SALARY 部分列出。仅使用 SALARY 特征得出的距离几乎与使用 SALARY 和 AGE 特征得出的距离完全一样。发生这种情况的原因是薪水的值远大于年龄的值。因此，SALARY 特征就主导了欧氏距离的计算，不论是否考虑到了 AGE 特征。因此，AGE 特征实质上就被测量忽略了。这种主导反映在实例的距离排名上。表 5.6 中，如果将基于 SALARY 和 AGE 的排名和仅基于 SALARY 的排名进行比较，那么我们可以看到这两列的值完全相同。模型在进行预测时仅用到了 SALARY 特征，而忽略了 AGE 特征。

这种仅由于某个特征的取值范围远大于其他特征而导致的该特征对距离计算的主导并不是一件好事。我们不希望我们的模型仅仅因为某个特征的值恰好大于数据集中的其他特征就偏向于这个特征。如果我们对此不加处理，那么我们的模型就会受到数据搜集中偶然因素的影响，比如测量某个东西所用的单位。例如，在一个对特征的相对值大小敏感的模型中，对比用毫米测量的特征和用米测量的特征，前者对模型的预测结果所造成的影响要大⊖。显然我们应当解决这一问题。

⊖　图 5.12a 对我们造成了更大的误导，因为我们在绘制散点图时对值进行了缩放，使得该图像为正方形。如果我们在图 5.12a 中以与 AGE 特征相同的尺度绘制 SALARY 特征的话，这张图就会长达近 400 页。

　　幸运的是，我们已经探讨过解决这个问题的方案。这个问题是由于特征的**方差**不同而导致的。在 3.6.1 节我们讨论了方差，并介绍了一些**归一化**方法来对一个特征集的方差进行归一化。我们介绍过的一种基本的归一化方法是**区间归一化**⊖，我们可以将其应用到养老金方案预测数据集中，以归一化 SALARY 和 AGE 特征中的方差。例如，用区间 [0, 1] 对表 5.5 中的实例 **d**₁ 进行区间归一化如下：

$$\text{SALARY}: \left(\frac{53\,700 - 44\,200}{73\,200 - 44\,200} \right) \times (1.0 - 0.0) + 0 = 0.3276$$

$$\text{AGE}: \qquad \left(\frac{41 - 26}{60 - 26} \right) \times (1.0 - 0.0) + 0 = \qquad 0.4412$$

206
〜
207

　　表 5.7 列出了对 SALARY 和 AGE 特征使用区间为 [0, 1] 的区间归一化后表 5.5 中的数据集。在对数据集中的特征进行归一化时，我们也需要使用同样的程序和参数来对所有查询实例的特征进行归一化。我们对 SALARY = 56 000、AGE = 35 的查询实例进行的归一化如下：

$$\text{SALARY}: \left(\frac{56\,000 - 44\,200}{73\,200 - 44\,200} \right) \times (1.0 - 0.0) + 0 = 0.4069$$

$$\text{AGE}: \qquad \left(\frac{35 - 26}{60 - 26} \right) \times (1.0 - 0.0) + 0 = \qquad 0.2647$$

表 5.7　我们对数据集中的 SALARY 特征和 AGE 特征以及查询实例进行区间归一化后所更新的表 5.6

归一化数据集				SALARY 和 AGE		仅 SALARY		仅 AGE	
ID	SALARY	AGE	PURCH	距离	排名	距离	排名	距离	排名
1	0.3276	0.4412	*no*	0.1935	1	0.0793	2	0.176 47	4
2	0.7276	0.3235	*no*	0.3260	2	0.3207	6	0.058 82	2
3	0.1621	0.5588	*yes*	0.3827	5	0.2448	3	0.294 12	6
4	0.7103	0.6765	*yes*	0.5115	7	0.3034	5	0.411 76	7
5	0.0000	0.1176	*no*	0.4327	6	0.4069	8	0.147 06	3
6	0.4034	0.9118	*yes*	0.6471	8	0.0034	1	0.647 06	9
7	0.1517	0.0000	*no*	0.3677	3	0.2552	4	0.264 71	5
8	0.9862	1.0000	*yes*	0.9361	10	0.5793	9	0.735 29	10
9	0.0379	0.2353	*no*	0.3701	4	0.3690	7	0.029 41	1
10	1.0000	0.7647	*yes*	0.7757	9	0.5931	10	0.500 00	8

注：排名列对每个实例到查询的距离进行排名（1 最接近，10 最远）。

　　图 5.12b 展示了特征归一化后的特征空间。图 5.12a 和图 5.12b 的主要区别是坐标轴的尺度不同。图 5.12a 中 SALARY 轴的区间为 45 000 到 75 000，AGE 轴的区间为 25 到 60。而图 5.12b 中两个坐标轴的区间都是从 0 到 1。尽管这种区别看起来无关紧要，但现在两个特征都使用了相同的区间，这对使用该数据的基于相似性的预测模型的性能有巨大的影响。

　　表 5.7 也使用归一化后的数据集和查询实例来重复了表 5.6 中的计算。相比于表 5.6 中同时考虑 SALARY 和 AGE 的距离与仅考虑 SALARY 的距离及排名几乎完全相同的情况，表 5.7 中同时考虑 SALARY 和 AGE 的距离与仅考虑 SALARY 的距离产生了很大的区别。这种区别的具

⊖　为便于计算区间归一化，我们在此将式（3.7）重复一遍：

$$a'_i = \frac{a_i - \min(a)}{\max(a) - \min(a)} \times (high - low) + low$$

体体现是，根据同时考虑 SALARY 和 AGE 的距离而得出的排名与根据仅考虑 SALARY 的距离而得出的排名有很大的不同。实例排名中的这些变化是对特征归一化的直接结果，反映了距离的计算不再受 SALARY 特征主导。最近邻算法现在在对实例排名的过程中同时考虑了 SALARY 和 AGE 因素。这导致的最终结果是实例 d_1 现在是查询的最近邻——这也与图 5.12b 中的特征空间表示所对应。实例 d_1 的目标级别为 no，因此最近邻模型对查询预测的目标级别为 no，意味着市场部将不会把该客户列为其直接营销对象。这与在原始数据集中做出的预测相反。

　　总的来说，距离计算对数据集中特征的取值范围很敏感。这是我们在创建模型时需要控制的地方，因为如果不这样做的话，我们就会使有害的偏差影响到学习过程。当对数据集中的特征进行归一化时，我们通过控制特征的方差来对特征的离散度进行控制，确保每个特征对距离测量的贡献度是相等的。数据归一化对于几乎所有的机器学习算法来说都是很重要的步骤，而不仅是对于最近邻算法。

5.4.4　预测连续目标

　　将 k 近邻方法改为能够处理连续目标特征的方法非常简单。为此我们只需将方法改为返回最近邻的平均目标值的预测值，而非多数目标级别。因此，k 近邻模型对连续目标特征的预测为：

$$\mathbb{M}_k(\mathbf{q}) = \frac{1}{k}\sum_{i=1}^{k} t_i \qquad (5.7)$$

其中 $\mathbb{M}_k(\mathbf{q})$ 是使用参数值为 k 的模型为查询 $\mathbf{q}$ 返回的预测值，i 依次在数据集中取出 $\mathbf{q}$ 的 k 近邻，t_i 是实例 i 的目标特征的值。

　　让我们看一个例子。假设我们是稀有威士忌商人，想要基于设定在拍卖会上出售的一瓶威士忌的保留价格而得到一些辅助信息。我们可以使用 k 近邻模型，根据先前拍卖的相似的酒的成交价来预测一瓶威士忌的可能价格[⊖]。表 5.8 是用畅销威士忌爱好者杂志给出的评分（RATING）和酒龄（AGE，以年计）描述的威士忌数据集。每瓶酒在拍卖会上的成交价（PRICE）也包含在内。

表 5.8　列出了威士忌的酒龄（以年计）、评分（介于 1 和 5 之间，5 表明最佳）以及每瓶价格的威士忌数据集

ID	AGE	RATING	PRICE	ID	AGE	RATING	PRICE
1	0	2	30.00	11	19	5	500.00
2	12	3.5	40.00	12	6	4.5	200.00
3	10	4	55.00	13	8	3.5	65.00
4	21	4.5	550.00	14	22	4	120.00
5	12	3	35.00	15	6	2	12.00
6	15	3.5	45.00	16	8	4.5	250.00
7	16	4	70.00	17	10	2	18.00
8	18	3	85.00	18	30	4.5	450.00
9	18	3.5	78.00	19	1	1	10.00
10	16	3	75.00	20	4	3	30.00

⊖　本例是基于为本书人工生成的数据。不过，使用机器学习预测资产的价格——比如威士忌或葡萄酒——在现实中已经被实践过了。比如 Ashenfelter（2008）讨论了预测葡萄酒的价格，Ayres（2008）也做了相同的工作。

表 5.8 中最明显的一件事是 AGE 和 RATING 特征的区间不同。我们应当在建模之前对这些特征进行归一化。表 5.9 列出了描述性特征归一化后的威士忌数据集，使用的是区间为 [0, 1] 的区间归一化。

表 5.9　归一化描述性特征后的威士忌数据集

ID	AGE	RATING	PRICE	ID	AGE	RATING	PRICE
1	0.0000	0.25	30.00	11	0.6333	1.00	500.00
2	0.4000	0.63	40.00	12	0.2000	0.88	200.00
3	0.3333	0.75	55.00	13	0.2667	0.63	65.00
4	0.7000	0.88	550.00	14	0.7333	0.75	120.00
5	0.4000	0.50	35.00	15	0.2000	0.25	12.00
6	0.5000	0.63	45.00	16	0.2667	0.88	250.00
7	0.5333	0.75	70.00	17	0.3333	0.25	18.00
8	0.6000	0.50	85.00	18	1.0000	0.88	450.00
9	0.6000	0.63	78.00	19	0.0333	0.00	10.00
10	0.5333	0.50	75.00	20	0.1333	0.50	30.00

让我们使用这个模型来对一瓶 2 年酒龄、杂志评分为 5 的威士忌进行预测。归一化数据集后，我们首先要对这个查询实例的描述性特征的值进行同样的归一化。这使得查询变为 AGE = 0.0667、RATING = 1.00。本例中我们设定 $k = 3$。图 5.13 展示了这种设定下查询实例周围的邻居。查询的三个最近邻是 $\mathbf{d}_{12}$、$\mathbf{d}_{16}$ 以及 $\mathbf{d}_3$。因此，模型返回这三个邻居的平均价格作为预测：

$$\mathbb{M}_3(\langle 0.0667, 1.00 \rangle) = \frac{200.00 + 250.00 + 55.00}{3} = 168.33$$

我们还可以使用考虑查询实例到其邻居距离的**加权 k 近邻**模型来为连续目标进行预测（就像我们在 5.4.1 节为类别目标特征所做的）。为此，式（5.7）的模型预测等式被改为：

$$\mathbb{M}_k(\mathbf{q}) = \frac{\displaystyle\sum_{i=1}^{k} \frac{1}{\operatorname{dist}(\mathbf{q}, \mathbf{d}_i)^2} \times t_i}{\displaystyle\sum_{i=1}^{k} \frac{1}{\operatorname{dist}(\mathbf{q}, \mathbf{d}_i)^2}} \qquad (5.8)$$

其中 $\operatorname{dist}(\mathbf{q}, \mathbf{d}_i)$ 是查询实例到它的第 i 个最近邻的距离。这是 k 个最近邻的目标值的加权平均，而非式（5.7）中的简单平均。

表 5.10 展示了为威士忌例子计算式（5.8）中的分子和分母的归一化数据集，k 设定为 20（整个数据集的大小）。我们要出售的这瓶威士忌的最终预测价格为：

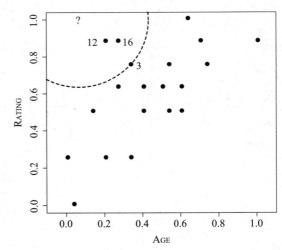

图 5.13　威士忌数据集的 AGE 和 RATING 特征空间。查询实例的位置用"?"标出。圆形虚线划出了 $k = 3$ 时查询周围的邻居的边界。查询的三个最近邻被标明了 ID

$$\frac{16\,249.85}{99.2604} = 163.71$$

表 5.10 用加权 *k* 近邻作预测的计算

ID	P_{RICE}	距离	权值	P_{RICE} × 权值
1	30.00	0.7530	1.7638	52.92
2	40.00	0.5017	3.9724	158.90
3	55.00	0.3655	7.4844	411.64
4	550.00	0.6456	2.3996	1319.78
5	35.00	0.6009	2.7692	96.92
6	45.00	0.5731	3.0450	137.03
7	70.00	0.5294	3.5679	249.75
8	85.00	0.7311	1.8711	159.04
9	78.00	0.6520	2.3526	183.50
10	75.00	0.6839	2.1378	160.33
11	500.00	0.5667	3.1142	1557.09
12	200.00	0.1828	29.9376	5987.53
13	65.00	0.4250	5.5363	359.86
14	120.00	0.7120	1.9726	236.71
15	12.00	0.7618	1.7233	20.68
16	250.00	0.2358	17.9775	4494.38
17	18.00	0.7960	1.5783	28.41
18	450.00	0.9417	1.1277	507.48
19	10.00	1.0006	0.9989	9.99
20	30.00	0.5044	3.9301	117.90
		总计:	99.2604	16 249.85

  $k = 3$ 的最近邻模型和 k 设为数据集大小的加权 k 近邻模型所作出的预测十分相似，分别为 168.33 和 163.71。那么，哪个模型做出的预测更好？本例中，要知道哪个模型最好，我们可能得真的把这瓶酒拿去拍卖，看看哪个模型预测的价格最接近。而当我们的数据集非常大时，我们可以进行性能评估实验[⊖]，以观察哪个 k 值会产生性能最佳的模型。总体来说，在特征空间的实例比较稠密的时候，标准 k 近邻模型和加权 k 近邻模型会产生非常相似的结果。然而当数据集在特征空间中非常稀疏时，加权 k 近邻通常能做出更为精确的预测，因为其会考虑到一些最近邻实际上可能非常远。

5.4.5 其他相似性测量

  到目前为止我们已经讨论并使用了基于闵可夫斯基的欧几里得和曼哈顿距离测量来计算数据集中实例之间的相似性。不过还有许多其他测量两个实例之间相似性的方式。本节我们将介绍一些其他的相似性测量，并讨论它们所适用的场景。这些距离测量都可以直接替代用于演示最近邻算法的欧氏距离。

  本节我们会无差别地使用相似性和距离这两个术语，因为我们经常通过两个实例在特征空间的距离来评价其相似性。唯一要记住的区别是，当我们使用距离时，较小的值代表两个实例在特征空间中比较接近，而当我们使用相似性时，较大的值才会表明这一情况。不过我们要特别地区分**度量**（metric）和**指数**（index）。别忘了我们在 5.2.2 节定义的度量必须满足的四个条件：**非负性**、**同一性**、**对称性**以及**三角不等性**。不过，也完全可以在基于相似性的模型中使用不满足全部四个条件的相似性测量。我们将这种相似性测量称为**指数**。多数时

212
～
213

 ⊖ 我们会在 8.4.1 节讨论这些内容。

候，严格区分度量和指数并没有那么重要；我们只需要关注的是，针对要进行比较的实例类型选择正确的相似性测量。然而，由于有些基于相似性的方法需要用到的相似性测量必须是度量，这时，了解一个相似性测量是度量还是指数就尤为重要。例如，5.4.2 节所述的 ***k-d* 树**要求所用的相似性测量为度量（具体来说，是满足三角不等性约束的测量）。

5.4.5.1　二元描述性特征的相似性指数

有许多数据集都含有二元描述性特征——只含有两个级别的类别特征。比如，一个数据集可能记录着某个人是否喜欢一部电影，是否购买了一件商品，或浏览了某个网页。如果数据集中的描述性特征是二元的，则使用通过特征的**共现**（co-presence）和**共缺**（co-absence）来定义的**相似性指数**（similarity index）而非基于距离的指数往往是一个好主意。

要说明二元特征的一系列相似性指数，我们会使用预测一项网上服务的**增销**[⊖]（upsell）作为例子。网上服务的一个常见的商业模式是允许用户免费试用一段时间，最后用户必须注册一个付费账号来继续使用这项服务。这类企业常常试图预测用户在试用期满后接受增销要约并转入付费服务的可能性。这种对客户未来可能的行动的了解能够帮助市场部门决定要联络哪些试用期将满的客户来推销注册付费服务的好处。

表 5.11 列出了该场景下可以用最近邻模型作预测的一个小型的二元数据集。这个数据集中的描述性特征都是二元的，记录了关于历史客户行为的如下信息：

- 个人信息（PROFILE）：用户在注册免费试用时是否填写了个人信息？
- 问答（FAQ）：用户是否阅读了常见问题解答页面？
- 帮助论坛（HELPFORUM）：用户是否在帮助论坛提出过问题？
- 新闻（NEWSLETTER）：用户是否注册了每周产品新闻邮件？
- 赞（LIKED）：用户是否在脸书上赞过网站？

目标特征登录（SIGNUP）表明客户是否最终注册了付费产品（是（*yes*）或否（*no*））。

表 5.11　列出了网站上两名用户在试用期的行为以及他们后来是否注册了网站的二元数据集

ID	PROFILE	FAQ	HELPFORUM	NEWSLETTER	LIKED	SIGNUP
1	*true*	*true*	*true*	*false*	*true*	*yes*
2	*true*	*false*	*false*	*false*	*false*	*no*

企业决定使用最近邻模型来预测一名当前试用期将满的用户是否可能注册付费服务。查询实例 **q** 描述的该客户如下：

$$\text{PROFILE} = true, \text{FAQ} = false, \text{HELPFORUM} = true,$$
$$\text{NEWSLETTER} = false, \text{LIKED} = false$$

表 5.12 呈现了当前试用用户 **q** 和表 5.11 中列出的两名用户之间的一对一分析，用如下方式定义：

- **共现**（Co-Presence，CP），查询数据 **q** 和对比用户（**d₁** 或 **d₂**）的相同特征的值都为真的次数。
- **共缺**（Co-Absence，CA），查询数据 **q** 和对比用户（**d₁** 或 **d₂**）的相同特征的值都为假的次数。
- **现 – 缺**（Presence-Absence，PA），查询数据 **q** 的特征值为真而对比用户（**d₁** 或 **d₂**）的

⊖　**增销**又称**向上销售**，是通过引导客户购买某个产品或服务的升级品、附加品来增加利润的推销手段。与促销不同，后者是通过增加产品或服务的销售量来增加利润的。——译者注

相同特征的值为假的次数。

- **缺 – 现**（Absence-Presence，AP），查询数据 **q** 的特征值为假而对比用户（**d₁** 或 **d₂**）的相同特征的值为真的次数。

> 表 5.12 当前试用用户 **q** 与数据集中的两名用户 **d₁** 和 **d₂** 之间的相似性，用共现（CP）、共缺（CA）、现 – 缺（PA）以及缺 – 现（AP）描述

		q 现	q 缺				q 现	q 缺
d₁	现	CP = 2	PA = 0		**d₂**	现	CP = 1	PA = 1
	缺	AP = 2	CA = 1			缺	AP = 0	CA = 3

判断相似性的一种方法为仅关注"共现"。例如，在网上零售的场景下，"共现"能够刻画两个用户都浏览过、赞过、购买过的东西。**Russell-Rao** 相似性指数专注于此，并通过"共现"的次数与二元特征总数的比值测量：

$$\text{sim}_{RR}(\mathbf{q},\mathbf{d}) = \frac{\text{CP}(\mathbf{q},\mathbf{d})}{|\mathbf{q}|} \tag{5.9}$$

215

其中 **q** 和 **d** 是两个实例，$|\mathbf{q}|$ 是数据集中所有特征的数量，CP（**q**, **d**）测量 **q** 和 **d** 之间"共现"的总数。使用 Russell-Rao 指数，**q** 和 **d₁** 的相似性高于 **d₂**：

$$\text{sim}_{RR}(\mathbf{q},\mathbf{d_1}) = \frac{2}{5} = 0.4$$

$$\text{sim}_{RR}(\mathbf{q},\mathbf{d_2}) = \frac{1}{5} = 0.2$$

这就意味着当前试用用户被判定为与实例 **d₁** 所代表的客户更相似——相比于 **d₂** 来说。

一些领域内，"共缺"也很重要。比如，在医疗领域中比较两名患者的相似性时，刻画两名患者都没有某些症状与刻画他们都患有某些症状可能同样重要。**Sokal-Michener** 相似性指数就考虑到了这种情况，它被定义为"共现"二元特征和"共缺"二元特征的数量与所有二元特征数量的比值：

$$\text{sim}_{SM}(\mathbf{q},\mathbf{d}) = \frac{\text{CP}(\mathbf{q},\mathbf{d}) + \text{CA}(\mathbf{q},\mathbf{d})}{|\mathbf{q}|} \tag{5.10}$$

216

对我们的网上服务实例 **q** 使用 Sokal-Michener 指数，则 **q** 被判定为与 **d₂** 更相似，而非 **d₁**：

$$\text{sim}_{SM}(\mathbf{q},\mathbf{d_1}) = \frac{3}{5} = 0.6$$

$$\text{sim}_{SM}(\mathbf{q},\mathbf{d_2}) = \frac{4}{5} = 0.8$$

但有时候，"共缺"并不是很有意义。例如，在零售领域中有非常多的商品或服务是大多数人都没有见过、听过、购买过或访问过的，因此，大多数特征都将是"共缺"的。描述一个大部分特征的值为零的数据集的数据是**稀疏数据**（sparse data）。这些情况下，我们应当使用不计"共缺"的度量。**Jaccard** 相似性指数常用于这种情况。该指数不计"共缺"的情况，它被定义为"共现"的数量与去掉了两个实例的"共缺"特征后的特征总数的比值[⊖]：

$$\text{sim}_{J}(\mathbf{q},\mathbf{d}) = \frac{\text{CP}(\mathbf{q},\mathbf{d})}{\text{CP}(\mathbf{q},\mathbf{d}) + \text{PA}(\mathbf{q},\mathbf{d}) + \text{AP}(\mathbf{q},\mathbf{d})} \tag{5.11}$$

⊖ 需要注意：对于一对所有特征都是"共缺"的实例来说，实例的 Jaccard 相似性指数未定义，因为这会造成除数为零。

使用 Jaccard 相似性，网上零售例子中的当前试用用户与 $\mathbf{d}_1$ 和 $\mathbf{d}_2$ 实例的相似性相同：

$$\text{sim}_J(\mathbf{q},\mathbf{d}_1) = \frac{2}{4} = 0.5$$

$$\text{sim}_J(\mathbf{q},\mathbf{d}_2) = \frac{1}{2} = 0.5$$

当前试用用户与数据集中其他用户之间的相似性随我们所使用的相似性指数不同而大幅变化的现象表明了为该任务选择正确的相似性指数的重要性。不走运的是，除了 Jaccard 指数特别适用于稀疏二元数据之外，我们无法对相似性指数的选择给出一个简便、明确的法则。就像预测分析中非常常见的，做出正确的选择需要我们对所应完成的任务的要求有深入的理解，并将这些要求与我们在模型中要强调的特征对应起来。

5.4.5.2　余弦相似性

余弦相似性（cosine similarity）是可以用于测量具有连续描述性特征的实例之间相似性的指数。两个实例之间的余弦相似性是在特征空间中从原点到两个实例的**向量**（vector）所构成的内角的**余弦值**。图 5.14a 展示了在由两个描述性特征——短信（SMS）和语音（VOICE）——定义的特征空间中从原点到两个实例的向量的内角 θ。

当数据集中描述实例的描述性特征之间互相关联时，余弦相似性就会是非常有用的相似性测量。例如，在移动通信场景中，我们可以只用两个描述性特征表示用户：用户每月所发送的短信息数量，以及用户每月语音呼叫的次数。在这个场景下，关注于用户使用这两种服务的比例的相似性而非用户使用这两种服务的量是非常有趣的。余弦相似性使我们能够这样做。图 5.14a 中所示的实例就是基于这个移动通信场景的。实例 $\mathbf{d}_1$ 的描述性特征的值是 SMS = 97、VOICE = 21，$\mathbf{d}_2$ 则是 SMS = 181、VOICE = 184。

我们用这两个描述性特征的值的**归一化点积**（dot product）来计算它们之间的余弦相似性。可以用两个描述性特征向量的长度的积归一化点积[⊖]。由 m 个描述性特征所定义的 $\mathbf{a}$ 和 $\mathbf{b}$ 两个实例的点积为：

$$\mathbf{a}\cdot\mathbf{b} = \sum_{i=1}^{m}(\mathbf{a}[i]\times\mathbf{b}[i]) = (\mathbf{a}[1]\times\mathbf{a}[1])+\cdots+(\mathbf{a}[m]\times\mathbf{b}[m]) \qquad (5.12)$$

几何上，点积可以理解为两个向量的余弦值乘以这两个向量的长度的积：

$$\mathbf{a}\cdot\mathbf{b} = \sqrt{\sum_{i=1}^{m}\mathbf{a}[i]^2}\times\sqrt{\sum_{i=1}^{m}\mathbf{b}[i]^2}\times\cos(\theta) \qquad (5.13)$$

我们可以整理式（5.13）来以归一化点积的方式计算两个向量内角的余弦值：

$$\frac{\mathbf{a}\cdot\mathbf{b}}{\sqrt{\sum_{i=1}^{m}\mathbf{a}[i]^2}\times\sqrt{\sum_{i=1}^{m}\mathbf{b}[i]^2}} = \cos(\theta) \qquad (5.14)$$

因此，在 m 维特征空间中，两个实例 $\mathbf{a}$ 和 $\mathbf{b}$ 的余弦相似性定义为：

$$\text{sim}_{\text{COSINE}}(\mathbf{a},\mathbf{b}) = \frac{\mathbf{a}\cdot\mathbf{b}}{\sqrt{\sum_{i=1}^{m}\mathbf{a}[i]^2}\times\sqrt{\sum_{i=1}^{m}\mathbf{b}[i]^2}} = \frac{\sum_{i=1}^{m}(\mathbf{a}[i]\times\mathbf{b}[i])}{\sqrt{\sum_{i=1}^{m}\mathbf{a}[i]^2}\times\sqrt{\sum_{i=1}^{m}\mathbf{b}[i]^2}} \qquad (5.15)$$

⊖　向量长度 $|\mathbf{a}|$ 的计算方法为向量各元素的平方和的平方根：$|\mathbf{a}| = \sqrt{\sum_{i=1}^{m}\mathbf{a}[i]^2}$。

实例之间的余弦相似性在区间 [0, 1] 中，其中 1 表示最相似，0 表示最不相似。我们可以对图 5.14a 中的实例 $\mathbf{d}_1$ 和 $\mathbf{d}_2$ 之间的余弦相似性进行计算：

$$\text{sim}_{\text{COSINE}}(\mathbf{d}_1, \mathbf{d}_1) = \frac{(97 \times 181) + (21 \times 184)}{\sqrt{97^2 + 21^2} \times \sqrt{181^2 + 184^2}} = 0.8362$$

219

　　图 5.14b 展示了描述性特征的值的归一化，这是余弦相似性计算的一部分。这与我们在本章所见到的其他归一化不同，此处的归一化仅在单个实例上进行，而非一个特征的所有值。所有实例都进行同样的归一化，以便分布在半径为 1.0、中心位于原点的**超球面**上。这种归一化使得余弦相似性在我们对特征之间相对值的差异而非特征值的大小更感兴趣的场景中特别有用。例如，如果我们有第三个实例且 SMS = 194、Voice = 42，那么它与实例 $\mathbf{d}_1$ 的余弦相似性将会是 1.0，因为即使它们的特征值之间的数值不同，两个实例的特征值之间的关系也是一样的：它们使用的短信服务的数量都几乎是使用语音呼叫服务数量的四倍。余弦相似性也十分适用于非二元特征的稀疏数据（也就是有许多零值的数据集），因为在计算点积时实际上会忽略"共缺"（$0 \times 0 = 0$）。

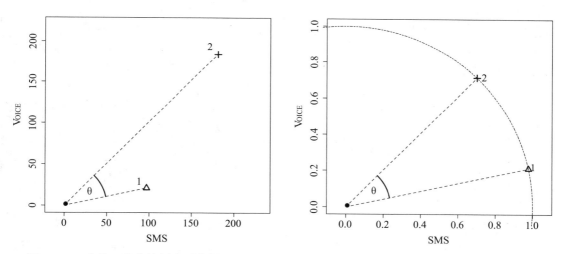

图 5.14　a 中的 θ 代表从原点到实例 $\mathbf{d}_1$ 和 $\mathbf{d}_2$ 的两个向量所构成的内角；b 则显示了归一化到单位圆的 $\mathbf{d}_1$ 和 $\mathbf{d}_2$

220

5.4.5.3　马哈拉诺比斯距离

　　我们要介绍的最后一种相似性测量是**马哈拉诺比斯距离**（Mahalanobis Distance，简称马氏距离），它是可以用于测量具有连续描述性特征的实例之间相似性的度量。马氏距离不同于我们所见过的其他距离度量，因为它在测量相似性时考虑到了数据集中实例的分散程度。图 5.15 展示了这一点为什么很重要。这组图绘制了三个中央趋势相同的二变量数据集的散点图，中心标记为 A，位于特征空间处的 (50, 50)，三个数据集的实例在特征空间中的分布情况不同。我们要分别根据三个数据集回答的问题是：位于 (30, 70) 处的实例 B 和位于 (70, 70) 处的实例 C 来自与数据集相同的采样总体的可能性是多少？三张图中，B 和 C 分别与 A 的欧氏距离都一样。

　⊖　如果用于计算余弦相似性的两个向量的其中一个含有负特征值，那么其余弦相似性将会在区间 [-1, 1] 之间。与之前一样，1 表示相似性高，0 表示不相似，而要解释负相似性则有困难。不过，负相似性可以通过使用区间归一化（见 3.6.1 节）确保特征的值始终非负来避免。

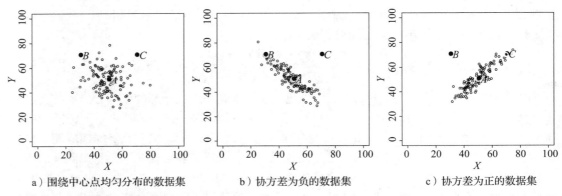

a）围绕中心点均匀分布的数据集   b）协方差为负的数据集   c）协方差为正的数据集

图 5.15   三个二变量数据集的散点图，其中心都为 A 点，两个查询 B、C 与 A 的距离相等

图 5.15a 中的数据集在 A 周围的各个方向均匀分布，我们可以说 B 和 C 来自与数据集相同的样本总体的可能性相等。而图 5.15b 中的数据集显示出了特征之间较强的负**协方差**[⊖]。这种情况下，实例 B 比实例 C 更有可能是数据集中的元素。图 5.15c 展示了有较强正协方差的数据集，对于这个数据集，实例 C 比实例 B 更有可能是数据集中的元素。这些例子所表明的是，当试图确定一个查询是否属于一个群体时，我们不仅要考虑这个群体的中央趋势，也要考虑这个群体中元素的分布方式。这些例子也表明协方差是测量数据集分布情况的一种方法。

[221]

马氏距离使用协方差来缩放距离，使得在数据集非常分散的方向上的距离尺度被缩小，而在数据集非常紧凑的方向上的距离尺度则被放大。例如，在图 5.15b 中，B 和 A 的马氏距离要小于 C 和 A 之间的马氏距离，而在图 5.15c 中则相反。马氏距离被定义为：

$$\text{Mahalanobis}(\mathbf{a},\mathbf{b}) = \sqrt{[\mathbf{a}[1]-\mathbf{b}[1],\cdots,\mathbf{a}[m]-\mathbf{b}[m]] \times \mathbf{\Sigma}^{-1} \times \begin{bmatrix} \mathbf{a}[1]-\mathbf{b}[1] \\ \vdots \\ \mathbf{a}[m]-\mathbf{b}[m] \end{bmatrix}} \quad (5.16)$$

让我们一步一步地来看式（5.16）。首先，等式计算了两个实例 **a** 和 **b** 之间的距离，每个实例有 m 个描述性特征。我们看到的第一项是 [**a**[1] − **b**[1], …, **a**[m] − **b**[m]]。该项是从实例 **a** 的每个描述性特征的值中减去实例 **b** 对应的值的行向量。等式的下一项 $\mathbf{\Sigma}^{-1}$ 表示用数据集中的所有实例计算出的**逆协方差矩阵**[⊖]（inverse covariance matrix）。用特征的值的差乘以逆协方差矩阵有两个效果。首先，特征的**方差**越大，该特征的值之间的差异对于距离计算所贡献的权值就越小。第二，两个特征之间的相关性越大，它们对距离计算贡献的权值就越小。

[222]

等式的最后一个元素与等式开头的行向量创建方法相同，它是通过从 **a** 的特征值中减去 **b** 中所对应的值来创建的列向量。同时使用行向量和列向量来先后表示特征之间的差异的动机是

⊖ 特征之间的协方差意味着知道其中一个特征的值之后，我们能够了解另一个特征的值的部分信息。详见 3.5.2 节。

⊖ 我们在 3.5.2 节解释过**协方差矩阵**。**逆协方差矩阵**是协方差矩阵与其相乘后得到单位矩阵（identity matrix）的矩阵：$\mathbf{\Sigma} \times \mathbf{\Sigma}^{-1} = \mathbb{I}$。单位矩阵是所有主对角元素为 1、其他元素为 0 的方阵。任意矩阵乘以单位矩阵都会得到原矩阵本身——这与实数和 1 相乘一样。因此将特征的值乘以逆协方差矩阵能够产生将所有特征的方差缩放为 1，并将特征之间的协方差置为 0 的效果。计算矩阵的逆涉及求解线性方程组，需要使用诸如**高斯 – 若尔当消元法**（Gauss-Jordan elimination）或 **LU 分解法**（LU decomposition）等线性代数的方法。我们在此不介绍这些内容，但它们在大多数标准的线性代数教科书中都会被介绍到，如 Anton 和 Rorres（2010）。

利用矩阵乘法。现在我们知道行向量和列向量都含有两个实例的特征值的差异，很明显，就像欧氏距离那样，马氏距离对这种特征的差异进行平方。但马氏距离重新缩放了特征值之间的差异（使用逆协方差矩阵）以使所有特征都为单位方差，协方差的影响就被消除了。

马氏距离可以被理解为定义一个具有如下特性的正交坐标系：①原点在我们要计算到该实例的距离的实例处（式（5.16）中的 $\mathbf{a}$）；②一个与数据集最为分散的方向相同的主坐标轴；③所有轴的单位都被缩放，使得数据集在每个轴的方向上具有单位方差。轴的旋转和缩放是通过乘以逆协方差矩阵（Σ^{-1}）来完成的。因此，如果逆协方差矩阵为单位矩阵 $\mathbb{I}$，那么就不会产生旋转和缩放。这就是像图 5.15a 那样特征之间没有协方差的数据集的马氏距离等于欧氏距离的原因$^{\ominus}$。

图 5.16 展示了马氏距离是如何相对于特征空间的标准坐标系来定义被平移、旋转、缩放的坐标系的。该图中的三张散点图使用了图 5.15c 中的数据集。在每种情形下，我们都将马氏距离在不同原点处定义的坐标系叠加到特征空间中。图中使用的原点分别是 (50, 50)、(63, 71) 以及 (42, 35)。虚线画出了坐标系的轴，椭圆画出了 1、3、5 单位的等值线。注意轴的方向和距离等值线的缩放在这些图中是一致的。这是由于每张图使用的都是基于整个数据集的相同逆协方差矩阵。

223

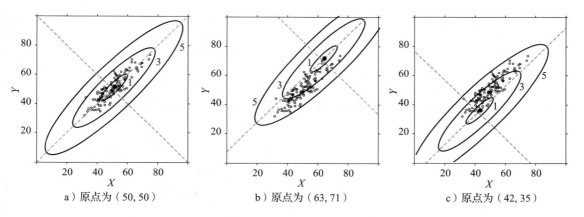

a）原点为（50, 50）　　　　b）原点为（63, 71）　　　　c）原点为（42, 35）

图 5.16　马氏距离使用图 5.15c 中数据集的协方差矩阵来定义的坐标系，使用了三个不同的原点；每张图中的椭圆形都画出了 1、3、5 单位距离的等值线

让我们回到图 5.15 所述的原始问题：B 和 C 可能来自与数据集相同的采样总体吗？观看图 5.15c，对于这个数据集，得出实例 C 是数据集中的元素而 B 很可能不是这样的结论似乎是合理的。为证实这种直觉，我们可以用式（5.16）计算 A 和 B 以及 A 和 C 之间的马氏距离：

$$\text{Mahalanobis}(A, B) = \sqrt{[50-30, 50-70] \times \begin{bmatrix} 0.059 & -0.521 \\ -0.521 & 0.0578 \end{bmatrix} \times \begin{bmatrix} 50-30 \\ 50-70 \end{bmatrix}} = 9.4049$$

$$\text{Mahalanobis}(A, C) = \sqrt{[50-70, 50-70] \times \begin{bmatrix} 0.059 & -0.521 \\ -0.521 & 0.0578 \end{bmatrix} \times \begin{bmatrix} 50-70 \\ 50-70 \end{bmatrix}} = 2.2540$$

224

其中用到的逆协方差矩阵是基于数据集中直接算出的协方差矩阵$^{\ominus}$ $\begin{bmatrix} 82.39 & 74.26 \\ 74.26 & 84.22 \end{bmatrix}$。

$\ominus$　单位矩阵 $\mathbb{I}$ 的逆为 $\mathbb{I}$。因此，如果两个特征之间没有协方差，那么协方差矩阵和逆协方差矩阵将都是 $\mathbb{I}$。

$\ominus$　3.5.2 节介绍了协方差矩阵的计算。逆协方差矩阵是使用 R 编程语言中的 solve 函数算出的。

图 5.17 展示了这些马氏距离的等值线。图中，A 表示图 5.15c 内数据集的中央趋势，椭圆绘出了实例 B 和 C 距离 A 的马氏距离的等值线。这些距离等值线数据集的逆协方差矩阵是以 A 为原点算出的。结果显示 C 距离 A 比 B 近得多，因此应当被认为是数据集采样总体中的元素。

要在最近邻模型中使用马氏距离，我们只需要把欧氏距离替换成马氏距离，然后完全按照如前所述的方式使用模型即可。

5.4.5.4　总结

[225] 本节我们介绍了一些用于判断特征空间中实例之间相似性的常用的度量和索引。这些测量常常在闵可夫斯基距离不适用的情况下使用。比如，如果我们要处理二元特征，那么使用 Russell-Rao 指数、Sokal-Michener 指数 或 Jaccard 相似性度量可能更为合适。数据集中的特征也可能是连续的——这通常表明闵可夫斯基距离是适用的，但每个实例的大多数描述性特征的值为零$^\ominus$，在这种情况下我们可能想使用忽略值为零的描述性特征的相似性指数，比如**余弦相似性**。或者，我们可能

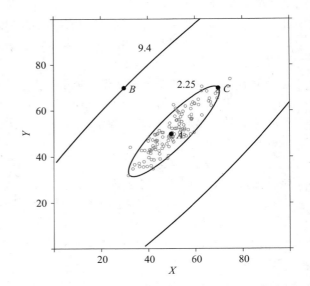

图 5.17　使用马氏距离与使用欧氏距离的效果比较。A 标出了图 5.15c 中数据集的中央趋势，椭圆画出了从 A 分别到 B 和 C 的马氏距离等值线。在欧氏距离中，B 和 C 到 A 的距离相等，而使用马氏距离，C 距离 A 比 B 近得多

要处理描述性特征之间存在协方差的数据集，这种情况下我们可以考虑使用**马氏距离**作为相似性测量。我们还可以列出许多其他度量和指数，比如 **Tanimoto 相似性**（它是 Jaccard 相似性在非二元数据上的扩展），以及基于**相关性**的方法，如**皮尔逊相关性**（Pearson correlation）。而要牢记的重点是，要选择与我们使用的数据集的特性（比如是二元的、非二元的、稀疏的或相关的，等等）相适应的相似性指数或度量，以及始终需要以实验来确定哪个相似性度量对于特定的预测模型来说是最为有效的。

5.4.6　特征选取

直觉上，为数据集添加更多的描述性特征能够为每个实例提供更多的信息，进而形成更为精确的预测模型。然而出人意料的是，数据集中描述性特征的数量经常在增加到一定程度后反而造成归纳出的模型的预测能力下降。造成这种现象的原因是，本质上，归纳出的模型的预测力都来自下列之一：

1. 基于具有相同目标值的训练实例群将特征空间划分为若干区域，为位于某个区域内的[226] 查询分配定义该区域的实例群的目标值。

$\ominus$　别忘了，数据集中大多数描述性特征为零的数据集被称为**稀疏数据**。它常常出现在**文档分类**（document classification）问题中，当使用**词袋**（bag-of-words）表示来将文档表示为词典（也就是词袋）中每个词的出现频率时。词袋表示在本章最后的第 2 题中有更多介绍。稀疏数据的一个问题是，在只有极少量非零值的情况下，两个实例间的离散度会被噪声主导。

2. 为查询分配特征空间中查询实例附近的若干单个训练实例的目标值的插值（比如，通过多数表决或求平均值）。

这两种策略都依赖于特征空间中训练实例具有的较高**采样密度**（sampling density）。采样密度是特征空间中训练实例的平均密度。如果采样密度太低，则特征空间将有大片区域不包含任何实例，这个区域就无法形成任何有意义的训练实例群，也无法找到有意义的相邻训练实例。这种情况下模型实际上退化为以猜测作为预测的模型。我们可以用特征空间中**单位超立方体**[一]（unit hypercube）的平均密度来测量特征空间的**采样密度**。单位超立方体的密度等于：

$$density = k^{\left(\frac{1}{m}\right)} \tag{5.17}$$

其中 k 是超立方体内部的实例数量，m 是特征空间的维数。

图 5.18 图解了数据集中描述性特征的数量和特征空间中的采样密度之间的关系。图 5.18a 绘制了含有 29 个实例的一维数据集，实例均匀分布在 0.0 到 3.0 之间。我们已经在图中标出了涵盖 0 到 1 区间的单位超立方体。单位超立方体的密度是 $10^{\frac{1}{1}} = 10$（超立方体内有 10 个实例）。如果我们增加描述性特征的数量，那么特征空间的维度也会增加。图 5.18b 和图 5.18c 展示了在我们增加数据集中描述性特征的数量而不增加实例的数量时将会发生的事情。在图 5.18b 中，我们增加了第二个描述性特征 Y，并在 [0.0, 3.0] 的范围内为数据集中的实例分配随机的 Y 值。实例因此而互相远离，采样密度也下降了。标记出的单位超立方体的密度现在是 $4^{\frac{1}{2}} = 2$（仅有 4 个实例在超立方体内部）。图 5.18c 展示了当我们进入三维特征空间后（在 [0.0, 3.0] 之间为每个实例的 Z 特征分配随机值），起初的 29 个实例的分布。很明显，实例之间变得更远了，特征空间也变得非常稀疏，相当大的区域只含有极少甚至没有实例。这在采样密度的下降上可以反映出来。标出的单位超立方体的密度为 $2^{\frac{1}{3}} = 1.2599$。

227

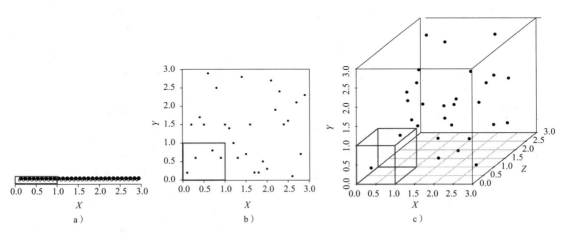

图 5.18　展示维度的诅咒的一系列散点图。在 a、b、c 中实例的数量不变，因此标出的单位超立方体的密度随维度增加而下降；d 和 e 则表明维度增加时如果要保持特征空间中的实例密度不变，我们必须增加额外的实例数量作为代价

[一]　超立方体是立方体的几何概念在多维方面的扩展。因此在二维空间中，超立方体是一个正方形，而三维空间中，它表示一个立方体，以此类推。单位超立方体是每边长度均为 1 的超立方体。

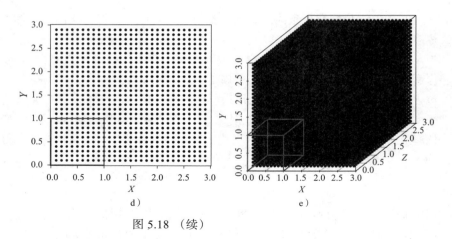

图 5.18 (续)

图 5.18d 和图 5.18e 表明了特征空间的维度增加时如果要保持数据集中的采样密度不变，我们必须增加额外的实例数量作为代价。在如图 5.18d 所示的二维特征空间中，我们以大量拓展实例数量（该图中画出了 $29 \times 29 = 841$ 个实例）作为代价来保持采样密度不变（标记出的单位超立方体的密度是 $100^{\frac{1}{2}} = 10$）。这是非常巨大的增长；然而，当我们从二维增加到三维时，这种增长更为剧烈。在图 5.18e 中，我们继续保持采样密度不变（标记出的单位超立方体的密度是 $1000^{\frac{1}{3}} = 10$），但代价是实例数量的极大增长：图中共有 $29 \times 29 \times 29 = 24\,389$ 个实例！

因此，为了在描述性特征的数量增加时保持特征空间的采样密度不变，我们需要极大量地——实际上是呈指数级地——增加实例的数量。如果我们不这么做，那么特征空间的维度就会持续增加，继而实例也会持续变得分散，直到形成一个大部分区域为空的高维特征空间。这时，大部分查询将位于附近没有训练实例的地方，因此基于这些训练实例的模型的预测能力就开始下降。这种在描述性特征的数量以及特征空间中实例的数量之间的取舍被称为**维度的诅咒**（the curse of dimensionality）。

通常我们不能增加数据集中实例的数量，而我们面对的场景却是像图 5.18b 和图 5.18c 中那样的稀疏特征空间[⊖]。幸运的是，实际数据中的一些特点能够帮助我们在高维特征空间中归纳出合理的模型[⊖]。首先，尽管实际数据会发生分散，但却不像我们在此处展示的那样，分散得那么快、那么随机。实际中的实例趋向于聚集在一起。这一点的最终效果是真实数据的分布趋向于具有比特征空间的维数更低的有效维数。其次，在特征空间的任意小区域或相邻区域中，真实数据倾向于在描述性特征的值的变化和目标特征的值的变化上具有平滑的相关性。或者说，描述性特征的微小变化会引起目标特征的微小变化。这就意味着我们可以通过使用附近的已知目标值的实例进行插值来为查询生成较好的预测。

另一个可以帮助我们应对维度诅咒的因素是，一些学习算法对这一问题具有天生的抵抗力。比如，我们上一章讨论过的决策树学习算法的原理是通过选择特征子集来构建预测树，因此会天然地降低维数。尽管这些算法也会随着维数的进一步增加而受到诅咒。其他算法（比如最近邻算法）对诅咒极为敏感，因为其在进行预测时会使用所有描述性特征。这里蕴含的道理是，维度的诅咒对于所有归纳学习算法来说都是一个难题，在获取新的有标签实例通

⊖ 不要把它与我们先前介绍的**稀疏数据**的概念搞混了。
⊖ 针对有助于在高维空间中进行模型归纳的真实数据的特点的讨论基于 Bishop（2006），第 33 〜 38 页。

常不可行的情况下，最好的回避方法就是将数据集中描述性特征的数量限制为尽可能小的集合，并且这一集合同时能够为学习算法提供关于实例的充足信息，以构建好用的模型。但这很难做到，因为在设计描述性特征时，我们往往不知道其中到底哪些是有预测性的，而哪些又不是。

幸运的是，可以使用**特征选取**[一]（feature selection）算法来帮我们将数据集中的特征数量减少为最有用的特征子集。在我们讨论特征选取的方法之前，先分清楚不同类型的描述性特征是很有益的。

- **有预测性的**（predictive）：有预测性的描述性特征能为预测正确的目标值提供有用信息。
- **交互的**（interacting）：交互的描述性特征本身并不能为目标特征的值提供信息。而当它与一个或多个其他特征结合起来时，它就能提供有用信息。
- **冗余的**（redundant）：如果一个描述性特征与另一个描述性特征强烈相关，那么它就是冗余特征。
- **不相关的**（irrelevant）：不相关的描述性特征不能为估计目标特征的值提供有用信息。

所有特征选取方法的目标都是在保持模型总体性能的情况下找到最小描述性特征子集。理想中，特征选取方法能够返回包含有预测性特征以及交互性特征，而不包含不相关特征和冗余特征的特征子集。

最流行、最直接的特征选取方法是**排名修剪**（rank and prune）。在这种方法中，使用特征的预测性为其排名，并将排名中前 $X\%$ 之外的特征剪除。预测性的测量方法被称为**过滤器**（filter），因为它们可用于在学习前过滤掉明显不相关的特征。严格来说，过滤器可以被定义为仅用数据的固有属性来评估特征预测性的启发式规则，而无关于要使用该特征来归纳模型的学习算法。例如，我们可以使用**信息增益**[二]作为排名修剪方法的过滤器。

[230]

尽管使用过滤器的排名修剪方法在计算时十分高效，但问题是它对每个特征预测性的评估都与数据集中的其他特征相孤立。这就导致排名修剪方法会排除掉交互特征，而纳入冗余特征，这是我们所不愿看到的。

要找出理想的用于训练模型的描述性特征子集，我们可以尝试用所有可能的子集来构建模型，评估所有模型的性能，并选择能构建出最佳模型的子集。但这并不可行，因为对于 d 个描述性特征，存在 2^d 个不同的特征子集，所以子集的数量会多到无法评估，除非 d 特别小。例如，仅 20 个描述性特征就会产生 $2^{20} = 1\,048\,576$ 个可能的特征子集。取而代之的是，特征选取算法常常将特征选取建模为**贪心局部搜索问题**（greedy local search problem），其中搜索空间中的每个状态都会描述一个可能的特征子集。例如，图 5.19 展示了含有三个描述性特征 X、Y、Z 的数据集的**特征子集空间**（feature subset space）。图中，每个长方形代表一个搜索空间中的状态，该空间表示一个特定的特征子集。例如，最左边的长方形代表完全不含有特征的特征子集，而左起第二列最上方的长方形代表只含有特征 X 的特征子集。每个状态都连接到所有其他状态，这些状态可通过从中添加或删除单个特征来生成。贪心局部搜索过程在类似图 5.19 中搜索空间的特征子集空间内移动，以找到最佳的特征子集。

[一]　特征选取有时也被称为**变量选取**（variable selection）。

[二]　参见 4.2.3 节。

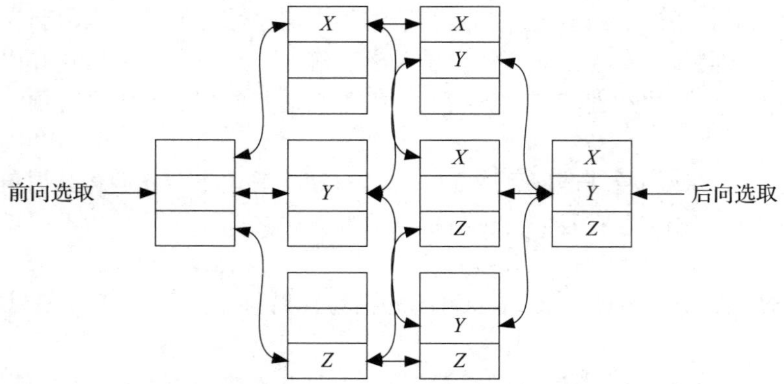

图 5.19　含有 X、Y、Z 三个特征的数据集的特征子集空间

当被建模为贪心局部搜索问题后，特征选取被定义成含有如下组件的迭代过程：

1. **子集生成**（subset generation）：这一组件生成一个候选特征子集的集合，它们是当前最佳特征子集的后继。

2. **子集选取**（subset selection）：这一组件从由子集生成组件生成的候选特征子集中选取搜索过程最想移动到的特征子集。实现这一点的一个方法（类似于前述的排名修剪方法）是使用过滤器来评估每个候选特征集的预测性，并选择最具预测力的那个。更为常见的方法是使用**包装法**（wrapper）[⊖]。包装法使用以某个特征子集归纳出的模型的潜在性能来评估这个特征子集。这涉及对每个候选特征子集进行评估实验[⊖]，实验中模型仅使用该子集中的特征来进行归纳，并评估其性能。能够归纳出性能最佳的模型的候选特征子集会被选取。包装法比过滤器的计算成本高，因为这涉及在一次迭代中训练多个模型。使用包装法的论据是，为得到最佳的预测准确性，应当在特征选取时就考虑到要使用的特定机器学习算法的归纳偏置。虽说如此，但过滤器方法速度更快，而且常常能产生准确性较好的模型。

3. **终止条件**（termination condition）：这一组件可确定何时应当停止搜索过程。通常在子集选取组件表明目前没有比当前特征子集更好的特征子集（或搜索状态）可以生成时，我们会停止搜索。搜索过程停止后，数据集中不在被选取的特征子集中的特征就会在归纳预测模型前从数据集中被剪除。

前向顺序选取（forward sequential selection）是常用的特征选取中贪心局部搜索方法的实现。在前向顺序选取中，搜索始于没有特征的状态（显示于图 5.19 的左侧）。在前向顺序搜索的子集生成组件中，当前最佳特征子集的后继是在当前最佳子集中添加一个特征就可得到的特征子集的集合。比如，在从不包含特征的特征子集开始后，前向顺序搜索过程会生成三个特征子集，每个只含有 X、Y、Z 中的一个（见图 5.19 第二列）。前向顺序选取的子集选取组件可以使用上述方法中的任意一个，并将搜索过程移动到新的特征子集。比如，在从不包含特征的特征子集开始后，算法将移动到最佳的只含有一个特征的特征子集。当没有可进入的特征子集优于当前特征子集时，前向顺序搜索会停止。

后向顺序选取（backward sequential selection）是除前向顺序选取外的另一种常用方法。在后向顺序选取中，我们从数据集中含有所有可能特征的特征子集（见图 5.19 右侧）开始搜

⊖　wrapper 方法并无较为统一的中文译名。此处将其译为包装法，是考虑其将选择特征子集这一任务所需的建模、训练、评估等过程包装成一个整体，与程序设计中的包装函数相似。——译者注

⊖　我们将在第 8 章详细讨论评估实验。

索。后向顺序选取中，当前最佳特征子集的后继是从当前最佳子集中仅去掉一个特征就能生成的特征子集的集合。当没有可进入的特征子集优于当前特征子集或同它一样好时，后向顺序选取搜索会终止。

前向和后向顺序选取都不考虑添加或移除多个特征的效果，因此它们无法保证找到全局最优的特征子集。那么我们应当使用哪种方法？如果我们预计在数据集中有许多不相关特征，则前向顺序选取就是不错的方法，因为它生成的特征子集的平均大小更小，所以通常能够以较小的总计算开销来选取特征。但这种效率上的提升是以可能排除掉交互性特征为代价的。后向顺序选取的优点是它允许那些单独使用时并无预测性的交互性特征的存在（因为开始时使用了所有特征），代价则是需要评估更大的特征子集所带来的计算开销。因此，如果模型性能比计算开销更为重要，那么后向顺序选取很可能是更好的选择，反之则应使用前向顺序选取。

图 5.20 阐释了特征选取是如何嵌入模型归纳过程的。要牢记，特征选取可以与几乎所有机器学习算法一起使用，而非仅限于基于相似性的方法。特征选取方法适用于特征数量非常多的情形，因此我们此处就不再提供实用范例了。但我们会在第 10 章的案例研究中讨论特征选取的应用。

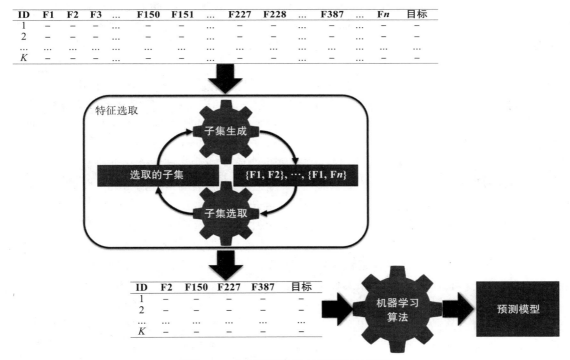

图 5.20　含有特征选取的模型归纳流程

5.5　总结

基于相似性的预测模型试图模仿类似人类的推理方式，即通过记忆中最为相似的实例来预测目标特征。由于基于相似性的模型试图模仿人类天生的推理方式，因此它们很容易被理解和解释。我们不能低估这个优点。在人们使用模型来支持决策的应用环境中，理解模型的工作原理能够让人们对模型更加信任，因此也就对模型所提供的见解更加信任。

实现基于相似性的预测模型的标准算法是**最近邻算法**。该算法构建在两个基本概念上：①一个**特征空间**；②这个特征空间内实例间的相似性测量。本章我们呈现了许多相似性测量，包括**距离度量**（比如欧几里得距离、曼哈顿距离、马哈拉诺比斯距离）和**相似性指数**（比如 **Russell-Rao 指数**、**Sokal-Michener 指数**、**Jaccard 指数**以及**余弦相似性**）。这些测量适用于不同类型的数据，将合适的测量与数据相匹配是归纳出精准的基于相似性的预测模型的重要步骤。

我们在本章没有讨论的一点是，我们可以通过组合相似性测量来为同时含有连续描述性特征和类别描述性特征的数据集定制相似性测量。比如，我们可以使用欧氏距离度量来处理数据集中的连续特征，同时使用 Jaccard 相似性指数来处理类别特征。总的相似性测量值可以根据两者的加权组合得出。通过以这种方式组合测量方法，我们可以将最近邻模型用于任何数据集。

定制度量先介绍到这里。标准的距离度量和相似性索引对每个特征赋以相同的权值。因此，最近邻模型做出的预测是基于数据集中的所有描述性特征的。但并不是所有预测模型都如此。例如，决策树模型的预测值是根据从树的根节点到表明该预测值的叶子节点的路径所构成的描述性特征子集做出的。最近邻算法在预测时使用数据集的所有描述性特征，这使它对于描述性特征的缺失现象非常敏感。在 3.4 节，我们介绍了一些处理**缺失值**的方法。在使用最近邻算法时，要特别注意缺失值的处理。同样，也要特别留意描述性特征的值的区间的明显差别，因此在使用最近邻模型时，几乎要始终使用**归一化**技术（如 3.6.1 节所述）。

最近邻模型本质上是一系列局部模型的组合（还记得我们关于**沃罗诺伊镶嵌**的讨论吧），其预测值是数据集中距离查询最近的实例的目标特征的函数。因此，模型对于目标特征中的噪声非常敏感。解决这一问题最简单的方法是使用 **k 近邻**模型，它的预测是基于数据集中 k 个距离查询最近的实例的目标特征值的函数。但在选择参数 k，尤其是在处理不平衡数据集时，必须要加以留意。

235

最近邻模型对于训练数据中的冗余以及不相关描述性特征的存在也非常敏感。特征选取能够从归纳过程中排除冗余以及不相关特征，因此能够缓解**维度的诅咒**。我们在本章强调特征选取，并不意味着它对于作为一个整体的预测分析来说不重要。冗余和不相关特征的问题伴生于所有大规模数据集中，因此本章所述的特征选取技术能通用于任何机器学习算法。

最后，最近邻算法被称为是**懒惰的学习者**（lazy learner）。这与**急切的学习者**（eager learner）——比如本书其他章介绍的基于信息的方法（第 4 章）、基于概率的方法（第 6 章）以及基于误差的方法（第 7 章）——相反。急切的学习者和懒惰的学习者之间的区别是基于算法何时从数据中抽象出来。最近邻算法在被要求做出预测时才从数据中抽象出来。此时查询中的信息被用来在特征空间中找出邻居，预测是根据邻居实例做出的。急切的学习者在训练时就从数据中抽象出来，并使用这种抽象进行预测，而不是直接用查询与数据集中的实例作比较。第 4 章所述的决策树是这种抽象的一个例子。从训练数据中抽象的一个结果是，在进行预测时，使用急切的学习算法归纳出的模型通常比基于懒惰的学习算法的模型快。在最近邻算法的例子中，随着实例数量的增加，模型会因为在找出邻居时要检验更多的实例而变得迟缓。如 **k-d 树**这样的技术通过以一定的预处理为代价来构建快速索引，以帮助解决这一问题。这就意味着在追求预测速度的场景下，最近邻算法可能并不适用。

而懒惰学习策略的一个优点是，基于相似性的机器学习方法能抵抗概念漂移。**概念漂移**（concept drift）是当目标特征和描述性特征之间的关系随时间变化时会发生的一个现象。比如，垃圾邮件的特征在一年当中出现周期变化（圣诞节期间的典型垃圾邮件与这一年中其他时间的典型垃圾邮件不同），也随年代不同而变化（2014年的垃圾邮件与1994年的垃圾邮件区别很大）。如果一个预测任务受到概念漂移的影响，那么急切的学习者就可能不适用，因为它在训练时归纳出的抽象会过时，所以模型需要定期重新训练，这样做成本很高。最近邻算法可以不需要重新训练就进行更新。每当做出预测的时候，查询实例就可以被添加到数据集并用于接下来的预测[⊖]。因此，我们能够轻易地对最近邻模型进行更新，这使得模型对于概念漂移（我们会在8.4.6节继续讨论这个概念）的健壮性相当强。

[236]

总而言之，基于相似性的学习方法的弱点是它对维度的诅咒很敏感，它在进行预测时比其他模型慢（尤其在大规模数据集上），以及它可能无法达到其他学习方法的准确度。而这种模型的长处是它易于解释，它能够处理不同类型的描述性特征，它对噪声具有健壮性（当k设定为适当的值时），以及它相比于急切的学习算法来说可能对概念漂移更加健壮。

5.6　延伸阅读

最近邻模型是基于特征空间以及特征空间中的相似性测量这两个概念的。我们说过，这是人类思考的自然模式，而实际上，在认知科学中也有证据支撑人类思维中的几何基础（Gädenfors，2004）。Gädenfors（2004）还对距离度量进行了精彩的介绍和概述。

Hastie et al.（2009）中的第13章介绍了最近邻模型背后的统计理论。用于判断相似性的测量方式是最近邻模型中的一个重要元素。本章中，我们阐述了许多不同的距离度量和相似性指数。Cunningham（2009）对现有的度量和指数进行了更为广泛的介绍。

高效的内存索引和读取是将最近邻算法规模化到大数据集的重要考虑因素。本章我们展示了k-d树（Bentley，1975；Friedman et al.，1977）是如何用于加速最近邻查询的。但也有许多除k-d树之外的选择。Samet（1990）介绍了**R树**以及其他相关方法。最近也发展出了基于散列的方法，例如**局部敏感散列**。Andoni and Indyk（2006）对这些基于散列的方法进行了综述。将最近邻算法规模化的另一种方法是从数据集中移除搜索邻居时的冗余或噪声实例。比如，**浓缩最近邻**（condensed nearest neighbor）方法（Hart，1968）就是对这种方法的早期尝试之一，浓缩最近邻方法移除了特征空间中不在目标级别边界附近的实例，因为在进行预测时并不会用到它们。较新的这类方法包括Segata et al.（2009）以及Smyth and Keane（1995）。

[237]

最近邻模型常常用于文本分析应用。Daelemans and van den Bosch（2005）讨论了为何最近邻模型如此适用于文本分析。Widdows（2004）对几何学和语言含义进行了通俗易懂、引人入胜的介绍，尤其是其第4章精彩地介绍了相似性和距离。对于更为通用的**自然语言处理**（natural language processing）教科书，我们推荐Jurafsky and Martin（2008）。最后，最近邻模型是**基于案例推理**（Case-Based Reasoning，CBR）的基础，基于案例推理是基于相似性的机器学习应用的雨伞术语[⊖]。Richter and Weber（2013）是对CBR的出色介绍及概述。

⊖　显然在将新实例添加到数据集前，我们必须验证所做出的预测是正确的。

⊖　雨伞术语（umbrella term）是概括一类术语的术语。譬如"机器学习算法""特征选取算法"这两个术语的雨伞术语是"算法"。——译者注

5.7　后记

回到 1798 年的英国皇家"加尔各答号"，第二天你和你探险队的水手们向上游探索，你见到了那位水手向你描述过的那只奇怪的动物。这回当你亲自见到这只动物后，你发觉它绝对不是一只鸭子！实际上，你和你的同伴成了最先发现鸭嘴兽（如图 5.21 所示）的欧洲人[⊖]。

这个后记将阐释监督机器学习中两个重要且互相相关的方面。首先，监督机器学习是基于**平稳假设**（stationary assumption）的，它表明数据是不会变化的，数据随时间变化而保持平稳。这个假设蕴含的是，监督机器学习假设新的目标级别——比如先前未知的动物——不会突然出现在输入到模型的查询实例所采样的数据集中。其次，在预测类别目标的场景下，

图 5.21　一只鸭嘴兽。图片由 English for the Australian（www.e4ac.edu.au）网站的 Jan Gillbank 制作。根据知识共享 – 署名协议 3.0 版许可使用

监督机器模型从模型被归纳出的数据集中分辨该数据集中已存在的目标级别。因此如果一个预测模型要分辨狮子、青蛙和鸭子，模型就会将每个查询实例分类为狮子、青蛙或鸭子中的一种，即使查询实际上是一只鸭嘴兽。

创建一个能够分辨查询与训练集中的实例的差别是足够大的，以至于要被认为是一个新的实体的模型是一项很难的研究课题。与之相关的一些研究领域包括**离群点探测**（outlier detection）以及**单类分类**（one-class classification）。

238
~
239

5.8　习题

1. 下表列出了用于创建最近邻模型来预测某日天气是否适合冲浪的数据集。

ID	WAVE SIZE (FT)	WAVE PERIOD (SECS)	WID SPEED (MPH)	GOOD SURF
1	6	15	5	*yes*
2	1	6	9	*no*
3	7	10	4	*yes*
4	7	12	3	*yes*
5	2	2	10	*no*
6	10	2	20	*no*

注：此表表头内容从左到右分别指的是编号、波浪大小（英尺）、波浪周期（秒）、风速（英里每小时）以及是否适合冲浪。

假设模型使用欧氏距离来找出最近邻，则对于下列每个查询，模型将会返回何种预测？

ID	WAVE SIZE (FT)	WAVE PERIOD (SECS)	WIND SPEED (MPH)	GOOD SURF
Q1	8	15	2	?
Q2	8	2	18	?
Q3	6	11	4	?

⊖　这里讲述的发现鸭嘴兽的故事大致上基于真实事件。参见 Eco（1999）以获取更多关于所发生事情的可信报告，以及有关这个发现对于分类系统的意义的讨论。鸭嘴兽不是欧洲人在澳大利亚发现的仅有的与预测机器学习相关的动物。参见 Taleb（2008）中关于黑天鹅的发现以及它与预测模型的关联。

2. 垃圾邮件过滤模型常常使用**词袋**来表示邮件。在词袋表示中，描述一个文档（本例中为邮件）的每个描述性特征都代表文档中一个特定词语的出现次数。每个预先定义的词典中的词即为一个描述性特征。词典通常定义为训练数据集中出现的所有词的集合。下表列出了五封邮件的词袋表示以及一个目标特征 SPAM，用于表明它们是垃圾邮件还是正常邮件：

- *"money, money, money"*
- *"free money for free gambling fun"*
- *"gambling for fun"*
- *"machine learning for fun, fun, fun"*
- *"free machine learning"*

ID	词袋							SPAM
	MONEY	FREE	FOR	GAMBLING	FUN	MACHINE	LEARNING	
1	3	0	0	0	0	0	0	*true*
2	1	2	1	1	1	0	0	*true*
3	0	0	1	1	1	0	0	*true*
4	0	0	1	0	3	1	1	*false*
5	0	1	0	0	0	1	1	*false*

a. 使用**欧氏距离**的最近邻模型将会对如下邮件 *"machine learning for free"* 返回什么目标级别？

b. 对于同样的查询，$k = 3$ 且使用欧氏距离的 k-NN 模型将会返回什么目标级别？

c. $k = 5$ 且在邻居与查询之间使用欧氏距离平方倒数作为加权方案的**加权 k-NN** 模型将对同样的查询返回什么目标级别？

d. $k = 3$ 且使用**曼哈顿距离的** k-NN 模型将对同样的查询返回什么目标级别？

e. 垃圾邮件词袋数据集中有许多零值条目。这代表**稀疏数据**，是文本分析中的常见情况。**余弦相似性**常常是处理稀疏非二元数据的好方法。使用余弦相似性的 3-NN 模型将为查询返回什么目标级别？

3. 本题的预测任务是根据一些宏观经济和社会特征预测一个国家的廉洁情况。下表列出了由以下描述性特征刻画的若干国家：

- LIFE EXP.：出生时的平均预期寿命。
- TOP-10 INCOME：该国前 10% 收入人群的总年收入占全国总收入的比例。
- INFANT MORT.：每 1000 个新生儿中的死亡数。
- MIL. SPEND：军费占 GDP 的百分比。
- SCHOOL YEARS：成年女性平均受学校教育年数。

　　目标特征是**廉洁指数**（Corruption Perception Index，CPI）。CPI 测量在国家公共部门中感受到的廉洁程度，值⊖为从 0（非常腐败）到 10（非常廉洁）⊖。

⊖ 原文给出的 CPI 的值域是从 0 到 100（实际中 CPI 数值确实如此）。而原作者在引用数据时似乎错标了小数点的位置，使得表中 CPI 的值域变成了从 1 到 10。为前后一致，符合原文的数据和习题解答且不导致读者产生困惑，将此处 CPI 的值域改为 1 到 10。——译者注

⊖ 表中列出的是真实数据，为 2010/11 年的数据（或可获取的数据中最接近 2010/11 年的数据）。该表中描述性特征的数据是从 **Gapminder**（www.gapminder.org）的若干调查中合并而来。廉洁指数每年由**透明国际**（Transparency International, www.transparency.org）生成。

COUNTRY ID	LIFE EXP.	TOP-10 INCOME	INFANT MORT.	MIL. SPEND	SCHOOL YEARS	CPI
阿富汗	59.61	23.21	74.30	4.44	0.40	1.5171
海地	45.00	47.67	73.10	0.09	3.40	1.7999
尼日利亚	51.30	38.23	82.60	1.07	4.10	2.4493
埃及	70.48	26.58	19.60	1.86	5.30	2.8622
阿根廷	75.77	32.30	13.30	0.76	10.10	2.9961
巴西	73.12	42.93	14.50	1.43	7.20	3.7741
以色列	81.30	28.80	3.60	6.77	12.50	5.8069
美国	78.51	29.85	6.30	4.72	13.70	7.1357
爱尔兰	80.15	27.23	3.50	0.60	11.50	7.5360
英国	80.09	28.49	4.40	2.59	13.00	7.7751
德国	80.24	22.07	3.50	1.31	12.00	8.0461
加拿大	80.99	24.79	4.90	1.42	14.20	8.6725
澳大利亚	82.09	25.40	4.20	1.86	11.50	8.8442
瑞典	81.43	22.18	2.40	1.27	12.80	9.2985
新西兰	80.67	27.81	4.90	1.13	12.30	9.4627

我们使用俄罗斯作为本题的查询国。下表列出了俄罗斯的描述性特征。

COUNTRY ID	LIFE EXP.	TOP-10 INCOME	INFANT MORT.	MIL. SPEND	SCHOOL YEARS	CPI
俄罗斯	67.62	31.68	10.00	3.87	12.90	?

a. 使用欧氏距离的 3-NN 预测模型将为俄罗斯的 CPI 返回什么预测值？

b. 加权 k-NN 预测模型将为俄罗斯的 CPI 返回什么预测值？ $k = 15$（即整个数据集），并使用查询和邻居间的欧氏距离平方倒数作为加权方案。

c. 数据集中的描述性特征是不同类型的。比如，一些是百分比，另一些以年计，还有一些以每 1000 个中的数量计。我们应始终考虑对我们的数据进行归一化，而在描述性特征以不同单位度量时这一点尤为重要。当对描述性特征使用区间归一化时，使用欧氏距离的 3-NN 预测模型将为俄罗斯的 CPI 返回什么预测值？

d. 加权 k-NN 预测模型——其中 $k = 15$（即整个数据集）并使用查询和邻居间的欧氏距离平方倒数作为加权方案——将在区间归一化的数据集上对俄罗斯的 CPI 返回什么预测值？

e. 俄罗斯 2011 年的实际 CPI 为 2.4488。哪个预测最为准确？你觉得这是为什么？

*4. 你被分配了一项任务，为一家库存有超过 100 000 种商品（ITEM）的大型网络商城构建一个推荐系统。这个领域中，客户的行为以其购买或不购买某件商品来刻画。例如，下表列出了该场景下在至少一名客户购买过该商品的商品子集上的两名客户的客户行为。

ID	ITEM 107	ITEM 498	ITEM 7256	ITEM 28 063	ITEM 75 328
1	*true*	*true*	*true*	*false*	*false*
2	*true*	*false*	*false*	*true*	*true*

a. 公司决定使用基于相似性的模型来实现这个推荐系统。下列三个相似性指数中你认为应当使用哪一个？

$$\text{Russell-Rao}(X,Y) = \frac{\text{CP}(X,Y)}{P}$$

$$\text{Sokal-Michener}(X,Y) = \frac{\text{CP}(X,Y) + \text{CA}(X,Y)}{P}$$

$$\text{Jaccard}(X,Y) = \frac{\text{CP}(X,Y)}{\text{CP}(X,Y) + \text{PA}(X,Y) + \text{AP}(X,Y)}$$

b. 系统将为下列客户推荐什么商品？假设推荐系统使用了你在本题第一问选择的相似性指数，并在上述的样本数据集上训练。同时，假设系统为查询客户生成推荐的方式是通过在数据集中找到与其最相似的客户并推荐这名相似客户已购买但查询客户未购买的商品。

ID	ITEM 107	ITEM 498	ITEM 7256	ITEM 28 063	ITEM 75 328
Query	*true*	*false*	*true*	*false*	*false*

*5. 在"贝格尔号"的航行中，你担任查尔斯·达尔文的助理生物学家。你刚刚在加拉帕戈斯群岛发现了一种尚未分类的动物。达尔文先生要你使用最近邻方法对这只动物进行分类，并为你提供了如下的已分类动物数据集。

ID	BIRTHS LIVE YOUNG	LAYS EGGS	FEEDS OFFSPRING OWN MILK	WARM-BLOODED	COLD-BLOODED	LAND AND WATER BASED	HAS HAIR	HAS FEATHERS	CLASS
1	*true*	*false*	*true*	*true*	*false*	*false*	*true*	*false*	*mammal*
2	*false*	*true*	*false*	*false*	*true*	*true*	*false*	*false*	*amphibian*
3	*true*	*false*	*true*	*true*	*false*	*false*	*true*	*false*	*mammal*
4	*false*	*true*	*false*	*true*	*false*	*true*	*false*	*true*	*bird*

注：1. 此表表头内容从左到右分别指的是编号、胎生、产蛋、哺乳、温血、冷血、两栖、有毛发、有羽毛以及分类。

2. 最后一列"分类"从上到下分别指的是哺乳动物、两栖动物、哺乳动物以及鸟类。

新发现的神秘动物的描述性特征如下：

ID	BIRTHS LIVE YOUNG	LAYS EGGS	FEEDS OFFSPRING OWN MILK	WARM-BLOODED	COLD-BLOODED	LAND AND WATER BASED	HAS HAIR	HAS FEATHERS	CLASS
Query	*false*	*true*	*false*	*false*	*false*	*true*	*false*	*false*	?

a. 一种对两个有类别特征的实例进行距离测量的好办法是**重叠度量**（overlap metric，也叫作**汉明距离**（Hamming distance）），它实际上就是对具有不同值的描述性特征进行计数。使用这种距离度量，计算这只神秘动物与动物数据集中每种动物的距离。

b. 如果你使用 1-NN 模型，这只神秘动物的分类是什么？

c. 如果你使用 4-NN 模型，这只神秘动物的分类是什么？在这个数据集上使用这个 k 值好吗？

*6. 一家旧金山的房产投资公司要求你创建一个能够生成房价估计的预测模型，便于为他们考虑买来出
租的房产估值。下表列出了该市最近出售并用于出租的房产的样本。数据集中的描述性特征为面积
（Size，房产的大小，以平方英尺计）以及租金（Rent，该房产的估计月租金，以美元计）。目标特
征价格（Price）列出了这些房产出售的价格，以美元计。

ID	Size	Rent	Price
1	2700	9235	2 000 000
2	1315	1800	820 000
3	1050	1250	800 000
4	2200	7000	1 750 000
5	1800	3800	1 450 500
6	1900	4000	1 500 500
7	960	800	720 000

a. 为该数据集创建 *k-d* 树。假设特征的顺序先为 Rent，后为 Size。

b. 使用你在本题第一问中创建的 *k-d* 树来找出如下查询的最近邻：Size = 1000，Rent = 2200。

第 6 章

基于概率的学习

当我得到的信息发生变化时，我会改变我的结论。您呢，先生？

——约翰·梅纳德·凯恩斯

本章我们介绍基于概率的机器学习方法。基于概率的预测方法主要是基于**贝叶斯定理**（Bayes' Theorem），本章 6.2 节将回顾**概率论**（probability theory）一些基础知识，并介绍贝叶斯定理这一计算机科学的重要基石。随后我们介绍**朴素贝叶斯模型**，这是将基于概率的方法应用于机器学习的标准方法。这一标准方法的延伸与拓展包括使用**平滑**（smoothing）来对抗过拟合，将标准朴素贝叶斯模型用于处理连续特征所需的改动，以及比朴素贝叶斯网络在模型编码的假设上更具可操控性的**贝叶斯网络**（Bayesian network）模型。

6.1　大思路

想象你在一场农业展[⊖]上，一位摊主为所有来客开设"猜皇后"赌局。"猜皇后"已经存在了几个世纪，是摊贩用来从不知情的羊[⊜]手里赚钱的扑克赌局[⊜]。在一场赌局中，摊主持有三张牌，一张皇后和两张 A（如图 6.1a 所示），并快速（这通常需要一些技巧）将这三张牌牌面向下扔在桌上。玩家只能看到这三张牌的背面（如图 6.1b 所示），并需要猜测哪张是皇后牌。玩家通常根据他猜到皇后的能力来赌钱，而摊主则通常会使用一些手段来误导玩家选择错误的牌。

当你第一次观看这场赌局时，由于摊主扔牌的速度太快了，你觉得根本不可能猜出皇后的位置。这种情况下你只能猜测皇后在左、中、右三个位置的可能性相等。图 6.1c 的条形图体现了这种情况，它表明每个位置的可能性相等。你目前还不太敢下场玩牌，因此决定先研究一下摊主与其他人玩牌的情况。

247

在观看了摊主与其他玩家进行的 30 场赌局后，你注意到他倾向于将皇后牌扔到右边（19 次），其可能性要高于扔到左边（3 次）和中间（8 次）。因此，你根据所搜集到的证据更新了你对皇后可能位置的信心。这体现在图 6.1d 中，其中条形高度被重新分配，以表明修改后的可能性。

你对研究将会产生的帮助很有信心，因此放下一美元来玩一局，打算猜测皇后位于右侧。而这次，当摊主将牌甩在桌上时，一阵狂风将右边的牌掀了过来，这是一张黑桃 A（如图 6.2a 所示）。这一额外的证据意味着你需要再次修改你关于皇后位置的信心。这些修改后的可能性显示在图 6.2b 中。由于你已经知道卡片不在右边的位置，因此你给这个位置所赋予

⊖　农业展（county fair，又作 agricultural show）是美国各地在夏季举办的集会，内容包括与农业相关的展览、竞赛、集市等，较为大型的农业展还包括现场音乐演出、开放游乐场等内容，与我国的庙会习俗有相似之处。——译者注

⊜　街头骗术中称呼受骗者的黑话；原文称为"mark"。——译者注

⊜　含有赌博性质的游戏很适合用来介绍基于概率的机器学习。概率论起源于对理解赌博和概率游戏的尝试，具体来说是吉罗拉莫·卡尔达诺，以及后来的皮埃尔·德·费马和布莱兹·帕斯卡的工作。

的可能性被重新分配在其他两种可能中。根据新的可能性情况，你猜测皇后可能在中间的位置。令人高兴的是，你的猜测是正确的（如图 6.2c 所示）。摊主怂恿你再玩一把，但你明白要见好就收，因此你带着口袋里赢来的一美元离开了。

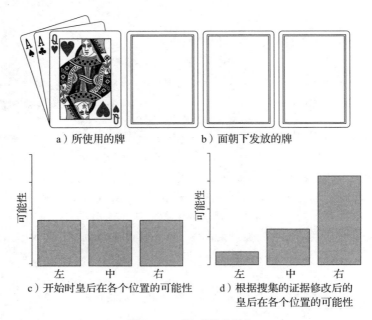

a）所使用的牌   b）面朝下发放的牌

c）开始时皇后在各个位置的可能性

d）根据搜集的证据修改后的
皇后在各个位置的可能性

图 6.1   一局"猜皇后"

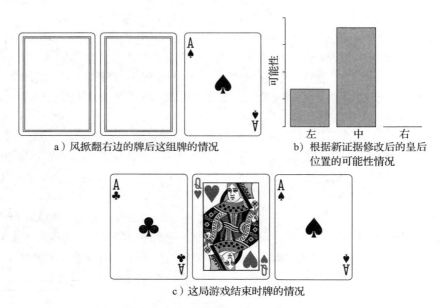

a）风掀翻右边的牌后这组牌的情况

b）根据新证据修改后的皇后
位置的可能性情况

c）这局游戏结束时牌的情况

图 6.2   出现意外的一局"猜皇后"

这个例子阐释了基于概率的机器学习背后的思路。我们可以使用对可能性的估计来确定应当做出的最有可能的预测。而最重要的是，我们能根据所搜集的数据以及在任意时刻得到的新证据来修改这些预测。

6.2　基础知识

本节我们阐述**贝叶斯定理**，以及使用它时所需的概率论的重要基础知识。本节需要读者基本了解概率论，包括根据**相对频率**（relative frequency）计算概率、计算**条件概率**（conditional probability）、**概率乘积法则**（product rule）、**概率链式法则**（chain rule）以及**全概率定理**（theorem of total probability）。附录 B 为概率论的这些部分提供了综合的介绍，因此我们推荐不熟悉这些知识的读者在继续学习本章前先了解该附录。

我们将使用表 6.1 的数据集[⊝]来阐述概率论术语是如何映射到面向预测数据分析的机器学习的语言当中的。在这个数据集中，要预测的目标是一名患者是否患有脑膜炎（Meningitis），描述性特征是该疾病的常见症状（头痛（Headache）、发热（Fever）以及呕吐（Vomiting））。

表 6.1　用于 Meningitis 诊断的一个简单数据集，其中描述性特征描述患者有无以下三个常见症状：Headache、Fever 和 Vomiting

ID	Headache	Fever	Vomiting	Meningitis
1	true	true	false	false
2	false	true	false	false
3	true	false	true	false
4	true	false	true	false
5	false	true	false	true
6	true	false	false	false
7	true	false	true	false
8	true	false	true	true
9	false	true	false	false
10	true	false	true	true

从概率的观点来看，数据集中的每个特征都是一个**随机变量**（random variable），一个关于预测问题的领域的**样本空间**（sample space）是特征所有可能的赋值的组合。数据集的每行都代表一次**试验**（experiment），它将目标特征的值与一组描述性特征的值进行关联，而对一组描述性特征进行赋值是一个**事件**（event）。因此，比如，表 6.1 的每行都代表一次试验，每行所示的对描述性特征的赋值则可以认为是一个事件。

一个**概率函数**（probability function）$P()$ 返回一个事件的概率。例如，$P(\text{Fever} = true)$ 返回 Fever 特征的值为 *true* 的概率。这一概率值为 0.4，可以从数据集中直接计算得出。类别特征的概率函数被称为**概率质量函数**（probability mass function），而连续特征的概率函数则被称为**概率密度函数**（probability density function）。本章前面的部分我们关注于类别特征，但在 6.4 节我们将回到连续特征上。**联合概率**（joint probability）表示多个特征具有某个特定值的概率，例如，$P(\text{Meningitis} = true, \text{Headache} = true) = 0.2$。最后，**条件概率**（conditional probability）表示在我们已经知道一个特征的值的情况下，另一个特征取特定值的概率。例如，$P(\text{Meningitis} = true | \text{Headache} = true) = 0.2857$。

讨论一个特征的所有可能的值的概率常常很有用处。为此我们使用**概率分布**（probability

⊝　这个数据是为本例人工生成的。

distribution）的概念。概率分布是描述特征可以取到的每个值的概率的数据结构。例如，表6.1 中二元特征 Meningitis 的概率分布是 **P**(Meningitis) = ⟨0.3，0.7⟩（根据惯例我们先给出值为 *true* 的概率）。我们使用黑体字体来区分概率分布 **P**() 和概率函数 *P*()。概率分布的和必为 1.0。

联合概率分布（joint probability distribution）是多个特征的取值的概率分布，使用多维矩阵记录，其中每个元素都表明了某个特定的特征值的组合。矩阵的维数取决于特征的数量，以及这些特征的域内的值的数量。联合概率分布中所有元素的和必为 1.0。例如，表 6.1 中的二元特征（Headache、Fever、Vomiting 以及 Meningitis）的联合概率分布写作：

$$\mathbf{P}(H,F,V,M) = \begin{bmatrix} P(h,f,v,m), & P(\neg h,f,v,m) \\ P(h,f,v,\neg m), & P(\neg h,f,v,\neg m) \\ P(h,f,\neg v,m), & P(\neg h,f,\neg v,m) \\ P(h,f,\neg v,\neg m), & P(\neg h,f,\neg v,\neg m) \\ P(h,\neg f,v,m), & P(\neg h,\neg f,v,m) \\ P(h,\neg f,v,\neg m), & P(\neg h,\neg f,v,\neg m) \\ P(h,\neg f,\neg v,m), & P(\neg h,\neg f,\neg v,m) \\ P(h,\neg f,\neg v,\neg m), & P(\neg h,\neg f,\neg v,\neg m) \end{bmatrix} \tag{6.1}$$

给定联合概率分布，我们可以通过对事件为真的元素求和来计算其涵盖的域内所有事件的概率。例如，要计算联合概率分布 **P**(*H, F, V, M*) 定义的域中 *P*(*h*) 的概率，我们只需对含有 *h* 的元素（第一列的元素）的值求和。这种计算概率的方法叫作**加出**（summing out）。我们还可以使用加出来从联合概率分布中计算条件概率。要从 **P**(*H, F, V, M*) 中计算 *P*(*h* | *f*)，我们可以对含有 *h* 和 *f* 的所有元素（第一列的前四个元素）的值求和。

我们现在可以学习贝叶斯定理了！

6.2.1 贝叶斯定理

贝叶斯定理非常简洁优雅，只用一句话就可以说明：

> 给定事件发生的证据时事件发生的概率等于事件引起证据的概率乘以事件自身的概率。

或更简洁地：

$$P(\text{给定证据时的事件}) = P(\text{给定事件时的证据}) \times P(\text{事件})$$

从左往右读，定理告诉我们如何用事件引起证据的可能性来计算给定事件的证据时事件发生的概率。这非常有用，因为从证据推理事件（**反向推理**，inverse reasoning）常常比从事件推理证据（**正向推理**，forward reasoning）要难得多。贝叶斯定理使我们可以轻松地将这两种推理方式来回变换。

贝叶斯定理的形式化定义为：

⊖ 为节省空间，本章我们使用大写的首字母来表示有名字的特征（例如，Meningitis 特征用 *M* 表示）。当有名特征为二元特征时，我们使用特征名字的小写首字母来表示特征的值为真（*true*），使用特征名字的小写首字母前加上 ¬ 来表示特征的值为假（*false*）（例如，*m* 表明 Meningitis = *true*，而 ¬*m* 表明 Meningitis = *false*）。

⊖ 贝叶斯定理以托马斯·贝叶斯牧师命名，贝叶斯著有阐述如何在得到新信息时更新信心的论文。在贝叶斯去世后，这篇论文被理查德·普莱斯牧师整理并发表（Bayes and Price，1763）。而贝叶斯定理的现代数学形式则是由西蒙·皮埃尔·拉普拉斯发展出来的。

$$P(X \mid Y) = \frac{P(Y \mid X)P(X)}{P(Y)} \qquad (6.2)$$

贝叶斯定理通过反向条件概率 $P(Y \mid X)$ 和事件 X 的先验概率 $P(X)$ 定义了在给定一些证据 Y 的情况下事件 X 的条件概率。

作为贝叶斯定理在实际中的一个示例，想象一位患者在年度体检后，医生通知他有一个坏消息和一个好消息。坏消息是这名患者的一项严重疾病检查的结果呈现阳性，且使用的检查方法的准确率为 99%（也就是患者患有该疾病时检查结果为阳性的概率为 0.99，患者未患有该疾病时检查结果为阴性的概率也一样）。而好消息是，这种疾病极为罕见，10 000 人中仅有 1 人罹患。那么患者患有该病的实际概率是多少？为什么在患者的疾病检查为阳性的情况下，该疾病的罕见性仍然是一个好消息？

我们可以使用贝叶斯定理来解答这两个问题。要根据检查结果计算患者实际患有该病的概率 $P(d|t)$，我们应用贝叶斯定理：

$$P(d \mid t) = \frac{P(t \mid d)P(d)}{P(t)}$$

该场景给出的信息告诉我们患病的概率 $P(d) = 0.0001$，而未患有该病的概率为 $P(\neg d) = 0.9999$。检查的准确性被刻画为 $P(t \mid d) = 0.99$ 和 $P(t \mid \neg d) = 0.01$。这项检查返回阳性的总概率 $P(t)$ 在上面的叙述中并未给出，但可以使用**全概率定理**[一]（theorem of total probability）轻易算出：

$$P(t) = P(t \mid d)P(d) + P(t \mid \neg d)P(\neg d) = (0.99 \times 0.0001) + (0.01 \times 0.9999) = 0.0101$$

我们可以将这些概率代入贝叶斯定理：

$$P(d \mid t) = \frac{0.99 \times 0.0001}{0.0101} = 0.0098$$

因此，即使检查结果为阳性，患者实际患该病的概率也仍然小于 1%。这就是医生说罕见性是很好消息的原因。贝叶斯定理的一个重要特征就是它在根据证据计算事件发生的可能性时显式地使用了事件的先验概率[二]。

让我们稍微仔细地研究一下贝叶斯定理。贝叶斯定理很容易从**乘积法则**[三]中推导。我们从乘积法则和与运算的逻辑对称性[四]中可知：

$$P(Y \mid X)P(X) = P(X \mid Y)P(Y)$$

如果我们对等式两边同时除以左手边的先验概率 $P(Y)$，那么会得到：

$$\frac{P(X \mid Y)P(Y)}{P(Y)} = \frac{P(Y \mid X)P(X)}{P(Y)}$$

等式左手边的 $P(Y)$ 项被约去，得出贝叶斯定理：

$$\frac{P(X \mid Y)\cancel{P(Y)}}{\cancel{P(Y)}} = \frac{P(Y \mid X)P(X)}{P(Y)} \Rightarrow P(X \mid Y) = \frac{P(Y \mid X)P(X)}{P(Y)}$$

关于贝叶斯定理含有分母 $P(Y)$ 的分式，有两项重要的观察。首先是分式可以作为归一化机制，它能确保：

$$0 \leqslant P(X \mid Y) \leqslant 1$$

[一] 在 B.3 节对**全概率定理**有详细说明。

[二] 很出名的是，在一项实验中，当被问到这个关于患者患病的概率的问题时，大多数医生都回答错了（Casscells et al., 1978）。

[三] 在 B.3 节对**乘积法则**有详细说明。

[四] 也就是说，a 与 $b = b$ 与 a。

以及

$$\sum_i P(X_i \mid Y) = 1.0$$

其中 $\sum_i P(X_i)$ 应当被解释为在对 X 中特征进行完全赋值的事件集上求和。分式能作为归一化机制的原因是证据的先验概率 $P(Y)$ 与 X_i 条件无关，因此对于所有 X_i 都保持不变。

第二个关于贝叶斯定理右手边除以 $P(Y)$ 的分式的有趣观察是我们可以用两种不同的方法来计算 $P(Y)$。首先，我们可以从数据集中计算 $P(Y)$：

$$P(Y) = \frac{|\{Y \text{ 符合条件的行 }\}|}{|\{ \text{ 数据集中的所有行 }\}|} \tag{6.3}$$

我们还可以用**全概率定理**来计算 $P(Y)$：

$$P(Y) = \sum_i P(Y \mid X_i)P(X_i) \tag{6.4}$$

如果忽略下标的话，我们在式（6.4）中进行求和的表达式与贝叶斯定理的分子相同。这带给我们计算在条件事件 Y 下事件 X 中特征的可能赋值的**后验概率分布**（posterior probability distribution）$\mathbf{P}(X \mid Y)$ 而无须显式计算 $P(Y)$ 的一种方法。如果我们令

$$\eta = \frac{1}{\sum_i P(Y \mid X_i)P(X_i)} \tag{6.5}$$

则

$$P(X_i \mid Y) = \eta \times P(Y \mid X_i)P(X_i) \tag{6.6}$$

其中 η 表示归一化常数。由于贝叶斯定理可以用这种方式计算，所以定理有时被写作：

$$P(X \mid Y) = \eta \times P(Y \mid X)P(X) \tag{6.7}$$

其中 η 由式（6.5）定义。

因此我们有两种不同的贝叶斯定理的定义（式（6.2）以及式（6.7）），但我们应当使用哪一种？这是事关便利性的选择。如果我们计算的是给定某个证据时单个事件的概率，那么利用式（6.2）直接从数据中计算 $P(Y)$ 便是更简单的选择。而如果我们需要在给定 Y 时计算 X 上的后验概率分布，即 $\mathbf{P}(X \mid Y)$，那么作为计算的一部分，我们实际上要计算式（6.5）中每个 $P(Y \mid X_i)P(X_i)$ 的值，此时使用式（6.7）更高效。

我们现在可以使用贝叶斯定理来基于数据集生成预测了。下一节将说明如何做到这一点。

6.2.2 贝叶斯预测

要进行贝叶斯预测，我们会生成在给定查询的描述性特征集 $\mathbf{q}$ 的值时，目标特征 t 取特定级别 l 的事件的概率。我们可以用这种语言来重新表述贝叶斯定理，并将贝叶斯定理的定义推广，使其能够将多于一个证据的情况纳入考虑（每个描述性特征的值是一件单独的证据）。**推广的贝叶斯定理**（generalized Bayes' theorem）定义为：

$$P(t = l \mid \mathbf{q}[1], \cdots, \mathbf{q}[m]) = \frac{P(\mathbf{q}[1], \cdots, \mathbf{q}[m] \mid t = l)P(t = l)}{P(\mathbf{q}[1], \cdots, \mathbf{q}[m])} \tag{6.8}$$

要使用**推广的贝叶斯定理**来计算概率，我们需要计算三个概率：

1. $P(t = l)$，目标特征 t 取级别 l 时的**先验概率**。

2. $P(\mathbf{q}[1], \cdots, \mathbf{q}[m])$，取特定值集的查询实例的描述性特征的**联合概率**。

3.$P(\mathbf{q}[1], \cdots, \mathbf{q}[m]|t = l)$，取特定值集的查询实例的描述性特征在目标特征取级别 l 时的**条件概率**。

这几个概率中的前两个很容易计算。$P(t = l)$ 就是数据集中目标特征取级别 l 的相对频率。$P(\mathbf{q}[1], \cdots, \mathbf{q}[m])$ 可以通过数据集中描述性特征的值取联合事件 $\mathbf{q}[1], \cdots, \mathbf{q}[m]$ 的实例的相对频率来计算得出。如上一节所讨论的，它也可以使用**全概率定理**计算（本例中，就是在所有目标级别上求和：$\sum_{k \in \text{levels}(t)} P(\mathbf{q}[1], \cdots, \mathbf{q}[m]|t = k)P(t = k)$），或者完全用**归一化常数** η 代替。

我们要计算的最后一个概率是 $P(\mathbf{q}[1], \cdots, \mathbf{q}[m]|t = l)$，它可以用数据集直接计算（通过计算 $t = l$ 的实例集中联合事件 $\mathbf{q}[1], \cdots, \mathbf{q}[m]$ 的相对频率），也可以使用概率的**链式法则**[-]来计算。链式法则表明，联合事件的概率可以重写为条件概率的乘积。因此，我们可以将 $P(\mathbf{q}[1], \cdots, \mathbf{q}[m])$ 重写为： |256|

$$P(\mathbf{q}[1], \cdots, \mathbf{q}[m]) = P(\mathbf{q}[1]) \times P(\mathbf{q}[2]|\mathbf{q}[1]) \times \cdots \times P(\mathbf{q}[m]|\mathbf{q}[m-1], \cdots, \mathbf{q}[2], \mathbf{q}[1])$$

我们可以通过为表达式的每一项添加条件项来使用条件概率的链式法则，因此

$$P(\mathbf{q}[1], \cdots, \mathbf{q}[m]|t = l) = P(\mathbf{q}[1]|t = l) \times P(\mathbf{q}[2]|\mathbf{q}[1], t = l) \times \cdots$$
$$\cdots \times P(\mathbf{q}[m]|\mathbf{q}[m-1], \cdots, \mathbf{q}[3], \mathbf{q}[2], \mathbf{q}[1], t = l) \tag{6.9}$$

从以单个事件为条件的联合概率变换到每项仅有一个有条件事件的条件概率的乘积似乎不是什么很大的进展。但我们很快就会看到这一变换的巨大用处。

让我们看看现在能如何使用贝叶斯定理来对基于表 6.1 的脑膜炎诊断数据集的查询实例（HEADACHE = *true*、FEVER = *false* 以及 VOMITING = *true*）进行预测。使用我们先前用过的简略记法，这个查询实例的预测诊断可以使用贝叶斯定理给出：

$$P(M|h, \neg f, v) = \frac{P(h, \neg f, v|M) \times P(M)}{P(h, \neg f, v)}$$

在 MENINGITIS 域中有 *true* 和 *false* 两个值，因此我们需要对每个值进行一次计算。首先考虑对 m 进行计算，我们需要如下概率，它们可以从表 6.1 中直接算出：

$$P(m) = \frac{|\{\mathbf{d}_5, \mathbf{d}_8, \mathbf{d}_{10}\}|}{|\{\mathbf{d}_1, \mathbf{d}_2, \mathbf{d}_3, \mathbf{d}_4, \mathbf{d}_5, \mathbf{d}_6, \mathbf{d}_7, \mathbf{d}_8, \mathbf{d}_9, \mathbf{d}_{10}\}|} = \frac{3}{10} = 0.3$$

$$P(h, \neg f, v) = \frac{|\{\mathbf{d}_3, \mathbf{d}_4, \mathbf{d}_6, \mathbf{d}_7, \mathbf{d}_8, \mathbf{d}_{10}\}|}{|\{\mathbf{d}_1, \mathbf{d}_2, \mathbf{d}_3, \mathbf{d}_4, \mathbf{d}_5, \mathbf{d}_6, \mathbf{d}_7, \mathbf{d}_8, \mathbf{d}_9, \mathbf{d}_{10}\}|} = \frac{6}{10} = 0.6$$

我们还需要计算目标为 *true* 时查询的描述性特征的值的可能性。我们可以从数据集中直接将其算出，但本例中我们要阐明刚才描述过的链式法则方法。使用链式法则方法，我们通过从数据集中算得的一系列条件概率的乘积来计算在目标值为 *true* 时描述性特征的值的总可能性： |257|

$$P(h, \neg f, v|m) = P(h|m) \times P(\neg f|h, m) \times P(v|\neg f, h, m)$$
$$= \frac{|\{\mathbf{d}_8, \mathbf{d}_{10}\}|}{|\{\mathbf{d}_5, \mathbf{d}_8, \mathbf{d}_{10}\}|} \times \frac{|\{\mathbf{d}_8, \mathbf{d}_{10}\}|}{|\{\mathbf{d}_8, \mathbf{d}_{10}\}|} \times \frac{|\{\mathbf{d}_8, \mathbf{d}_{10}\}|}{|\{\mathbf{d}_8, \mathbf{d}_{10}\}|}$$
$$= \frac{2}{3} \times \frac{2}{2} \times \frac{2}{2} = 0.6666$$

我们现在可以结合刚刚算出的这三个概率来计算查询实例的目标特征取级别 *true* 的总可能性：

$$P(m|h, \neg f, v) = \frac{P(h, \neg f, v|m) \times P(m)}{P(h, \neg f, v)} = \frac{0.6666 \times 0.3}{0.6} = 0.3333$$

[-] B.3 节详细说明了概率的**链式法则**。

对应的 $P(\neg m \mid h, \neg f, v)$ 为：

$$P(\neg m \mid h, \neg f, v) = \frac{P(h, \neg f, v \mid \neg m) \times P(\neg m)}{P(h, \neg f, v)} = \frac{\begin{pmatrix} P(h \mid \neg m) \times P(\neg f \mid h, \neg m) \\ \times P(v \mid \neg f, h, \neg m) \times P(\neg m) \end{pmatrix}}{P(h, \neg f, v)}$$

$$= \frac{0.7143 \times 0.8 \times 1.0 \times 0.7}{0.6} = 0.6667$$

这些计算告诉我们患者未患有脑膜炎的可能性是患有脑膜炎的两倍。在这名患者有头痛和呕吐这两个脑膜炎的重要症状的情况下，这个结论可能有些意外。实际上，我们的情况是针对给定证据时给定的预测，其后验概率非常低（此处 $P(m|h, \neg f, v) = 0.3333$），即使我们假设预测正确时证据的可能性很高，为 $P(h, \neg f, v|m) = 0.6666$。

此处发生的情况是，正如贝叶斯定理所述，在计算后验预测时，我们使用预测的先验为在给定预测时证据的可能性加权。此时，即使患有脑膜炎的人出现头痛和呕吐的可能性很高，其患有脑膜炎的先验概率也十分低。因此，即使我们考虑到证据的存在，患有脑膜炎的后验概率仍然很低。这乍看似乎有点反直觉。直觉所犯的错误是搞混了给定证据时预测的概率和给定预测时证据的概率，而这也是**假阳性悖论**⊖（paradox of the false positive）的一个实例。

计算每个可能的目标级别的准确概率对于人类决策者（比如医生）来说常常十分有用。然而，如果试图构建自动为查询实例分派目标级别的模型，那么我们就需要决定模型是如何基于算得的概率进行预测的。明显的方法是使模型在给定查询中描述性特征的状态时返回后验概率最高的级别。以这种方式工作的模型做出的是**最大后验概率**（Maximum A Posteriori,MAP）预测⊖。我们可以形式化地将贝叶斯 MAP 预测模型定义为：

$$\mathbb{M}(\mathbf{q}) = \underset{l \in \text{levels}(t)}{\arg \max} \, P(t = l \mid \mathbf{q}[1], \cdots, \mathbf{q}[m]) = \underset{l \in \text{levels}(t)}{\arg \max} \frac{P(\mathbf{q}[1], \cdots, \mathbf{q}[m] \mid t = l) \times P(t = l)}{P(\mathbf{q}[1], \cdots, \mathbf{q}[m])} \quad (6.10)$$

其中 $\mathbb{M}(\mathbf{q})$ 是模型 $\mathbb{M}$ 使用 MAP 预测机制为由描述性特征 $\mathbf{q}[1]$, ⋯, $\mathbf{q}[m]$ 构成的查询 $\mathbf{q}$ 返回的预测；$\text{levels}(t)$ 是目标特征可取的级别集；$\arg \max_{l \in \text{levels}(t)}$ 指定我们返回使用 arg max 右边的函数算出的具有最大值的级别 l。

注意，式（6.10）的分母不依赖于目标特征，因此它的作用是作为归一化常量。此外，如果要进行 MAP 预测，我们不需要计算目标域中每个级别的实际概率；我们只要知道目标域中的哪个级别具有最大概率即可。因此，我们不需要对每个目标级别的得数进行归一化——虽然在想知道实际概率时仍然必须这样做。取而代之的是，我们可以仅返回分子项得数最高的目标级别。这种简化使得**贝叶斯 MAP 预测模型**可以被重新表述为：

$$\mathbb{M}(\mathbf{q}) = \underset{l \in \text{levels}(t)}{\text{are max}} \, P(\mathbf{q}[1], \cdots, \mathbf{q}[m] \mid t = l) \times P(t = l) \quad (6.11)$$

尽管我们现在看起来好像已经具备了构建基于概率的预测模型的好方案，但其实我们还没完全搞定。我们开发出的方法还有一个重大的缺陷。为了对此进行阐明，我们考虑脑膜炎诊断问题的另一个查询实例，这个实例的特征值为 HEADACHE = *true*、FEVER = *true* 和VOMITING = *false*。给定这个查询，则 MENINGITIS = *true* 的概率为：

⊖ **假阳性悖论**表明，为了对罕见事件进行预测，模型必须与事件先验的罕见程度同等准确，否则就会有很大可能做出**假阳性**预测（即预测事件发生而实际没有）。Doctorow（2010）对这一现象进行了有趣的讨论。

⊖ MAP 预测是我们全书中所假设的预测机制。另一种机制是**贝叶斯最优分类器**（Bayesian optimal classifier），但我们对此不做讨论。详见 Mitchell（1997）。

$$P(m \mid h, f, \neg v) = \frac{\begin{pmatrix} P(h \mid m) \times P(f \mid h, m) \\ \times P(\neg v \mid f, h, m) \times P(m) \end{pmatrix}}{P(h, f, \neg v)} = \frac{0.6666 \times 0 \times 0 \times 0.3}{0.1} = 0$$

而对于有 MENINGITIS= *false* 有

$$P(\neg m \mid h, f, \neg v) = \frac{\begin{pmatrix} P(h \mid \neg m) \times P(f \mid h, \neg m) \\ \times P(\neg v \mid f, h, \neg m) \times P(\neg m) \end{pmatrix}}{P(h, f, \neg v)} = \frac{0.7143 \times 0.2 \times 1.0 \times 0.7}{0.1} = 1.0$$

算得的后验概率表明这名患者肯定未患有脑膜炎！这是由于当我们在链式法则得出的条件概率序列上演算时，每项条件事件集的大小逐渐增加。因此，序列上每个条件概率中满足条件的事件集，即我们计算概率时考虑的事件的集合，在条件增多时变得越来越小。针对这种在条件集的大小越来越大时符合条件的数据集被分割得越来越小的情况的技术术语是**数据碎片化**（data fragmentation）。数据碎片化本质上是一种**维度的诅咒**。当描述性特征的数量增加时，潜在条件事件的数量也增加。因此，当每个描述性特征被添加时，所需的数据集的大小也随之呈指数级增加，以确保对于所有条件概率，训练集中都有足够的实例符合条件，使得计算出的概率是合理的。

回到我们的示例查询，为计算 $P(h, f, \neg v \mid m)$，链式法则要求我们定义三个条件概率，即 $P(h \mid m)$、$P(f \mid h, m)$ 和 $P(\neg v \mid f, h, m)$。对于第一项 $P(h \mid m)$，数据集中仅有三个符合条件 m 的示例（$\mathbf{d}_5$、$\mathbf{d}_8$ 以及 $\mathbf{d}_{10}$）。这三行中的两个为 h（$\mathbf{d}_8$ 和 $\mathbf{d}_{10}$），因此条件概率为 $P(h \mid m) = 0.6666$。这也是仅有的符合序列中第二项 $P(f \mid h, m)$ 的条件的两行。这几行中都没有为 f 的情况，因此 $P(f \mid h, m)$ 的条件概率为 0。由于链式法则为概率序列的积，如果序列中任意一个概率为零，则总概率也会是零。更糟糕的是，由于数据集中没有 f、h 和 m 都为 *true* 的行，继而数据集中也没有使第三项 $P(\neg v \mid f, h, m)$ 成立的行，因此这一概率实际上无法定义，因为计算它会使除数为零。从数据中直接计算 $P(h, f, \neg v \mid m)$ 而不使用链式法则也有同样的问题。

总之，针对本例的这个可能性项，无论我们是使用链式法则计算还是从数据集直接计算，最终都会得到零概率，或更加糟糕地，得到未定义概率。这是由于数据集中不存在同时患有头痛和发热但没有呕吐的脑膜炎患者实例。因此，在给定查询实例中的证据时，使用该数据集得出的 MENINGITIS 特征为 *true* 的概率为零。

显然，头痛且发热的患者患有脑膜炎的概率应当大于零。这里的问题是，我们的数据集不够大而无法真正代表脑膜炎诊断场景，且我们的模型**过拟合**了训练数据。而实际上，问题可能更加严重，因为实践中几乎绝不可能搜集到大到能够完全覆盖所有可能的描述性特征值的组合的数据来避免这一问题。不过，柳暗花明，**条件独立**（conditional independence）和**因子化**（factorization）可以帮助我们克服当前方法中的缺陷。

6.2.3　条件独立与因子化

到目前为止，我们对概率进行的处理假设了我们搜集到的证据会影响我们要预测的事件的概率。而实际并不总是这样。比如，认为水族箱里一只章鱼的行为无法影响到一场足球比赛就是非常合理的观点[○]。如果对一个事件的了解无法影响到另一事件的概率，且反之亦然，

[○] 在 2008 年欧洲足球锦标赛和 2010 年足球世界杯中，德国一只名为保罗的章鱼被认为在预测德国参加的比赛时具有 85% 的成功率。保罗惊人的准确率不应当被认为是章鱼的行为影响到了足球比赛，而是独立事件至少在某个时间段内可能具有相关性，即使这两个事件互不关联。正如常说的格言：相关不代表因果！（详见 3.5.2 节。）

那么这两个事件就被称为是互相**独立**的。如果两个事件 X 和 Y 互相独立，则有：

$$P(X \mid Y) = P(X)$$

$$P(X, Y) = P(X) \times P(Y)$$

完全相互独立的事件非常罕见。更为常见的现象是，在我们知道第一个事件已经发生的前提下，其他两个或多个事件互相独立。这被称为**条件独立**（conditional independence）。事件之间的条件独立成立的典型情况是当这些事件具有相同的起因时。比如，考虑脑膜炎的症状。如果我们不知道患者是否患有脑膜炎，那么知道患者出现头痛就可能增加患者同时出现发热的概率。这是由于出现头痛增加了患者患有脑膜炎的概率，进而增加了患者出现发热的概率。然而，如果我们已经知道了患者患有脑膜炎，那么同时知道患者出现头痛并不会影响患者出现发热的概率。这是由于我们从知道患者头痛中所得到的信息已经包含在患者有脑膜炎的信息中了。这种情况下，知道某人患有脑膜炎使得他出现头痛的事件和出现发热的事件互相独立。对于在给定事件 Z 时两个条件独立的事件 X 和 Y，我们可以说：

$$P(X \mid Y, Z) = P(X \mid Z)$$

$$P(X, Y \mid Z) = P(X \mid Z) \times P(Y \mid Z)$$

这能使我们在存在条件独立的场景中重新表述**链式法则**（chain rule）。回到当描述性特征集 $\mathbf{q}[1], \cdots, \mathbf{q}[m]$ 取特定值集且目标特征 t 取特定级别 l 时用链式法则计算概率的例子：

$$
\begin{aligned}
P(\mathbf{q}[1], &\cdots, \mathbf{q}[m] \mid t = l) \\
&= P(\mathbf{q}[1] \mid t = l) \times P(\mathbf{q}[2] \mid \mathbf{q}[1], t = l) \times \cdots \\
&\quad \cdots \times P(\mathbf{q}[m] \mid \mathbf{q}[m-1], \cdots, \mathbf{q}[3], \mathbf{q}[2], \mathbf{q}[1], t = l)
\end{aligned}
\tag{6.12}
$$

如果目标特征 t 取级别 l 的事件导致描述性特征 $\mathbf{q}[1], \cdots, \mathbf{q}[m]$ 有值，则在给定目标特征的值时每个描述性特征取该值的事件互相条件独立。这意味着链式法则的定义可以被简化如下：

$$
\begin{aligned}
P(\mathbf{q}[1], \cdots, \mathbf{q}[m] \mid t = l) &= P(\mathbf{q}[1] \mid t = l) \times P(\mathbf{q}[2] \mid t = l) \times \cdots \times P(\mathbf{q}[m] \mid t = l) \\
&= \prod_{i=1}^{m} P(\mathbf{q}[i] \mid t = l)
\end{aligned}
\tag{6.13}
$$

这种简化如此重要的原因是，假设描述性特征在给定目标特征级别为 l 时条件独立，它能使我们简化贝叶斯定理的计算，即从

$$
P(t = l \mid \mathbf{q}[1], \cdots, \mathbf{q}[m]) = \frac{\left(\begin{array}{l} P(\mathbf{q}[1] \mid t = l) \times P(\mathbf{q}[2] \mid \mathbf{q}[1], t = l) \times \\ \cdots \times P(\mathbf{q}[m] \mid \mathbf{q}[m-1], \cdots, \mathbf{q}[1], t = l) \\ \times P(t = l) \end{array} \right)}{P(\mathbf{q}[1], \cdots, \mathbf{q}[m])}
$$

简化为

$$
P(t = l \mid \mathbf{q}[1], \cdots, \mathbf{q}[m]) = \frac{\left(\prod_{i=1}^{m} P(\mathbf{q}[i] \mid t = l) \right) \times P(t = l)}{P(\mathbf{q}[1], \cdots, \mathbf{q}[m])}
\tag{6.14}
$$

在适当的情况下，条件独立不仅简化了计算，也使我们能够紧凑地表示一个域内的联合概率分布。我们无须计算并存储一个域内所有联合事件的概率，现在只需将分布拆分为叫作**因子**（factor）的数据结构，它在特征的子集上定义分布。这样我们就可以使用这些因子的乘积来计算联合概率分布中的任何概率。

例如，式（6.1）列出了表 6.1 的脑膜炎诊断数据集中四个二元特征的联合概率分布。而如果在给定 MENINGITIS 时 HEADACHE、FEVER 以及 VOMITING 实际上是相互条件独立的，那么我们只需要存储四个因子：$P(M)$、$P(H \mid M)$、$P(F \mid M)$ 和 $P(V \mid M)$。我们可以使用这四个因子的乘积重新计算联合概率分布中的所有元素：

$$P(H, F, V, M) = P(M) \times P(H \mid M) \times P(F \mid M) \times P(V \mid M)$$

由于本例中的所有特征都是二元的，我们仅需要存储特征在不同条件值的组合下为真的事件的概率，因为其他事件的概率可以通过从 1.0 中减去存储的概率得出。因此，进行因子化后，我们只需从数据中直接计算七个概率：$P(m)$、$P(h \mid m)$、$P(h \mid \neg m)$、$P(f \mid m)$、$P(f \mid \neg m)$、$P(v \mid m)$ 以及 $P(v \mid \neg m)$。在 HEADACHE、FEVER、VOMITING 以及 MENINGITIS 特征上计算全联合概率分布所需的因子（假设在给定 MENINGITIS 时前三个特征条件独立）可表述为：

$$Factor_1 = \langle \, P(M) \, \rangle$$
$$Factor_2 = \langle \, P(h \mid m), P(h \mid \neg m) \, \rangle$$
$$Factor_3 = \langle \, P(f \mid m), P(f \mid \neg m) \, \rangle$$
$$Factor_4 = \langle \, P(v \mid m), P(v \mid \neg m) \, \rangle$$

以及要使用这四个因子计算域内任意联合事件的概率所需的乘积为：

$$P(H, F, V, M) = P(M) \times P(H \mid M) \times P(F \mid M) \times P(V \mid M)$$

因此，假设的特征之间的条件独立使我们能对分布进行因子化，如此也能减少我们要从数据中计算以及存储的概率的数量。从 16 个概率减到 7 个概率来表示这个域似乎不是很大的进步，但要考虑两件事。首先，这 7 个概率各自在全联合概率分布中受到的约束都比那 16 个要少。计算这些概率所需的数据通常更容易收集。其次，当域内的特征数量增加时，因子化表示与全联合概率分布所需的概率数量间的差异会随之增大。例如，在一个具有一个目标特征和九个描述性特征的域内，所有特征都为二元特征，则全联合概率分布将包括 $2^{10} = 1024$ 个概率。然而，如果所有描述性特征在给定目标特征时都是条件独立的，我们就可以将联合分布因子化，并仅用 19 个概率来表示它（一个用来表示目标的先验，同时每个描述性特征有两个条件概率）。

除了使模型更加紧凑外，条件独立和因子化也允许模型用训练集中没有出现的证据组合来为查询计算出合理的概率，以增加基于概率的预测模型的覆盖范围。为阐明这一点，我们回到脑膜炎诊断问题中的示例查询实例，其中 HEADACHE = *true*、FEVER = *true*、VOMITING = *false*。当我们先前试图计算该查询的概率时，问题出现在它要求我们的训练数据集中存在使**所有**证据事件成立的实例。而如果在给定目标特征的情况下我们将证据事件看作是条件独立的，那么我们可以将证据因子化为其组成事件，并对每个这样的事件分别计算概率。通过这种做法，我们放松了要避免概率为 0 则所有证据事件的每个值都必须在目标域内的至少一个实例上成立的要求。取而代之的是，为了避免概率为 0，我们仅需要确保对于目标特征的域内的每个值，在数据集中至少有一个实例使证据的每个事件成立。例如，这使我们能够使用给定患者患有脑膜炎时出现发热的概率，而不是更为局限的给定患者患有脑膜炎并且出现头痛时患者发热的条件概率。

在我们假设描述性特征在给定目标时条件独立的情况下，我们重新来看表示脑膜炎诊断场景的全联合分布所需的因子，这次使用从数据集中算出的实际概率：

$$Factor_1 = \langle \, P(m) = 0.3 \, \rangle$$
$$Factor_2 = \langle \, P(h \mid m) = 0.6666, P(h \mid \neg m) = 0.7413 \, \rangle$$

$$\text{Factor}_3 = \langle\, P(f \mid m) = 0.3333,\ P(f \mid \neg m) = 0.4286 \,\rangle$$
$$\text{Factor}_4 = \langle\, P(v \mid m) = 0.6666,\ P(v \mid \neg m) = 0.5714 \,\rangle \qquad (6.15)$$

使用式（6.15）中的因子，我们用式（6.14）来计算在给定查询实例时脑膜炎的后验分布，为

$$
\begin{aligned}
P(m \mid h, f, \neg v) &= \frac{P(h \mid m) \times P(f \mid m) \times P(\neg v \mid m) \times P(m)}{\sum_i P(h \mid M_i) \times P(f \mid M_i) \times P(\neg v \mid M_i) \times P(M_i)} \\
&= \frac{0.6666 \times 0.3333 \times 0.3333 \times 0.3}{(0.6666 \times 0.3333 \times 0.3333 \times 0.3) + (0.7143 \times 0.4286 \times 0.4286 \times 0.7)} \\
&= 0.1948 \\[4pt]
P(\neg m \mid h, f, \neg v) &= \frac{P(h \mid \neg m) \times P(f \mid \neg m) \times P(\neg v \mid \neg m) \times P(\neg m)}{\sum_i P(h \mid M_i) \times P(f \mid M_i) \times P(\neg v \mid M_i) \times P(M_i)} \\
&= \frac{0.7143 \times 0.4286 \times 0.4286 \times 0.7}{(0.6666 \times 0.3333 \times 0.3333 \times 0.3) + (0.7143 \times 0.4286 \times 0.4286 \times 0.7)} \\
&= 0.8052
\end{aligned}
$$

如同前面的计算一样，在假设证据条件独立时脑膜炎的后验概率表明患者很可能未患脑膜炎，因此，MAP 贝叶斯模型就会返回 MENINGITIS = *false* 来作为查询实例的预测。然而，这个后验概率并不如我们不假设条件独立时那么极端。这里所发生的情况是，假设条件独立使得单个症状的证据被纳入考虑，而不是要求所有症状的严格匹配。这样做使得贝叶斯预测模型能够为含有数据集中未出现的证据组合的查询计算出合理的概率。这就使模型在处理可能存在的查询方面具有更宽广的覆盖性。更进一步地，条件独立假设使我们能对域的分布进行因子化，因此我们表示这个域所需的概率和约束都更少。如同我们即将看到的，创建概率预测模型的一个基础组件就是确定我们希望做出的条件独立假设和它所带来的对域的因子化。

下一节我们将介绍朴素贝叶斯模型，这是一个假设给定目标时描述性特征全局条件独立的基于概率的机器学习算法。由于使用了条件独立假设，朴素贝叶斯模型非常紧凑，并且对于过拟合十分健壮，这使得它成了最流行的预测建模方法之一。

6.3　标准方法：朴素贝叶斯模型

朴素贝叶斯模型返回的 **MAP** 预测中目标特征级别后验概率是在给定目标特征级别时实例的描述性特征之间互相**条件独立**的假设下算出的。更形式化地，**朴素贝叶斯模型**定义为

$$\mathbb{M}(\mathbf{q}) = \arg \max_{l \in \text{levels}(t)} \left(\left(\prod_{i=1}^{m} P(\mathbf{q}[i] \mid t = l) \right) \times P(t = l) \right) \qquad (6.16)$$

其中，t 是具有级别集 $\text{levels}(t)$ 的目标特征，$\mathbf{q}$ 是具有描述性特征集 $\mathbf{q}[1], \cdots, \mathbf{q}[m]$ 的查询实例。

在 6.2 节，我们描述了全联合概率分布是如何用于计算域内任意事件的概率的。而这里面的问题是生成全联合概率分布受制于维度的诅咒，因此这个方法在特征数量较多的领域难以实行。但在 6.2.3 节我们展示了特征之间的条件独立是如何让我们因子化联合分布的，它能通过减少我们需要从数据集中计算的概率的数量以及减少这些概率的约束条件来帮我们克服维度问题。朴素贝叶斯模型将条件独立用到了极致，它假设在给定目标级别时所有描述性特征的赋值之间条件独立。这一假设使得朴素贝叶斯模型极大地减少了所需的概率数量，进而形成了一个非常紧凑的、高度参数化的域的表示。

我们说朴素贝叶斯模型是朴素[⊖]的，因为给定目标级别假设所有特征条件独立是一个简化的假设，无论它是否正确。然而，即使假设是简化的，朴素贝叶斯方法也仍然被认为在广泛的领域中具有惊人的准确性。部分原因是，针对不同级别的后验概率计算中的误差不一定导致预测错误。如我们在 MAP 预测模型中拿掉贝叶斯定理的分母时（式（6.11））提到的那样，对于类别预测任务来说，我们主要关心不同目标级别的后验概率的相对大小，而不是精确概率。因此，某种程度上来说，目标级别的可能性的相对排序对于精确概率计算中的误差是健壮的[⊖]。

在给定目标特征级别时特征之间条件独立的假设也使得朴素贝叶斯模型对于**数据碎片化**和**维度的诅咒**来说十分健壮。这在小数据集或**稀疏数据**[⊜]的场景下非常重要。一个稀疏数据是常态而非例外的应用领域是**文本分析**（text analytics）（例如，**垃圾邮件过滤**（spam filtering）），朴素贝叶斯模型常常在这个领取取得成功。

朴素贝叶斯模型很容易被改用于处理缺失特征值：我们只需从证据事件的乘积中丢掉取值不在数据中的特征的证据事件的条件概率。显然，这样做可能对模型所计算出的后验概率的准确性有负面影响，但如上所述，这未必会直接反映到预测错误上。

朴素贝叶斯模型的最后一个优点是它易于训练。对于一个给定的预测任务，训练朴素贝叶斯的所有要求就是计算每个目标级别的先验和给定每个目标级别时每个特征的条件概率。因此，相比于许多其他预测模型，朴素贝叶斯模型可以被快速训练。这种简单性的另一优点是可以用紧凑的朴素贝叶斯模型来表示很大的数据集。

总之，即使朴素贝叶斯可能不如其他预测模型强大，但它常常能为类别目标的预测任务提供较为准确的预测，同时它对于维度的诅咒来说较为健壮，并且容易训练。因此，朴素贝叶斯模型是定义基准精度或用于规模有限的数据集的好方法。

实用范例

我们将使用表 6.2 中呈现的数据集来阐明如何为一个预测问题构建并使用朴素贝叶斯模型。这个数据集是关于**诈骗监测**（fraud detection）场景的，我们要构建一个模型来预测贷款申请是真实的还是欺诈性的。信用历史（CREDIT HISTORY）刻画申请人的信用记录，它的级别分为无（*none*，申请人没有贷过款）、还清（*paid*，申请人贷过款并且已经全部偿还）、偿还中（*current*，申请人持有贷款并且正在偿还）以及逾期（*arrears*，申请人持有贷款并且逾期偿还）。担保人／共同申请人（GUARANTOR/COAPPLICANT）特征记录了贷款申请者的申请是否有担保人或共同申请人，级别为无（*none*）、有担保人（*guarantor*）以及有共同申请人（*coapplicant*）。住所（ACCOMMODATION）特征指的是申请人的当前住所，级别为拥有（*own*，申请人拥有其住所）、租住（*rent*，申请人租住于住所）以及免费（*free*，申请人有免费住所）。二元目标特征欺诈（FRAUD）告诉我们贷款申请是否被发现是欺诈性的（真（*true*）或假（*false*））。

⊖　"Naive Bayesian Model" 一般译为 "朴素贝叶斯模型"，其中 "朴素" 对应的是 "naive" 一词。而 "naive" 用于形容因缺乏生活经验而认为事情都非常简单或人都非常正直善良的人，其实际含义更接近于中文的 "幼稚"。——译者注

⊖　而这样做的一个后果是，朴素贝叶斯对于预测连续目标来说并不是一个好方法，因为计算后验概率时的误差会直接影响到模型的准确性。这是本书讨论的方法中唯一一个不同时介绍预测连续目标特征和类别目标特征的方法。

⊜　回顾 5.4.5 节讨论过的**稀疏数据**，指的是大多数描述性特征的值为零的数据集。

267
268

表 6.2   贷款申请诈骗监测领域的一个数据集

ID	CREDIT HISTORY	GUARANTOR/COAPPLICANT	ACCOMMODATION	FRAUD
1	current	none	own	true
2	paid	none	own	false
3	paid	none	own	false
4	paid	guarantor	rent	true
5	arrears	none	own	false
6	arrears	none	own	true
7	current	none	own	false
8	arrears	none	own	false
9	current	none	rent	false
10	none	none	own	true
11	current	coapplicant	own	false
12	current	none	own	true
13	current	none	rent	true
14	paid	none	own	false
15	arrears	none	own	false
16	current	none	own	false
17	arrears	coapplicant	rent	false
18	arrears	none	free	false
19	arrears	none	own	false
20	paid	none	own	false

要使用这个数据来训练朴素贝叶斯模型，我们需要计算目标特征在其域内取每个级别的先验概率，以及每个特征在以目标特征的每个级别为条件时，在其域内取每个级别的条件概率。目标特征域内有两个级别，CREDIT HISTORY 域内有四个级别，GUARANTOR/COAPPLICANT 域内有三个级别，ACCOMMODATION 域内有三个级别。这就意味着我们需要计算 $2 + (2 \times 4) +$ $(2 \times 3) + (2 \times 3) = 22$ 个概率。尽管在考虑到该示例数据集大小的情况下这个数量听起来很多，但值得注意的是，无论有多少新实例被添加到这个数据集，哪怕是几十万个，甚至几百万个，这 22 个概率都足够用了。这体现了朴素贝叶斯表示的紧凑性。但要当心的是，如果新的描述性特征被添加到数据集，那么所需概率的数量就会增加 | 目标的域 | × | 新特征的域 | 个，而更进一步地，如果目标的域内新增了一个值，那么概率的数量就会呈指数级增长。一旦所需的概率被算出，我们的朴素贝叶斯模型就可以对查询进行预测。就是这么简单！表 6.3 列出了我们的朴素贝叶斯诈骗监测模型所需的概率。

表 6.3   朴素贝叶斯预测模型所需的概率，根据表 6.2 中的数据算得

$P(fr)$	=	0.3	$P(\neg fr)$	=	0.7
$P(\text{CH} = none \mid fr)$	=	0.1666	$P(\text{CH} = none \mid \neg fr)$	=	0
$P(\text{CH} = paid \mid fr)$	=	0.1666	$P(\text{CH} = paid \mid \neg fr)$	=	0.2857
$P(\text{CH} = current \mid fr)$	=	0.5	$P(\text{CH} = current \mid \neg fr)$	=	0.2857
$P(\text{CH} = arrears \mid fr)$	=	0.1666	$P(\text{CH} = arrears \mid \neg fr)$	=	0.4286
$P(\text{GC} = none \mid fr)$	=	0.8334	$P(\text{GC} = none \mid \neg fr)$	=	0.8571

（续）

$P(GC = guarantor \mid fr)$	=	0.1666	$P(GC = guarantor \mid \neg fr)$	=	0
$P(GC = coapplicant \mid fr)$	=	0	$P(GC = coapplicant \mid \neg fr)$	=	0.1429
$P(ACC = own \mid fr)$	=	0.6666	$P(ACC = own \mid \neg fr)$	=	0.7857
$P(ACC = rent \mid fr)$	=	0.3333	$P(ACC = rent \mid \neg fr)$	=	0.1429
$P(ACC = free \mid fr)$	=	0	$P(ACC = free \mid \neg fr)$	=	0.0714

注：其简写方式为 FR = Fraud、CH = Credit History、GC = Guarantor/CoApplicant 以及 ACC = Accommodation。

下列是诈骗监测域的一个查询实例：

Credit History = *paid*, Guarantor/CoApplicant = *none*, Accommodation = *rent*

表 6.4 显示了为该查询进行预测所需的相关概率，以及每个可能预测的得分的计算。每个计算都使用式（6.16），可以被理解为朴素贝叶斯模型表示的四个因子的乘积：$P(FR)$、$P(CH \mid FR)$、$P(GC \mid FR)$ 和 $P(ACC \mid FR)$。预测为 *true* 的得分是 0.0139，预测为 *false* 的得分是 0.0245。值得强调的是，算出的得分不是给定查询证据时每个目标级别的真实后验概率（要得到真实后验概率，我们需要对这些得分进行归一化），但它们已经给了我们足够的信息来根据其相对后验概率对不同目标级别进行排序。朴素贝叶斯模型返回 MAP 预测，因此我们的朴素贝叶斯模型将返回预测值 *false*，并将这个贷款申请查询归类为非欺诈。

表 6.4　朴素贝叶斯预测模型为查询（CH = *paid*、GC = *none* 以及 ACC = *rent*）进行预测所需的表 6.3 中的相关概率，以及每个目标级别得分的计算

$P(fr)$	=	0.3	$P(\neg fr)$	=	0.7
$P(CH = paid \mid fr)$	=	0.1666	$P(CH = paid \mid \neg fr)$	=	0.2857
$P(GC = none \mid fr)$	=	0.8334	$P(GC = none \mid \neg fr)$	=	0.8571
$P(ACC = rent \mid fr)$	=	0.3333	$P(ACC = rent \mid \neg fr)$	=	0.1429

$$\left(\prod_{k=1}^{m} P(\mathbf{q}[k] \mid fr) \right) \times P(fr) = 0.0139$$

$$\left(\prod_{k=1}^{m} P(\mathbf{q}[k] \mid \neg fr) \right) \times P(\neg fr) = 0.0245$$

这个例子里面有一个不太明显但非常有趣的情况。我们无法在表 6.2 中找出一个符合查询中所有描述性特征的实例。即使没有实例完美地符合证据，我们也仍然能够计算查询在每个目标级别上的得分并做出预测。这凸显出给定目标级别时证据之间条件独立的假设能够增加模型的适用范围，并使模型泛化到用于归纳它的数据之外。

6.4　延伸与拓展

本节我们会讨论能增加朴素贝叶斯模型泛化能力、避免过拟合（平滑）以及使其能处理连续描述性特征的延伸与拓展方法。我们还会介绍贝叶斯网络，这个建模方法能让我们在基于概率的模型中引入更细致的假设，而非像朴素贝叶斯模型所做出的所有描述性特征相互条件独立的全局假设。

6.4.1　平滑

尽管条件独立假设拓展了朴素贝叶斯的覆盖面，并使其能够泛化训练数据，但朴素贝叶

斯仍然无法覆盖所有可能的查询的集合。我们可以在表 6.3 中看到原因，其中仍有一些概率等于零，例如 $P(\text{CH} = none \mid \neg fr)$。当训练数据中没有实例符合目标特征和描述性特征级别的特定组合时，就会出现这个问题。因此，当查询的一个或多个证据事件与被条件约束的概率为零的事件相同时，模型对该查询就很可能过拟合。例如，考虑如下的查询：

CREDIT HISTORY = *paid*, GUARANTOR/COAPPLICANT = *guarantor*, ACCOMMODATION = *free*

表 6.5 列出了对该查询进行预测所需的相关概率，以及每个可能目标级别的得分的计算。在这个例子中，两个可能的预测的得分都为零！这两个得分都为零是因为用于计算它们的条件概率之一为零。对于 *fr* 来说，概率 $P(\text{ACC} = free \mid fr)$ 引发了这一问题，对于 $\neg fr$ 来说，概率 $P(\text{GC} = guarantor \mid \neg fr)$ 是问题的根源。因此，模型无法为这个查询返回预测。

表 6.5   朴素贝叶斯模型对查询（CH = *paid*、GC = *guarantor* 以及 ACC = *free*）进行预测所需的表 6.3 中的相关概率，以及每个可能目标级别的得分的计算

$P(fr)$	=	0.3	$P(\neg fr)$	=	0.7
$P(\text{CH} = paid \mid fr)$	=	0.1666	$P(\text{CH} = paid \mid \neg fr)$	=	0.2857
$P(\text{GC} = guarantor \mid fr)$	=	0.1666	$P(\text{GC} = guarantor \mid \neg fr)$	=	0
$P(\text{ACC} = free \mid fr)$	=	0	$P(\text{ACC} = free \mid \neg fr)$	=	0.0714

$$\left(\prod_{k=1}^{m} P(\mathbf{q}[k] \mid fr) \right) \times P(fr) = 0.0$$

$$\left(\prod_{k=1}^{m} P(\mathbf{q}[k] \mid \neg fr) \right) \times P(\neg fr) = 0.0$$

解决这一问题的方法是**平滑**（smoothing）模型所使用的概率。我们从概率的定义可知，特征取其每个可能级别的概率的和应当等于 1.0：

$$\sum_{l \in levels(f)} P(f = l) = 1.0$$

其中 f 是一个特征，$levels(f)$ 是特征的域内的级别集。这就意味着我们的总**概率质量**（probability mass）1.0 根据其相对频率分布在一个特征的不同级别的取值上。平滑就是从概率大于平均的取值中拿出一些概率质量来分给概率小于平均甚至等于零的取值。

例如，如果对 GUARANTOR/COAPPLICANT 特征在条件 FRAUD = *false* 约束下的后验概率分布求和，那么我们会得到其值等于 1.0（如表 6.6 所示）。注意，在这个集合中，$P(\text{CH} = none \mid \neg fr)$ 相当大，而另一个极端 $P(\text{GC} = guarantor \mid \neg fr)$ 则等于零。平滑从概率较高的事件中拿出一些概率质量并分给概率低的事件。如果使用得当，那么集合的总概率质量仍然会等于 1.0，但概率在集合上的分布会更加平滑（平滑因此而得名）。

表 6.6   GUARANTOR/COAPPLICANT 特征在条件 FRAUD = *false* 约束下的后验概率分布

$P(\text{GC} = none \mid \neg fr)$	=	0.8571
$P(\text{GC} = guarantor \mid \neg fr)$	=	0
$P(\text{GC} = coapplicant \mid \neg fr)$	=	0.1429
$\sum_{l \in levels(\text{GC})} P(\text{GC} = l \mid \neg fr)$	=	1.0

平滑概率有几种不同的方法。我们将使用**拉普拉斯平滑**（Laplace smoothing）。注意，一

般来说，对于不同目标特征级别，平滑无条件（先验）概率是没有意义的[⊖]，因此这里我们专注于平滑特征的条件概率。条件概率的拉普拉斯平滑定义为：

$$P(f = l \mid t) = \frac{count(f = l \mid t) + k}{count(f \mid t) + (k \times \mid Domain(f) \mid)}$$

其中 $count(f = l \mid t)$ 是事件 $f = l$ 在数据集目标级别为 t 的行中出现的次数，$count(f \mid t)$ 是取任意级别的特征 f 在数据集目标级别为 t 的行中出现的次数，$\mid Domain(f) \mid$ 是特征的域内的级别数量，k 是预先确定的参数。较大的 k 意味着更多的平滑，也就是更多的概率质量从较大的概率中被取出并分给较小的概率。通常 k 取像 1、2 或 3 这样的较小数值。

274

表 6.7 展示了平滑 FRAUD = *false* 条件下 GUARANTOR/COAPPLICANT 特征的后验概率的步骤。我们可以看到，平滑后，集合内的概率质量在事件上分布得更加平均。关键是，$P(GC = guarantor \mid \neg fr)$ 的后验概率不再是零，因此，模型的覆盖面被拓展到能够覆盖 GUARANTOR/COAPPLICANT 的值为 *guarantor* 的查询。

表 6.7　平滑 FRAUD = *false* 条件下的 GUARANTOR/COAPPLICANT 特征的后验概率

行概率	$P(GC = none \mid \neg fr)$	=	0.8571
	$P(GC = guarantor \mid \neg fr)$	=	0
	$P(GC = coapplicant \mid \neg fr)$	=	0.1429
平滑参数	k	=	3
	count(GC $\mid \neg fr$)	=	14
	count(GC = none $\mid \neg fr$)	=	12
	count(GC = guarantor $\mid \neg fr$)	=	0
	count(GC = coapplicant $\mid \neg fr$)	=	2
	$\mid Domain(GC) \mid$	=	3
平滑后的概率	$P(GC = none \mid \neg fr) = \dfrac{12+3}{14+(3 \times 3)}$	=	0.6522
	$P(GC = guarantor \mid \neg fr) = \dfrac{0+3}{14+(3 \times 3)}$	=	0.1304
	$P(GC = coapplicant \mid \neg fr) = \dfrac{2+3}{14+(3 \times 3)}$	=	0.2174

表 6.8 列出了诈骗问题中朴素贝叶斯模型相关的先验概率和平滑后的条件概率。注意其中没有零概率，因此模型能够为域内的任意查询返回预测。我们可以用本节开始时的查询来凸显模型覆盖面的扩大：

275

CREDIT HISTORY = *paid*, GUARANTOR/COAPPLICANT = *guarantor*, ACCOMMODATION = *free*

表 6.8　朴素贝叶斯预测模型所需的拉普拉斯平滑（使用 $k = 3$）后的概率，根据表 6.2 中的数据集算得

$P(fr)$	=	0.3	$P(\neg fr)$	=	0.7
$P(CH = none \mid fr)$	=	0.2222	$P(CH = none \mid \neg fr)$	=	0.1154
$P(CH = paid \mid fr)$	=	0.2222	$P(CH = paid \mid \neg fr)$	=	0.2692
$P(CH = current \mid fr)$	=	0.3333	$P(CH = current \mid \neg fr)$	=	0.2692

⊖　我们使用平滑的主要目的是从模型对领域的表示中移除零概率，而在大部分情况中，所有无条件目标级别都是非零的（因为训练数据中的每个目标级别都至少有一个实例）。即使在某个目标级别非常罕见的情况下，平滑目标级别的先验概率也不太合适。参见 Bishop（2006, pp.45）可获取关于如何在某个目标级别非常罕见的情形下训练基于概率的预测模型的讨论。

（续）

$P(\text{CH} = arreares \mid fr)$	=	0.2222	$P(\text{CH} = arreares \mid \neg fr)$	=	0.3462
$P(\text{GC} = none \mid fr)$	=	0.5333	$P(\text{GC} = none \mid \neg fr)$	=	0.6522
$P(\text{GC} = guarantor \mid fr)$	=	0.2667	$P(\text{GC} = guarantor \mid \neg fr)$	=	0.1304
$P(\text{GC} = coapplicant \mid fr)$	=	0.2	$P(\text{GC} = coapplicant \mid \neg fr)$	=	0.2174
$P(\text{ACC} = own \mid fr)$	=	0.4667	$P(\text{ACC} = own \mid \neg fr)$	=	0.6087
$P(\text{ACC} = rent \mid fr)$	=	0.3333	$P(\text{ACC} = rent \mid \neg fr)$	=	0.2174
$P(\text{ACC} = free \mid fr)$	=	0.2	$P(\text{ACC} = free \mid \neg fr)$	=	0.1739

注: 其简写方式为 FR = FRAUD、CH = CREDIT HISTORY、GC = GUARANTOR/COAPPLICANT 以及 ACC = ACCOMMODATION。

表 6.9 展示了朴素贝叶斯模型如何使用表 6.8 中平滑后的概率来为每个候选目标级别计算其对这个查询的得分。使用平滑后的概率，我们可以对这两个目标级别计算得分：为 *true* 时是 0.0036，为 *false* 时是 0.0043。目标级别 *false* 具有最高的得分（即使差距微小），并且是这个查询的 MAP 预测。因此，我们的朴素贝叶斯模型会预测这个贷款申请不是欺诈性的。

表 6.9 朴素贝叶斯预测模型为查询（CH = *paid*、GC = *guarantor* 以及 ACC = *free*）进行预测所需的表 6.8 中相关的平滑后的概率，以及每个目标级别得分的计算

$P(fr)$	=	0.3	$P(\neg fr)$	=	0.7
$P(\text{CH} = paid \mid fr)$	=	0.2222	$P(\text{CH} = paid \mid \neg fr)$	=	0.2692
$P(\text{GC} = guarantor \mid fr)$	=	0.2667	$P(\text{GC} = guarantor \mid \neg fr)$	=	0.1304
$P(\text{ACC} = free \mid fr)$	=	0.2	$P(\text{ACC} = free \mid \neg fr)$	=	0.1739

$$\left(\prod_{k=1}^{m} P(\mathbf{q}[m] \mid fr) \right) \times P(fr) = 0.0036$$

$$\left(\prod_{k=1}^{m} P(\mathbf{q}[m] \mid \neg fr) \right) \times P(\neg fr) = 0.0043$$

6.4.2   连续特征: 概率密度函数

要计算事件的概率，我们只需数出事件发生的次数，并将其除以事件可以发生的次数。连续特征在其域内可以有无限多的数值，因此任意特定值出现的次数都可被忽略。实际上，在大的数据集中，连续特征取任意特定值的相对频率与零没什么区别。

解决零概率问题的方法是考虑连续特征取值的概率是如何在其取值范围内分布的。**概率密度函数**（Probability Density Function, PDF）使用一个数学函数来表示连续特征的概率分布，而我们已经拥有大量标准的、定义良好的概率分布——例如**正态分布**——可供我们用来对连续特征在其域内取不同值的概率建模。

表 6.10 展示了一些常用于概率预测模型的标准概率分布的定义：**正态分布**、**指数分布**以及**高斯混合分布**（mixture of Gaussians），图 6.3 展示了这些分布的密度曲线的形状。所有标准的 PDF 都具有能改变描述这个分布的密度曲线的参数。表 6.10 显示了正态分布、指数分布和高斯混合分布所需的参数。为了用 PDF 来表示连续特征取不同值的概率，我们需要选择这些参数来配合数据的特性。我们已经在 3.2.1 节较详细地介绍过正态分布，所以这里不再重复介绍，但我们会较详细地讲解其他分布。

表 6.10   一些标准概率分布的定义

正态	
$x \in \mathbb{R}$ $\mu \in \mathbb{R}$ $\sigma \in \mathbb{R}_{>0}$	$N(x,\mu,\sigma) = \dfrac{1}{\sigma\sqrt{2\pi}} e^{-\frac{(x-\mu)^2}{2\sigma^2}}$
学生 t	
$x \in \mathbb{R}$ $\varphi \in \mathbb{R}$ $\rho \in \mathbb{R}_{>0}$ $\kappa \in \mathbb{R}_{>0}$ $z = \dfrac{x-\varphi}{\rho}$	$\tau(x,\varphi,\rho,\kappa) = \dfrac{\Gamma\left(\dfrac{\kappa+1}{2}\right)}{\Gamma\left(\dfrac{\kappa}{2}\right) \times \sqrt{\pi\kappa} \times \rho} \times \left(1 + \left(\dfrac{1}{\kappa} \times z^2\right)\right)^{-\frac{\kappa+1}{2}}$
指数	
$x \in \mathbb{R}$ $\lambda \in \mathbb{R}_{>0}$	$E(x,\lambda) = \begin{cases} \lambda e^{-\lambda x} & , \text{对于} x > 0 \\ 0 & , \text{否则} \end{cases}$
n 个高斯混合	
$x \in \mathbb{R}$ $\{\mu_1,\cdots,\mu_n \mid \mu_i \in \mathbb{R}\}$ $\{\sigma_1,\cdots,\sigma_n \mid \sigma_i \in \mathbb{R}_{>0}\}$ $\{\omega_1,\cdots,\omega_n \mid \omega_i \in \mathbb{R}_{>0}\}$ $\sum_{i=1}^{n} \omega_i = 0$	$N(x,\mu_1,\sigma_1,\omega_1\cdots,\mu_n,\sigma_n,\omega_n) = \sum_{i=1}^{n} \dfrac{\omega_i}{\sigma_i\sqrt{2\pi}} e^{-\frac{(x-\mu_i)^2}{2\sigma_i^2}}$

学生 t[⊖]（student-t）分布是围绕单峰对称的分布。实际上，它看起来非常像正态分布，如图 6.3a 所示。学生 t 概率密度函数的定义使用了**伽马函数**（$\Gamma()$，gamma function），这是一个标准统计函数[⊖]。学生 t 分布是**位置 – 尺度**（location-scale）分布族的一个成员[⊖]。这类分布使用两个参数：一个**位置**参数 φ，它确定分布的峰值密度的位置；以及一个非负的**尺度**参数 ρ，它确定分布的分散程度，尺度越大分布越分散。正态分布也是这个**位置 – 尺度**分布族的成员，其中平均值确 μ 定位置，标准差 σ 则作为尺度参数。我们对位置和尺度参数使用不同的记法，即 φ 和 ρ，而非正态分布中的 μ 和 σ，因为这些参数是用不同的估计方法得出的。一般来说，分布的位置和尺度参数是用引导搜索过程拟合数据来估计的[⊛]。而学生 t 模型则使用了一个额外参数 κ。这个参数是分布的**自由度**（degree of freedom）。统计学中，一个分布的自由度是计算该统计量时自由变动的变量的数量。对于学生 t 分布来说，自由度始终设为样本大小（数据集的行数）减 1。

〔278〕

　　从分布的观点来看，正态分布和学生 t 分布的主要不同在于正态分布具有**薄尾巴**(light tail)，而学生 t 分布具有**肥尾巴**（fat tail）。图 6.4 使用两个数据集的直方图图解了薄尾巴和肥尾巴的区别。图 6.4a 的数据集服从一个薄尾分布——分布最左边和最右边的条形高度为零。图 6.4b 的直方图具有一个肥尾分布——分布最左边和最右边的条形仍然高于零，即使只高出一

　　⊖　学生 t 分布是英国人威廉·戈塞于 1908 年发表的论文中提出的。"学生"是戈塞发表论文时所用的笔名。彼时戈塞在都柏林的健力士啤酒厂工作，使用笔名的原因一说是戈塞的雇主希望员工以笔名发表科学论文，另一说是健力士啤酒厂不想让竞争对手知道他们在使用 t 检验确定原材料的质量。——译者注

　　⊖　参见 Tijms（2012），或任何质量良好的概率教科书，以获取伽马函数的介绍。

　　⊜　学生 t 分布可以用几种方式定义。例如，它可以被定义为只需要自由度这一个参数。本书中我们使用扩展的位置 – 尺度定义。

　　⊛　这一引导搜索过程类似于我们在第 7 章拟合回归模型所用的**梯度下降**（gradient descent）搜索。许多数据分析包和编程 API 都提供了实现将分布拟合到数据的方法的函数。

点。这种肥尾和薄尾分布的区别很重要，因为它表明当使用正态分布时，我们就隐含了这样的假设，即当我们的值与分布的平均值差异增加，这个值出现的可能性就会大幅下降。许多数据分析师常犯的错误是将单峰分布数据不假思索地套用正态分布进行建模[⊖]。有统计检验方法（比如**柯尔莫哥洛夫 – 斯米尔诺夫检验**（Kolmogorov-Smirnov test））可用于检查特征是否是正态分布的，而当特征不是正态分布的时候，其他**单峰**分布（比如**学生 t 分布**）则可能更加合适。

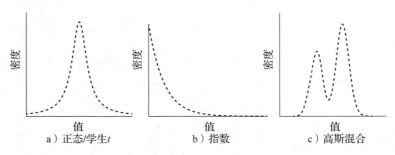

图 6.3　一些著名概率分布的图形

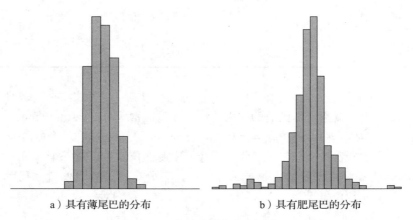

图 6.4　两个单峰数据集的直方图

　　正态分布具有薄尾的另一后果是它对数据中的离群点非常敏感。图 6.5 展示了离群点对正态分布和学生 t 分布的影响。图 6.5a 展示了一个数据集的直方图，并叠加了已经拟合到该数据的正态分布和学生 t 分布曲线。该正态分布和该学生 t 分布非常相似，且都很符合密度直方图的形状。图 6.5b 展示了与之前相同的数据集的直方图，但在分布的最右端添加了一些离群点。我们同样将拟合到这个新数据集的正态分布和学生 t 分布曲线叠加到直方图上。比较图 6.5a 和图 6.5b，我们可以清晰地看出添加离群点对正态分布的影响比对学生 t 分布的影响大得多。学生 t 对离群点的健壮性是考虑使用这一分布而非正态分布来建模数据集很小或存在噪声的单峰数据的另一理由。

　　指数分布的密度曲线图（见图 6.3b）显示，该分布给分布左侧的值分配很高的概率，而当我们向右移动时值出现的概率下降得非常快。指数分布的标准定义域是从零到正无穷（也就是为小于零的值分配的概率为零）。不过，我们可以通过偏置输入值对其进行调整。指数分布需要一个称为**率**（rate）的参数 λ。调整 λ 的值会改变密度下降的速率。当 λ 增加时，分

　Taleb（2008）讨论了当分析师使用正态分布来建模薄尾假设不成立的社会和经济特征时所产生的问题。

布的峰值（在左侧）变大，密度的下降变陡。我们将 λ 设为 1 除以特征的平均值，以便将指数分布拟合到连续特征上。指数分布常被用于建模等待时间（例如，需要等待多久问询台才会接听电话，需要多久才能等到公交车，或者硬件发生故障前可使用多久），其中参数 λ 等于 1 除以事件的平均时间。

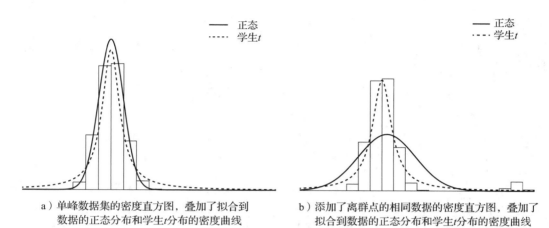

a）单峰数据集的密度直方图，叠加了拟合到
数据的正态分布和学生 t 分布的密度曲线

b）添加了离群点的相同数据的密度直方图，叠加了
拟合到数据的正态分布和学生 t 分布的密度曲线

图 6.5   学生 t 分布对离群点的健壮性图示（本图受 Bishop (2006) 中图 2.16 的启发）

正如其名，**高斯混合**分布是多个正态（或高斯）分布混合的结果。高斯混合分布被用于表示由多个子总体构成的数据。图 6.6a 展示了由多个子总体构成的数据的典型轮廓。密度曲线的多个峰值是由不同的子总体产生的（有多个峰值的分布被称为**多峰**）。使用高斯混合分布就假设了数据中的所有子总体都服从正态分布，但每个子总体正态分布都具有不同的平均值，也可能会有不同的标准差。

表 6.10 中高斯混合分布的定义表明了高斯混合分布中每个单独的正态分布是如何使用加权和结合在一起的。每个被合并的正态分布都被称为混合的一个**组件**（component）。和中组件的权值决定了这个组件对混合结果的总体密度的贡献程度。混合高斯分布的每个组件都使用三个参数定义：平均值 μ、标准差 σ 以及权值 ω。混合中权值参数的和必须为 1。

不同于指数分布和正态分布，计算高斯混合分布对一个特征值集的拟合并不存在解析解法。作为替代，给定连续特征的一个值集，我们通过搜索能够最好地拟合数据的组件数量和每个组件的参数来将高斯混合分布拟合到数据。像**梯度下降**算法这样的**引导搜索**（guided search）技术可以用于这个任务。分析师常常会根据他们自己对数据的分析来为搜索输入建议的起始点以引导搜索过程。

在图 6.6b 中，我们可以看到三个正态分布被用于建模图 6.6a 的多峰分布。每个正态分布具有不同的平均值，但标准差相同。每个单独的正态密度曲线与混合中该正态分布的权值成比例。图 6.6c 在三个加权正态分布上叠加了多峰密度曲线。从图中明显可以看出，三个正态分布的加权和能够出色地建模多峰密度分布。

我们有许多可供选择的参数化分布，这意味着要定义概率密度函数（PDF），我们必须：

1. 选择我们认为能对特征的值进行最佳建模的概率分布。为特征选择分布最简单和直接的方式是创建特征的值的密度直方图并将直方图的形状与标准分布的形状进行比较。我们应当选择最符合直方图形状的标准分布来建模特征。

281
282

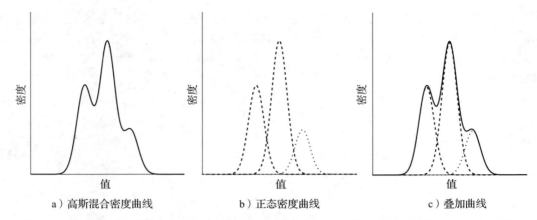

a）高斯混合密度曲线   b）正态密度曲线   c）叠加曲线

图 6.6   显示高斯混合模型是如何由多个正态分布构成的。实线绘制的曲线是高斯混合密度曲
线，由三个正态曲线（用长虚线和短虚线画出）的适当加权和得出

2. 将所选分布的参数拟合到数据集中特征的值。通过使用数据集中特征的值的样本
平均值和标准差作为对 μ 和 σ 的估计，能够相当直接地将正态分布的参数 μ 和 σ 拟合到数
据集。与正态分布相似，指数分布的 λ 参数也可以通过用 1 除以数据的平均值轻易算出。
然而，对于许多其他统计分布（比如高斯混合分布），我们无法在数据上定义合适的能够
估计其参数的等式。对于这些分布，参数是用诸如**梯度下降法**的引导搜索技术来设定的。
幸运的是，大多数数据分析包和编程 API 提供了将特定分布拟合到数据集的方法的函数
实现[⊖]。

283

一个 PDF 就是一个对密度直方图的抽象，并且其本身就定义了一个密度曲线。曲线的
形状由用于定义 PDF 的统计分布以及统计分布参数的值确定。要使用 PDF 来计算概率，我
们需要思考一段 PDF 曲线下的面积。因此，要用一个 PDF 计算概率，我们首先需要决定我
们要计算哪一段的概率，然后计算这一段密度曲线下的面积来给出这一区间内的值出现的概
率。确定**区间大小**（interval size）没有简单明确的规则。相反，这个决定要根据每种情形来
做出，并且依赖于解决一个问题所需的精度。某些情况下，定义区间的大小也是我们要解
决的问题的一部分；或者由于问题的领域的特性，可能存在能够加以使用的自然区间。例
如，当处理一个财务特征时，我们可能会使用表示分的区间，而如果要处理温度，那么我
们可能将区间定义为 1 度。一旦选定了区间大小，我们就需要计算这个区间内密度曲线下的
面积[⊖]。

不过，当我们使用 PDF 来表示朴素贝叶斯模型中描述性特征的概率分布时，我们并
不需要实际计算出准确的概率。我们只需要计算在给定目标特征的不同级别时，连续特
征取一个值的相对可能性。由 PDF 定义的密度曲线在特定特征值处的高度就能给出这一
信息，因此我们可以省去计算真实概率的麻烦。我们可以使用 PDF 的值作为可能性的相
对度量，是因为当区间非常小时，这个区间内 PDF 曲线下的实际面积可以用区间中心处
PDF 曲线的值乘以区间的宽度来近似（带有与区间宽度正比的小误差）。图 6.7 展示了这一

⊖   比如，R 语言在 MASS 包中提供了 fitdistr() 方法，它实现了很多单变量分布到给定数据集的最大似然
拟合。

⊖   我们可以通过查询概率表，或使用**积分**（integration）来计算区间内曲线下的面积。有许多优秀的统计教
科书解释了如何做这两种操作，比如 Montgomery and Runger（2010）。

近似。

　　如果我们要使用式（6.16）在计算朴素贝叶斯预测模型中连续描述性特征的条件概率时计入区间宽度，我们就需要在每次为目标特征的级别计算可能性得分的时候将 PDF 返回的值乘以相同的宽度。因此，我们可以省略这一乘法并仅使用 PDF 返回的值作为特征取某个值的可能性的相对度量。

284

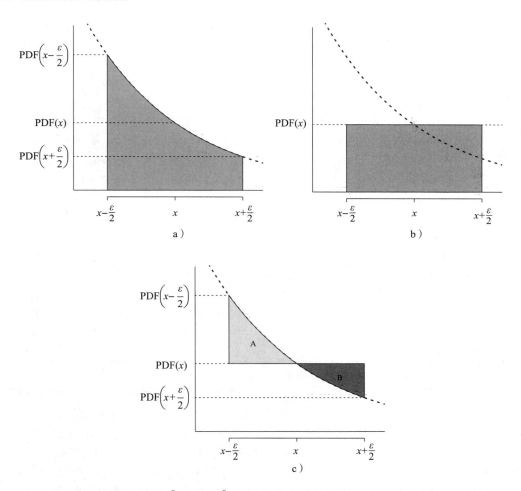

图 6.7　a 表示在限界 $x - \dfrac{\varepsilon}{2}$ 和 $x + \dfrac{\varepsilon}{2}$ 之间的密度曲线下的面积；在 b 中，通过计算
　　　　$\mathrm{PDF}(x) \times \varepsilon$ 来近似这一面积；而在 c 中，近似的误差等于近似省略的曲线下的面
　　　　积 A 和近似错误计入的曲线上的面积 B 的差。当区间的宽度变小，这两个面积
　　　　也会变小，导致近似时的误差变小

　　为了将我们关于 PDF 的讨论实际化，并阐明如何将其用于构建朴素贝叶斯预测模型，我们对贷款诈骗监测场景进行拓展，加入额外的两个连续特征：账户余额（ACCOUNT BALANCE），它表明贷款申请人在申请时账户中的余额；以及贷款金额（LOAN AMOUNT），它表示申请的贷款金额。表 6.11 列出了拓展后的数据集。我们首先仅使用数据集中加入的 ACCOUNT BALANCE 特征（忽略 LOAN AMOUNT，我们会在本章后面讨论这个特征）来展示 PDF 是如何使我们在朴素贝叶斯模型中纳入连续特征的。

表 6.11   贷款申请诈骗监测领域的数据集（来自表 6.2），增加了两个连续描述性特征：ACCOUNT BALANCE 和 LOAN AMOUNT

ID	CREDIT HISTORY	GUARANTOR/ COAPPLICANT	ACCOMODATION	ACCOUNT BALANCE	LOAN AMOUNT	FRAUD
1	current	none	own	56.75	900	true
2	current	none	own	1800.11	150 000	false
3	current	none	own	1341.03	48 000	false
4	paid	guarantor	rent	749.50	10 000	true
5	arrears	none	own	1150.00	32 000	false
6	arrears	none	own	928.30	250 000	true
7	current	none	own	250.90	25 000	false
8	arrears	none	own	806.15	18 500	false
9	current	none	rent	1209.02	20 000	false
10	none	none	own	405.72	9500	true
11	current	coapplicant	own	550.00	16 750	false
12	current	none	free	223.89	9850	true
13	current	none	rent	103.23	95 500	true
14	paid	none	own	758.22	65 000	false
15	arrears	none	own	430.79	500	false
16	current	none	own	675.11	16 000	false
17	arrears	coapplicant	rent	1657.20	15 450	false
18	arrenrs	none	free	1405.18	50 000	false
19	arrears	none	own	760.51	500	false
20	current	none	own	985.41	35 000	false

为使朴素贝叶斯模型能处理 ACCOUNT BALANCE 特征，我们得将模型的用于表示域的概率集扩展到这一特征上。回想一下，朴素贝叶斯领域表示会对目标域内的每个级别定义其在描述性特征域内每个可能值上的条件概率。我们的例子中，目标特征 FRAUD 是二元特征，因此我们需要对每个新描述性特征域内的值定义两个条件概率：$P(AB = x \mid fr)$ 和 $P(AB = x \mid \neg fr)$。由于描述性特征 ACCOUNT BALANCE 是连续的，因此这个特征的域内有无穷多个值。然而，我们知道使用定义合适的 PDF，可以近似特征在域内取任意值的概率。因此，我们只需为新特征定义两个 PDF，每个 PDF 都以不同的目标特征级别为条件：$P(AB = x \mid fr) = \mathrm{PDF}_1(AB = x \mid fr)$ 和 $P(AB = x \mid \neg fr) = \mathrm{PDF}_2(AB = x \mid \neg fr)$。这两个 PDF 不需要使用相同的分布来定义。在我们选定了想使用的分布后，要为描述性特征定义以特定目标为条件的 PDF，我们将所选分布的参数拟合到具有该目标值的数据子集。

定义这两个 PDF 的第一步是决定我们要使用哪个分布来为每个目标特征级别定义 PDF。为了做出决定，我们根据目标特征划分数据集，并为每个分块生成描述性特征的值的直方图。随后我们选择与每个生成的直方图的形状最接近的统计分布。图 6.8 展示了根据 FRAUD 目标特征的两个级别划分 ACCOUNT BALANCE 特征后，它们的值的直方图。从直方图中可以明显看出，ACCOUNT BALANCE 特征在 FRAUD = *true* 的实例集中的取值的分布服从指数分布，而 ACCOUNT BALANCE 特征在 FRAUD = *false* 的实例集中的取值的分布则类似于正态分布。

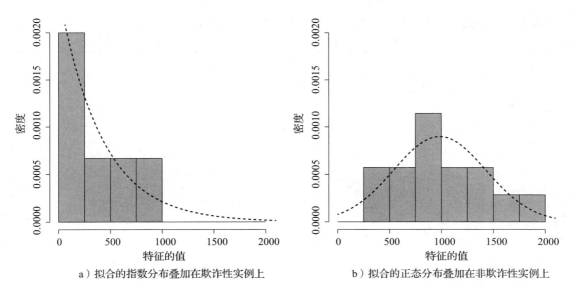

a）拟合的指数分布叠加在欺诈性实例上　　　　b）拟合的正态分布叠加在非欺诈性实例上

图 6.8　使用箱子大小为 250 单位时 ACCOUNT BALANCE 特征的直方图及其密度曲线

一旦我们选定了分布，下一步就是将分布拟合到数据上。要拟合指数分布，我们在 FRAUD = *true* 的实例集中计算 ACCOUNT BALANCE 特征的样本均值，并将参数 λ 设定为 1 除以该值。要将正态分布拟合到 FRAUD = *false* 的实例集，我们计算这一实例集中 ACCOUNT BALANCE 特征的样本均值和样本标准差，并将正态分布的参数设为这两个值。表 6.12 展示了这些值的计算，图 6.8 中的虚线绘制出了这一过程产生的密度曲线。分布拟合到数据后，我们就可以将朴素贝叶斯对域的表示拓展到这个 PDF 上。表 6.13 展示了这个拓展的域表示。

表 6.12　根据目标特征的值划分数据集，并对每个划分中的 ACCOUNT BALANCE 特征的统计分布参数进行拟合以对其建模

a）FRAUD = *true* 的实例，以及对指数分布拟合的参数			
ID	...	ACCOUNT BALANCE	FRAUD
1		56.75	*true*
4		749.50	*true*
6		928.30	*true*
10	...	405.72	*true*
12		223.89	*true*
13		103.23	*true*
$\overline{AB}$		411.22	
$\lambda = \frac{1}{\overline{AB}}$		0.0024	

b）FRAUD = *false* 的实例，以及对正态分布拟合的参数			
ID	...	ACCOUNT BALANCE	FRAUD
2		1800.11	*false*
3		1341.03	*false*
5		1150.00	*false*
7		250.90	*false*
8		806.15	*false*
9		1209.02	*false*
11	...	550.00	*false*
14		758.22	*false*
15		430.79	*false*
16		675.11	*false*
17		1657.20	*false*
18		1405.18	*false*
19		760.51	*false*
20		985.41	*false*
$\overline{AB}$		984.26	
$sd(AB)$		460.94	

注：ACCOUNT BALANCE 在表中简写为 AB。

表 6.13 朴素贝叶斯预测模型所需的概率，从表 6.11 的数据集中算得，已进行了拉普拉斯平滑 （ $k = 3$ ），并且包括了用 PDF 定义的新特征 ACCOUNT BALANCE 的条件概率

$P(fr)$	=	0.3	$P(\neg fr)$	=	0.7
$P(\text{CH} = none \mid fr)$	=	0.2222	$P(\text{CH} = none \mid \neg fr)$	=	0.1154
$P(\text{CH} = paid \mid fr)$	=	0.2222	$P(\text{CH} = paid \mid \neg fr)$	=	0.2692
$P(\text{CH} = current \mid fr)$	=	0.3333	$P(\text{CH} = current \mid \neg fr)$	=	0.2692
$P(\text{CH} = arrears \mid fr)$	=	0.2222	$P(\text{CH} = arrears \mid \neg fr)$	=	0.3462
$P(\text{GC} = none \mid fr)$	=	0.5333	$P(\text{GC} = none \mid \neg fr)$	=	0.6522
$P(\text{GC} = guarantor \mid fr)$	=	0.2667	$P(\text{GC} = guarantor \mid \neg fr)$	=	0.1304
$P(\text{GC} = coapplicant \mid fr)$	=	0.2	$P(\text{GC} = coapplicant \mid \neg fr)$	=	0.2174
$P(\text{ACC} = own \mid fr)$	=	0.4667	$P(\text{ACC} = own \mid \neg fr)$	=	0.6087
$P(\text{ACC} = rent \mid fr)$	=	0.3333	$P(\text{ACC} = rent \mid \neg fr)$	=	0.2174
$P(\text{ACC} = free \mid fr)$	=	0.2	$P(\text{ACC} = free \mid \neg fr)$	=	0.1739
$P(\text{AB} = x \mid fr)$			$P(\text{AB} = x \mid \neg fr)$		
$\approx E\left(\begin{array}{c} x, \\ \lambda = 0.0024 \end{array}\right)$			$\approx N\left(\begin{array}{c} x, \\ \mu = 984.26, \\ \sigma = 460.94 \end{array}\right)$		

注：其简写方式为 FR = FRAUD、CH = CREDIT HISTORY、GC = GUARANTOR/COAPPLICANT、ACC = ACCOMMODATION 以及 AB = ACCOUNT BALANCE。

要使用模型拓展后的域表示来对查询进行预测，我们像往常那样计算相关描述性特征的概率的积以及不同目标级别的先验概率，但会使用 PDF 来计算连续特征的概率。表 6.14 展示了对如下查询进行的预测：

CREDIT HISTORY = *paid*, GUARANTOR/COAPPLICANT = *guarantor*,

ACCOMMODATION = *free*, ACCOUNT BALANCE = 759.07

287
～
288
ACCOUNT BALANCE 特征的概率是使用表 6.10 中正态和指数分布的公式算出的。结果 FRAUD = *false* 是仍然具有最高的得分，并且将作为该查询的预测返回。

表 6.14 朴素贝叶斯预测模型对查询（CH = *paid*、GC = *guarantor*、ACC = *free* 以及 AB = 759.07）进行预测所需的概率（来自表 6.13），以及每个候选预测得分的计算

$P(fr)$	=	0.3	$P(\neg fr)$	=	0.7
$P(\text{CH} = paid \mid fr)$	=	0.2222	$P(\text{CH} = paid \mid \neg fr)$	=	0.2692
$P(\text{GC} = guarantor \mid fr)$	=	0.2667	$P(\text{GC} = guarantor \mid \neg fr)$	=	0.1304
$P(\text{ACC} = free \mid fr)$	=	0.2	$P(\text{ACC} = free \mid \neg fr)$	=	0.1739
$P(\text{AB} = 759.07 \mid fr)$			$P(\text{AB} = 759.07 \mid \neg fr)$		
$\approx E\left(\begin{array}{c} 759.07, \\ \lambda = 0.0024 \end{array}\right)$	=	0.000 39	$\approx N\left(\begin{array}{c} 759.07, \\ \mu = 984.26, \\ \sigma = 460.94 \end{array}\right)$	=	0.00 077

$$\left(\prod_{k=1}^{m} P(\mathbf{q}[k] \mid fr)\right) \times P(fr) = 0.0\ 000\ 014$$

$$\left(\prod_{k=1}^{m} P(\mathbf{q}[k] \mid \neg fr)\right) \times P(\neg fr) = 0.0\ 000\ 033$$

6.4.3 连续特征：分箱

不同于使用概率密度函数，表示连续特征的另一种方法是使用**分箱**将特征变为类别特征。我们在 3.6.2 节介绍了两个最有名的分箱方法，即**等宽分箱**和**等频分箱**，还讨论了每个

方法的一般优点和缺点。等宽分箱的一个特点是它可能导致实例在箱子中分布得非常不均匀，一些箱子含有大量实例而其他箱子几乎是空的。实例在箱子中的不均匀分布可能会对基于概率的模型造成严重的后果。仅含有几个实例的箱子可能具有极小或极大的条件概率（依赖于以目标特征为条件时实例是如何划分的），而且这些极端的条件概率可能会根据分箱方法的参数（例如，我们设定的箱子数量）而非数据中的真实分布来偏置模型。考虑这一原因，我们推荐使用等频分箱来为基于概率的模型将连续特征转换为类别特征。

回到贷款申请诈骗例子中，我们将展示如何使用分箱来在这一场景的朴素贝叶斯预测模型中纳入 LOAN AMOUNT 特征（见表 6.11）。表 6.15 展示了将 LOAN AMOUNT 离散化为 4 个等频箱子。表中，数据集内的数据已经根据其 LOAN AMOUNT 值被重新排列为升序。即使使用了等频分箱，数据的划分也仍然有引发极端条件概率的可能。例如，$bin3$ 中所有数值的目标特征值都为 $false$。因此，LOAN AMOUNT = $bin3$ 在 FRAUD = $true$ 条件下的后验概率将为 0.0，而 LOAN AMOUNT = $bin3$ 在 FRAUD = $false$ 条件下的后验概率将为 1.0。**平滑**应当与分箱一起使用以避免这些极端概率。

289 ～ 290

表 6.15　LOAN AMOUNT 连续特征离散化为 4 个等频箱子

ID	LOAN AMOUNT	BINNED LOAN AMOUNT	FRAUD	ID	LOAN AMOUNT	BINNED LOAN AMOUNT	FRAUD
15	500	$bin1$	$false$	9	20 000	$bin3$	$false$
19	500	$bin1$	$false$	7	25 000	$bin3$	$false$
1	900	$bin1$	$true$	5	32 000	$bin3$	$false$
10	9500	$bin1$	$true$	20	35 000	$bin3$	$false$
12	9850	$bin1$	$true$	3	48 000	$bin3$	$false$
4	10 000	$bin2$	$true$	18	50 000	$bin4$	$false$
17	15 450	$bin2$	$false$	14	65 000	$bin4$	$false$
16	16 000	$bin2$	$false$	13	95 000	$bin4$	$true$
11	16 750	$bin2$	$false$	2	150 000	$bin4$	$false$
8	18 500	$bin2$	$false$	6	250 000	$bin4$	$true$

我们使用分箱离散化了数据后，就需要记录箱子之间原始连续特征的阈值。这样做的原因是，我们需要在预测查询实例前对查询实例的特征进行正确分箱。为计算这些阈值，我们取一个箱子中具有最高特征值的实例和下一个箱子中具有最低特征值的实例之间的特征值区间的中点。例如，表 6.15 中的实例根据其原始 LOAN AMOUNT 的值的大小升序排列。因此，$bin1$ 和 $bin2$ 之间的阈值应当是 $d_{12}(9850)$ 和 $d_4(10\ 000)$ 之间 LOAN AMOUNT 值的中间值，即 9925。用于离散化 LOAN AMOUNT 特征的四个箱子的边界阈值为：

$$bin1 \leqslant 9925$$
$$9925 < bin2 \leqslant 19\ 250$$
$$19\ 225 < bin3 \leqslant 49\ 000$$
$$49\ 000 < bin4$$

一旦离散化连续特征并计算了分箱查询特征的阈值，我们就可以开始创建预测模型了。像以前一样，对于朴素贝叶斯模型，我们为目标特征计算先验概率分布，以及每个描述性特征在以目标特征为条件时的后验分布。同样，我们应当对得出的概率进行平滑。表 6.16 展示了朴素贝叶斯预测模型所需的、拉普拉斯平滑（$k = 3$ 时）后的概率，从表 6.11 的数据集中算得。注意，在这个领域表示中，我们将不同的连续特征处理方法混在一起：保留 6.4.2 节为 ACCOUNT BALANCE 开发的 PDF，同时还使用分箱后的 LOAN AMOUNT 特征，即分箱贷款金额（BINNED LOAN AMOUNT）。

291

表 6.16　朴素贝叶斯预测模型所需的拉普拉斯平滑（$k=3$）后的概率，从表 6.11 和
表 6.15 的数据集中算得

$P(fr)$	=	0.3	$P(\neg fr)$	=	0.7
$P(\text{CH} = none \mid fr)$	=	0.2222	$P(\text{CH} = none \mid \neg fr)$	=	0.1154
$P(\text{CH} = paid \mid fr)$	=	0.2222	$P(\text{CH} = paid \mid \neg fr)$	=	0.2692
$P(\text{CH} = current \mid fr)$	=	0.3333	$P(\text{CH} = current \mid \neg fr)$	=	0.2692
$P(\text{CH} = arrears \mid fr)$	=	0.2222	$P(\text{CH} = arrears \mid \neg fr)$	=	0.3462
$P(\text{GC} = none \mid fr)$	=	0.5333	$P(\text{GC} = none \mid \neg fr)$	=	0.6522
$P(\text{GC} = guarantor \mid fr)$	=	0.2667	$P(\text{GC} = guarantor \mid \neg fr)$	=	0.1304
$P(\text{GC} = coapplicant \mid fr)$	=	0.2	$P(\text{GC} = coapplicant \mid \neg fr)$	=	0.2174
$P(\text{ACC} = own \mid fr)$	=	0.4667	$P(\text{ACC} = own \mid \neg fr)$	=	0.6087
$P(\text{ACC} = rent \mid fr)$	=	0.3333	$P(\text{ACC} = rent \mid \neg fr)$	=	0.2174
$P(\text{ACC} = free \mid fr)$	=	0.2	$P(\text{ACC} = free \mid \neg fr)$	=	0.1739
$P(\text{AB} = x \mid fr)$			$P(\text{AB} = x \mid \neg fr)$		
$\approx E\left(\begin{array}{c} x, \\ \lambda = 0.0024 \end{array}\right)$			$\approx N\left(\begin{array}{c} x, \\ \mu = 984.26, \\ \sigma = 460.94 \end{array}\right)$		
$P(\text{BLA} = bin1 \mid fr)$	=	0.3333	$P(\text{BLA} = bin1 \mid \neg fr)$	=	0.1923
$P(\text{BLA} = bin2 \mid fr)$	=	0.2222	$P(\text{BLA} = bin2 \mid \neg fr)$	=	0.2692
$P(\text{BLA} = bin3 \mid fr)$	=	0.1667	$P(\text{BLA} = bin3 \mid \neg fr)$	=	0.3077
$P(\text{BLA} = bin4 \mid fr)$	=	0.2778	$P(\text{BLA} = bin4 \mid \neg fr)$	=	0.2308

注：其简写方式为 FR = Fraud、CH = Credit History、GC = Guarantor/Coapplicant、ACC = Accommodation、AB = Account Balance 以及 BLA = Binned Loan Amount。

我们现在可以处理证据中具有连续特征 Loan Amount 的查询了：

Credit History = *paid*, Guarantor/CoApplicant = *guarantor*,

Accommodation = *free*, Account Balance = 759.07, Loan Amount = 8000

这个查询（8000）的 Loan Amount 值低于 *bin*1 的阈值。因此，查询的 Loan Amount 特征在预测中将被认为是等于 *bin*1 的。表 6.17 列出了这一查询的候选预测的朴素贝叶斯得分的计算：为 *true* 时是 0.000 000 462，为 *false* 时是 0.000 000 633。目标级别 *false* 具有最高的得分，是模型所做出的预测。

表 6.17　朴素贝叶斯预测模型对查询（CH = *paid*、GC = *guarantor*、ACC = *free*、AB = 759.07 以及 LA = 8000）进行预测所需的平滑后的概率（来自表 6.16），以及每个候选预测得分的计算

$P(fr)$	=	0.3	$P(\neg fr)$	=	0.7
$P(\text{CH} = paid \mid fr)$	=	0.2222	$P(\text{CH} = paid \mid \neg fr)$	=	0.2692
$P(\text{GC} = guarantor \mid fr)$	=	0.2667	$P(\text{GC} = guarantor \mid \neg fr)$	=	0.1304
$P(\text{ACC} = free \mid fr)$	=	0.2	$P(\text{ACC} = free \mid \neg fr)$	=	0.1739
$P(\text{AB} = 759.07 \mid fr)$			$P(\text{AB} = 759.07 \mid \neg fr)$		
$\approx E\left(\begin{array}{c} 759.07, \\ \lambda = 0.0024 \end{array}\right)$	=	0.000 39	$\approx N\left(\begin{array}{c} 759.07, \\ \mu = 984.26, \\ \sigma = 460.94 \end{array}\right)$	=	0.000 77
$P(\text{BLA} = bin1 \mid fr)$	=	0.3333	$P(\text{BLA} = bin1 \mid \neg fr)$	=	0.1923

$$\left(\prod_{k=1}^{m} P(\mathbf{q}[k] \mid fr)\right) \times P(fr) = 0.000\,000\,462$$

$$\left(\prod_{k=1}^{n} P(\mathbf{q}[k] \mid \neg fr)\right) \times P(\neg fr) = 0.000\,000\,633$$

6.4.4 贝叶斯网络

本章我们介绍了两种表示领域内事件的概率的方法，**全联合概率分布和朴素贝叶斯模型**。全联合概率分布对域内所有联合事件的概率进行编码，使用全联合概率分布，我们可以通过加出我们不感兴趣的特征来进行概率推断。然而，全联合概率分布随着领域内新特征或特征新级别的增加而呈指数级增长。这种指数增长率的出现部分是由于全联合概率分布无视特征之间的结构性关系，比如直接影响或条件独立关系。因此，全联合分布很难处理具有一定复杂度的领域。相反，朴素贝叶斯模型使用非常紧凑的领域表示。原因是，该模型假设所有描述性特征都是在给定目标特征的值时相互**条件独立**的。这种表示的紧凑性是以做出可能危及模型预测准确性的幼稚假设为代价的。

贝叶斯网络使用基于图的表示来编码域内特征子集的结构关系，比如直接影响和条件独立。因此，贝叶斯网络总体来说比全联合分布更为紧凑（因为它可以编码条件独立关系），但也不断言所有描述性特征之间都具有全局条件独立。如此，贝叶斯网络模型是介于全联合分布和朴素贝叶斯模型之间的中间品，能够在模型紧凑性和预测精确性之间做出有用的折中。

一个贝叶斯网络是一个由三个基本要素组成的有向无环图（图中不存在环）：

- **节点**（node）：域内的每个特征都使用图中的单个节点来表示。
- **边**（edge）：节点由有方向的连线连接在一起；图中连线的连通性编码节点之间的影响以及条件独立关系。
- **条件概率表**（Conditional Probability Table，CPT）：每个节点都有对应的 CPT。CPT 列出节点所表示的特征的概率分布，条件是用边连接到该节点的节点所代表的特征。

292
~
294

图 6.9a 展示了一个简单的贝叶斯网络。这个网络描述了一个由两个二元特征 A 和 B 构成的域。从 A 到 B 的有向连接表示 A 的值直接影响到 B 的值。用概率的术语来说就是图 6.9a 中从 A 到 B 的有向边表明：

$$P(A, B) = P(B \mid A) \times P(A) \tag{6.17}$$

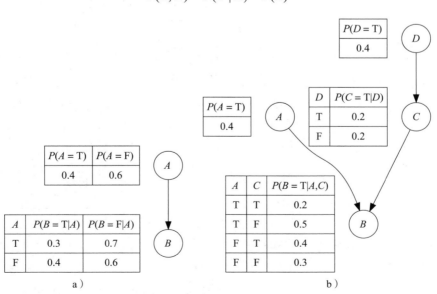

图 6.9   a 是由两个二元特征构成的域的贝叶斯网络。网络的结构表明特征 A 的值直接影响到特征 B 的值。b 是由 4 个二元特征组成的贝叶斯网络，具有一条含有三代节点的路径：D、C 和 B

例如，事件 a 和 $\neg b$ 的概率是：

$$P(a, \neg b) = P(\neg b \mid a) \times P(a) = 0.7 \times 0.4 = 0.28$$

计算中使用的概率是从图 6.9a 的 CPT 中直接读出的。使用贝叶斯网络的术语来说，节点 A 是节点 B 的**父节点**（parent node），而节点 B 则是节点 A 的**子节点**（child node），因为存在从 A 到 B 的有向边。每个节点所对应的 CPT 定义了每个特征在给定其父节点的值时取不同值的概率。节点 A 没有父节点，因此其 CPT 只需列出 A 的无条件概率分布。注意，CPT 中每行的和为 1。因此，对于有 N 个级别的类别特征，我们每行只需要 $N-1$ 个概率，最后一个概率可以通过用 1 减去其他 $N-1$ 个概率得出。例如，当我们处理二元特征时，我们只需要给出每个特征为 *true* 的概率，*false* 的概率可以被认为是 1 减去这一概率。图 6.9a 的网络就可以这样简化，我们从此以后也会对所有网络进行这样的简化。贝叶斯网络处理连续特征的标准方法是使用分箱。因此，CPT 表示就能够同时处理类别特征和（分箱后的）连续特征。

可以推广式（6.17），对于任意有 N 个节点的网络，事件 $x_1, \cdots, x_n$ 的概率可以用下式计算：

$$P(x_1, \cdots, x_n) = \prod_{i=1}^{n} P(x_i \mid \mathrm{Parents}(x_i)) \tag{6.18}$$

其中 $\mathrm{Parents}(x_i)$ 描述了图中直接连接到节点 x_i 的节点集。使用这一公式，我们可以计算贝叶斯网络所表示的域内的任意联合事件。例如，使用图 6.9b 中略微复杂一些的贝叶斯网络，我们可以计算联合事件 $P(a, \neg b, \neg c, d)$ 的概率：

$$P(a, \neg b, \neg c, d) = P(\neg b \mid a, \neg c) \times P(\neg c \mid d) \times P(a) \times P(d) = 0.5 \times 0.8 \times 0.4 \times 0.4 = 0.064$$

295 ~ 296

当计算条件概率时，我们需要当心一个节点的父节点和子节点以及子节点的其他父节点的状态。这是因为关于子节点状态的知识可以告诉我们一些有关其父节点的信息。例如，回到图 6.9a 中的贝叶斯网络，我们可以使用贝叶斯定理计算 $P(a \mid \neg b)$：

$$P(a \mid \neg b) = \frac{P(\neg b \mid a) \times P(a)}{P(\neg b)} = \frac{P(\neg b \mid a) \times P(a)}{\sum_i P(\neg b \mid A_i)}$$

$$= \frac{P(\neg b \mid a) \times P(a)}{(P(\neg b \mid a) \times P(a)) + (P(\neg b \mid \neg a) \times P(\neg a))}$$

$$= \frac{0.7 \times 0.4}{(0.7 \times 0.4) + (0.6 \times 0.6)} = 0.4375$$

本质上，我们此处是在使用贝叶斯定理来颠倒节点之间的依赖关系。因此，为达成条件独立，我们不仅需要考虑节点的父节点，也要考虑其子节点和子节点的其他父节点的状态。而如果我们具有这些父节点和子节点的知识，那么这个节点就和图中其他节点**条件独立**。图中使一个节点与其他节点独立的节点集被称为节点的**马尔科夫毯**（Markov blanket）。图 6.10 展示了一个节点的马尔科夫毯。

因此，在一个有 n 个节点的图中，节点 x_i 的条件概率可以定义为：

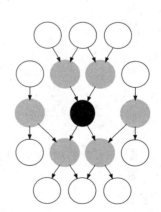

图 6.10　一个节点的马尔科夫毯图示。灰色节点定义了黑色节点的马尔科夫毯。黑色节点在已知灰色节点的状态时与白色节点条件独立

$$P(x_i \mid x_1, \cdots, x_{i-1}, x_{i+1}, \cdots, x_n) =$$
$$P(x_i \mid \text{Parents}(x_i)) \prod_{j \in \text{Children}(x_i)} P(x_j \mid \text{Parents}(x_j)) \qquad (6.19)$$

其中 Parents(x_i) 描述图中直接连接到节点 x_i 的节点集，而 Children(x_i) 则描述图中 x_i 直接连接到的节点集。将此定义应用于图 6.9b 的网络，我们可以计算 $P(c \mid \neg a, b, d)$ 的概率为：

$$P(c \mid \neg a, b, d) = P(c \mid d) \times P(b \mid c, \neg a) = 0.2 \times 0.4 = 0.08$$

当用朴素贝叶斯分类器作预测时，其实我们已经使用过了式（6.19）。朴素贝叶斯分类器是有特定拓扑结构的贝叶斯网络。图 6.11a 展示朴素贝叶斯分类器的网络结构，以及它是如何在给出对目标的假设知识时编码条件独立的。图 6.11b 展示了 6.3.1 节构建的用于预测贷款诈骗的朴素贝叶斯模型的结构。我们可以在这个结构中看到，目标特征 FRAUD 没有父节点，并且是所有描述性特征节点的唯一父节点。这种结构直接反映了朴素贝叶斯模型做出的假设，即在给定目标特征的知识时所有描述性特征之间相互条件独立，以及为何朴素贝叶斯模型中描述性特征的条件概率的条件仅为目标特征。

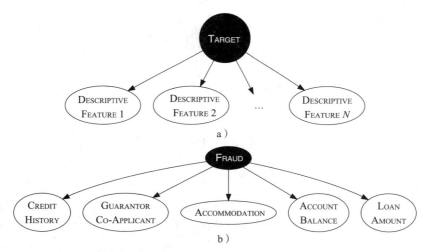

图 6.11　a 是朴素贝叶斯模型中做出的、在给定目标（TARGET）特征时描述性特征（DESCRIPTIVE FEATURE）之间条件独立假设的贝叶斯网络表示；b 是诈骗例子的朴素贝叶斯模型中做出条件独立假设的贝叶斯网络表示

当使用朴素贝叶斯模型为目标特征计算条件概率时，我们使用如下的计算方法：

$$P(t \mid \mathbf{d}[1], \cdots, \mathbf{d}[n]) = P(t) \prod_{j \in \text{Children}(t)} P(\mathbf{d}[j] \mid t)$$

这个等式与式（6.19）等价。其中的 $P(t)$ 是无条件概率，这是由于朴素贝叶斯网络的目标特征没有父节点（见图 6.11a）。

如果一个或多个父节点的值未知，那么计算节点的条件概率就会变得更为复杂。这种情况下，节点会对其未知父节点的祖先节点产生依赖，这是由于如果某个父节点未知，那么要计算节点的分布，我们就必须加出这个父节点。然而，要进行加出，我们就必须知道这个未知父节点的分布，因此需要对父节点的父节点进行加出，以此类推——如果必要的话。这种递归式的加出导致节点的分布依赖于其任意父节点的祖先节点的知识[⊖]。例如，在图 6.9b 中，

⊖　贝叶斯网络中任意两个节点之间的条件独立关系都可以使用 **d 分离**（d-separation，d 代表有向）的框架来刻画（Pearl，1988）。由于我们的讨论不需要 d-separation，因此我们在本书中不对此进行讨论。

如果节点 C 的状态未知，那么节点 B 就会依赖于节点 D。又比如，要计算 $P(b \mid a, d)$ 我们要进行如下的计算：

1. 在给定 D 时计算 C 的分布：$P(c \mid d) = 0.2$，$P(\neg c \mid d) = 0.8$

2. 通过加出 C 计算 $P(b \mid a, C)$：$P(b \mid a, C) = \sum_i P(b \mid a, C_i)$

$$P(b \mid a, C) = \sum_i P(b \mid a, C_i) = \sum_i \frac{P(b, a, C_i)}{P(a, C_i)}$$

$$= \frac{(P(b \mid a, c) \times P(a) \times P(c)) + (P(b \mid a, \neg c) \times P(a) \times P(\neg c))}{(P(a) \times P(c)) + (P(a) \times P(\neg c))}$$

$$= \frac{(0.2 \times 0.4 \times 0.2) + (0.5 \times 0.4 \times 0.8)}{(0.4 \times 0.2) + (0.4 \times 0.8)} = 0.44$$

这个例子显示了贝叶斯网络的威力。当不具备网络中所有节点状态的完整知识时，我们使用具有知识的节点的值来加出未知节点。而且，在这些计算中，我们只需要以一个节点的马尔科夫毯上的节点作为条件，这能大大减少网络所需的概率数量。

6.4.4.1　构建贝叶斯网络

贝叶斯网络可以人工构建，也可以从数据中习得。学习贝叶斯网络的结构和网络中 CPT 的参数是一个艰巨的计算任务。学习贝叶斯网络结构如此困难的原因之一是，可以定义若干不同的贝叶斯网络来表示相同的全联合概率分布。例如，考虑三个二元特征 A、B 和 C 的概率分布。这个域中全联合事件的概率 $P(A, B, C)$ 可通过**链式法则**进行如下分解：

300

$$P(A, B, C) = P(C \mid A, B) \times P(B \mid A) \times P(A) \tag{6.20}$$

而链式法则并没有指明在领域中我们该选择哪些特征来添加条件。我们可以轻易地将联合事件的概率分解如下：

$$P(A, B, C) = P(A \mid C, B) \times P(B \mid C) \times P(C) \tag{6.21}$$

这两种分解都是有效的，并在领域内定义了不同的贝叶斯网络。图 6.12a 展示的贝叶斯网络表示式（6.20）定义的分解，而图 6.12b 的贝叶斯网络则表示式（6.21）定义的分解。

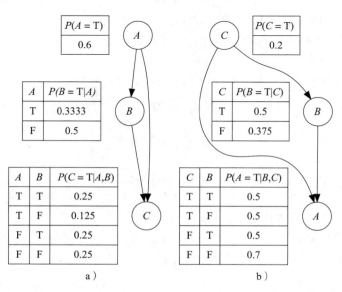

图 6.12　两种不同的贝叶斯网络，分别使用不同的全联合概率分布定义

我们可以使用图 6.12 中所示的两种网络分别计算域内任意选择的联合事件的概率来说明它们代表同一个联合概率。我们从两个网络中算出的联合事件的概率应当是一样的。对于本例，我们计算事件 $\neg a, b, c$ 的概率。使用图 6.12a 的贝叶斯网络，我们进行如下的计算：

$$P(\neg a, b, c) = P(c \mid \neg a, b) \times P(b \mid \neg a) \times P(\neg a) = 0.25 \times 0.5 \times 0.4 = 0.05$$

使用图 6.12b 的网络，计算过程为：

$$P(\neg a, b, c) = P(\neg a \mid c, b) \times P(b \mid c) \times P(c) = 0.5 \times 0.5 \times 0.2 = 0.05$$

两个网络都对联合事件返回相同的概率。实际上，这两个网络会对域内的所有事件分别返回相同的概率。

学习贝叶斯网络结构的基本方法，是使用在可能的网络和参数的空间内移动的局部搜索算法来搜索最符合数据的网络结构和 CPT 参数。算法开始时被赋予一个种子网络，然后通过添加、删除、颠倒连接（或添加和删除隐节点）来迭代地调整网络，同时在每次网络结构调整后伴随着网络参数的学习。学习网络结构的一个难点是，给定一个网络，我们总是能通过仅为网络添加新连接来提高数据的可能性。每次为网络添加新连接时，我们都会增加网络中 CPT 条目的数量。CPT 条目本质上就是网络的参数，一个网络的参数越多，它拟合（或过拟合）数据的能力就越强。因此，必须要注意确保搜索过程使用的目标函数能够避免创建连接度极高的网络而过拟合数据。因此，这些算法使用的函数常常是基于**最小描述长度原则**（minimum description length principle）的，这一原则认定参数最少（描述最短）的解是最好的。我们已经通过更为广义的形式（**奥卡姆剃刀**）认识了最小描述长度原则。这些算法使用的度量常常是**贝叶斯信息准则**（Bayesian Information Criterion，BIC）：

$$\mathrm{BIC}(\mathcal{G}, D) = \log_e(P(D \mid \hat{P}, \mathcal{G})) - \left(\frac{d}{2} \times \log_e(n) \right) \tag{6.22}$$

其中 $\mathcal{G}$ 表示网络图，D 是训练数据，$\hat{P}$ 是 $\mathcal{G}$ 中 CPT 的条目集，d 是 $\mathcal{G}$ 中的参数数量（即 $\mathcal{G}$ 的 CPT 中有多少条目），n 是 D 中的实例数量。这个度量含有一个描述模型预测数据的表现的项 $P(D \mid \hat{P}, \mathcal{G})$，以及惩罚复杂模型的项 $-\left(\frac{d}{2} \times \log_e(n) \right)$。这样，它能够平衡模型准确性和复杂性的搜索目标。$P(D \mid \hat{P}, \mathcal{G})$ 项可以使用诸如**贝叶斯评分**（Bayesian score）或 **K2 评分**[一]（K2 score）来计算。这些算法的搜索空间与特征的数量呈指数关系。因此，发展学习贝叶斯网络的算法仍然是研究难题[二]。

使用混合方法来构建贝叶斯网络要简单得多，其中学习算法使用给定的网络结构，学习任务就是从数据中归纳 CPT 条目。这种学习表明了贝叶斯网络架构的一个真正的强项，也就是它提供了一种能够整合人类专家信息的学习方法。这种情况下，人类专家给出网络的结构，学习算法通过与我们为朴素贝叶斯模型计算条件概率时相同的方法来为网络中的节点归纳 CPT 条目[三]。

既然任何领域都有多个贝叶斯网络，那么一个显然的问题就是，传递给算法作为输入的最佳网络结构是什么？理想中，我们希望使用最能精确反映领域内因果关系的网络结构。具体来说，如果一个特征的值直接影响——或者说导致——另一个特征的取值，那么这在图的

[一] K2 评分得名于 K2 算法，这是学习贝叶斯网络的最早且最有名的算法（Cooper and Herskovits，1992）。

[二] 参见 Kollar and Friedman（2009）可了解寻求解决这一难题的算法的讨论。

[三] 一些情况下我们可能不具有所有特征的数据，这时学习 CPT 条目的标准方法是使用梯度下降法（与第 7 章介绍的类似），其局部搜索算法的目标函数就是归纳出的条件概率与数据中每个联合事件的相对频率的符合程度。也就是说，我们选择能最大化训练集的可能性的条件概率集。

结构上应当通过从起因特征到受影响特征的连接来体现。网络结构能够正确反映数据集中特征的因果关系的贝叶斯网络被称为**因果图**（causal graph）。使用因果图有两个好处：①人们发现，用因果关系思考非常容易，因此编码这种关系的网络易于理解；②反映领域因果结构的网络在节点之间的连接数量上往往更为紧凑，因此其 CPT 条目也更为紧凑。

我们使用来自**社会科学**（social science）的例子来表明如何使用混合方法构建因果图。本例中，我们要构建能够使我们根据一些宏观经济和社会描述性特征来预测一个国家廉洁程度的贝叶斯网络。表 6.18 列出了一些国家，用以下特征描述[⊖]：

- 基尼系数（GINI COEF）：测量社会的平等程度，基尼系数越大表明社会越不平等。
- 预期寿命（LIFE EXP）：测量出生时的预期寿命。
- 上学年数（SCHOOL YEARS）：指成年女性平均上学年数。
- 廉洁指数（Corruption Perception Index，CPI）：也是目标特征。CPI 可测量在国家公共部门中感受到的廉洁程度，值为从 0（非常腐败）到 10（非常廉洁）[⊖]。

表 6.18 中原始特征的数值是连续的，因此我们使用标准方法**等频分箱**将其转变为类别特征，每个特征有两个箱子：低（*low*）和高（*high*）。表 6.18 中名为"分箱后特征的值"的列显示了分箱后的数据。

表 6.18 一些国家的社会经济数据，以及对其进行等频分箱后的数据

COUNTRY ID	原始特征的值				分箱后特征的值			
	GINI COEF	SCHOOL YEARS	LIFE EXP	CPI	GINI COEF	SCHOOL YEARS	LIFE EXP	CPI
阿富汗	27.82	0.40	59.61	1.52	*low*	*low*	*low*	*low*
阿根廷	44.49	10.10	75.77	3.00	*high*	*low*	*low*	*low*
澳大利亚	35.19	11.50	82.09	8.84	*low*	*high*	*high*	*high*
巴西	54.69	7.20	73.12	3.77	*high*	*low*	*low*	*low*
加拿大	32.56	14.20	80.99	8.67	*low*	*high*	*high*	*high*
埃及	30.77	5.30	70.48	2.86	*low*	*low*	*low*	*low*
德国	28.31	12.00	80.24	8.05	*low*	*high*	*high*	*high*
海地	59.21	3.40	45.00	1.80	*high*	*low*	*low*	*low*
爱尔兰	34.28	11.50	80.15	7.54	*low*	*high*	*high*	*high*
以色列	39.2	12.50	81.30	5.81	*low*	*high*	*high*	*high*
新西兰	36.17	12.30	80.67	9.46	*low*	*high*	*high*	*high*
尼日利亚	48.83	4.10	51.30	2.45	*high*	*low*	*low*	*low*
俄罗斯	40.11	12.90	67.62	2.45	*high*	*high*	*low*	*low*
新加坡	42.48	6.10	81.788	9.17	*high*	*low*	*high*	*high*
南非	63.14	8.50	54.547	4.08	*high*	*low*	*low*	*low*
瑞典	25.00	12.80	81.43	9.30	*low*	*high*	*high*	*high*
英国	35.97	13.00	80.09	7.78	*low*	*high*	*high*	*high*
美国	40.81	13.70	78.51	7.14	*high*	*high*	*high*	*high*
津巴布韦	50.10	6.7	53.684	2.23	*high*	*low*	*low*	*low*

⊖ 表中列出的数据是真实的。基尼系数是 2013 年的数据（对于 2013 年数据缺失的国家则为距该年最近的可用数据），来自世界银行（data.worldbank.org/indicator/SI.POV.GINI）；预期寿命和平均上学年数是从 Gapminder（www.gapminder.org）得到的，为 2010/11 年的数据（或可得到的数据中最接近 2010/11 年的数据）；平均上学年数的原始数据源来自健康测量与评估研究所（http://www.healthdata.org）。廉洁指数是 2011 年数据，来自透明国际（www.transparency.org）。

⊖ 原文中值域为从 0 到 100，详见第 5 章 5.8 节习题第 3 题的译者注。——译者注

数据准备好后，构建贝叶斯网络分为两个阶段。首先，我们定义网络的结构。然后，我们创建网络的 CPT。网络的结构是一张建模这一领域的因果图。为此我们必须有域内特征之间因果关系的理论。这个数据集中特征之间的一个可能的因果理论是：

> 社会越平等，则这个社会在健康和教育上的投入就越多，从而也会导致较低程度的腐败。

图 6.13 展示的贝叶斯网络的网络结构编码了这个因果理论。平等程度直接影响健康和教育，因此我们有从 Gini Coef 连接到 Life Exp 和 School Years 的有向弧线。健康和教育直接影响腐败程度，因此我们有从 Life Exp 和 School Years 连接到 CPI 的有向弧线。要完成网络构建，我们还需要添加 CPT。为此我们从表 6.18 的分箱后数据中计算所需的条件概率。CPT 显示在图 6.13 中。

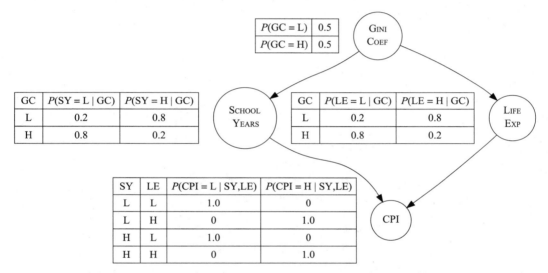

图 6.13　编码腐败领域内特征之间因果关系的贝叶斯网络。CPT 条目已经使用表 6.18 中的分箱后数据算出

6.4.4.2　使用贝叶斯网络进行预测

一旦创建了一个网络，那么用它进行预测就非常直接了。我们只需计算目标特征在以查询的描述性特征的状态为条件时的条件概率，并返回具有最大后验概率的描述性特征级别：

$$\mathbb{M}(\mathbf{q}) = \arg\max_{l \in \text{levels}(t)} \text{BayesianNetwork}(t = l, \mathbf{q}) \tag{6.23}$$

其中 $\mathbb{M}(\mathbf{q})$ 是模型为查询 $\mathbf{q}$ 做出的预测，levels(t) 是目标特征 t 域内的级别集，BayesianNetwork($t = l, \mathbf{q}$) 返回网络在给定查询 $\mathbf{q}$ 中的证据时为事件 $t = l$ 算出的概率。

例如，假设我们要使用图 6.13 中所示的贝叶斯网络来预测具有如下特征的国家的 CPI：

Gini Coef = low, School Years = high, Life Exp = high

由于 CPI 的两个父节点都已知（School Years 和 Life Exp），CPI 的概率分布独立于 Gini Coef 特征。因此，我们可以直接从 CPT 中读取 CPI 的相关概率分布。从该 CPT 中我们可以看到当 School Years = <i>high</i> 和 Life Exp = <i>high</i> 时，CPI 最有可能的级别是 <i>high</i>。因此 CPI = <i>high</i>，是本查询的最大后验 CPI 值，这就是模型要返回的预测。换句话说，非常平等、教育水平很高且预期寿命也很长的国家很可能更加廉洁。

6.4.4.3 在缺失描述性特征值时进行预测

与本书讨论过的其他类型的预测模型相比，贝叶斯网络的一个很大的优点是它能够对一个或多个描述性特征值缺失的查询实例预测目标特征[⊖]。例如，我们可能想预测具有如下特征的国家的 CPI：

$$\text{Gini Coef} = high, \text{School Years} = high$$

其中该国 Life Exp 特征的值未知。这就意味着在网络中，目标特征节点 CPI 的一个父节点未知。因此，我们需要为目标的每个级别加出这一特征。我们可以计算 CPI = *high* 的概率[⊖]：

$$P(\text{CPI} = high \mid \text{SY} = high, CC = high)$$

$$= \frac{P(\text{CPI} = high, \text{SY} = high, \text{GC} = high)}{P(\text{SY} = high, \text{GC} = high)}$$

$$= \frac{\displaystyle\sum_{i \in \{high, \atop low\}} P(\text{CPI} = high, \text{SY} = high, \text{GC} = high, \text{LE} = i)}{P(\text{SY} = high, \text{GC} = high)}$$

分子的计算如下：

$$\sum_{i \in \{high, \atop low\}} P(\text{CPI} = high, \text{SY} = high, \text{GC} = high, \text{LE} = i)$$

$$= \sum_{i \in \{high, \atop low\}} \left(\begin{array}{l} P(\text{CPI} = high \mid \text{SY} = high, \text{LE} = i) \\ \times P(\text{SY} = high \mid \text{GC} = high) \\ \times P(\text{LE} = i \mid \text{GC} = high) \\ \times P(\text{GC} = high) \end{array} \right)$$

$$= \big(P(\text{CPI} = high \mid \text{SY} = high, \text{LE} = high)$$
$$\times P(\text{SY} = high \mid \text{GC} = high)$$
$$\times P(\text{LE} = high \mid \text{GC} = high)$$
$$\times P(\text{GC} = high) \big)$$
$$+ \big(P(\text{CPI} = high \mid \text{SY} = high, \text{LE} = low)$$
$$\times P(\text{SY} = high \mid \text{GC} = high)$$
$$\times P(\text{LE} = low \mid \text{GC} = high)$$
$$\times P(\text{GC} = high) \big)$$
$$= (1.0 \times 0.2 \times 0.2 \times 0.5) + (0 \times 0.2 \times 0.8 \times 0.5) = 0.02$$

而分母为：

$$P(\text{SY} = high, \text{GC} = high) = P(\text{SY} = high \mid \text{GC} = high) \times P(\text{GC} = high) = 0.2 \times 0.5 = 0.1$$

我们现在可以计算 CPI = *high* 的概率：

$$P(\text{CPI} = high \mid \text{SY} = high, \text{GC} = high) = \frac{0.02}{0.1} = 0.2$$

从结果可知 CPI = *low* 的概率一定为 0.8。因此，网络将预测 CPI = *low* 作为查询的 MAP 目标值。这告诉我们，一个教育水平高但我们不知道其健康体系情况的不平等社会仍然很可能发生腐败。

这些计算明显地显示，即使在很小的实例领域中，概率的计算也会快速变复杂，特别是

⊖ 对于本书所述的其他模型来说，实现这一点最常见的方法是使用 3.4.1 节所述的一种方法来**填充**查询实例中的缺失值。

⊖ 下面的计算中，我们对特征名称进行如下缩写：GC = Gini Coef，LE = Life Exp，SY = School Years。

当我们需要加出一个或多个特征时。计算的复杂性可以通过在求和时谨慎选择特征的位置以及用动态规划方法避免重复计算来减少。用这种方法减少复杂性的一个著名算法是**变量消去**（variable elimination）算法（Zhang and Poole，1994）。然而，即使使用了变量消去算法，在描述性特征的值缺失时从贝叶斯网络中计算精确概率也极为复杂。

鉴于贝叶斯网络的精确概率推理的复杂性，一种流行的替代方案是使用**蒙特卡洛**[○]（Monte Carlo）方法近似所需的概率。蒙特卡洛方法生成大量样本事件，然后使用生成的样本集中事件的相对频率作为实际分布中该事件概率的近似值。蒙特卡洛方法与贝叶斯网络一同使用的效果很好，因为贝叶斯网络可以建模特征上的概率分布。更具体地，贝叶斯网络可以被看作是定义**马尔科夫链**（Markov chain）。马尔科夫链是一个系统，它具有一组有限状态和一组转移概率，用于定义系统从一种状态转移到另一种状态的可能性。当我们把贝叶斯网络看作马尔科夫链时，一个状态就是对网络中所有节点的一个完全赋值（例如，Gini Coef = *high*、School Years = *low*、Life Exp = *high* 以及 CPI = *high* 就是图 6.13 中网络定义的一个马尔科夫链的状态），而网络的 CPT 给出了马尔科夫链的转移概率的分散式表示。如果用于生成蒙特卡洛方法的样本的分布是**马尔科夫链**，那么用于实现该方法的那个特定算法就来自于称为**马尔科夫链蒙特卡洛**（Markov Chain Monte Carlo，MCMC）的算法族。**吉布斯采样**（Gibbs sampling）是最著名的 MCMC 算法之一，当我们希望生成以某些证据为条件的概率时，该方法特别适用，因此这是我们要在本节中讨论的算法。

309

吉布斯采样算法通过固定证据节点的值并随机地将值分配给非证据节点来初始化贝叶斯网络。然后，该算法通过改变一个非证据节点的值来迭代地生成样本。选择变更哪个非证据节点可以是随机的，也可以遵循算法的预定义顺序列表。所选节点的新值是从节点的分布（CPT）中抽取的，条件为网络中所有其他节点的当前状态。每次更新节点时，都会生成新的样本状态。更形式化地，对于含有三个节点 x_1、x_2、x_3 的网络，使用预定义的节点选择顺序 $x_1, x_2, x_3, x_1, \cdots$ 并假设在第 τ 次迭代时每个节点具有值 $x_1^{(\tau)}$、$x_2^{(\tau)}$、$x_3^{(\tau)}$，则接下来生成的四个状态会是：

1. $\left\langle x_1^{(\tau+1)} \leftarrow P(x_1 \mid x_2^{(\tau)}, x_3^{(\tau)}), x_2^{(\tau)}, x_3^{(\tau)} \right\rangle$

2. $\left\langle x_1^{(\tau+1)}, x_2^{(\tau+2)} \leftarrow P(x_2 \mid x_1^{(\tau+1)}, x_3^{(\tau)}), x_3^{(\tau)} \right\rangle$

3. $\left\langle x_1^{(\tau+1)}, x_2^{(\tau+2)}, x_3^{(\tau+3)} \leftarrow P(x_3 \mid x_1^{(\tau+1)}, x_2^{(\tau+2)}) \right\rangle$

4. $\left\langle x_1^{(\tau+4)} \leftarrow P(x_1 \mid x_2^{(\tau+2)}, x_3^{(\tau+3)}), x_2^{(\tau+2)}, x_3^{(\tau+3)} \right\rangle$

吉布斯采样生成的状态的分布必须满足三个技术要求才能收敛到我们采样的分布——此处为贝叶斯网络定义的分布。第一个要求是我们采样的分布必须是**平稳分布**（stationary distribution，也称为**不变分布**（invariant distribution））。平稳分布是不发生变化的分布。贝叶斯网络定义的分布在吉布斯采样期间不发生变化，因此这一要求始终成立。第二个要求是产生样本的马尔科夫链必须是**各态历经性的**（ergodic）。如果一个马尔科夫链的每个状态都可以由所有其他状态到达，并且链中不存在环，则这个马尔科夫链是各态历经性的。如果任何 CPT 中都不存在为零的条目，则这个贝叶斯网络定义的马尔科夫链是各态历经性的[○]。第三个要求是生成的状态应当互相独立。因为每个状态都是其前序状态的修改版，显然后序状态之

○ 蒙特卡洛方法得名于地中海公国摩纳哥以赌场闻名的一个区。

○ 如果 CPT 中有一个或多个零条目，则该马尔科夫链可能仍然是各态历经性的，但要证明其各态历经性则是非平凡的。

310　间会互相关联。因此要得到独立采样状态，我们常常从序列中进行子采样（这种子采样也被称为**稀释**（thinning））。这三个条件成立时（平稳分布、各态历经性以及状态独立），生成的采样最终会收敛到分布，并适于使用吉布斯采样。

　　然而，由于我们从随机状态开始采样，因此不清楚起始状态是否是适于生成样本的状态。例如，它可能是分布中概率极低的一个状态。因此，在生成的状态被记录为样本前先让网络运行若干次迭代是一个好主意。这个**老化时间**（burn-in time）是为了使马尔科夫链稳定到它与初始状态独立的状态，这也很可能是我们要采样的分布中的状态。马尔科夫链忘记初始随机状态所需的时间被称为**混淆时间**（mixing time）。不走运的是，估计老化的时长是很困难的。对于一些马尔科夫链来说，混淆只需要几次迭代，而对于其他马尔科夫链，这可能需要几百或几千次迭代。网络的结构可以为这一问题提供一些见解。更大的图趋向于具有更长的混淆时间。同时，均匀连接的网络通常具有较短的混淆时间（相对于大小相同的图来说）。而如果图是由通过瓶颈连接的几个集群构成的，那么这通常表明它需要更长的混淆时间。另一种确定合适的老化时间的方法是用不同的初始状态启动若干马尔科夫链，直到所有链都开始生成相似分布特性的状态（平均值的状态、众数的状态等）。这种情况表明所有的链都在从相同分布中采样，因此它们很可能都已经遗忘了自身的初始状态。如果出现这种情况，那么目标概率就可以通过计算生成状态的选定子集中事件的相对频率来算出。

　　对于表 6.13 中的贝叶斯网络，表 6.19 列出了使用吉布斯采样对如下查询生成的样本：

$$\text{Gini Coef} = high, \text{School Years} = high$$

使用了 30 次迭代来老化，并且每 7 次迭代就通过子采样稀释样本。当算法被用来生成 500 个样本时，CPI = *high* 的相对频率是 0.196。而当生成了 2000 个样本时，相对频率上升到

311　0.1975。相对频率的提高表明，当生成的样本数量增加时，它所形成的分布接近于真实分布。回想一下，我们在对此查询进行精确计算时 CPI = *high* 的概率为 0.2。

表 6.19　使用吉布斯采样生成的示例样本

样本数量	吉布斯迭代	更新的特征	Gini Coef	School Years	Life Exp	CPI
1	37	CPI	*high*	*high*	*high*	*low*
2	44	Life Exp	*high*	*high*	*high*	*low*
3	51	CPI	*high*	*high*	*high*	*low*
4	58	Life Exp	*high*	*high*	*low*	*high*
5	65	CPI	*high*	*high*	*high*	*low*
6	72	Life Exp	*high*	*high*	*high*	*low*
7	79	CPI	*high*	*high*	*low*	*high*
8	86	Life Exp	*high*	*high*	*low*	*low*
9	93	CPI	*high*	*high*	*high*	*low*
10	100	Life Exp	*high*	*high*	*high*	*low*
11	107	CPI	*high*	*high*	*low*	*high*
12	114	Life Exp	*high*	*high*	*high*	*low*
13	121	CPI	*high*	*high*	*high*	*low*
14	128	Life Exp	*high*	*high*	*high*	*low*
15	135	CPI	*high*	*high*	*high*	*low*
16	142	Life Exp	*high*	*high*	*low*	*low*

…

我们可以使用吉布斯采样进行预测，就像我们使用精确概率推理进行预测一样，通过最大后验概率预测目标级别：

$$\mathbb{M}(\mathbf{q}) = \arg\max_{l \in \text{levels}(t)} \text{Gibbs}(t = l, \mathbf{q}) \qquad (6.24)$$

其中 $\mathbb{M}(\mathbf{q})$ 是模型为查询 $\mathbf{q}$ 做出的预测，$\text{levels}(t)$ 是目标特征 t 域内的级别集，$\text{Gibbs}(t = l, \mathbf{q})$ 返回在给定查询 $\mathbf{q}$ 携带的证据时，用吉布斯采样得出的事件 $t = l$ 的概率。

6.5 总结

推导概率有两个方向，即正向和反向。正向概率从起因向结果推导：如果知道某个起因事件已经发生，那么我们增加与之对应的结果事件的概率。反向概率从结果向起因推导：如果知道某个事件已经发生，那么我们可以增加能引起被观测到的事件发生的一个或多个事件也发生的概率。贝叶斯定理通过使用先验概率的概念来关联这两种概率观。用通俗的话来说就是，贝叶斯定理告诉我们，通过用我们观测到的事件的潜在起因（反向概率）来成比例地修改我们对发生的事情的初始信心（我们对世界的先验信念），我们可以修正引发我们观测到的事情的原因的信心（正向概率）。更为形式化地：

$$P(t \mid \mathbf{d}) = \frac{P(\mathbf{d} \mid t) \times P(t)}{P(\mathbf{d})} \qquad (6.25)$$

贝叶斯定理中使用了先验概率，这是概率的贝叶斯方法和**最大似然**（maximum likelihood）方法的区别。

贝叶斯预测是预测类别目标的非常直观的方法。为进行预测，我们需要学习两件事：

1. 在给定实例的目标级别时，实例具有特定描述性特征值集的概率 $P(\mathbf{d} \mid t)$。
2. 目标级别的先验概率 $P(t)$。

给定这两部分信息，我们可以计算某个实例取特定目标级别的相对可能性：

$$P(t \mid \mathbf{d}) = P(\mathbf{d} \mid t) \times P(t) \qquad (6.26)$$

每个目标级别的相对可能性确定后，我们只需返回最大后验（MAP）预测。

创建贝叶斯预测模型的最大挑战是克服所需概率（模型参数）随特征空间的维数增加时的指数级增长。解决这一问题的标准方法是使用域内特征间的独立和条件独立关系来因子化该领域的全联合概率分布。因子化领域表示能够减少特征之间的关联，进而减少模型参数的数量。

朴素贝叶斯模型通过幼稚地假设"给定目标特征状态，域内每个描述性特征与其他所有描述性特征条件独立"来解决这一问题。尽管这一假设常常不成立，但它使得朴素贝叶斯模型最大限度地因子化了所用到的领域的表示——换句话说，它使用最少的概率来表示这个领域。

令人惊讶的是，尽管朴素贝叶斯所依赖的假设非常幼稚而强烈，但它的实际表现却往往很好。这种现象的一部分原因是，即使朴素贝叶斯计算出的概率是错误的，只要这种误差不影响到不同目标级别的相对排名，它也仍然能给出正确的预测。这也导致朴素贝叶斯方法不适用于预测连续目标。当预测连续目标时，概率计算中的每个误差都会造成模型性能的下降。

条件独立假设意味着朴素贝叶斯模型使用极少的参数来表示一个领域。它引起的一个结果是，朴素贝叶斯模型可以用很小的数据集来训练：它只需要很少的参数和很少的参数条件——仅有目标特征的状态——就可以使用小数据集对参数进行合理的估计。模型简化了的表示还有另一个好处，就是模型的行为很容易理解。可以观察每个描述性特征的概率并分析这个值对最终预测的贡献度。这种信息对于项目后续更为强大的模型的开发很有用处。因此，朴素贝叶斯模型常常是用于开局的好模型：它易于训练，能够为预测准确性提供基准，并且还能对问题的结构提出一些见解。朴素贝叶斯模型的主要缺点是它无法处理特征之间的关联。

贝叶斯网络为编码域内特征间的条件独立假设提供了更高的灵活性。理想中，网络的结构应当能够反映一个域内的条目之间的因果关系。构造良好的贝叶斯网络是非常强大的模型，它能够刻画描述性特征之间在确定预测值时的相互关联。即使从数据中归纳最优网络结构完全不可行，现有的编码了各种假设的算法也能够训练出良好的模型。同时，在因果关系已知的领域中，贝叶斯网络具有能够将人类专家的知识与数据驱动的归纳进行结合的天然架构。贝叶斯网络已经成功应用于多个领域，包括医学诊断、目标识别以及自然语言理解。

基于概率的学习和我们书中介绍的其他机器学习方法有一些共性的概念。直观上，预测特定目标级别的最近邻模型的先验概率就是数据集中目标级别的相对频率。因此，通常来说人工平衡**最近邻**模型使用的数据集是错误的操作[○]，这样做会误导模型使用的目标级别先验。

基于概率的学习和基于信息的学习之间的关系是观测（比如取特定值的描述性特征）提供的信息量反映在观测引起的先验概率和后验概率的不同上。如果先验和后验概率是相似的，那么观测携带的信息量低。如果先验和后验概率差别很大，那么观测携带的信息量高。

最后，在一些假设下，可以证明任何最小化模型在数据上的方差的学习算法都会输出最大似然预测[○]。这一发现与我们的关系是，它为我们在第 7 章介绍的学习方法提供了概率上的支持。

6.6 延伸阅读

McGrayne（2011）是一本浅显易懂的介绍贝叶斯定理的历史和发展的书。所有数据分析者都至少要有一本概率与统计教科书。我们推荐 Montgomery and Runger（2010）以及 Tijms（2012）。Jaynes（2003）介绍概率论在科学中的应用，是适合研究生阅读的读物。

Mitchell（1997）的第 6 章为贝叶斯学习提供了出色的概览。Barber（2012）是较新的机器学习教科书，含有贝叶斯学习和推断方法。

Judea Pearl 是公认的在**人工智能**领域发展和应用贝叶斯网络的重要先驱人物之一。他的书（Pearl，1988，2000）浅显易懂，很好地介绍了贝叶斯网络的理论和方法，以及更大的**图模型**（graph model）领域。Neapolitan（2004）是贝叶斯网络的出色教科书。Kollar and Friedman（2009）是图模型理论和方法的综合读物，也是从事图模型研究的研究生的优秀参考书。

6.7 习题

1. a. 三个人扔一枚公平的硬币。恰好两个人得到正面的概率是多少？

   b. 二十个人扔一枚公平的硬币。恰好八个人得到正面的概率是多少？

   c. 二十个人扔一枚公平的硬币。至少四个人得到正面的概率是多少？

2. 下表给出了患者出现的症状及其是否患有脑膜炎。

○ 参见 Davies（2005，pp. 693-696）。

○ 参见 Mitchell（1997，pp. 164-167）。

ID	Headache	Fever	Vomiting	Meningitis
1	*true*	*true*	*false*	*false*
2	*false*	*true*	*false*	*false*
3	*true*	*false*	*true*	*false*
4	*true*	*false*	*true*	*false*
5	*false*	*true*	*false*	*true*
6	*true*	*false*	*true*	*false*
7	*true*	*false*	*true*	*false*
8	*true*	*false*	*true*	*true*
9	*false*	*true*	*false*	*false*
10	*true*	*false*	*true*	*true*

使用这个数据集计算如下概率：

a. $P(\text{Vomiting} = true)$

b. $P(\text{Headache} = false)$

c. $P(\text{Headache} = true, \text{Vomiting} = false)$

d. $P(\text{Vomiting} = false \mid \text{Headache} = true)$

e. $P(\text{Meningitis} \mid \text{Fever} = true, \text{Vomiting} = false)$

3. 预测数据分析模型常常用作品质控制和缺陷检测的工具。本题的任务是创建一个朴素贝叶斯模型来监测污水处理厂[⊖]。下表列出了含有一座污水处理厂 14 天活动详情的数据集。每天使用六个来自厂内不同来源的描述性特征描述。Ss-In 测量每天进入工厂的固体物质；Sed-In 测量每天进入工厂的沉积物；Cond-In 测量进入工厂的水的导电率[⊖]。特征 Ss-Out、Sed-Out 以及 Cond-Out 为流出工厂的水的对应指标。目标特征 Status 报告工厂的当前情况：*ok* 代表一切正常；*settler* 代表工厂沉降设备有问题；*solids* 代表流经工厂的固体量出现问题。

317

ID	Ss-In	Sed-In	Cond-In	Ss-Out	Sed-Out	Cond-Out	Status
1	168	3	1814	15	0.001	1879	*ok*
2	156	3	1358	14	0.01	1425	*ok*
3	176	3.5	2200	16	0.005	2140	*ok*
4	256	3	2070	27	0.2	2700	*ok*
5	230	5	1410	131	3.5	1575	*settler*
6	116	3	1238	104	0.06	1221	*settler*
7	242	7	1315	104	0.01	1434	*settler*
8	242	4.5	1183	78	0.02	1374	*settler*
9	174	2.5	1110	73	1.5	1256	*settler*
10	1004	35	1218	81	1172	33.3	*solids*
11	1228	46	1889	82.4	1932	43.1	*solids*
12	964	17	2120	20	1030	1966	*solids*
13	2008	32	1257	13	1038	1289	*solids*

⊖ 题中的数据集受来自 UCI 机器学习知识库（Bache and Lichman，2013）的污水处理数据集启发，网址为 archive.ics. uci.edu/ml/machine-learning-databases/water-treatment。数据集的创建者在 Bejar et al.（1991）中报告了其研究。

⊖ 水的导电率受水中无机溶解物和有机化合物（比如油脂）的影响。因此，水的导电率可以测量水的纯度。

a. 创建用概率密度函数建模数据集中描述性特征的朴素贝叶斯模型（假设所有描述性特征都是正态分布的）。

b. 该朴素贝叶斯模型为如下查询返回什么预测？

$$S_{S}\text{-}I_N = 222，S_{ED}\text{-}I_N = 4.5，C_{OND}\text{-}I_N = 1518，S_{S}\text{-}O_{UT} = 74$$
$$S_{ED}\text{-}O_{UT} = 0.25，C_{OND}\text{-}O_{UT} = 1642$$

318

4. 下面是一段关于风暴（STORM）、窃贼（BURGLAR）和猫（CAT）的行为以及防盗警报（ALARM）之间因果关系的描述。

　　风暴夜很罕见。偷窃也很罕见，而在风暴夜窃贼很可能待在家里（窃贼不喜欢顶着风暴出门）。猫也不喜欢风暴，如果有风暴的话，它们喜欢待在室内。你家里的防盗警报应当在窃贼入室时被触发，但有时它也会在你的猫进入室内时被触发，而且有时候即使窃贼入室它也不会被触发（它可能坏了，或窃贼身手非常好）。

a. 定义编码这些因果关系的贝叶斯网络的结构。

b. 下表列出了防盗警报领域的一个实例集。使用表中的数据为你在问题 a 中创建的网络构建条件概率表（CPT）。

ID	STORM	BURGLAR	CAT	ALARM
1	false	false	false	false
2	false	false	false	false
3	false	false	false	false
4	false	false	false	false
5	false	false	false	true
6	false	false	true	false
7	false	true	false	false
8	false	true	false	true
9	false	true	true	true
10	true	false	true	true
11	true	false	true	false
12	true	false	true	false
13	true	true	false	true

c. 如果没有风暴，且猫和窃贼都在屋内，那么贝叶斯网络将为 ALARM 返回什么预测？

319

d. 如果有风暴，但我们不知道窃贼是否进屋也不知道猫在哪里，那么贝叶斯网络将为 ALARM 返回什么预测？

*5. 下表列出了含有保险公司投保人详细信息的数据集。表中的描述性特征描述每个投保人的 ID、职业（OCCUPATION）、性别（GENDER）、年龄（AGE）、持有保单的类型（POLICY TYPE）以及偏好的联络方式（PREF CHANNEL）。

ID	OCCUPATION	GENDER	AGE	POLICY TYPE	PREF CHANNEL
1	lab tech	female	43	planC	email
2	farmhand	female	57	planA	phone
3	biophysicist	male	21	planA	email
4	sheriff	female	47	planB	phone

（续）

ID	OCCUPATION	GENDER	AGE	POLICY TYPE	PREF CHANNEL
5	*painter*	*male*	55	*planC*	*phone*
6	*manager*	*male*	19	*planA*	*email*
7	*geologist*	*male*	49	*planC*	*phone*
8	*messenger*	*male*	51	*planB*	*email*
9	*nurse*	*female*	18	*planC*	*phone*

注：OCCUPATION 列从上到下分别指的是实验室技术人员、农场工人、生物物理学家、警长、画家、经理、地质学家、邮递员以及护士。

a. 使用等频分箱将 AGE 特征转为含有青年（*young*）、中年（*middle-aged*）、老年（*mature*）这三个级别的类别特征。

b. 检查数据集中的描述性特征并列出你用数据集构建预测模型前想要排除的特征。解释排除每个特征的原因。

c. 计算朴素贝叶斯模型表示这一领域所需的概率。

d. 朴素贝叶斯模型为如下查询返回什么目标级别？

$$\text{GENDER} = female,\quad \text{AGE} = 30,\quad \text{POLICY} = planA$$

320

*6. 假设有人给了你一个分类为娱乐（*entertainment*）和教育（*education*）的含有 1000 个文档的数据集，其中有 700 份 *entertainment* 文件，300 份 *education* 文件。下表列出了每类文档中，含有每个选定词语的文档数量。

entertainment 数据集的词语 – 文档数量

fun	is	machine	christmas	family	learning
415	695	35	0	400	70

education 数据集的词语 – 文档数量

fun	is	machine	christmas	family	learning
200	295	120	0	10	105

a. 朴素贝叶斯模型为下列查询文档"machine learning is fun"返回什么目标级别？

b. 朴素贝叶斯模型为下列查询文档"christmas family fun"返回什么目标级别？

c. 如果使用 $k = 10$ 的拉普拉斯平滑，并且词汇量为 6，那么朴素贝叶斯模型将为问题 b 中的查询返回什么目标级别？

321

第 7 章

基于误差的学习

尝试，失败，没关系。再尝试，再失败，败得更好。

——萨缪尔·贝克特

在基于误差的机器学习中，我们对参数化模型的参数集进行搜索，使得参数能够最小化模型在训练集上进行预测的总误差。7.2 节将介绍**参数化模型**的重要概念，即**误差**（error）的测量以及**误差曲面**（error surface）。随后我们介绍构建基于误差的预测模型的标准方法：**使用梯度下降的多变量线性回归**（multivariable linear regression with gradient descent）。我们将介绍这个标准方法的延伸与拓展，包括如何处理类别描述性特征，使用**对数几率回归**（logistic regression）为类别目标特征作预测，精细调整回归模型，**非线性**（non-linear）和**多项**（multinomial）模型的构建方法，以及**支持向量机**（Support Vector Machine，SVM）——它基于误差但使用与其他方法稍有不同的方式来构建预测模型。

7.1　大思路

所有学习过新的运动项目的人都会有从错误中——有时是痛苦的——学习的经验。拿冲浪来举例，冲浪新手要学习的一项关键技巧是追浪。这个技巧需要你先置身于冲浪板上，当海浪接近时，你得迅速划水以达到足够的速度，使海浪能够将你和冲浪板一同抬起。身体在冲浪板上的位置是成功施展这个技巧的关键。如果你趴在冲浪板非常靠后的位置，那么板会下沉并造成很大的阻力，以至于就算很大的浪也只会越过你并将你抛在身后。如果你趴得太靠板的前部，那么你会在向前运动一大截之后板头朝下沉入水中，随后被两脚朝天地抛向空中。只有处在板中间位置的甜蜜点——既不太靠前也不太靠后——时才能用划水来成功追浪。

冲浪新手第一次尝试追浪时通常会太靠前或靠后，造成糟糕的后果。尝试冲浪的结果是对冲浪者水平的一种判断，因此每次尝试都包含一个误差函数：趴在板的后方导致中等的错误，趴在板的前方导致更大的错误，而成功追浪则意味着完全没有错误。有了首次尝试失败的经验后，冲浪者通常会在第二次尝试中矫枉过正，引起完全相反的结果。在接下来的尝试中，冲浪者会通过轻微调整他们的位置来慢慢地减少错误，直至找到甜蜜点来完美地保持冲浪板平衡，然后自如地给超大卷浪的涌面"挠痒"！

基于误差的机器学习算法族运用的正是相同的方法：用随机参数初始化一个参数化的预测模型，然后使用误差函数来评价模型对训练集中实例进行预测的能力。根据误差函数的值，迭代地调整参数以产生更为精确的模型。

7.2　基础知识

本节我们会介绍一个简单的线性回归模型，一些测量模型误差的度量方法，以及误差曲面的概念。本节和本章其余部分的讨论都预设你已经对求导有基本的了解，具体来说，你需要懂得什么是导数、如何计算连续函数的导数、什么是求导的链式法则以及什么是偏导数。如果你不了解以上概念中的任何一个，请参见附录 C 来获取必要的知识。

7.2.1　简单线性回归

表 7.1 展示了一个记录都柏林市中心办公室租金（Rental Price，以欧元每月计）的简单数据集，以及可能与租金相关的几个描述性特征：办公室的面积（Size，以平方英尺计），办公室在建筑中的楼层（Floor），办公室可用的宽带速度（Broadband，以 Mb 每秒计）以及办公室所在建筑的能效评级（Energy Rating，值为从 A 到 C，其中 A 为最高能效）。在本章后续的内容中，我们将研究如何用所有这些描述性特征来构建基于误差的模型，以预测办公室租金。在此之前，我们先来看这个任务的简化版，它仅使用 Size 来预测 Rental Price。

324

表 7.1　都柏林市中心的 10 间办公室的租金和它们的几个描述性特征所构成的数据集

ID	Size	Floor	Broadband Rate	Energy Rating	Rental Price
1	500	4	8	C	320
2	550	7	50	A	380
3	620	9	7	A	400
4	630	5	24	B	390
5	665	8	100	C	385
6	700	4	8	B	410
7	770	10	7	B	480
8	880	12	50	A	600
9	920	14	8	C	570
10	1000	9	24	B	620

图 7.1a 展示了办公室租赁数据集的散点图，其中 Rental Price 位于纵 (y) 轴，Size 位于横 (x) 轴。图中可以明显看出这两个特征具有很强的线性关系：当 Size 增加时 Rental Price 也增加相似的量。如果可以在模型中刻画这种关系，那么我们就能够做到两件很重要的事：首先，我们将能够理解办公室面积是如何影响办公室租金的；其次，我们将能够填充数据集中的缺陷数据，即根据数据集历史数据中从没出现过的办公室面积来预测办公室租金——例如，我们估计一间 730 平方英尺的办公室租金会是多少？这两件事对于需确定出租新房产的租金的房产中介来说非常有用。

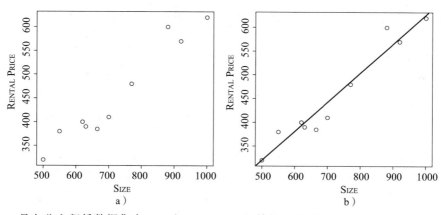

图 7.1　a 是办公室租赁数据集中 Size 和 Rental Price 特征的散点图；b 则表示在 a 中的散点图上叠加了将 Rental Price 关联到 Size 的线性模型

有一个简单且著名的数学模型能够刻画两个连续特征（像我们数据集里的那种）之间的关系。许多读者还记得，初等几何中直线的方程（equation of a line）可以写作：

$$y = mx + b \qquad (7.1)$$

其中 *m* 是直线的斜率，*b* 被称为直线的 *y* 截距（也就是当 *x* 为零时直线与纵轴相交的位置）。给定斜率和 *y* 截距时，直线的方程对每个 *x* 值预测 *y* 值，而我们可以使用这个简单的模型来刻画像 SIZE 和 RENTAL PRICE 这样的两个特征之间的关系。图 7.1b 展示了和图 7.1a 相同的散点图，并添加了刻画办公室面积和办公室租金之间关系的线性模型。这个模型是：

$$\text{RENTAL PRICE} = 6.47 + 0.62 \times \text{SIZE} \qquad (7.2)$$

其中直线的斜率是 0.62，其 *y* 截距为 6.47。

这个模型告诉我们，SIZE 每增加一平方英尺，RENTAL PRICE 就增加 0.62 欧元。我们还可以用这个模型来确定前面提到的 730 平方英尺的办公室的预期租金，只需将面积代入模型的 SIZE 中：

$$\text{RENTAL PRICE} = 6.47 + 0.62 \times 730 = 459.07$$

因此，我们可以预计我们 730 平方英尺的办公室的租金大约为每月 460 欧元。这种模型被称为**简单线性回归模型**（simple linear regression model）。这种建模特征之间关系的方法在机器学习和统计学中极为常见。

325 ~ 326

为与我们书中的符号记法惯例保持一致，我们可以将简单线性回归模型写作：

$$\mathbb{M}_{\mathbf{w}}(\mathbf{d}) = \mathbf{w}[0] + \mathbf{w}[1] \times \mathbf{d}[1] \qquad (7.3)$$

其中 **w** 是向量 ⟨ **w**[0]，**w**[1] ⟩，参数 **w**[0] 和 **w**[1] 为权值[⊖]，**d** 是由单个描述性特征 **d**[1] 定义的实例，而 $\mathbb{M}_{\mathbf{w}}(\mathbf{d})$ 是模型为实例 **d** 输出的预测。使用简单线性回归模型的关键是确定模型中权值的最佳值。权值的最佳值是使模型最能刻画描述性特征与目标特征之间关系的值。能够很好地刻画这种关系的权值集被称为是**拟合**（fit）于训练数据的。为了找出最佳的权值集，我们需要一种测量候选权值集所定义的模型与训练数据的拟合程度的方法。我们通过定义**误差函数**（error function）来实现这一点。误差函数能够测量预测模型根据训练集每个实例的描述性特征所做出的预测和该实例的实际目标值之间的误差。

7.2.2 测量误差

式（7.2）所示的模型是用权值 **w**[0] = 6.47 和 **w**[1] = 0.62 定义的。我们如何判断这些权值能够合理地刻画训练数据中的关系？图 7.2a 展示了办公室租赁数据集中 SIZE 和 RENTAL PRICE 描述性特征的散点图，以及可能刻画这种关系的几个不同的简单线性回归模型。在这个模型中，**w**[0] 的值都为常数 6.47，**w**[1] 的值从上到下分别为 0.4、0.5、0.62、0.7 以及 0.8。在所有显示出的候选模型中，从上向下数的第三个模型（**w**[1] 的值为 0.62）最为近距离地穿过实际数据集，并且是能够最精确拟合办公室面积和租金关系的模型。但我们应当如何形式化地测量它呢？

为了形式化地测量回归模型与训练数据的拟合程度，我们需要一个误差函数。误差函数刻画模型所做预测与训练集中实际值之间的误差[⊖]。有许多种不同的损失函数，而最常用于拟合简单线性回归模型的是**误差平方和**（Sum of Squared Error，SSE）损失函数，即 L_2。要计

⊖ 权值也常被称为**模型参数**（model parameter），因此回归模型常被称为参数化模型。

⊖ 误差函数也常被称为**损失函数**（loss function），因为它代表将训练数据简化为模型时的损失。

算 L_2，我们使用候选模型 $\mathbb{M}_\mathbf{w}$ 来为训练数据集 $\mathcal{D}$ 中的每个成员进行预测，并计算这些预测与 训练集中实际目标特征值之间的误差（或称**残差**（residual））。

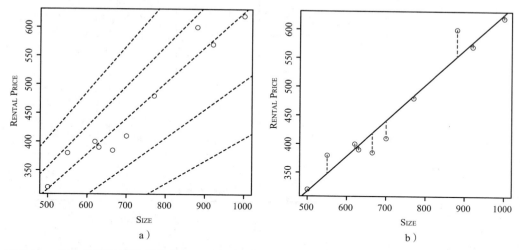

图 7.2　a 是办公室租赁数据集中 SIZE 和 RENTAL PRICE 特征的散点图。同时还显示了一些刻画这 两个特征关系的可能的简单线性回归模型。所有模型的 $\mathbf{w}[0]$ 都为 6.47。从上到下，模 型分别使用 0.4、0.5、0.62、0.7 和 0.8 作为其 $\mathbf{w}[1]$ 的值。b 则显示了一个候选模型（其 中 $\mathbf{w}[0] = 6.47$、$\mathbf{w}[1] = 0.62$）及其产生的误差的办公室租赁数据集中 SIZE 和 RENTAL PRICE 特征的散点图

图 7.2b 展示了办公室租赁数据集和权值为 $\mathbf{w}[0] = 6.47$、$\mathbf{w}[1] = 0.62$ 的候选模型，以及 表示模型的预测和训练集中实际 RENTAL PRICE 值之间差异的误差线。注意，模型有时会高估 办公室租金，有时会低估办公室租金。这意味着一些误差将会是正数，一些则是负数。如果 我们仅将它们相加，那么正误差和负误差实际上会互相抵消。这就是我们不使用误差的和， 而使用误差的平方和的原因——它能够使所有值都为正数。

误差平方和函数 L_2 的形式化定义[⊖]为：

$$L_2(\mathbb{M}_\mathbf{w}, \mathcal{D}) = \frac{1}{2} \sum_{i=1}^{n} (t_i - \mathbb{M}_\mathbf{w}(\mathbf{d}_i))^2 \qquad (7.4)$$

其中训练集由 n 个训练实例构成，每个训练实例由描述性特征 $\mathbf{d}$ 和目标特征 t 组成，$\mathbb{M}_\mathbf{w}(\mathbf{d}_i)$ 是候选模型 $\mathbb{M}_\mathbf{w}$ 为具有描述性特征 $\mathbf{d}_i$ 的训练实例做出的预测，候选模型由权值向量 $\mathbf{w}$ 定义。 对于我们的每个实例都使用单个描述性特征来描述的简单场景，式（7.4）展开为：

$$L_2(\mathbb{M}_\mathbf{w}, \mathcal{D}) = \frac{1}{2} \sum_{i=1}^{n} (t_i - (\mathbf{w}[0] + \mathbf{w}[1] \times \mathbf{d}_i[1]))^2 \qquad (7.5)$$

表 7.2 展示了为候选模型（$\mathbf{w}[0] = 6.47$、$\mathbf{w}[1] = 0.62$）计算误差平方和的过程。这个例 子中误差的平方和是 2837.08。

⊖　此处的 L_2 函数名为误差平方和函数，而实际上是误差平方的和的一半。一些学者之所以在损失函数中将 误差平方的和乘以 $\frac{1}{2}$ 是由于在随后求偏导数时可以将 $\frac{1}{2}$ 约去以使结果看起来更简洁，这并不影响它对相 对误差的度量。下文中"误差平方和"均指此处的误差平方和损失函数 L_2 的值，而非误差平方的和，请 读者加以区分。——译者注

表 7.2   为候选模型（ w[0] = 6.47、w[1] = 0.62 ）计算误差平方和，以便为办公室租赁数据集进行预测

ID	Size	Rental Price	模型预测	误差	平方误差
1	500	320	316.47	3.53	12.46
2	550	380	347.47	32.53	1058.20
3	620	400	390.87	9.13	83.36
4	630	390	397.07	−7.07	49.98
5	665	385	418.77	−33.77	1140.41
6	700	410	440.47	−30.47	928.42
7	770	480	483.87	−3.87	14.98
8	880	600	552.07	47.93	2297.28
9	920	570	576.87	−6.87	47.20
10	1000	620	626.47	−6.47	41.86
				和	5674.15
			误差平方和（和 / 2）		2837.08

如果对图 7.2a 中所示的其他模型进行相同的计算，那么我们会发现当 **w**[1] 设为 0.4、0.5、0.7 和 0.8 时计算出的误差的平方和分别为 136 218、42 712、20 092 以及 90 978。这些模型的误差平方和都大于 **w**[1] 设为 0.62 的模型，表明我们之前认为该模型最能精确地拟合训练数据的直觉是正确的。

誤差平方和函数可以用来测量一组权值对训练集中实例的拟合程度。下一节将解释如何结合不同潜在模型的误差函数的值来产生误差曲面，进而使我们能够在曲面上搜索能最小化误差平方和的最优权值[⊖]。

7.2.3   误差曲面

w[0] 和 **w**[1] 的每种可能的权值组合都有一个对应的误差平方和。我们考虑用所有误差值联合起来构建一个以权值组合定义的曲面，如图 7.3a 所示。此处每对权值 **w**[0] 和 **w**[1] 都定义了 $x - y$ 平面上这对权值所对应的一点，使用这些权值的模型的误差平方和决定了误差曲面在 $x - y$ 平面上方的对应于这对权值的高度。$x - y$ 平面称为**权值空间**（weight space），曲面则称为**误差曲面**。最能拟合训练数据的模型对应于误差曲面的最低点。

尽管对于一些简单的问题（比如我们呈现的办公室租赁数据集）来说，可以通过尝试每种合理的权值组合以及**暴力搜索**（brute-force search）来找出最佳组合，但对于大多数现实世界中的问题来说这并不可行——所需的计算时间实在太长了。取而代之的是，我们需要更为高效的方法来找出权值的最佳组合。幸运的是，对于像办公室租赁数据集这样的预测问题来说，其对应的误差曲面有两个有助于我们找出最佳权值组合的性质：它是凸[⊖]（convex）的，并且具有**全局最小值**（global minimum）。这里的"凸"是指误差曲面的形状像一只碗。具有全局最小值是指在误差曲面上，有唯一的权值集使得误差平方和最小。误差曲面始终具有这

⊖   通过减少误差平方和来解决问题的最早且最著名的应用之一出现在 1801 年，当时卡尔·弗里德里希·高斯使用这个方法来最小化天文数据的误差，并由此推断出矮行星谷神星的位置。谷神星此前不久曾被发现过，但随后就被掩盖在太阳的光芒下不知所踪。

⊖   为尊重原文并符合优化理论的惯例，译者将 convex 翻译为"凸"。中文学术界对 convex 的翻译不统一，在不同的学科和不同的文献中，凹凸的定义常有不同的使用习惯和语法。一些文献将 convex function 译为凹函数，因其图形与"凹"字字形对应，更符合中文直觉；也有文献记为上凸、下凸表明其凸的朝向以避免歧义。请读者阅读不同资料时务必加以区分。——译者注

些性质的原因是其大体形状是由模型的线性确定的，而不是数据的性质。如果能找到误差曲面的全局最小值，那么我们就可以找到定义最能拟合训练数据集的模型的权值集。这种找出权值的方法称为**最小二乘优化**（least squares optimization）。

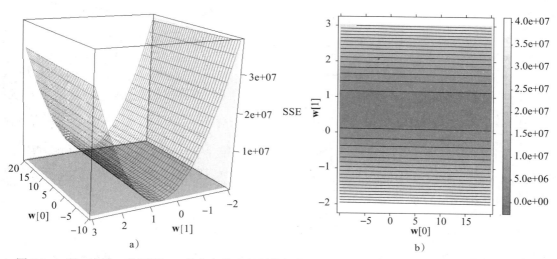

图 7.3   a 是一幅 3D 曲面图；b 是由办公室租赁数据集中每个可能的 $\mathbf{w}[0]$（取值范围为 [–10，20]）和 $\mathbf{w}[1]$（取值范围为 [–2，3]）的组合的误差平方和所构成的误差曲面的俯视等高线图

由于我们可以预料到误差曲面是凸的并具有全局最小值，因此我们能在误差曲面关于 $\mathbf{w}[0]$ 和 $\mathbf{w}[1]$ 的**偏导数**（partial derivative）为 0 处找到最优权值。误差曲面关于 $\mathbf{w}[0]$ 和 $\mathbf{w}[1]$ 的偏导数测量误差曲面在点 $\mathbf{w}[0]$ 和 $\mathbf{w}[1]$ 处的坡度。曲面上关于 $\mathbf{w}[0]$ 和 $\mathbf{w}[1]$ 的偏导数为 0 的点就是误差曲面定义的碗的最底部——碗的最底部没有坡度。这个点位于误差曲面的**全局最小值**处，点的坐标定义了使预测模型在训练数据集上误差平方和最小的权值。使用式（7.5），我们可以形式化地将误差曲面上的这个点定义为满足如下条件的点：

$$\frac{\partial}{\partial \mathbf{w}[0]} \frac{1}{2} \sum_{i=1}^{n} (t_i - (\mathbf{w}[0] + \mathbf{w}[1] \times \mathbf{d}_i[1]))^2 = 0 \tag{7.6}$$

以及

$$\frac{\partial}{\partial \mathbf{w}[1]} \frac{1}{2} \sum_{i=1}^{n} (t_i - (\mathbf{w}[0] + \mathbf{w}[1] \times \mathbf{d}_i[1]))^2 = 0 \tag{7.7}$$

有几种不同的方法来找到这一点。本章我们会介绍叫作**梯度下降**（gradient descent）算法的**引导搜索**（guided search）技术。这是机器学习中最重要的算法之一，我们也会在其他章看到，它可以用于许多不同的目的。下一节介绍如何用梯度下降寻找含有多个描述性特征的线性回归模型——**多变量线性回归**（multi-variable linear regression）模型——的最优权值。

330
～
331

7.3   标准方法：使用梯度下降法的多变量线性回归

使用基于误差的机器学习进行预测数据分析，最常见的方法是使用**梯度下降法**的**多变量线性回归**从给定的训练数据集中训练最合适的模型。本节将解释它的工作原理。首先，我们会介绍如何将前述的简单线性回归模型拓展为能够处理多个描述性特征的模型，然后介绍梯度下降算法。

7.3.1 多变量线性回归

　　我们在 7.2.1 节看到的简单线性回归模型只能处理一个描述性特征。而预测数据分析中值得研究的问题通常是多变量⊖的。幸运的是，将简单线性回归模型拓展到多变量线性回归模型是非常简单直接的。我们可以将多变量线性回归模型定义为：

$$\mathbb{M}_{\mathbf{w}}(\mathbf{d}) = \mathbf{w}[0] + \mathbf{w}[1] \times \mathbf{d}[1] + \cdots + \mathbf{w}[m] \times \mathbf{d}[m] = \mathbf{w}[0] + \sum_{j=1}^{m} \mathbf{w}[j] \times \mathbf{d}[j] \tag{7.8}$$

其中 $\mathbf{d}$ 是 m 个描述性特征 $\mathbf{d}[1] \cdots \mathbf{d}[m]$ 的向量，$\mathbf{w}[0] \cdots \mathbf{w}[m]$ 是 $(m+1)$ 个权值。我们可以使用恒等于 1 的虚拟描述性特征 $\mathbf{d}[0]$ 来使式（7.8）更为简洁。这样我们就得到：

$$\mathbb{M}_{\mathbf{w}}(\mathbf{d}) = \mathbf{w}[0] \times \mathbf{d}[0] + \mathbf{w}[1] \times \mathbf{d}[1] + \cdots + \mathbf{w}[m] \times \mathbf{d}[m] = \sum_{j=0}^{m} \mathbf{w}[j] \times \mathbf{d}[j] = \mathbf{w} \cdot \mathbf{d} \tag{7.9}$$

其中 $\mathbf{w} \cdot \mathbf{d}$ 是向量 $\mathbf{w}$ 和 $\mathbf{d}$ 的**点积**（dot production）。两个向量的点积是其对应元素的积的总和。

　　我们在式（7.5）中给出的平方误差和损失函数 L_2 的展开式也会进行微小的改动以应对新的回归等式：

$$L_2(\mathbb{M}_{\mathbf{w}}, \mathcal{D}) = \frac{1}{2} \sum_{i=1}^{n} (t_i - \mathbb{M}_{\mathbf{w}}(\mathbf{d}_i))^2 = \frac{1}{2} \sum_{i=1}^{n} (t_i - (\mathbf{w} \cdot \mathbf{d}_i))^2 \tag{7.10}$$

其中训练数据集由 n 个训练实例 $(\mathbf{d}_i, t_i)$ 构成，$\mathbb{M}_{\mathbf{w}}(\mathbf{d}_i)$ 是模型 $\mathbb{M}_{\mathbf{w}}$ 为具有描述性特征 $\mathbf{d}_i$ 的训练实例所做出的预测，模型 $\mathbb{M}_{\mathbf{w}}$ 由权值向量 $\mathbf{w}$ 定义。

　　　这一多变量模型使我们能够利用回归模型和表 7.2 中的所有描述性特征来预测办公室租金，除了其中一个描述性特征无法使用（我们将在 7.4.3 节探讨如何在模型中使用类别特征 ENERGY RATING）。产生的多变量回归模型为：

　　RENTAL PRICE = $\mathbf{w}[0] + \mathbf{w}[1] \times$ SIZE $+ \mathbf{w}[2] \times$ FLOOR $+ \mathbf{w}[3] \times$ BROADBAND RATE

我们会在下一节看到如何为该式找出最适合的权值集，不过我们现在先将权值设为 $\mathbf{w}[0] =$ 0.6270、$\mathbf{w}[1] = 0.6270$、$\mathbf{w}[2] = -0.1781$ 以及 $\mathbf{w}[3] = 0.0714$。这意味着模型可以重写为：

　　RENTAL PRICE = $-0.1513 + 0.6270 \times$ SIZE $- 0.1781 \times$ FLOOR $+ 0.0714 \times$ BROADBAND RATE

　　我们来举个例子，使用多变量模型来预测一间位于第 11 层的面积为 690 平方英尺并且有 50Mbps 宽带网络的办公室的租金为：

　　RENTAL PRICE = $-0.1513 + 0.6270 \times 690 - 0.1787 \times 11 + 0.0714 \times 50 = 434.0896$

　　下一节我们会讲述如何用梯度下降算法确定权值。

7.3.2　梯度下降法

　　在 7.2.3 节我们介绍了可以在由训练数据对应的权值空间所定义的误差曲面中的全局最小值处找到线性回归模型的最佳拟合权值集。我们还提到，全局最小值可以在误差曲面关于权值的偏导数为零处取得。尽管对于一些简单的问题可以直接算出这一最小点，但对于大多数更有价值的预测分析问题来说，这样做在计算上并不可行。训练集中的实例数量和我们需要算出的权值的数量使得这个问题过于庞大。因此，我们在 7.2.3 节提到的暴力搜索方法是不可行的——特别是在描述性特征以及对应的权值数量很大的时候。

　　不过，虽然这很难可视化，但基于误差曲面在对应的高维权值空间仍然具有如图 7.3 所示的凸形（即使在高维中）以及存在唯一的全局最小值这两个事实，我们就可以采取一种简单的方法

　　⊖　多变量与多特征这两个词是等价的。多变量意味着所指的是原始统计学层面而非机器学习层面的回归方法。

来学习权值。这种方法使用从随机位置开始的引导搜索，被称为**梯度下降法**（gradient descent）。

　　要理解梯度下降法的工作原理，我们不妨假设有一位不走运的徒步旅行者于雾天困在了山坡上。由于雾很大，她看不到在山谷处的目的地，而只能看清脚下方圆大约三英尺的地面。乍看起来似乎毫无办法，旅行者不可能找到去山谷的路。不过，有一个很可靠的方法能够引导旅行者到达山谷（稍微理想化地假设山谷是凸的，并且有全局最小值）。如果旅行者观察她脚下地面的坡度，她就会注意到在一些方向上地面坡度向上，另一些方向则向下。如果她朝坡度向下的最陡峭的那个方向（山的梯度方向）迈出一小步，她就会朝山下移动。如果她重复这个过程，她就会慢慢向山下行进，直到她到达山底。梯度下降法的原理与之完全相同。 334

　　梯度下降法首先在权值空间中随机选择一点（即多变量线性回归等式中的每个权值都在其合理的区间内被赋了随机值），并根据使用该随机权值为训练集中每个实例计算的预测值（如 7.2.2 节所示）来计算该点处的误差平方和。这就定义了误差曲面上的一个点。尽管可以算出误差空间中该点的误差值，但我们对该点在误差曲面上的相对位置仍然知之甚少。正如我们假想的登山者，算法只能使用非常局部化的信息。不过，仍然可以通过确定用于生成误差曲面的函数的导函数，以及随后在导函数上计算这一权值空间中选定的随机点的值来确定曲面的坡度。这就意味着，像我们的登山者那样，梯度下降算法可以利用误差曲面在权值空间当前位置上坡度的方向。利用此信息，可以在误差曲面的梯度方向上对随机选定的权值稍作调整，以移动到误差曲面上的新位置。由于调整是在误差曲面的梯度方向上做出的，新的点与总的全局最小值更加接近。反复进行这样的调整，直至到达误差曲面上的全局最小值。图 7.4 展示了一个误差曲面（仅在两个权值上定义，以便于我们可视化误差曲面）和从不同的随机起始位置出发的梯度下降算法向曲面底部行进时会采取的路径[⊖]。

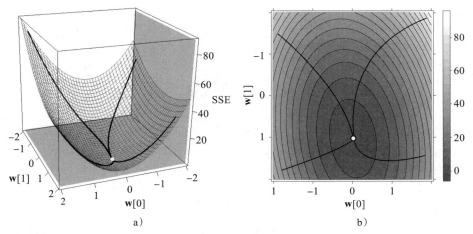

a)　　　　　　　　　　　　　b)

图 7.4　a 是一个误差曲面的 3D 图；b 是同一个误差曲面的俯视等高线图。曲线表示梯度下降算法从 4 个不同的起始点出发到达全局最小值（中心的白点）的移动路径

　　对于 7.2.1 节所述的仅使用了描述性特征 SIZE 的简化办公室租赁数据集来说，很容易可视化梯度下降算法是如何向训练数据集的最佳拟合模型迭代移动的。它每次只做微小的调

⊖　实际上，这就是办公室租赁数据集的描述性特征在区间归一化到区间 [–1,1] 后的误差曲面。我们随后将在本章探讨归一化。

整，每次调整都减小了模型的误差，正如 7.1 节的冲浪者那样。图 7.5 展示了梯度下降算法训练这个模型时在误差曲面上的行进路线。图 7.6 展示了候选模型在接近该数据集的最佳模型的过程中截取的一系列截图。要注意模型是如何逐渐接近能精确刻画 SIZE 和 RENTAL PRICE 之间关系的模型的。这在图 7.6 的最终面板中也很明显，该图显示了随着模型变得更加精确，误差平方和如何减小。

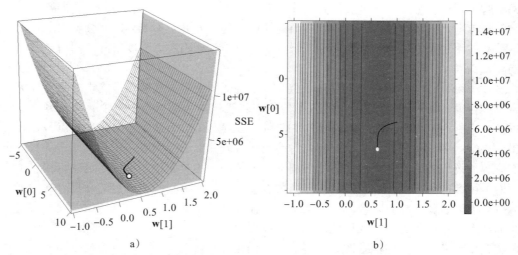

a)   b)

图 7.5   a 是 3D 误差曲面图；b 是办公室租赁数据集误差曲面的俯视等高线图，同时显示了梯度
下降算法向最合适模型行进的路线

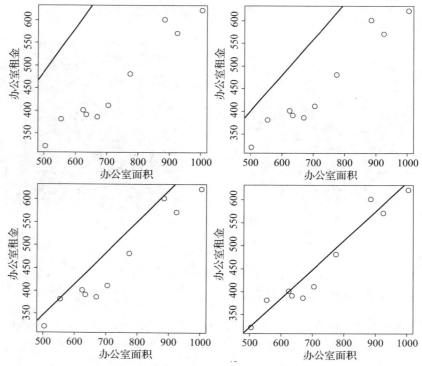

图 7.6   办公室租赁数据集的简单线性回归模型在梯度下降过程中的变化。右下图显示了
梯度下降过程中误差平方和的变化

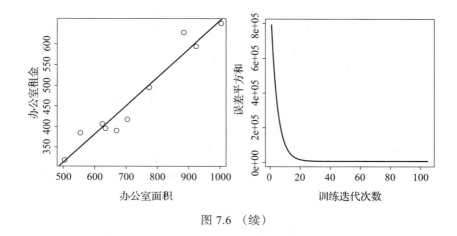

图 7.6 （续）

训练多变量回归模型的梯度下降算法形式化地呈现在算法 7.1 中。每个权值都迭代地根据当前候选模型的预测误差调整一个微小的量，以生成越来越精确的候选模型。最终，算法将收敛到误差曲面上的一个点，在该点处对权值进行任何调整都不会产生明显更好（在一定的容许范围内）的模型。该点处，我们可以认为算法已经找到了误差曲面上的全局最小值，因而也找到了尽可能精确的预测模型。

算法 7.1　训练多变量线性回归模型的梯度下降算法

需要： 训练实例集 $\mathcal{D}$

需要： 控制算法收敛速度的学习率 α

需要： 确定调整给定权值 **w**[*j*] 的方向的 errorDelta 函数，使其沿着由数据集 $\mathcal{D}$ 确定的误差曲面坡度向下移动

需要： 表明算法结束的收敛判定条件

　　1：**w** ←权值空间中的随机起始点

　　2：**repeat**

　　3：**for w** 中的每个 **w**[*j*] **do**

　　4：**w**[*j*] ← **w**[*j*] + α×errorDelta($\mathcal{D}$, **w**[*j*])

　　5：**until** 收敛发生

梯度下降算法最重要的是第 4 行权值更新的部分。每个权值都被单独考虑，每次调整都是通过在当前权值 **w**[*j*] 上加一个称为**德尔塔值**（delta value）的微小数值来完成的。这一调整应当确保权重的变化会使我们在误差曲面上向下移动。学习率 α 确定算法在每次迭代时对权值进行调整的调整量大小，我们将在 7.3.3 节对其进行深入探讨。

本节剩余部分关注误差德尔塔函数。误差德尔塔函数的计算决定每个权值调整的方向（正或负）和尺度。权值调整的方向和尺度是由误差曲面在权值空间当前位置的梯度决定的。我们说过，误差曲面是由误差函数 L_2（在式（7.10）中给出）确定的，这个误差曲面上任意一点的梯度是由该点误差函数关于某个权值的偏导数给定的。算法 7.1 第 4 行调用的误差德尔塔函数通过执行这个计算来确定每个权值应当调整的德尔塔值。

要理解如何计算误差函数关于某个权值的偏导数，想象一下我们的训练数据集 $\mathcal{D}$ 仅含有一个训练实例（**d**, *t*），其中 **d** 是描述性特征集，*t* 是目标特征。误差曲面的梯度为 L_2 关于每个权值 **w**[*j*] 的偏导数：

$$\frac{\partial}{\partial \mathbf{w}[j]} L_2(\mathbb{M}_\mathbf{w}, \mathcal{D}) = \frac{\partial}{\partial \mathbf{w}[j]} \left(\frac{1}{2} (t - \mathbb{M}_\mathbf{w}(\mathbf{d}))^2 \right) \tag{7.11}$$

$$= (t - \mathbb{M}_\mathbf{w}(\mathbf{d})) \times \frac{\partial}{\partial \mathbf{w}[j]} (t - \mathbb{M}_\mathbf{w}(\mathbf{d})) \tag{7.12}$$

$$= (t - \mathbb{M}_\mathbf{w}(\mathbf{d})) \times \frac{\partial}{\partial \mathbf{w}[j]} (t - (\mathbf{w} \cdot \mathbf{d})) \tag{7.13}$$

$$= (t - \mathbb{M}_\mathbf{w}(\mathbf{d})) \times -\mathbf{d}[j] \tag{7.14}$$

式（7.12）是式（7.11）用求导**链式法则**[注]计算得出的。要理解从式（7.13）到式（7.14）的步骤，想象一个有四个描述性特征 $\mathbf{d}[1] \cdots \mathbf{d}[4]$ 的问题。别忘了我们始终会使用值为的虚拟特征 $\mathbf{d}[0]$，故而点积 $\mathbf{w} \cdot \mathbf{d}$ 变为：

$$\mathbf{w} \cdot \mathbf{d} = \mathbf{w}[0] \times \mathbf{d}[0] + \mathbf{w}[1] \times \mathbf{d}[1] + \mathbf{w}[2] \times \mathbf{d}[2] + \mathbf{w}[3] \times \mathbf{d}[3] + \mathbf{w}[4] \times \mathbf{d}[4]$$

如果我们取其关于 $\mathbf{w}[0]$ 的偏导数，则所有不含 $\mathbf{w}[0]$ 的项都视为常数，因此

$$\frac{\partial}{\partial \mathbf{w}[0]} \mathbf{w} \cdot \mathbf{d} = \frac{\partial}{\partial \mathbf{w}[0]} (\mathbf{w}[0] \times \mathbf{d}[0] + \mathbf{w}[1] \times \mathbf{d}[1] + \mathbf{w}[2] \times \mathbf{d}[2]$$
$$+ \mathbf{w}[3] \times \mathbf{d}[3] + \mathbf{w}[4] \times \mathbf{d}[4])$$
$$= \mathbf{d}[0] + 0 + 0 + 0 + 0 = \mathbf{d}[0]$$

类似地，关于 $\mathbf{w}[4]$ 的偏导数为：

$$\frac{\partial}{\partial \mathbf{w}[4]} \mathbf{w} \cdot \mathbf{d} = \frac{\partial}{\partial \mathbf{w}[4]} (\mathbf{w}[0] \times \mathbf{d}[0] + \mathbf{w}[1] \times \mathbf{d}[1] + \mathbf{w}[2] \times \mathbf{d}[2]$$
$$+ \mathbf{w}[3] \times \mathbf{d}[3] + \mathbf{w}[4] \times \mathbf{d}[4])$$
$$= 0 + 0 + 0 + 0 + \mathbf{d}[4] = \mathbf{d}[4]$$

因此，在式（7.13）到式（7.14）的计算中，$\frac{\partial}{\partial \mathbf{w}[j]} (t - (\mathbf{w} \cdot \mathbf{d}))$ 变成了 $-\mathbf{d}[j]$（别忘了在这个等式中 t 是常量，因此求偏导数后为零）。

336 ～ 339

式（7.14）仅基于单个训练实例计算梯度。要考虑多个训练实例时，我们计算每个训练实例的误差平方和（就像前面所有例子中那样）。因此，式（7.14）变为：

$$\frac{\partial}{\partial \mathbf{w}[j]} L_2(\mathbb{M}_\mathbf{w}, \mathcal{D}) = \sum_{i=1}^{n} ((t_i - \mathbb{M}_\mathbf{w}(\mathbf{d}_i)) \times -\mathbf{d}_i[j]) \tag{7.15}$$

其中 $(\mathbf{d}_1, t_1) \cdots (\mathbf{d}_n, t_n)$ 是 n 个训练实例，$d_i[j]$ 是训练实例 $(\mathbf{d}_i, t_i)$ 的第 j 个描述性特征。使用该式算出的梯度方向指向误差曲面上的最高值。而算法 7.1 第 4 行的误差德尔塔函数应当返回误差曲面上的一个更低的值。因此我们向算出的梯度方向的反方向运动，误差德尔塔函数写为：

$$\text{errorDeltla}(\mathcal{D}, \mathbf{w}[j]) = -\frac{\partial}{\partial \mathbf{w}[j]} L_2(\mathbb{M}_\mathbf{w}, \mathcal{D})$$
$$= \sum_{i=1}^{n} ((t_i - \mathbb{M}_\mathbf{w}(\mathbf{d}_i)) \times \mathbf{d}_i[j]) \tag{7.16}$$

算法 7.1 的第 4 行因而可以写为下式，我们称其为使用梯度下降的多变量线性回归的权值更新规则：

$$\mathbf{w}[j] \leftarrow \mathbf{w}[j] + \alpha \times \underbrace{\sum_{i=1}^{n} ((t_i - \mathbb{M}_\mathbf{w}(\mathbf{d}_i)) \times \mathbf{d}_i[j])}_{\text{errorDelta}(\mathcal{D}, \mathbf{w}[j])} \tag{7.17}$$

其中 $\mathbf{w}[j]$ 是任意权值，α 是学习率常量，t_i 是第 i 个训练实例的实际目标特征值，$\mathbb{M}_\mathbf{w}(\mathbf{d}_i)$ 是

[注] 参见附录 C。

由权值向量 **w** 定义的当前候选模型为该实例做出的预测，**d**$_i$[*j*] 是第 *i* 个训练实例的第 *j* 个描述性特征，它对应于回归模型中的权值 **w**[*j*]。

为直观地理解式（7.17）的权值更新规则，考虑权值更新规则根据当前预测模型的预测误差对权值进行的操作可能会有所助益：

- 如果误差表明候选模型所做预测的值总体来看太高了，那么当 **d**$_i$[*j*] 为正时应减少 **w**[*j*]，**d**$_i$[*j*] 为负时应增加 **w**[*j*]。

- 如果误差表明候选预测模型所做预测的值总体来看太低了，那么当 **d**$_i$[*j*] 为正时应增加 **w**[*j*]，**d**$_i$[*j*] 为负时应减少 **w**[*j*]。

到目前为止我们描述的这种训练多变量线性回归模型的方法称为**批梯度下降**（batch gradient descent）。使用"批"这个词是由于算法基于候选模型在训练集中的每个实例的误差平方和，在每次迭代时对每个权值仅进行一次调整[⊖]。批梯度下降是训练多变量线性回归模型的直接、准确并且较为高效的算法，被广泛应用在实践当中。该算法所编码的归纳偏置包括偏好于最小化误差平方和函数的优选偏置，限定偏置的引入则是由于我们仅考虑描述性特征的线性组合，且我们从随机起始点出发穿过误差曲面时仅采用一条路径。

7.3.3 选择学习率和初始权值

选择学习率和初始权值对梯度下降算法的行动方式有重大影响。不幸的是，没有理论成果能帮助我们选择最优的参数。因此，算法的这些参数必须要通过从经验中得来的一些法则来选择。

梯度下降算法中的学习率 α 可以确定在梯度下降过程中，每个权值每步进行调整的尺度。我们可以通过仅使用办公室面积（SIZE）预测 RENTAL PRICE 的简化版预测问题来阐明这一点。这一问题的线性回归模型仅使用两个权值 **w**[0] 和 **w**[1]。图 7.7 展示了不同的学习率——0.002、0.08 和 0.18——是如何在误差曲面上产生区别很大的行进路线的[⊖]。这些路径导致的误差平方和的变化也显示在图中。

图 7.7a 显示了非常小的学习率的影响。虽然梯度下降算法最终收敛到了全局最小值，但由于算法每次迭代对权值的改动太小，所以花费的时间很长。图 7.7c 展示了大学习率的影响。梯度下降时对权值进行很大的调整，使其从误差曲面的一边完全跳到了另一边。虽然算法仍然能向误差曲面上全局最小值附近的区域收敛，但其实算法很可能错过全局最小值本身，而只能在最小值周围来回跳动。实际上，如果使用了大得离谱的学习率，那么在误差曲面的两边来回跳动就会造成误差平方和不断增大而非减小，使得算法永远不会收敛。图 7.7b 显示了选择得很好的、达成良好平衡的学习率不仅收敛得很快，而且能够确保到达全局最小值。注意，虽然图 7.7e 的曲线的形状与图 7.7d 很相似，但它到达全局最小值所需的迭代次数要少得多。

可惜的是，选择学习率不是定义良好的科学。虽然确实有一些算法方法，但大多数实践者仍然使用经验法则和试错法。学习率的典型区间是 [0.000 01，10]，实践者通常从较高的

⊖ **随机梯度下降**（stochastic gradient descent）是稍有不同的方法。这种方法对每个权值进行的调整是基于候选模型在每个训练实例上的单个预测误差做出的。这就意味着权值进行了多得多的次数的调整。我们在书中不对随机梯度下降作任何讨论，即使将梯度下降算法改为随机梯度下降算法的改动相当简单。

⊖ 注意，在这个例子中，我们已经将 RENTAL PRICE 和 SIZE 特征归一化到区间 [−1, 1]。因此本例中所示的误差曲面与图 7.3 和图 7.5 中的略有不同。

值开始尝试并观察产生的学习曲线图。如果该图与图 7.7f 很像，那么就测试稍小一些的值，直到找出与图 7.7e 相似的学习曲线图。

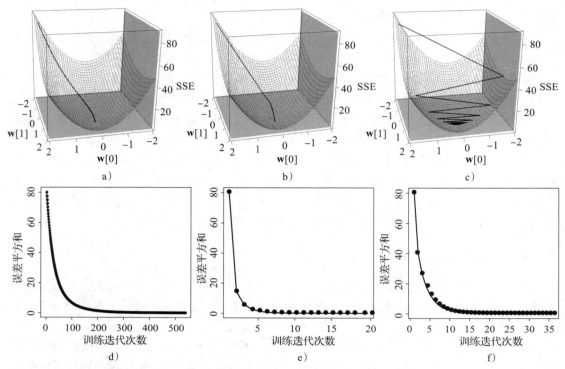

图 7.7　不同学习率下，简化的办公室租金预测问题中误差曲面上的梯度下降路径图：a）非常小的学习率（0.002）；b）中等大小的学习率（0.08）；c）非常大的学习率（0.18）。这些路径上误差平方和的变化也显示在其中

当使用梯度下降算法为线性回归模型找出最优权值时，必须为算法指定在预定义的某个区间内随机选择的初始权值作为其输入。选择这些初始权值的区间会影响梯度下降算法收敛到最终解的速度。不走运的是，和学习率一样，并没有久经考验的、被证明有效的方法来选择初始权值。归一化在此也能起到作用。为归一化的特征选择初始权值比为原始特征选择初始权值简单得多，因为归一化后的特征值通常落入的区间（特别是对于截距 **w**[0] 来说）比对应的原始特征值区间定义得更加明确。我们根据经验能给出的最好的建议是，均匀地从区间 [-0.2, 0.2] 选择初始权值效果往往较好。

7.3.4　实用范例

我们现在可以为表 7.1 中办公室租赁数据集的所有连续描述性特征（即除了 ENERGY RATING 之外的所有特征）构建线性回归模型。模型的总体结构为：

RENTAL PRICE = **w**[0] + **w**[1] × SIZE + **w**[2] × FLOOR + **w**[3] × BROADBAND RATE

因此需要找出四个权值 **w**[0]、**w**[1]、**w**[2] 和 **w**[3] 的最优值。这个例子中，我们假设学习率 α 为 0.000 000 02，初始权值是从区间 [-0.2，0.2] 中均匀随机选择的：**w**[0] = -0.146，**w**[1] = 0.185，**w**[2] = -0.044，**w**[3] = 0.119。表 7.3 详细列出了数据使用此参数后梯度下降算法前

两次迭代中的重要数值⊖。

表 7.3 使用梯度下降算法为办公室租赁数据集训练多变量线性回归模型的前两次迭代的详情
（仅使用连续描述性特征）

				初始权值				
w[0]:	−0.146	w[1]:	0.185	w[2]:	−0.044	w[3]:	0.119	

第 1 次迭代

ID	RENTAL PRICE	预测值	误差	平方误差	errorDelta($\mathcal{D}$, w[j])			
					w[0]	w[1]	w[2]	w[3]
1	320	93.26	226.74	51 411.08	226.74	113 370.05	906.96	1813.92
2	380	107.41	272.59	74 307.70	272.59	149 926.92	1908.16	13 629.72
3	400	115.15	284.85	81 138.96	284.85	176 606.39	2563.64	1993.94
4	390	119.21	270.79	73 327.67	270.79	170 598.22	1353.95	6498.98
5	385	134.64	250.36	62 682.22	250.36	166 492.17	2002.91	25 036.42
6	410	130.31	279.69	78 226.32	279.69	195 782.78	1118.76	2237.52
7	480	142.89	337.11	113 639.88	337.11	259 570.96	3371.05	2359.74
8	600	168.32	431.68	186 348.45	431.68	379 879.24	5180.17	21 584.05
9	570	170.63	399.37	159 499.37	399.37	367 423.83	5591.23	3 194.99
10	620	187.58	432.42	186 989.95	432.42	432 423.35	3891.81	10 378.16
			和	1 067 571.59	3185.61	2 412 073.90	27 888.65	88 727.43
		误差平方和（和／2）		533 785.80				

				新权值（第 1 次迭代后）				
w[0]:	−0.146	w[1]:	0.233	w[2]:	−0.043	w[3]:	0.121	

第 2 次迭代

ID	RENTAL PRICE	预测值	误差	平方误差	errorDelta($\mathcal{D}$, w[j])			
					w[0]	w[1]	w[2]	w[3]
1	320	117.40	202.60	41 047.92	202.60	101 301.44	810.41	1620.82
2	380	134.03	245.97	60 500.69	245.97	135 282.89	1721.78	12 298.44
3	400	145.08	254.92	64 985.12	254.92	158 051.51	2294.30	1784.45
4	390	149.65	240.35	57 769.68	240.35	151 422.55	1201.77	5768.48
5	385	166.90	218.10	47 568.31	218.10	145 037.57	1744.81	21 810.16
6	410	164.10	245.90	60 468.86	245.90	172 132.91	983.62	1967.23
7	480	180.06	299.94	89 964.69	299.94	230 954.68	2999.41	2099.59
8	600	210.87	389.13	151 424.47	389.13	342 437.01	4669.60	19 456.65
9	570	215.03	354.97	126 003.34	354.97	326 571.94	4969.57	2839.76
10	620	187.58	432.42	186 989.95	432.42	432 423.35	3891.81	10 378.16
			和	886 723.04	2884.32	2 195 615.84	25 287.08	80 023.74
		误差平方和（和／2）		443 361.52				

				新权值（第 2 次迭代后）				
w[0]:	−0.145	w[1]:	0.277	w[2]:	−0.043	w[3]:	0.123	

⊖ 表 7.3 以及下文中类似的其他表中所有数值的精度都是两位小数。因此，一些误差和误差平方值可能会
前后不一致。这只是由舍入误差造成的。

使用初始权值后，对训练数据集中的每个实例做出预测，预测值显示在表 7.3 的第 3 列。通过比较预测值与实际 RENTAL PRICE（第 2 列），我们可以算出每个实例的误差以及平方误差，见第 4 和 5 列。

要更新权值，我们首先必须算出每个权值的德尔塔值。这是通过加总训练集所有实例上的预测误差乘以该误差相关特征的值而得出的（见式（7.16））。表右边的最后四行列出了每个实例的预测误差和特征值的积。别忘了 **d**[0] 是虚拟描述性特征，为匹配 **w**[0] 而添加，其值对所有训练实例都为 1。因此，第 6 列的值与其误差列的值是一样的。在第 7 列的第一行，我们注意到其值为 113 370.05。这个值是通过 **d**$_1$ 的预测误差（226.74）乘以实例的 SIZE 值（500）得到的。这些列中的其他元素也是用类似的计算方法得出的。故而，每个权值的 errorDelta($\mathcal{D}$, **w**[j]) 值为其对应列的总和，例如 errorDelta($\mathcal{D}$, **w**[0]) = 3185.61 以及 errorDelta($\mathcal{D}$, **w**[1]) = 2 412 073.90。

344
~
345

权值的 errorDelta($\mathcal{D}$, **w**[j]) 算出后，我们就可以用式（7.17）更新权值。算法 7.1 的第 4 行进行权值更新。通过将给定权值的 errorDelta($\mathcal{D}$, **w**[j]) 和学习率的乘积加在当前权值上来得出新的权值。新的权值集在表 7.3 中标为**新权值（第 1 次迭代后）**。

我们可以在表 7.3 的下半部分看到第 2 次迭代的细节，第 1 次迭代后更新的权值使得预测误差的误差平方和减小，为 443 361.52。根据这一误差值，使用所示的误差德尔塔可以算出另一组权值。算法随后迭代地应用权值更新规则直至其收敛到稳定的权值集，在这个集合上几乎不可能再对模型准确度进行改进。我们的例子中，收敛发生在 100 次迭代之后，最终权值为 **w**[0] = −0.1513、**w**[1] = 0.6270、**w**[2] = −0.1781 以及 **w**[3] = 0.0714。最终模型的误差平方和为 2913.5[⊖]。

本例最后需要我们注意的一点是，仔细查看表 7.3，其中显示出了我们为何在本例中使用极低的学习率。RENTAL PRICE 特征的取值较大，范围为 [320，620]，使得其平方误差以及误差德尔塔值很大。这就意味着我们需要很小的**学习率**来确保学习过程中每次迭代对权值进行的改变足够小，以使算法有效运行。对特征进行归一化（见 3.6.1 节）有助于避免较大的平方误差，我们从此以后将对大部分例子进行这种操作。

7.4　延伸与拓展

本节我们讨论 7.3 节所述的使用梯度下降的多变量线性回归基本方法的常见且有用的拓展。本节的主题包括解释线性回归模型、使用权值衰减设定学习率、处理连续描述性和类别特征、使用特征选取方法、使用多变量线性回归模型来建模非线性关系以及使用支持向量机（SVM）取代线性回归模型。

346

7.4.1　解释多变量线性回归模型

线性回归模型的一个很有用的特点是，模型使用的权值能够表明每个描述性特征对模型做出的预测的影响。首先，权值的符号表明不同的描述性特征对预测具有正面作用还是负面作用。表 7.4 重复了 7.3.4 节训练好的办公室租赁数据集模型的最终权值。我们可以看到，办公室面积的增加导致其租金的增加，办公室楼层的降低引起租金的增加，租金也随着宽带速率的增加而增加。其次，权值的数量级表明某个描述性特征的值增加 1 单位时目标特征的

⊖　由于这是一个较高维的问题（特征空间为三维，权值空间为四维），因此无法绘制出如前面例子所示的误差曲面。

值增加的量。例如，办公室面积每增加 1 平方英尺，我们就可以预计其月租金将增加 0.6270 欧元。相似地，办公室在楼中每上升一层，我们就可以预料到其月租金将下降 0.1781 欧元。

表 7.4　办公室租赁模型中每个特征的权值和标准误差

描述性特征	权值	标准误差	t 统计量	p 值
SIZE	0.6270	0.0545	11.504	<0.0001
FLOOR	−0.1781	2.7042	−0.066	0.949
BROADBAND RATE	0.071 396	0.2969	0.240	0.816

从权值的数量级来推测模型中不同描述性特征的相对重要性似乎很自然——也就是说，具有较高权值的描述性特征比具有较低权值的描述性特征更有预测力。不过，当描述性特征之间的尺度不统一时，进行这样的比较是错误的。比如，在办公室租赁数据集中，SIZE 特征的值的区间是从 500 到 1000，而 FLOOR 特征的值的区间则只是从 4 到 14。因此，直接比较这些权值无法显示出其相对重要性。确定模型中每个描述性特征重要性的更好方法是进行**统计显著性检验**（statistical significance test）。

统计显著性检验的原理是提出**零假设**（null hypothesis），随后确定是否有足够的证据来接受或拒绝该假设。接受或拒绝的决定是通过以下三步做出的：

1. 计算**检验统计量**（test-statistic）。

347

2. 计算检验统计量的值大于等于这个值是出自巧合的概率。这个概率被称为 **p 值**（p-value）。

3. 比较 p 值与预定义的显著性阈值，如果 p 值小于等于该阈值（也就是 p 值较小），则拒绝零假设。这个阈值通常为标准统计值，为 5% 或 1%。

我们用于分析线性回归模型中描述性特征 $d[j]$ 重要性的统计显著性检验是 **t 检验**（t-test）。在这个检验中，我们采用的零假设是特征对模型不具有显著影响。我们计算的统计检验量被称为 t 统计量。为了计算该检验统计量，我们首先要计算整个模型以及我们要考察其显著性的描述性特征的**标准误差**（standard error）。整个模型的标准误差是：

$$se = \sqrt{\frac{\sum_{i=1}^{n}(t_i - \mathbb{M}_{\mathbf{w}}(\mathbf{d}_i))^2}{n-2}} \qquad (7.18)$$

其中 n 是训练集中的实例数量。随后对每个描述性特征计算标准误差：

$$se(\mathbf{d}[j]) = \frac{se}{\sqrt{\sum_{i=1}^{n}(\mathbf{d}_i[j] - \overline{\mathbf{d}[j]})^2}} \qquad (7.19)$$

其中 $\mathbf{d}[j]$ 是某个描述性特征，$\overline{\mathbf{d}[j]}$ 是该描述性特征在训练集中的平均值。

这个检验的 t 统计量的计算如下：

$$t = \frac{\mathbf{w}[j]}{se(\mathbf{d}[j])} \qquad (7.20)$$

其中 $\mathbf{w}[j]$ 是对应于描述性特征 $\mathbf{d}[j]$ 的权值。使用标准 t 统计量查找表，我们可以确定该检验对应的 p 值（这是一个自由度设为训练集中实例数量减 2 的双尾 t 检验）。如果 p 值小于要求的显著性水平——通常为 0.05——我们就拒绝零假设并认为描述性特征对模型具有显著影响；否则我们就认为它不具有显著影响。我们可以从表 7.4 中看出，只有描述性特征 SIZE 对

348

模型具有显著影响。如果描述性特征对模型具有显著影响，则它与目标特征具有显著的线性关系。

7.4.2 用权值衰减设定学习率

在 7.3.3 节中我们阐明了学习率参数对梯度下降算法的影响。我们还解释说大部分实践者都使用经验法则和试错法来设定学习率。一个更为系统的方法是使用学习率衰减，它允许学习率始于较大的值，随后依照预先设定的计划来逐渐衰减。虽然文献中提出了许多不同的方法，但其中一个较为优良的衰减计划如下：

$$\alpha_\tau = \alpha_0 \frac{c}{c + \tau} \qquad (7.21)$$

其中 α_0 是初始学习率（通常相当大，比如 1.0），c 是控制学习率衰减速率的常量（该参数的值依赖于算法的收敛速度，但常常设为相当大的值，比如 100），τ 是梯度下降算法的当前迭代。图 7.8 展示了在仅使用描述性特征 S_{IZE} 的办公室租赁数据集上，使用 $\alpha_0 = 0.18$ 以 $c = 10$ 及的学习率衰减（这是个相当简单的问题，因此较小的参数值是合适的）时算法在误差曲面上的路径以及对应的误差平方和的图形。这个例子表明算法收敛到全局最小值的速度比图 7.7 中的所有方法都快得多。

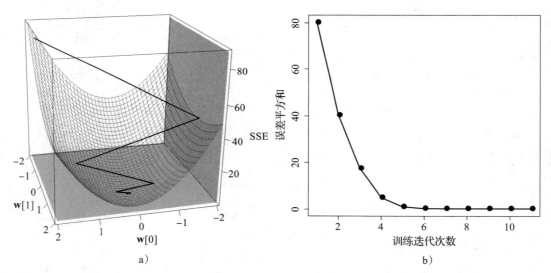

图 7.8　a 是使用学习率衰减（$\alpha_0 = 0.18$，$c = 10$）后办公室租金预测问题中算法在误差曲面上的移动路径；b 是移动过程中误差平方和的变化图

图 7.7f 和图 7.8b 的区别最为清楚地表明学习率衰减的作用，因为这两者的初始学习率相同。当使用学习率衰减后，相比于固定学习率来说，算法在误差曲面上的来回抖动减少了许多。使用学习率衰减甚至可以解决由学习率设置过大导致的误差平方和增加而非降低的问题。图 7.9 展示了这样的例子，其中学习率衰减的参数设为 $\alpha_0 = 0.25$ 以及 $c = 100$。算法从误差曲面上标为 1 的位置开始，每一步学习实际上都会导致其移动到误差曲面上越来越高的位置。而当学习率衰减后，算法在误差曲面上移动的方向重新向下，最后到达全局最小值。虽然学习率衰减几乎总是比固定学习率所带来的性能要好，但它仍然需要我们根据问题来选择 α_0 和 c 的值。

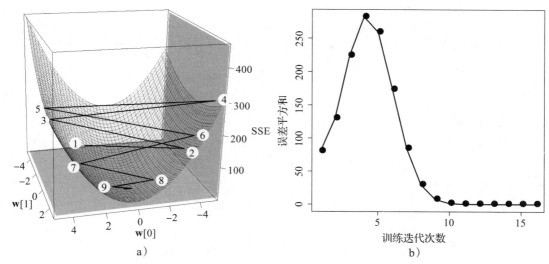

图 7.9　a 是使用学习率衰减（$\alpha_0 = 0.25$，$c = 100$）后办公室租金预测问题中算法在误差曲面上的移动路径；b 是移动过程中误差平方和的变化图

349 ~ 350

7.4.3　处理类别描述性特征

表 7.1 中展示的整个数据集的多变量线性回归模型的回归公式形式为：

$$\text{RENTAL PRICE} = \mathbf{w}[0] + \mathbf{w}[1] \times \text{SIZE} + \mathbf{w}[2] \times \text{FLOOR}$$
$$+ \mathbf{w}[3] \times \text{BROADBAND RATE}$$
$$+ \mathbf{w}[4] \times \text{ENERGY RATING}$$

乘积 $\mathbf{w}[4] \times$ ENERGY RATING 在此处产生一个问题。能效评级是类别特征，因此用数值权值乘以该特征的值没有意义。多变量回归模型的基本结构只允许连续描述性特征。而显然，在现实世界的数据集里，我们常常会遇到类别描述性特征，因此要使线性回归模型真正有用，我们需要用某种方法来解决这一问题。

线性回归模型中处理类别特征最常见的方法是使用一个变换，它将单个类别描述性特征转换为若干能够编码类别特征级别的连续描述性特征的值。这是通过为类别特征的每个级别创建一个新的二元描述性特征来实现的。之后我们可以通过将对应于类别特征级别的新特征的值设为 1，将其他新特征的值设为 0 来编码原始类别特征的一个级别。

例如，如果要在线性回归模型中使用表 7.1 中的 ENERGY RATING 描述性特征，那么我们会将其转换为三个新的连续描述性特征，因为能效评级有 A、B 和 C 这三个不同的级别。表 7.5 展示了将能效评级特征替换为 ENERGY RATING A、ENERGY RATING B 和 ENERGY RATING C 后的变换数据集。对于 ENERGY RATING 特征的级别为 A 的实例，其新的 ENERGY RATING A 特征的值为 1，而 ENERGY RATING B 和 ENERGY RATING C 的值都为 0。类似的规则也可用于 ENERGY RATING 特征的级别为 B 和 C 的实例。

351

表 7.5　调整过的来自表 7.1 的办公室租赁数据集，用于处理线性回归模型中的 ENERGY RATING 描述性特征

ID	SIZE	FLOOR	BROADBAND RATE	ENERGY RATING A	ENERGY RATING B	ENERGY RATING C	RENTAL PRICE
1	500	4	8	0	0	1	320
2	550	7	50	1	0	0	380

（续）

ID	SIZE	FLOOR	BROADBAND RATE	ENERGY RATING A	ENERGY RATING B	ENERGY RATING C	RENTAL PRICE
3	620	9	7	1	0	0	400
4	630	5	24	0	1	0	390
5	665	8	100	0	0	1	385
6	700	4	8	0	1	0	410
7	770	10	7	0	1	0	480
8	880	12	50	1	0	0	600
9	920	14	8	0	0	1	570
10	1000	9	24	0	1	0	620

回到我们的例子，这个 RENTAL PRICE 模型的回归公式就会变成：

$$\text{RENTAL PRICE} = \mathbf{w}[0] + \mathbf{w}[1] \times \text{SIZE} + \mathbf{w}[2] \times \text{FLOOR}$$
$$+ \mathbf{w}[3] \times \text{BROADBAND RATE}$$
$$+ \mathbf{w}[4] \times \text{ENERGY RATING A}$$
$$+ \mathbf{w}[5] \times \text{ENERGY RATING B}$$
$$+ \mathbf{w}[6] \times \text{ENERGY RATING C}$$

其中新添加的类别特征涵盖了原始的 ENERGY RATING 特征。使用这个模型的方式与先前完全相同。

这个方法的缺点是它引入了一些要找出最优值的额外权值——对于这个仅含有四个描述性特征的例子，我们需要七个权值。这就增加了我们在训练模型时要搜索的权值空间的大小。我们可以降低这一问题的影响：对于每个转换的类别特征，我们可以将新特征的数量减少一个，方法是假设如果一个实例的所有新特征的值为零，就代表它具有原始特征中没有转换为新特征的那个级别。例如，对于我们的 ENERGY RATING 特征，我们不添加三个新特征（ENERGY RATING A、ENERGY RATING B 和 ENERGY RATING C），而只添加 ENERGY RATING A 和 ENERGY RATING B 并假设当它们的值都为 0 时，实例隐含地具有 ENERGY RATING C。

7.4.4　处理类别目标特征：对数几率回归

在 7.3 节我们描述了使用梯度下降法训练的多变量线性回归模型是如何用于预测连续目标特征的。虽然这对许多真实世界的预测分析问题都很有用，但我们对于预测类别目标特征同样抱有兴趣。本节会阐述将使用梯度下降算法的多变量线性回归模型用于处理类别目标特征时所必须进行的一个较为简单的改动，具体来说，就是对数几率回归[⊖]。

7.4.4.1　使用线性回归预测类别目标

表 7.6 展示了含有类别目标特征的数据集样本。该数据集含有发电站中发电机运行时的每分钟转速（RPM）、发电机的振动量（VIBRATION）以及在测量以上指标的后一天发电机运行是否正常的指示特征（STATUS）。RPM 和 VIBRATION 指标来自于监测发动机是否正常运行的前一天。如果发电站管理员能够在发电机发生故障前就预测到将会发生故障，他就可以改善发电站的安全性并降低维护费用[⊖]。借助这个数据集，我们希望使用 RPM 和 VIBRATION 指标训练

⊖　logistic regression 的译法有许多种。有学者将其音译为逻辑斯谛回归或逻辑回归。logistic 一词并非源自英语，由于创造该术语的学者并未对其进行解释，故而其确切含义众说纷纭，推测应当与对数（logarithm）函数有关。为体现其实际作用，本书采用"对数几率回归"这个译法。——译者注

⊖　Gross et al.（2006）阐述了预测分析的此类应用的一个真实例子。

一个模型来辨别发电站中运行正常的发电机和故障的发电机。

表 7.6　含有一些发电机的特征的数据集

ID	RPM	Vibration	Status	ID	RPM	Vibration	Status
1	568	585	*good*	29	562	309	*faulty*
2	586	565	*good*	30	578	346	*faulty*
3	609	536	*good*	31	593	357	*faulty*
4	616	492	*good*	32	626	341	*faulty*
5	632	465	*good*	33	635	252	*faulty*
6	652	528	*good*	34	658	235	*faulty*
7	655	496	*good*	35	663	299	*faulty*
8	660	471	*good*	36	677	223	*faulty*
9	688	408	*good*	37	685	303	*faulty*
10	696	399	*good*	38	698	197	*faulty*
11	708	387	*good*	39	699	311	*faulty*
12	701	434	*good*	40	712	257	*faulty*
13	715	506	*good*	41	722	193	*faulty*
14	732	485	*good*	42	735	259	*faulty*
15	731	395	*good*	43	738	314	*faulty*
16	749	398	*good*	44	753	113	*faulty*
17	759	512	*good*	45	767	286	*faulty*
18	773	431	*good*	46	771	264	*faulty*
19	782	456	*good*	47	780	137	*faulty*
20	797	476	*good*	48	784	131	*faulty*
21	794	421	*good*	49	798	132	*faulty*
22	824	452	*good*	50	820	152	*faulty*
23	835	441	*good*	51	834	157	*faulty*
24	862	372	*good*	52	858	163	*faulty*
25	879	340	*good*	53	888	91	*faulty*
26	892	370	*good*	54	891	156	*faulty*
27	913	373	*good*	55	911	79	*faulty*
28	933	330	*good*	56	939	99	*faulty*

　　图 7.10a 展示了这个数据集的散点图，其中我们可以看到这两类发电机之间有相当明显的分界。实际上，如图 7.10b 所示，我们可以在散点图上画出一条直线来完美地将良好（*good*）发电机和故障（*faulty*）发电机区分开来。这条线叫作决策边界，由于我们可以画出这条线，因此数据集被称为是关于所使用的两个描述性特征线性可分的。由于决策边界是线性分隔器，因此可以用直线的方程定义（如式（7.2.1）那样）。在图 7.10b 中，决策边界定义为：

$$\text{Vibration} = 830 - 0.667 \times \text{PRM} \tag{7.22}$$

或

$$830 - 0.667 \times \text{PRM} - 1 \times \text{Vibration} = 0 \tag{7.23}$$

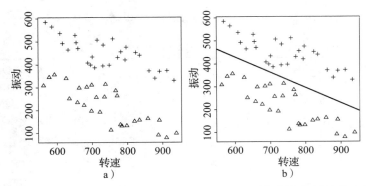

图 7.10   a）表 7.6 中所示发电机数据集的 RPM 和 VIBRATION 描述性特征的散点图。其中 *good*
发电机用十字标记，*faulty* 发电机用三角标记；b）决策边界分隔 *good* 发电机（十字）
和 *faulty* 发电机（三角）

因此，对于刚好处在决策边界上的实例来说，其 RPM 和 VIBRATION 值满足式（7.23）。
有趣的是，不处于决策边界上的实例表现得非常有规律。所有位于决策边界上方的实例的
描述性特征值在代入决策边界方程后会得到负值，而所有位于决策边界下方的实例的描述
性特征值在代入决策边界方程后会得到正值。例如，将式（7.23）应用于实例 PRM = 810、
VIBRATION = 495，它位于图 7.10b 的决策边界上方，最后得到如下结果：

$$830 - 0.667 \times 810 - 495 = -205.27$$

作为对比，如果我们将图 7.10b 中位于决策边界下方的实例 RPM = 650、VIBRATION = 240 代
入方程，就会得到：

$$830 - 0.667 \times 650 - 240 = 156.45$$

图 7.11a 通过绘制出将所有 RPM（转速）和 VIBRATION（振动）代入式（7.23）得到的值
来阐明式（7.23）和决策边界的一致关系[⊖]。

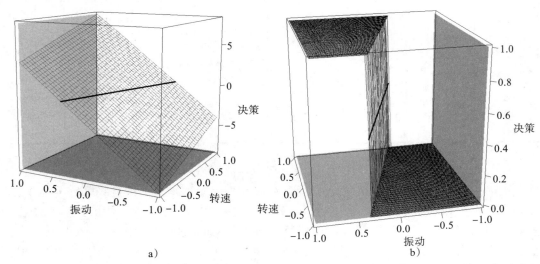

图 7.11   a 是一个显示所有 RPM 和 VIBRATION 代入式（7.23）得到的值的平面，并画出了式
（7.23）给出的决策边界；b 是以零为阈值分割前述平面得到的预测器

⊖   注意，在图中，RPM 和 VIBRATION 特征都归一化到了区间 [−1, 1]（使用 3.6.1 节所述的**区间归一化**）。我
们在任何时候使用回归模型预测类别目标特征，归一化描述性特征都是标准操作

由于方程的值表现得非常出色，我们可以使用它来预测类别目标特征。应用我们先前用过的符号，我们有：

$$\mathbb{M}_{\mathbf{w}}(\mathbf{d}) = \begin{cases} 1 & \text{若} \mathbf{w} \cdot \mathbf{d} \geqslant 0 \\ 0 & \text{否则} \end{cases} \quad (7.24)$$

其中 $\mathbf{d}$ 是一个实例的描述性特征的集合，$\mathbf{w}$ 是模型中的权值集，发电机目标特征级别 *good* 和 *faulty* 分别使用 0 和 1 表示。图 7.11b 展示了每种可能的 RPM 和 VIBRATION 代入式（7.24）后得到的值。这个平面叫作**决策曲面**（decision surface）。

为使用式（7.24）定义的模型，我们要解决的一个问题是如何确定权值 $\mathbf{w}$ 的值来最小化我们假设的模型 $\mathbb{M}_{\mathbf{w}}(\mathbf{d})$ 的误差函数。不幸的是，这个情况下我们不能直接使用梯度下降法。式（7.24）中给出的硬决策边界是**不连续的**（discontinuous），因此不可导，这就意味着我们不能使用求导计算误差曲面的梯度。这个模型的另一个问题是模型始终做出 0 或 1 这样确定的预测。我们更喜欢能够区分距离边界非常近的实例和距离边界非常远的实例的模型。我们可以通过使用更为精巧的连续（进而是可导的）阈函数来解决这一问题，这个函数也具有我们想要的辨别力。我们使用的这种函数叫作**对数几率函数**⊖（logistic function）。

对数几率函数⊖由下式给出：

$$\text{logistic}(x) = \frac{1}{1 + e^{-x}} \quad (7.25)$$

其中 x 是一个数值，e 是欧拉数，约等于 2.7183。图 7.12a 展示了 x 在区间 [–10, 10] 时对数几率函数的图像。我们可以看到，对数几率函数是一个将大于零的值变为 1 而将小于零的值变为 0 的阈值函数。这与式（7.24）给出的硬阈值函数很类似，不同之处在于对数几率函数具有软边界。下一节将解释使用对数几率函数是如何让我们能够构建预测类别目标特征的对数几率回归模型的。

7.4.4.2 对数几率回归

要构建对数几率回归模型，我们使用对数几率函数对基本的线性回归模型的输出进行阈值化。因此，不同于仅为权值与描述性特征的点积的回归函数（如式（7.9）所示），权值与描述性特征的值的点积被代入到对数几率函数中：

$$\begin{aligned} \mathbb{M}_{\mathbf{w}}(\mathbf{d}) &= \text{logistic}(\mathbf{w} \cdot \mathbf{d}) \\ &= \frac{1}{1 + e^{-\mathbf{w} \cdot \mathbf{d}}} \end{aligned} \quad (7.26)$$

我们可以对表 7.6 中的数据集构建多变量对数几率回归模型，以便看到它的作用。在训练（使用了稍加改动的梯度下降算法，我们稍后再作解释）后，产生的对数几率回归模型为⊜：

$$\mathbb{M}_{\mathbf{w}}(\langle \text{RPM}, \text{VIBRATION} \rangle) = \frac{1}{1 + e^{-(-0.4077 + 4.1697 \times \text{RPM} + 6.0460 \times \text{VIBRATION})}} \quad (7.27)$$

由式（7.27）得出的决策曲面显示在图 7.12b 中。这个决策曲面中要注意的要点是，相比于图 7.11b 的决策曲面，7.12b 的曲面在 *faulty* 目标特征和 *good* 目标特征之间的转换更为

⊖ 硬阈值可以相当成功地在**感知学习规则**（perceptron learning rule）中用来训练预测类别目标的模型，但本书中我们对此不进行介绍

⊜ 对数几率函数是数学建模中的劳动模范，它被用在大量不同的应用当中。例如，对数几率函数已经被用来对"新词语是如何随时间而进入到一门语言当中的"进行建模：新词语起初很不常用，但在跨过某个时间点后该词语就在这门语言中广为传播

⊜ 注意在本例以及后面的例子中，我们使用归一化的发电机数据集（所有描述性特征都使用区间归一化归一化到区间 [–1, 1]），因此式（7.27）的权值与式（7.23）不同。如果我们不进行归一化，则这两个权值集相同。

温和。这是使用对数几率回归的一个重要好处。使用对数几率函数的另一个好处是对数几率回归模型的输出可以被解释为目标级别出现的概率。因此

$$P(t = faulty \mid \mathbf{d}) = \mathbb{M}_{\mathbf{w}}(\mathbf{d})$$

以及

$$P(t = good \mid \mathbf{d}) = 1 - \mathbb{M}_{\mathbf{w}}(\mathbf{d})$$

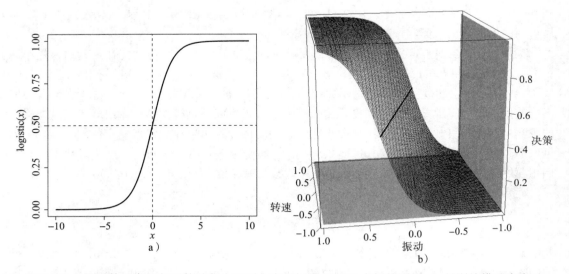

图 7.12　a 是对数几率回归函数（式（7.25））在区间 [–10, 10] 之间的图形；b 是训练模型来表示表 7.6 给出的发电机数据集的对数几率决策曲面（注意数据已归一化到区间 [–1, 1]）

　　要找出对数几率回归问题的最优决策边界，我们使用梯度下降算法（算法 7.1）来根据训练数据集最小化误差平方和。图 7.13 展示了我们在找出这个边界时尝试的一系列候选模型。图 7.13 的最后一幅图展示了误差平方和在训练过程中的变化。

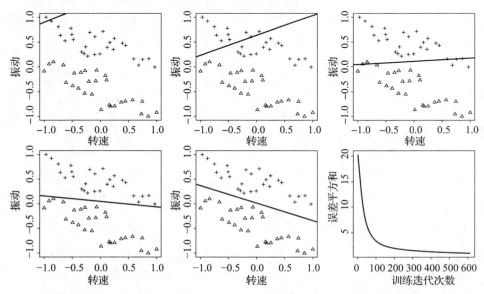

图 7.13　表 7.6 的机械设备数据集训练对数几率回归模型时在梯度下降过程中产生的一系列候选模型。右下角的图像展示了梯度下降过程中产生的误差平方和

要使梯度下降算法适用于训练对数几率回归模型，只需要修改误差德尔塔函数，它用于在算法 7.1 的第 4 行更新权值。为推导新的权值更新规则，我们想象训练数据集中仅有一个训练实例 $(\mathbf{d}, t)$。因此，误差函数的偏导数 L_2 为：

$$\frac{\partial}{\partial \mathbf{w}[j]} L_2(\mathbb{M}_\mathbf{w}, \mathcal{D}) = \frac{\partial}{\partial \mathbf{w}[j]} \frac{1}{2}(t - \mathbb{M}_\mathbf{w}(\mathbf{d}))^2$$

其中 $\mathbf{w}[j]$ 是权值集 $\mathbf{w}$ 中的一个权值。应用链式法则，我们得到：

$$\frac{\partial}{\partial \mathbf{w}[j]} L_2(\mathbb{M}_\mathbf{w}, \mathcal{D}) = (t - \mathbb{M}_\mathbf{w}(\mathbf{d})) \times \frac{\partial}{\partial \mathbf{w}[j]}(t - \mathbb{M}_\mathbf{w}(\mathbf{d}))$$

而 $\mathbb{M}_\mathbf{w}(\mathbf{d}) = \mathrm{logistic}(\mathbf{w} \cdot \mathbf{d})$，因此

$$\frac{\partial}{\partial \mathbf{w}[j]} L_2(\mathbb{M}_\mathbf{w}, \mathcal{D}) = (t - \mathrm{logistic}(\mathbf{w} \cdot \mathbf{d})) \times \frac{\partial}{\partial \mathbf{w}[j]}(t - \mathrm{logistic}(\mathbf{w} \cdot \mathbf{d}))$$

对方程的偏导数部分应用链式法则，并且我们已知 $\frac{\partial}{\partial \mathbf{w}[j]} \mathbf{w} \cdot \mathbf{d} = \mathbf{d}[j]$，可得：

$$\frac{\partial}{\partial \mathbf{w}[j]} L_2(\mathbb{M}_\mathbf{w}, \mathcal{D}) = (t - \mathrm{logistic}(\mathbf{w} \cdot \mathbf{d})) \times \frac{\partial}{\partial \mathbf{w}[j]} \mathrm{logistic}(\mathbf{w} \cdot \mathbf{d})$$
$$\times \frac{\partial}{\partial \mathbf{w}[j]} \mathbf{w} \cdot \mathbf{d}$$
$$= (t - \mathbb{M}_\mathbf{w}(d)) \times \frac{\partial}{\partial \mathbf{w}[j]} \mathrm{logistic}(\mathbf{w} \cdot \mathbf{d}) \times \mathbf{d}[j]$$

幸运的是，对数几率函数的导数很有名：

$$\frac{\mathrm{d}}{\mathrm{d}x} \mathrm{logistic}(x) = \mathrm{logistic}(x)(1 - \mathrm{logistic}(x)) \tag{7.28}$$

因此

$$\frac{\partial}{\partial \mathbf{w}[j]} L_2(\mathbb{M}_\mathbf{w}, \mathcal{D}) = (t - \mathrm{logistic}(\mathbf{w} \cdot \mathbf{d}))$$
$$\times \mathrm{logistic}(\mathbf{w} \cdot \mathbf{d})(1 - \mathrm{logistic}(\mathbf{w} \cdot \mathbf{d})) \times \mathbf{d}[j] \tag{7.29}$$

为可读性起见，将 $\mathrm{logistic}(\mathbf{w} \cdot \mathbf{d})$ 重写为 $\mathbb{M}_\mathbf{w}(\mathbf{d})$，我们得到：

$$\frac{\partial}{\partial \mathbf{w}[j]} L_2(\mathbb{M}_\mathbf{w}, \mathcal{D}) = (t - \mathbb{M}_\mathbf{w}(\mathbf{d})) \tag{7.30}$$
$$\times \mathbb{M}_\mathbf{w}(\mathbf{d}) \times (1 - \mathbb{M}_\mathbf{w}(\mathbf{d})) \times \mathbf{d}[j] \tag{7.31}$$

这就是误差曲面关于某个权值 $\mathbf{w}[j]$ 的偏导数，表明了误差曲面的梯度。使用这一梯度公式，我们可以将对数几率回归的权值更新规则写作：

$$\mathbf{w}[j] \leftarrow \mathbf{w}[j] + \alpha \times (t - \mathbb{M}_\mathbf{w}(\mathbf{d})) \times \mathbb{M}_\mathbf{w}(\mathbf{d}) \times (1 - \mathbb{M}_\mathbf{w}(\mathbf{d})) \times \mathbf{d}[j] \tag{7.32}$$

其中 $\mathbb{M}_\mathbf{w}(\mathbf{d}) = \mathrm{logistic}(\mathbf{w} \cdot \mathbf{d}) = \dfrac{1}{1 + e^{-\mathbf{w} \cdot \mathbf{d}}}$。

式（7.32）给出的规则假设仅存在一个实例。要考虑整个训练集的情形，我们只需要像先前式（7.17）那样对所有训练实例求和。这就给出了多变量对数几率回归的权值更新规则：

$$\mathbf{w}[j] \leftarrow \mathbf{w}[j] + \alpha \times \sum_{i=1}^{n}((t_i - \mathbb{M}_\mathbf{w}(\mathbf{d}_i)) \times \mathbb{M}_\mathbf{w}(\mathbf{d}_i) \times (1 - \mathbb{M}_\mathbf{w}(\mathbf{d}_i)) \times \mathbf{d}_i[j]) \tag{7.33}$$

除了更改梯度更新规则外，我们无须对多变量线性回归的模型训练过程进行任何更改。为进一步阐明这一过程，下一节我们将展示为拓展的发电机数据集训练多变量对数几率回归模型的实用范例。

7.4.4.3   多变量对数几率回归的实用范例

使用对数几率回归模型的一个优点是它在那些目标特征不同的实例于特征空间中发生重叠的数据集上运行良好。表 7.7 展示了表 7.6 中发电机数据集的一个拓展版，加入了更多的实例，使得 good 发电机和 faulty 发电机之间的边界变得不那么清晰。这种数据在真实场景中非常常见。这个数据集的散点图显示在图 7.14 中，其中可以清晰地看出数据中不同类型的发电机的重叠。尽管这个例子中具有不同目标特征级别的实例之间的边界并不是很清晰，但仍然可以训练对数几率回归模型来辨别这两类发电机。本节余下部分我们会对此进行详细的研究。

表 7.7   表 7.6 的发电机数据集的拓展版

ID	RPM	Vibration	Status	ID	RPM	Vibration	Status
1	498	604	faulty	35	501	463	good
2	517	594	faulty	36	526	443	good
3	541	574	faulty	37	536	412	good
4	555	587	faulty	38	564	394	good
5	572	537	faulty	39	584	398	good
6	600	553	faulty	40	602	398	good
7	621	482	faulty	41	610	428	good
8	632	539	faulty	42	638	389	good
9	656	476	faulty	43	652	394	good
10	653	554	faulty	44	659	336	good
11	679	516	faulty	45	662	364	good
12	688	524	faulty	46	672	308	good
13	684	450	faulty	47	691	248	good
14	699	512	faulty	48	694	401	good
15	703	505	faulty	49	718	313	good
16	717	377	faulty	50	720	410	good
17	740	377	faulty	51	723	389	good
18	749	501	faulty	52	744	227	good
19	756	492	faulty	53	741	397	good
20	752	381	faulty	54	770	200	good
21	762	508	faulty	55	764	370	good
22	781	474	faulty	56	790	248	good
23	781	480	faulty	57	786	344	good
24	804	460	faulty	58	792	290	good
25	828	346	faulty	59	818	268	good
26	830	366	faulty	60	845	232	good
27	864	344	faulty	61	867	195	good
28	882	403	faulty	62	878	168	good
29	891	338	faulty	63	895	218	good
30	921	362	faulty	64	916	221	good
31	941	301	faulty	65	950	156	good
32	965	336	faulty	66	956	174	good
33	976	297	faulty	67	973	134	good
34	994	287	faulty	68	1002	121	good

　　在线性回归模型中使用描述性特征前，是否应当对其进行**归一化**仍有争议。归一化的主要缺点是对其进行像 7.4.1 节那样的解释分析变得更为困难，因为模型使用的描述性特征的值与数据中的真实特征值无关。例如，如果在金融信用评级模型中将客户的年龄用作描述性特征，那么在归一化到尺度为从 0 到 1 的年龄上讨论其变化比在年龄的自然尺度——约为从 18 到 80——之上进行讨论要更为困难。归一化描述性特征值的主要优点是，所有权值之间都可以直接互相比较（因为所有描述性特征都处于同一尺度），用于训练模型的梯度下降算法的行为对学习率和初始权值也更不敏感。对于对数几率权值来说，我们建议始终归一化描述性特征。本例中，在进行训练之前，两个描述性特征都归一化到区间 [−1, 1]。

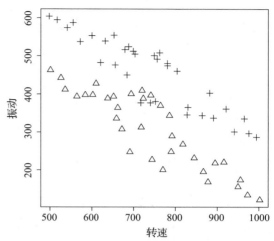

图 7.14　表 7.7 给出的拓展发电机数据集的散点图，其中具有不同目标级别的实例相互重叠。代表 *good* 发电机的实例用十字表示，代表 *faulty* 发电机的则用三角表示

361 ～ 362

　　要开始梯度下降过程，我们随机选择模型中权值 **w[0]**、**w[1]** 和 **w[2]** 的初始值。本例中，随机值从区间中选取 [−3, 3]，使得 **w[0]** = −2.9465、**w[1]** = −1.0147 以及 **w[2]** = 2.1610。使用这些权值来对训练数据集中的每个实例进行预测，计算它们产生的误差平方和。使用这些权值做出的预测以及相关的误差显示在表 7.8 中的**第 1 次迭代**下。

表 7.8　使用梯度下降算法为表 7.7 中拓展的发电机数据集训练对数几率回归模型时前两次迭代的详情

初始权值							
w[0]:	−2.9465	**w[1]:**	−1.0147	**w[2]:**	−2.1610		

第 1 次迭代							
					errorDelta($\mathcal{D}$, **w**[j])		
ID	TARGET LEVEL	预测值	误差值	平方误差	**w[0]**	**w[1]**	**w[2]**
1	1	0.5570	0.4430	0.1963	0.1093	−0.1093	0.1093
2	1	0.5168	0.4832	0.2335	0.1207	−0.1116	0.1159
3	1	0.4469	0.5531	0.3059	0.1367	−0.1134	0.1197
			...				
66	0	0.0042	−0.0042	0.0000	0.0000	0.0000	0.0000
67	0	0.0028	−0.0028	0.0000	0.0000	0.0000	0.0000
68	0	0.0022	−0.0022	0.0000	0.0000	0.0000	0.0000
		和	24.4738		2.7031	−0.7015	1.6493
		误差平方和（和 / 2）	12.2369				

新权值（第 1 次迭代后）							
w[0]:	−2.8924	**w[1]:**	−1.0287	**w[2]:**	−2.1940		

（续）

第 2 次迭代							
ID	Target Level	预测值	误差值	平方误差	errorDelta($\mathcal{D}$,w[j])		
					w[0]	w[1]	w[2]
1	1	0.5817	0.4183	0.1749	0.1018	−0.1018	0.1018
2	1	0.5414	0.4586	0.2103	0.1139	−0.1053	0.1094
3	1	0.4704	0.5296	0.2805	0.1319	−0.1094	0.1155
			...				
66	0	0.0043	−0.0043	0.0000	0.0000	0.0000	0.0000
67	0	0.0028	−0.0028	0.0000	0.0000	0.0000	0.0000
68	0	0.0022	−0.0022	0.0000	0.0000	0.0000	0.0000
		和		24.0524	2.7236	−0.6646	1.6484
		误差平方和（和 / 2）		12.0262			

新权值（第 2 次迭代后）					
w[0]:	−2.8380	w[1]:	−1.0416	w[2]:	−2.2271

第一个候选模型的误差平方和为 12.2369，并不是很准确。实际上，实例 1 和实例 2 是仅有的两个被预测为目标级别 *faulty* 的，即级别 1（注意它们是仅有的大于 0.5 的预测值）。这也可以在图 7.15 左上方的图像中看到，其中显示了对应于初始权值集的候选模型。基于这些预测的误差，根据式（7.31）算出每个训练实例的德尔塔贡献度，在表 7.8 中标为 errorDelta($\mathcal{D}$, w[0])、errorDelta($\mathcal{D}$, w[1]) 和 errorDelta($\mathcal{D}$, w[2])。这些单独的德尔塔贡献度随后被求和以用于权值更新规则（式（7.33）），本例中使用的学习率为 0.02。例如，w[0] 的新值等于其旧值加学习率乘以 errorDelta($\mathcal{D}$, w[0]) 贡献度的和，即 −2.9465 + 0.02 × 2.7031= −2.8924。这就给出了如**新权值（第 1 次迭代后）**所示的新权值集。

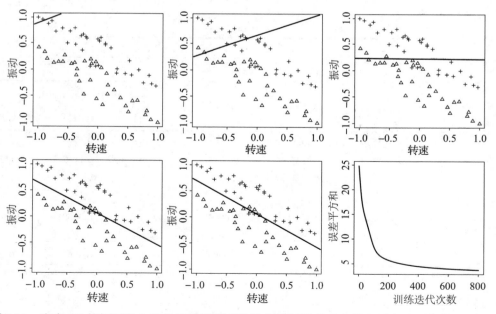

图 7.15　为表 7.7 的拓展发电机数据集训练对数几率回归模型时在梯度下降过程中产生的一系列候选模型。右下角的图像展示了梯度下降过程中产生的误差平方和

这一过程随后使用这些新权值作为预测以及误差计算的根据来再次运行，在表 7.8 中标为**第 2 次迭代**。新权值产生了稍精确一些的模型，我们从略为减少的误差平方和 12.0262 可以看出。根据更新后的误差算出的新权值在表 7.8 中标为**新权值（第 2 次迭代后）**。表 7.8 只展示了该模型梯度下降过程的前两次迭代。图 7.15 显示了算法继续运行直到找出最终模型的过程。图中展示了在生成最终模型的过程中产生的一些候选模型，右下角的图像展示了这一过程中误差平方和的变化情况。训练出的最终模型为：

$$\mathbb{M}_{\mathbf{w}}(\langle\text{ RPM, VIBRATION }\rangle)= \frac{1}{1+e^{-(-0.4077\ +\ 4.1697\times\text{RPM}\ +\ 6.0460\times\text{VIBRATION})}}$$

其误差平方和为 1.8804。显然，由于具有不同目标特征级别的实例在特征空间中存在重叠，这种情况下不可能构建能够完美分隔 *good* 机器和 *faulty* 机器的模型。但训练出的模型仍然在将 *good* 机器误判为 *faulty* 机器和与之相反的将 *faulty* 机器误判为 *good* 机器的错误之间达成了良好的平衡。

7.4.5　建模非线性关系

我们目前为止讨论过的所有简单线性回归模型和对数几率回归模型都构建了描述性特征和目标特征之间的线性关系。当数据中隐含的关系是线性关系时，线性模型是非常合适的。而有时，数据中含有的关系是非线性关系，我们也希望能够在模型中刻画这一点。例如，表 7.9 中的数据集基于农业场景，展示了 2012 年 7 月在几个爱尔兰农场测量出的降水量（RAIN，以毫米每日计）以及由此导致的牧草生长情况（GROWTH，以公斤每英亩每日计）。图 7.16a 展示了这两个特征的散点图，其中降水量和牧草生长明显有很强的非线性关系——降水太少或太多，草的生长情况都不太好，而其"甜蜜点"在大约每日 2.5 毫米。能够根据不同的降水量预报来预测牧草生长状况对于农场主来说是很有用的，他们可以由此判断牧草的最佳收割时间，以便制作干草。

表 7.9　描述 2012 年 7 月爱尔兰农场牧草生长的数据集

ID	RAIN	GROWTH	ID	RAIN	GROWTH	ID	RAIN	GROWTH
1	2.153	14.016	12	3.754	11.420	23	3.960	10.307
2	3.933	10.834	13	2.809	13.847	24	3.592	12.069
3	1.699	13.026	14	1.809	13.757	25	3.451	12.335
4	1.164	11.019	15	4.114	9.101	26	1.197	10.806
5	4.793	4.162	16	2.834	13.923	27	0.723	7.822
6	2.690	14.167	17	3.872	10.795	28	1.958	14.010
7	3.982	10.190	18	2.174	14.307	29	2.366	14.088
8	3.333	13.525	19	4.353	8.059	30	1.530	12.701
9	1.942	13.899	20	3.684	12.041	31	0.847	9.012
10	2.876	13.949	21	2.140	14.641	32	3.843	10.885
11	4.277	8.643	22	2.783	14.138	33	0.976	9.876

简单线性回归模型无法处理这种非线性关系。图 7.16b 展示了能够为此预测问题训练出的最佳线性回归模型。该模型为：

$$\text{CROWTH} = 13.510 + -0.667 \times \text{RAIN}$$

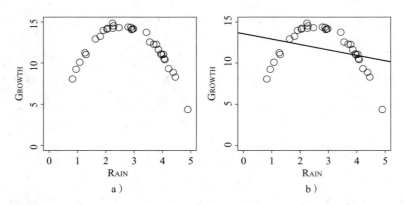

图 7.16   a 是牧草生长数据集中 RAIN 和 GROWTH 特征的散点图；在 b 中，训练好的用于刻画牧
草生长和降水量关系的简单线性回归模型叠加在相同的散点图上

　　要成功建模牧草生长和降水量之间的关系，我们需要引入非线性元素。为达到这一目的，一般的方法是引入将模型的原始输入转换为非线性表示，同时保持模型在权值上具有线性的基函数。这样做的优点是，除了引入基函数外，我们不需要对目前的方法进行任何改变。而且，基函数对预测连续目标特征的简单多变量线性回归模型和预测类别目标特征的多变量对数几率回归模型都适用。

　　要使用基函数，我们将简单线性回归模型（式（7.9））重新表述为下式：

$$\mathbb{M}_{\mathbf{w}}(\mathbf{d}) = \sum_{k=0}^{b} \mathbf{w}[k] \times \varphi_k(\mathbf{d}) \tag{7.34}$$

其中 $\mathbf{d}$ 是 m 个描述性特征的集合，$\mathbf{w}$ 是 b 个权值的集合，φ_0 到 φ_b 为 b 个基函数的集合，每个基函数用不同的方式变换输入向量 $\mathbf{d}$。值得注意的是 b 未必要等于 m，通常 b 要比 m 大一些——也就是说，基函数的数量通常大于描述性特征的数量。

　　线性回归模型中基函数的常见用途是训练**多项式关系**（polynomial）的模型。线性关系表明目标特征的值是仅由描述性特征的和与权值相乘得出的。多项式关系允许描述性特征的值互相相乘和自乘。多项式关系中最为常见的形式是**二阶多项式**（second order polynomial），也称为**二次函数**（quadratic function），其一般形式为 $a = bx + cx^2$。牧草生长数据集中降水和长草之间的关系可以通过以下模型准确地表示为**二阶多项式**：

$$\text{GROWTH} = \mathbf{w}[0] \times \varphi_0(\text{RAIN}) + \mathbf{w}[1] \times \varphi_1(\text{RAIN}) + \mathbf{w}[2] \times \varphi_2(\text{RAIN})$$

其中

$$\varphi_0(\text{RAIN}) = 1$$
$$\varphi_1(\text{RAIN}) = \text{RAIN}$$
$$\varphi_2(\text{RAIN}) = \text{RAIN}^2$$

　　这种方法如此有吸引力的原因是，即使我们用基函数描述的新模型刻画了降水和长草之间的非线性关系，模型的权值仍然是线性的，因此可以照搬梯度下降算法来训练。图 7.17 展示了训练过程最终产生的非线性模型，以及在训练过程中产生的一些模型。最终模型为：

$$\text{GROWTH} = 3.707 \times \varphi_0(\text{RAIN}) + 8.475 \times \varphi_1(\text{RAIN}) + -1.717 \times \varphi_2(\text{RAIN})$$

其中 φ_0、φ_1 和 φ_2 如前所述。该模型很好地刻画了数据中的非线性关系，但仍然可以轻松地用梯度下降方法训练。基函数也可以以相同的方式用于多变量简单线性回归模型，我们仅需要定义更多的基函数。

基函数也可用于训练对数几率回归模型来预测类别目标特征。表 7.10 展示了 EEG 数据集。这个数据集基于一项神经系统实验，实验设计意在捕捉当实验参与者观看积极的（*positive*）图片（例如，一张微笑的婴儿的照片）以及消极的（*negative*）图片（例如，一张腐败食物的照片）时，神经反应的变化。在一次用于捕捉本数据的实验中，科学家向参与者展示了一系列不同的图片，其神经反应使用**脑电图**（ElectroEncephaloGraphy，EEG）测量。具体来说，就是在参与者观看每张图片时，测量常用的 P20 和 P45 电位。这两个电位是数据集的描述性特征，目标特征类型（Type）表明实验对象正在观看的是积极图片还是消极图片。如果模型可以被训练用来分类大脑对应于积极图像和消极图像时的不同活动，医生就可以使用这个模型来帮助他们评估大脑受到严重创伤并且不能交流的人的脑功能[⊖]。图 7.18 展示了这个数据集的散点图，其中可以明显看出两种不同类型的图像之间的决策边界是非线性的——也就是说，这两类图像不是**线性可分**（linear separable）的。

表 7.10　显示参与者观看 *positive* 图像和 *negative* 图像时 EEG 的 P20 和 P45 电位的数据集

ID	P20	P45	TYPE	ID	P20	P45	TYPE
1	0.4497	0.4499	*negative*	26	0.0656	0.2214	*positive*
2	0.8964	0.9006	*negative*	27	0.6336	0.2312	*positive*
3	0.6952	0.3760	*negative*	28	0.4453	0.4052	*positive*
4	0.1769	0.7050	*negative*	29	0.9998	0.8493	*positive*
5	0.6904	0.4505	*negative*	30	0.9027	0.6080	*positive*
6	0.7794	0.9190	*negative*	31	0.3319	0.1473	*positive*
⋮				⋮			

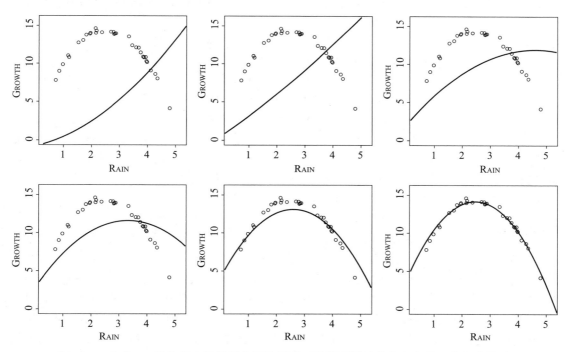

图 7.17　为表 7.9 的牧草生长数据集训练模型时梯度下降过程中产生的一些候选模型

⊖ 为便于阐述，该示例被极大地简化了，但已有很有趣的研究工作使用 EEG 和 fMRI 扫描的输出数据来构建预测模型，例如 Mitchell et al.（2008）。

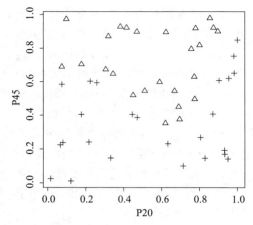

图 7.18　EEG 数据集 P20 和 P45 特征的散点图。代表 *positive* 图像的实例用十字
表示，代表 *negative* 图像的实例用三角表示

在图 7.18 中我们勉强能察觉到的非线性决策边界可以用两个描述性特征 P20 和 P45 构成的三阶多项式来表示。我们先前训练的简单线性模型无法应对像图 7.18 中那样的非线性决策边界。不过，我们可以将式（7.26）中的对数几率回归方程使用基函数重写如下：

$$\mathbb{M}_{\mathbf{w}}(\mathbf{d}) = \frac{1}{1+e^{-\left(\sum_{j=0}^{b} \mathbf{w}[j]\varphi_j[\mathbf{d}]\right)}} \tag{7.35}$$

用如下基函数集代入上式能够使学习过程具有灵活性，从而找出能够成功分隔 EEG 数据集中不同类型图像的非线性决策边界[⊖]：

$$\varphi_0(\langle\, P20, P45\,\rangle) = 1 \qquad \varphi_4(\langle\, P20, P45\,\rangle) = P45^2$$
$$\varphi_1(\langle\, P20, P45\,\rangle) = P20 \qquad \varphi_5(\langle\, P20, P45\,\rangle) = P20^2$$
$$\varphi_2(\langle\, P20, P45\,\rangle) = P45 \qquad \varphi_6(\langle\, P20, P45\,\rangle) = P45^3$$
$$\varphi_3(\langle\, P20, P45\,\rangle) = P20^2 \qquad \varphi_7(\langle\, P20, P45\,\rangle) = P20 \times P45$$

这个模型可以使用梯度下降法来找出两类不同类型图像的最优决策边界。图 7.19 展示了梯度下降过程中构建的一系列模型。最终模型可以根据测量到的 P20 和 P45 活动情况来分辨两类不同的图像。图 7.19f 展示了最终决策曲面的 3D 图像。注意，即使决策曲面比我们先前见过的曲面（例如图 7.12）更为复杂，对数几率形状也仍然保存了下来。

使用基函数是在线性回归模型中刻画非线性关系的一个简单有效的方法。理解这一过程的一个方法是将数据集从二维空间变换到更高维的空间。用作基函数的函数类型没有限制，正如我们在前面的例子中看到的，数据集中不同描述性特征的基函数可以完全不同。但使用基函数的一个缺点是，数据分析人员必须设计好要使用的基函数集。虽然存在一些众所周知的函数集——例如，不同阶数的多项式函数——设计基函数集仍然会非常具有挑战性。其次，当基函数的数量增加并且多于描述性特征的数量时，模型的复杂性就会增加，因此梯度下降算法必须要在更为复杂的权值空间进行搜索。使用基函数是改变归纳偏置的一种有趣的方式，特别是对于学习回归模型使用的梯度下降算法中的限定偏置。通过使用像本节例子中给出的那些基函数，我们放松了算法只能考虑线性模型的限制，并允许使用更为复杂的模型类型，比如本章看到的高阶多项式模型。

⊖　φ_7 产生的项常称为**交互项**（interaction term），因为它使得两个描述性特征能够在模型中进行交互。

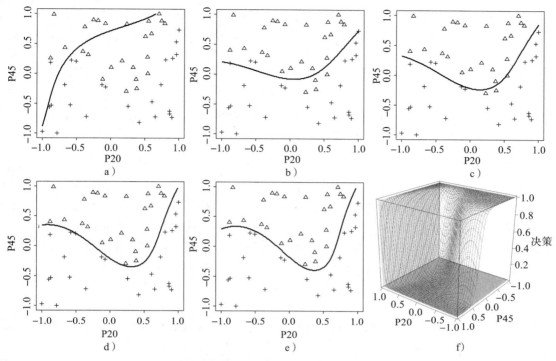

图 7.19　表 7.10 的 EEG 数据集在梯度下降过程中产生的一些候选模型。最后一幅图展示了生成的决策边界

372

7.4.6　多项对数几率回归

多项对数几率回归[⊖]模型将对数几率回归模型拓展为能够处理多于两个级别的类别目标特征。构建多项对数几率回归模型的一个好办法是使用**一对多**（one-versus-all）模型集[⊖]。如果有 r 个目标级别，我们就构建 r 个**一对多**对数几率回归模型。每个**一对多**模型都能够将目标特征的一个级别与所有其他级别区分开来。图 7.20 展示了为具有三个目标级别的预测问题构建的三个一对多预测模型（这些模型基于本节随后将给出的表 7.11 中的数据集）。

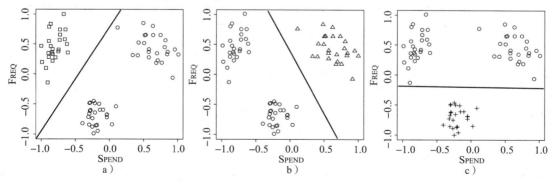

图 7.20　表 7.11 中客户类型数据集的三个不同的一对多预测模型，三个目标级别为 *single*（方块）、*business*（三角）及 *family*（十字）

⊖　多项对数几率回归模型常常被称为**最大熵**（maximum entropy）、**条件最大熵**（conditional maximum entropy）或 MaxEnt 模型。

⊖　这是 4.4.5 节所述的集成模型中的一种。

对于 r 个目标特征级别，我们分别构建 r 个对数几率回归模型 $\mathbb{M}_{\mathbf{w_1}}$ 到 $\mathbb{M}_{\mathbf{w_r}}$：

$$\mathbb{M}_{\mathbf{w_1}}(\mathbf{d}) = \text{logistic}(\mathbf{w_1} \cdot \mathbf{d})$$
$$\mathbb{M}_{\mathbf{w_2}}(\mathbf{d}) = \text{logistic}(\mathbf{w_2} \cdot \mathbf{d})$$
$$\vdots$$
$$\mathbb{M}_{\mathbf{w_r}}(\mathbf{d}) = \text{logistic}(\mathbf{w_r} \cdot \mathbf{d})$$

（7.36）

其中 $\mathbb{M}_{\mathbf{w_1}}$ 到 $\mathbb{M}_{\mathbf{w_r}}$ 是 r 个不同的一对多对数几率回归模型，$\mathbf{w_1}$ 到 $\mathbf{w_r}$ 是 r 个不同的权值集。要合并这些不同模型的输出，我们将结果进行如下归一化：

$$\mathbb{M}'_{\mathbf{w_k}}(\mathbf{d}) = \frac{\mathbb{M}_{\mathbf{w_k}}(\mathbf{d})}{\sum\limits_{l \in \text{levels}(t)} \mathbb{M}_{\mathbf{w_l}}(\mathbf{d})}$$

（7.37）

其中 $\mathbb{M}'_{\mathbf{w_k}}(\mathbf{d})$ 是一对多模型对目标级别 k 的、修改并归一化后的预测。式子的分母将 r 个目标特征级别的一对多模型的预测相加，起到归一化的作用。这能确保所有模型输出的和为 1。使用的 r 个一对多对数几率回归模型是并行训练的，在每个模型训练中计算误差平方和时，都使用修正的模型输出 $\mathbb{M}'_{\mathbf{w_k}}(\mathbf{d})$。这就意味着误差平方和函数需要稍微改动成：

$$L_2(\mathbb{M}_{\mathbf{w_k}}, \mathcal{D}) = \frac{1}{2}\sum_{i=1}^{n}(t_i - \mathbb{M}'_{\mathbf{w_k}}(\mathbf{d}_i[1]))^2$$

（7.38）

在对查询实例进行预测时也用到了修改后的预测。对查询 $\mathbf{q}$ 的预测级别对应于归一化后的一对多模型的输出中结果最高的那一个。我们可以将其写作：

$$\mathbb{M}(\mathbf{q}) = \underset{l \in \text{levels}(t)}{\arg\max}\ \mathbb{M}'_{\mathbf{w_l}}(\mathbf{q})$$

（7.39）

表 7.11 展示了手机用户在一家大型全国零售连锁店的购物习惯详情的数据集的样本。其中包括每名客户在连锁店的周平均花销（SPEND）、平均每周访问连锁店的次数（FREQ）以及客户类型（TYPE）：单身（*single*）、商务（*business*）或家庭（*family*）。这个数据集的拓展版本被用于构建能根据客户几个星期中的购买行为来确定客户类型的模型。图 7.21 展示了使用该数据（归一化到 [−1，1] 后）训练多项对数几率回归模型时产生的一系列候选模型。数据集中有三个目标级别，因此构建了三个一对多模型。图中展示了每个模型决策边界的演化。

表 7.11　一家大型全国零售连锁店的客户数据集

ID	SPEND	FREQ	TYPE	ID	SPEND	FREQ	TYPE
1	21.6	5.4	*single*	28	122.6	6.0	*business*
2	25.7	7.1	*single*	29	107.7	5.7	*business*
3	18.9	5.6	*single*		⋮		
4	25.7	6.8	*single*	47	53.2	2.6	*family*
	⋮			48	52.4	2.0	*family*
26	107.9	5.8	*business*	49	46.1	1.4	*family*
27	92.9	5.5	*business*	50	65.3	2.2	*family*
	⋮				⋮		

图 7.21 第二行中间的图展示了最终的一对多决策边界，与图 7.20 中所示的单个一对多决策边界有所不同。出现这种现象的原因是，图 7.20 的决策边界是各自训练得出的，而图 7.21 的边界则是并行训练得出的，因此是互相关联的。虽然实线表示的目标级别 *single* 的决策边界不能完全区分目标级别 *single* 和其他目标级别，但当与其他两个决策边界合用时却

能够区分。我们可以在图 7.21 的右下方图像显示的**决策边界**中看出这一点。我们用一个例子来阐明多项回归模型是如何进行预测的。

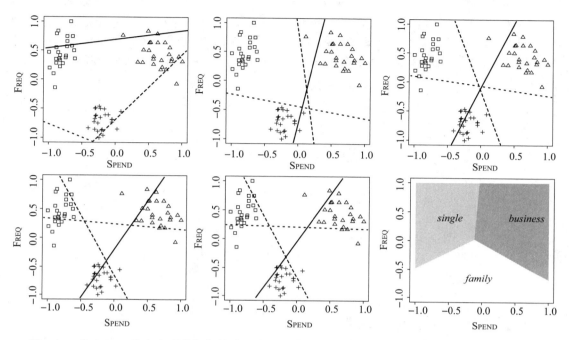

图 7.21　为表 7.11 的客户群数据集构建的模型在梯度下降过程中产生的几个候选模型。方块代表目标级别为 *single* 的实例,三角代表 *business* 级别,十字代表 *family* 级别。右下角的图展示了这三个目标级别之间的总决策边界

模型为图 7.21 的三个最终决策边界学习到的模型参数为:

$$\mathbb{M}_{\mathbf{w}_{single}}(\mathbf{q}) = \text{logistic}(0.7993 - 15.9030 \times \text{Spend} + 9.5974 \times \text{Freq})$$

$$\mathbb{M}_{\mathbf{w}_{family}}(\mathbf{q}) = \text{logistic}(3.6526 + (-0.5809) \times \text{Spend} - 17.5886 \times \text{Freq})$$

$$\mathbb{M}_{\mathbf{w}_{business}}(\mathbf{q}) = \text{logistic}(4.6419 + 14.9401 \times \text{Spend} - 6.9457 \times \text{Freq})$$

对于 Spend = 25.67、Freq = 6.12,归一化后为 Spend = −0.7279、Freq = 0.4789 的查询实例来说,单个模型的预测为:

$$\mathbb{M}_{\mathbf{w}_{single}}(\mathbf{q}) = \text{logistic}(0.7993 - 15.9030 \times (-0.7279) + 9.5974 \times 0.4789) = 0.9999$$

$$\mathbb{M}_{\mathbf{w}_{family}}(\mathbf{q}) = \text{logistic}(3.6526 + (-0.5809) \times (-0.7279) - 17.5886 \times 0.4789) = 0.012\,78$$

$$\mathbb{M}_{\mathbf{w}_{business}}(\mathbf{q}) = \text{logistic}(4.6419 + 14.9401 \times (-0.7279) - 6.9457 \times 0.4789) = 0.0518$$

这些预测归一化如下:

$$\mathbb{M}'_{\mathbf{w}_{single}}(\mathbf{q}) = \frac{0.9999}{0.9999 + 0.012\,78 + 0.0518} = 0.9393$$

$$\mathbb{M}'_{\mathbf{w}_{family}}(\mathbf{q}) = \frac{0.012\,78}{0.9999 + 0.012\,78 + 0.0518} = 0.0120$$

$$\mathbb{M}'_{\mathbf{w}_{business}}(\mathbf{q}) = \frac{0.0518}{0.9999 + 0.01\,278 + 0.0518} = 0.0487$$

这就意味着查询实例的总预测为 *single*,因为它归一化后的得分最高。

7.4.7 支持向量机

支持向量机（Support Vector Machine，SVM）是另一种基于误差的学习的预测建模的方法。图 7.22a 展示了缩减版的发电机数据集（即表 7.6 中的数据集）以及数据集上的决策边界。图中标出了距离决策边界垂直距离最近的实例。从决策边界到最近训练实例的距离叫作**间隔**（margin）。决策边界两边的虚线展示了间隔的延伸，我们将其称为**延伸间隔**（margin extent）。

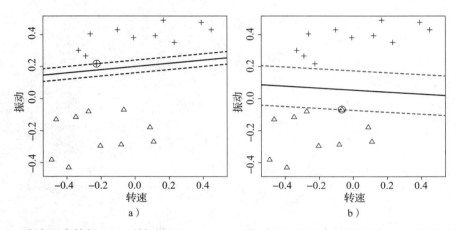

图 7.22 含有两个特征 RPM（转速）和 VIBRATION（振动）以及两个目标级别 *good*（用十字表示）和 *faulty*（用三角表示）的发电机数据集的小样本：a）间隔非常小的决策边界；b）间隔大得多的决策边界。两幅图中都标出了离边界最近的实例

图 7.22b 展示了类似图形，不同之处在于其决策边界的间隔大得多。支持向量机背后的直觉是，第二幅图中的决策边界对两个目标级别的分辨结果比第一幅图的边界更为可靠。训练支持向量机需要训练能最大化间隔的决策边界，或者叫作**分隔超平面**[⊖]（separating hyperplane），因为这样做能够最好地分隔目标级别。虽然构建支持向量机和构建对数几率回归的目标都是找到最好的决策边界，但它们所编码的归纳偏置是不同的，这就使得它们产生的决策边界也有所不同。

落在延伸间隔上的训练集中的实例叫作**支持向量**，它也定义了这个间隔。这是数据集中最为重要的实例，因为它们定义了决策边界。目标特征的每个级别都至少具有一个支持向量，但对支持向量的总数并无限制。

我们用与开始讨论对数几率回归时相同的方式来定义分隔超平面：

$$w_0 + \mathbf{w} \cdot \mathbf{d} = 0 \tag{7.40}$$

注意，这次我们将 w_0 从其他权值 $\mathbf{w}$ 中独立出来，这样能使后面的式子更简单[⊖]。在 7.4.4 节我们提到过，对于分隔超平面上方的实例有：

$$w_0 + \mathbf{w} \cdot \mathbf{d} > 0$$

而对于分隔超平面下方的实例，我们有：

$$w_0 + \mathbf{w} \cdot \mathbf{d} < 0$$

对于支持向量机，我们首先将负目标特征级别设为 –1，将正目标特征级别设为 +1。然后我

⊖ 别忘了对于含有超过两个描述性特征的问题，决策边界是一个**超平面**而非一条直线。

⊖ 这同时意味着我们不再使用前面用过的恒为 1 的虚拟描述性特征 $\mathbf{d}$[0]，见式（7.9）。

们构建支持向量机预测模型，使得具有负目标级别的实例令模型的输出 ≤ -1，具有正目标级别的实例令模型的输出 ≥ +1。输出的 -1 和 +1 之间保留给间隔。

支持向量机模型定义为：

$$\mathbb{M}_{\alpha,w_0}(\mathbf{q}) = \sum_{i=1}^{s}(t_i \times \alpha[i] \times (\mathbf{d}_i \cdot \mathbf{q}) + w_0)\qquad(7.41)$$

其中 $\mathbf{q}$ 为查询实例的描述性特征集；$(\mathbf{d}_1, t_1), \cdots, (\mathbf{d}_s, t_s)$ 为 s 个支持向量（即由描述性特征和目标特征构成的实例）；w_0 是决策边界的第一个权值；α 是在训练过程中确定的参数集（每个支持向量都具有参数 $\alpha[1], \cdots, \alpha[s]$）[⊖]。当方程的输出大于 1，我们就对查询预测正目标级别，而当输出小于 -1，我们就对查询预测负目标级别。这个方程的一个重要特征是，支持向量是方程的一个组件。这表明支持向量机使用支持向量定义分隔超平面来进行模型预测。

要训练支持向量机，我们需要找出式（7.41）中定义目标级别之间最优决策边界的每个组件的值（支持向量、w_0 以及 α 参数）。这是一个**有约束二阶优化问题**（constrained quadratic optimization problem），有很多著名方法可以求解这类问题。本书中我们不详细介绍这一过程的步骤[⊖]。我们只关注于解释这个过程是如何建立的，以及训练过程是如何体现出搜索间隔最大的分隔超平面这一归纳偏置的。正如**有约束二阶优化问题**这一名字所体现的，这种问题是根据一个约束集和一个最优判据来定义的。

当训练支持向量机时，我们希望能找到分辨两个目标级别的超平面。因此，训练中需要的**约束条件**（constraint）是：

$$w_0 + \mathbf{w} \cdot \mathbf{d} \leq -1，\text{对于 } t_i = -1\qquad(7.42)$$

以及

$$w_0 + \mathbf{w} \cdot \mathbf{d} \geq +1，\text{对于 } t_i = +1\qquad(7.43)$$

图 7.23 展示了两个满足这些约束的不同决策边界。注意，这些例子中的决策边界位于正负实例的中间，这是由于决策边界必须满足这些约束。我们标出了图 7.23 中每个决策边界的支持向量。为简化后面的计算，我们可以将式（7.42）和式（7.43）这两个约束合并为一个约束（t_i 始终为 -1 或 1）：

$$t_i \times (w_0 + \mathbf{w} \cdot \mathbf{d}) \geq 1\qquad(7.44)$$

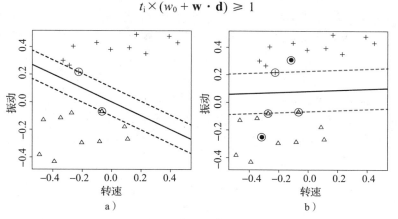

图 7.23　满足式（7.44）中约束条件的不同间隔，并且标出了定义间隔的实例；
其中 b 展示了最大间隔，以及两个用黑点表示的查询实例

⊖　这些参数的正式名称为**拉格朗日乘子**（Lagrange multiplier）。
⊖　我们将在 7.6 节提供参考文献。

训练支持向量机使用的最优判据使我们可以从多个不同的决策边界中选择出满足式（7.44）的那一个，比如在图 7.23 中所展示的决策边界。最优判据是用从任意实例到决策边界的垂直距离来定义的，其形式如下：

$$\mathrm{dist}(\mathbf{d}) = \frac{\mathrm{abs}(w_0 + \mathbf{w} \cdot \mathbf{d})}{\|\mathbf{w}\|}$$

其中 $\|\mathbf{w}\|$ 叫作 $\mathbf{w}$ 的**欧几里得范数**（Euclidean norm），计算方法为：

$$\|\mathbf{w}\| = \sqrt{\mathbf{w}[1]^2 + \mathbf{w}[2]^2 + \cdots + \mathbf{w}[m]^2}$$

对于位于延伸间隔上的实例来说，$\mathrm{abs}(w_0 + \mathbf{w} \cdot \mathbf{d}) = 1$（根据式（7.44））。因此，延伸间隔上任意实例到决策边界的距离为 $\frac{1}{\|\mathbf{w}\|}$，由于决策边界两边的间隔是对称的，因此总的间隔宽度为 $\frac{2}{\|\mathbf{w}\|}$。训练支持向量机的目标就是在式（7.44）给出的约束下最大化 $\frac{2}{\|\mathbf{w}\|}$。

[380]   定义了约束和最优判据之后，求解有约束二阶优化的过程就会找出式（7.41）中最优决策边界的所有组件的值（即支持向量 w_0 以及参数 $\boldsymbol{\alpha}$）。

在前述的例子中，最优决策边界及其对应的支持向量显示于图 7.23b。本例中 *good* 是正级别并设为 +1，*faulty* 是负级别并设为 –1。例子中支持向量的描述性特征和目标特征的值为（〈 –0.225，0.217 〉，+1）、（〈 –0.066，–0.069 〉，–1）以及（〈 –0.273，–0.080 〉，–1）。w_0 的值是 –0.1838，参数 α 的值是 〈23.056，6.998，16.058〉。图 7.23b 展示了这个问题中的两个新查询实例的位置。这些查询实例的描述性特征的值是 $\mathbf{q}_1 = 〈 –0.314，–0.251 〉$ 以及 $\mathbf{q}_2 = 〈 –0.117，0.31 〉$。对于第一个查询实例 $\mathbf{q}_1$，支持向量机模型的输出是：

$$\begin{aligned}
\mathbb{M}_{\alpha,\ w0}(\mathbf{q}_1) &= (1 \times 23.056 \times ((-0.225 \times -0.314) + (0.217 \times -0.251)) - 0.1838) \\
&\quad + (-1 \times 6.998 \times ((-0.066 \times -0.314) + (-0.069 \times -0.251)) - 0.1838) \\
&\quad + (-1 \times 16.058 \times ((-0.273 \times -0.314) + (-0.080 \times -0.251)) - 0.1838) = -2.145
\end{aligned}$$

模型输出小于 –1，因此查询被预测为 *faulty* 发电机。对于第二个查询实例，用类似的方法计算模型输出，为 1.592。这个值大于 +1，因此实例被预测为 *good* 发电机。

如同我们在 7.4.5 节的对数几率回归模型中使用基函数一样，基函数也可以在支持向量机中使用，用来处理非线性可分的训练数据。要使用基函数，我们必须将式（7.44）变为：

$$t_i \times (w_0 + \mathbf{w} \cdot \boldsymbol{\varphi}(\mathbf{d})) \geqslant 1, \ \text{对于所有的 } i \tag{7.45}$$

其中 $\boldsymbol{\varphi}$ 是应用于描述性特征 $\mathbf{d}$ 的基函数集，$\mathbf{w}$ 是包含每个 φ 中成员的权值的权值集。通常，$\boldsymbol{\varphi}$ 中基函数的数量大于描述性特征的数量，因此应用基函数就将数据移动到了高维空间。我们的预期是，能线性划分数据的超平面存在于这个高维空间中，虽然在原特征空间中并不存在这样的超平面。这时预测模型变为：

[381]

$$\mathbb{M}_{\alpha,\varphi,w_0}(\mathbf{q}) = \sum_{i=1}^{s} (t_i \times \alpha[i] \times (\varphi(\mathbf{d}_i) \cdot \varphi(\mathbf{q})) + w_0) \tag{7.46}$$

式（7.46）需要在对查询实例和支持向量分别应用基函数的结果之间计算点积。在训练过程中将多次使用这一步。两个高维向量的点积是计算代价高昂的操作，但可以用一个巧妙的技巧——**核技巧**（kernel trick）——来避免这种计算。在应用基函数后支持向量和查询实例的描述性特征之间的点积，可以通过对支持向量和查询的原始描述性特征使用代价相当低廉的**核**

函数（kernel function）*kernel* 来算出$^{\ominus}$。预测方程则变为：

$$\mathbb{M}_{\boldsymbol{\alpha}, kernel, w_0}(\mathbf{q}) = \sum_{i=1}^{s}(t_i \times \boldsymbol{\alpha}[i] \times kernel(\mathbf{d}_i, \mathbf{q}) + w_0) \qquad (7.47)$$

有许多标准核函数可以用于支持向量机。一些流行的核函数为：

线性核函数　　$kernel(\mathbf{d}, \mathbf{q}) = \mathbf{d} \cdot \mathbf{q} + c$

其中 c 为可选常量

多式核函数　　$kernel(\mathbf{d}, \mathbf{q}) = (\mathbf{d} \cdot \mathbf{q} + 1)^p$

其中 p 是多项式函数的阶

高斯径向基核函数　　$kernel(\mathbf{d}, \mathbf{q}) = \exp(-\gamma\|\mathbf{d} - \mathbf{q}\|^2)$

其中是 γ 人工选择的调节参数

应当通过使用不同核函数进行实验来为特定的预测模型选择合适的核函数。最好是从简单的线性或低阶多项式核函数开始，然后在模型不能取得良好性能时再尝试更为复杂的核函数。

本节进行的对于支持向量机方法的阐述，假设了可以使用线性超平面划分具有两个不同目标特征级别的实例。但有时即使是使用核函数将数据移动到高维特征空间中，也无法进行线性划分。这时，无法使用我们在例子中使用的方法来定义间隔。不过，标准支持向量机方法的一种拓展允许使用**软间隔**（soft margin），它能够满足这种情况的需要，并允许具有两个不同目标特征级别的实例之间互相重叠。另一种拓展使支持向量机能够使用类似于 7.4.6 节所述的一对多方法来处理多个目标特征。也有用于处理类别目标特征（类似于 7.4.3 节所述的方法）以及连续目标特征的方法。

支持向量机最近已经成为构建预测模型非常流行的方法。它可以被快速训练，不易过拟合，也很适合用于高维数据。不过，相比于对数几率回归模型，它的可解释性不太强，而且很难理解它为何会做出某个特定的预测，特别是在使用了核函数之后。

7.5　总结

简单多变量线性回归（7.3 节）模型（方便起见，式（7.48）重复写出这一模型）根据描述性特征集的值的加权和来对连续目标特征进行预测。在基于误差的模型中，学习等同于找到这些权值的最优值。在无穷多种权值的可能组合中，每一种都能使模型在某种程度上**拟合**训练数据集中呈现出的描述性特征与目标特征的关系。最优的权值是使得模型预测误差最小的权值。

$$\mathbb{M}_{\mathbf{w}}(\mathbf{d}) = \mathbf{w} \cdot \mathbf{d} = \sum_{j=0}^{m}\mathbf{w}[j] \times \mathbf{d}[j] \qquad (7.48)$$

我们使用**误差函数**来测量权值集拟合训练数据中的关系的程度。基于误差的模型最常用的误差函数是**误差平方和**。每种可能的权值组合的误差函数的值构成一个误差曲面——类似于图 7.24a 中所展示的那样，对于每种权值组合，我们都能以该权值组合为坐标，在曲面上找到以模型使用该权值所做出的预测的误差为高度的点。要找到最优权值集，我们从对应于误差曲面上的某个随机点的随机权值集开始。随后我们根据误差函数的输出递归地对这些权值进行小幅调整，这会在误差曲面上形成一条向下的路径，并最终到达最优权值集。

$\ominus$　在本章的最后，习题 4 将更详细地探讨核技巧，并在解决方案中提供了有效的示例。

图 7.24a 所示的之字形线展示了跨过误差曲面的路径，图 7.24b 展示了在沿着误差曲面向下搜索最优权值集时误差平方和的减少。

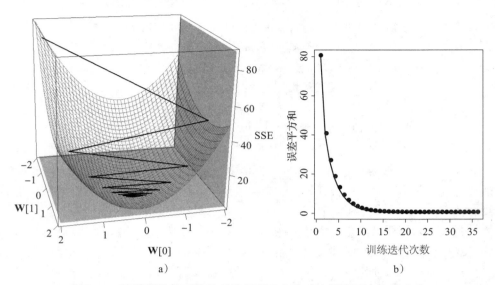

图 7.24   跨越误差曲面的移动路径以及在移动中误差平方和的变化

要确保我们在跨越误差曲面的行程最后能到达最优权值集，我们需要确保移动的每一步都能向误差曲面下方行进。我们根据每一步在误差曲面上的**梯度**来确定这一步的行进方向，从而实现这一点。这就是**梯度下降算法**，它不仅是机器学习领域，也是整个计算机科学中最为重要的算法之一。

本章开始我们介绍的简单线性回归模型有许多拓展方法，我们也介绍了其中最为重要的一些方法。**对数几率回归模型**（7.4.4 节）通过使用对数几率函数在简单线性回归模型的输出中设置阈值来使我们能预测类别目标而非连续目标。

我们最先看到的简单线性回归模型以及对数几率回归模型只能表示描述性特征和目标特征之间的**线性关系**。这在很多情况下会限制我们构建准确的预测模型。通过对描述性特征应用**基函数**（7.4.5 节）集，我们可以创建表示**非线性关系**的模型。使用基函数的好处是，它能够构建表示非线性关系的模型，而模型本身仍然是输入的线性组合（例如，我们仍然使用与式（7.48）非常相似的方程来预测连续目标）。因此，我们仍然能使用梯度下降法来对其进行训练。使用基函数的主要缺点是，首先，我们必须人工确定使用什么基函数集；其次，使用基函数后模型中权值的数量通常远远大于描述性特征的数量，因此找出最优权值集就需要在多得多的可能组合——也就是大得多的**权值空间**——中搜索。

在不使用基函数的情况下，多变量线性回归模型常常能够准确表示若干描述性特征与一个目标特征之间的关系，这有些令人惊讶。我们建议首先评估简单线性模型，仅在更为简单的模型性能不能满足需要的时候再引入基函数。

本章讨论的对数几率回归方法（以及 SVM 方法）与前面章节所述的方法相比，缺点是其基本形式只能处理具有两个级别的类别目标特征。为了处理多于两个级别的目标特征，即**多项**（multinomial）预测问题，我们需要使用训练多个模型的**一对多**方法。这会导致模型所需权值的数量发生某种程度上的爆炸，因为每个目标特征级别都需要一个权值集。这也是在预测具有多个级别的类别目标时其他方法比对数几率回归更受欢迎的原因之一。

　　本章所讨论的回归模型最具吸引力的一个特点是它构建于**统计学**的大量研究和成熟实践之上，而统计学是比机器学习历史悠久得多的学科。基于回归的方法的成熟性意味着它在其他学科（例如生物学、物理学以及社会科学）当中更容易被接受，而且有许多技术能够对回归模型进行一定的分析，在这一方面其他模型要逊色得多。我们在 7.4.1 节通过分析线性回归模型的权值对模型不同描述性特征的重要性进行考察时，已经见过一些这样的技术。本书没有涉及的许多其他方法可以用于对回归模型进行其他深入分析。7.6 节会推荐一些关于此问题的延伸阅读材料。

　　在本章接近末尾的部分，我们讨论了**支持向量机**（SVM），这是基于误差的学习中一种更为新式的方法。SVM 模型与回归模型的训练方法稍有不同，但这两种方法背后的概念类似。SVM 模型的主要优点是它对过拟合具有健壮性，同时它在非常高维的问题上性能优越。SVM 模型仅仅是机器学习研究的活跃领域中基于误差的方法中的一种，对新方法的开发也一直在进行当中。下一节将介绍关于本章讨论的回归方法，以及关于基于误差的学习的最新发展情况的推荐阅读材料。

7.6　延伸阅读

　　本章介绍的梯度下降算法的一个关键步骤是运用**求导**来计算误差曲面的坡度。求导是微积分（数学中一个很大、很重要的领域）的一部分。在附录 C 中我们将介绍求导，涵盖理解梯度下降算法的工作原理所需的全部技术。但如果你想更全面地了解微积分，我们推荐 Stewart（2012）作为关于微积分的全部内容的教科书。

　　要深入了解回归模型及其统计学原理，Rice（2006）的第 14 章提供了关于这一主题的优秀解读，而 Kutner et al.（2004）则提供了大量细节。Ayres (2008) 对回归模型在实际中的许多不同应用进行了较为简洁的讨论。

　　Burges（1998）仍然是关于支持向量机的优秀的免费教程。要了解更多细节，Cristianini and Shawe-Taylor（2000）是关于该主题广受推崇的教科书，并且讨论了 7.4.7 节提到的拓展，而 Vapnik（2000）则概述了支持向量机的理论基础。

　　本章我们没有讨论**人工神经网络**（artificial neural network），这是另一种流行的基于误差的学习方法。有一种机器学习网络可以通过连接多层对数几率回归模型来构建，但实践中会用到许多种其他网络结构。Bishop（2006）的第 5 章对人工神经网络进行了很好的介绍，该作者在 Bishop（1996）中便对神经网络进行了极为详细的讨论。

7.7　习题

1. 有一个构建好的多变量线性回归模型，根据一系列描述住宅楼特性的描述性特征来预测这座大楼的**热负荷**（heating load）。热负荷是在冬季保持建筑处于某个特定温度（通常为华氏 65°）所需热能的量，无论室外温度是多少。使用的描述性特征为该建筑的总表面积（SURFACE AREA）、该建筑的高度（HEIGHT）、该建筑的屋顶面积（ROOF AREA）以及该建筑物墙面安装玻璃的面积（GLAZING AREA）。在设计新建筑时，这种模型对于建筑师或工程师来说会非常有用[一]。训练好的模型是：

　　[一]　该题受到 Tsanas and Xifara（2012）启发，虽然用到的数据是人工生成的，但它基于 UCI 机器学习知识库（Bache and Lichman, 2013）中的能源效率数据集，网址是 archive.ics.uci.edu/ml/datasets/Energy+efficiency/。

$$\text{HEATING LOAD} = -26.030 + 0.0497 \times \text{SURFACE AREA} + 4.942 \times \text{HEIGHT} - 0.090 \times \text{ROOF AREA}$$
$$+ 20.523 \times \text{GLAZING AREA}$$

使用这一模型对下表中的每个查询实例进行预测。

ID	SURFACE AREA	HEIGHT	ROOF AREA	GLAZING AREA
1	784.0	3.5	220.5	0.25
2	710.5	3.0	210.5	0.10
3	563.5	7.0	122.5	0.40
4	637.0	6.0	147.0	0.60

2. 欧洲空间局雇用你来构建一个模型，用来预测宇航员进行五分钟高强度体力劳动消耗的氧气量（OXYCON）。这个模型的描述性特征是宇航员的年龄（AGE）及其在劳动中的平均心率（HEARTRATE）。回归模型是：

$$\text{OXYCON} = \mathbf{w}[0] + \mathbf{w}[1] \times \text{AGE} + \mathbf{w}[2] \times \text{HEARTRATE}$$

下表列出了为这一任务所搜集的历史数据集。

ID	OXYCON	AGE	HEART RATE	ID	OXYCON	AGE	HEART RATE
1	37.99	41	138	7	44.72	43	158
2	47.34	42	153	8	36.42	46	143
3	44.38	37	151	9	31.21	37	138
4	28.17	46	133	10	54.85	38	158
5	27.07	48	126	11	39.84	43	143
6	37.85	44	145	12	30.83	43	138

a. 假设多变量线性回归模型的当前权值是 $\mathbf{w}[0] = -59.50$、$\mathbf{w}[1] = -0.15$ 以及 $\mathbf{w}[2] = 0.60$，使用这一模型对每个训练实例进行预测。

b. 用 a 中得出的预测来计算误差平方和。

c. 假设学习率为 0.000 002，计算梯度下降算法下一次迭代时的权值。

d. 使用 c 中得出的权值集做出的预测来计算误差平方和。

3. 已构建一个多变量对数几率回归模型，用来预测收到免费礼品的顾客再次购买该礼品的倾向性。模型使用的描述性特征是顾客的年龄（AGE）、该顾客所属的社会经济阶层（SOCIO ECONOMIC BAND，值为 *a*、*b* 或 *c*）、顾客每次到店花钱的数额（SHOP VALUE）以及顾客平均每周到访商店的次数（SHOP FREQUENCY）。市场部门用这一模型来确定应该将免费礼品发放给谁。训练好的模型的权值列在下表中。

特征	权值
Intercept ($\mathbf{w}[0]$)	−3.823 98
AGE	−0.029 90
SOCIO ECONOMIC BAND B	−0.090 89
SOCIO ECONOMIC BAND C	−0.195 58
SHOP VALUE	0.029 99
SHOP FREQUENCY	0.745 72

使用这一模型对下列查询实例进行预测。

ID	Age	Socio Economic Band	Shop Frequency	Shop Value
1	56	*b*	1.60	109.32
2	21	*c*	4.92	11.28
3	48	*b*	1.21	161.19
4	37	*c*	0.72	170.65
5	32	*a*	1.08	165.39

4. 使用**核技巧**是实现高效**支持向量机**预测建模方法的重点。核技巧基于这一事实，即对支持向量和查询实例应用**核函数**的结果，与应用特定基函数集后支持向量和查询实例的点积计算结果是等价的，也就是说 $kernel(\mathbf{d},\ \mathbf{q}) = \varphi(\mathbf{d}) \cdot \varphi(\mathbf{q})$。

a. 使用支持向量 $\langle\ \mathbf{d}[1], \mathbf{d}[2]\ \rangle$ 以及查询实例 $\langle\ \mathbf{q}[1], \mathbf{q}[2]\ \rangle$，说明使用 $p = 2, kernel(\mathbf{d},\ \mathbf{q}) = (\mathbf{d} \cdot \mathbf{q} + 1)^2$ 的多项核等价于使用如下基函数后支持向量与查询实例的点积运算：

$$\varphi_0\left(\langle\mathbf{d}[1], \mathbf{d}[2]\rangle\right) = \mathbf{d}[1]^2 \qquad \varphi_1\left(\langle\mathbf{d}[1], \mathbf{d}[2]\rangle\right) = \mathbf{d}[2]^2$$
$$\varphi_2\left(\langle\mathbf{d}[1], \mathbf{d}[2]\rangle\right) = \sqrt{2} \times \mathbf{d}[1] \times \mathbf{d}[2] \qquad \varphi_3\left(\langle\mathbf{d}[1], \mathbf{d}[2]\rangle\right) = \sqrt{2} \times \mathbf{d}[1]$$
$$\varphi_4\left(\langle\mathbf{d}[1], \mathbf{d}[2]\rangle\right) = \sqrt{2} \times \mathbf{d}[2] \qquad \varphi_5\left(\langle\mathbf{d}[1], \mathbf{d}[2]\rangle\right) = 1$$

b. 已训练好一个支持向量机模型来辨别同时服用（Dose）两种药品的相互作用是危险的还是安全的。模型仅使用两个描述性特征，Dose1 以及 Dose2，还有两个目标级别，危险（*dangerous*，正级别，+1）和安全（*safe*，负级别，−1）。训练好的模型中支持向量显示于下表。 $\boxed{390}$

Dose1	Dose2	Class
0.2351	0.4016	+1
−0.1764	−0.1916	+1
0.3057	−0.9394	−1
0.5590	0.6353	−1
−0.6600	−0.1175	−1

在训练好的模型中，w_0 的值为 0.3074，$\boldsymbol{\alpha}$ 参数的值为 $\langle\ 7.1655, 6.9060, 2.0033, 6.1144, 5.9538\ \rangle$。

i. 用使用基函数的支持向量机预测模型（见式（7.46））来计算模型对查询实例的输出 Dose1 = 0.90 和 Dose2 = −0.90。本题使用问题 a 给出的基函数。

ii. 用使用核函数的支持向量机预测模型（见式（7.47））来计算模型对查询实例 Dose1 = 0.22 和 Dose2 = 0.16 的输出和。本题使用多项核函数。

iii. 如果本题中题 i 和题 ii 分别使用了另一种方法（基函数或多项核函数），验证这两种方法产生的结果相同。

iv. 比较用使用了多项核函数的支持向量机来计算输出所需的计算量和用使用了基函数的支持向量机来计算输出所需的计算量。

*5. 当构建多变量对数几率回归模型时，建议将所有连续描述性特征都归一化到区间 [−1, 1]。下表显示了用于训练第 3 题的模型的数据集的数据质量报告。

特征	数量	缺失值 %	基数	最小值	第 1 四分位数	平均值	中位数	第 3 四分位数	最大值	标准差
AGE	5200	6	40	18	22	32.7	32	32	63	12.2
SHOP FREQUENCY	5200	0	316	0.2	1.0	2.2	1.3	4.3	5.4	1.6
SHOP VALUE	5200	0	3730	5	11.8	101.9	100.14	174.6	230.7	72.1

特征	数量	缺失值 %	基数	众数	众数数量	众数 %	第 2 众数	第 2 众数数量	第 2 众数 %
SOCIO ECONOMIC BAND	5200	8	3	a	2664	51.2	b	1315	25.3
SEPEAT PURCHASE	5200	0	2	no	2791	53.7	yes	2409	46.3

根据报告提供的信息，所有连续特征都使用**区间归一化**进行了归一化，连续特征的缺失值使用**均值填充**（mean imputation）替换，类别特征的缺失值使用**众数填充**（mode imputation）。应用了这些数据准备操作后，训练了多变量对数几率回归模型，以给出如下表所示的权值。

特征	权值
Intercept ($\mathbf{w}[0]$)	0.6679
AGE	−0.5795
SOCIO ECONOMIC BAND B	−0.1981
SOCIO ECONOMIC BAND C	−0.2318
SHOP VALUE	3.4091
SHOP FREQUENCY	2.0499

使用这个模型来对下表的每个查询实例进行预测（? 是指缺失值）。

ID	AGE	SOCIO ECONOMIC BAND	SHOP FREQUENCY	SHOP VALUE
1	38	a	1.90	165.39
2	56	b	1.60	109.32
3	18	c	6.00	10.09
4	?	b	1.33	204.62
5	62	?	0.85	110.50

*6. 医生很难预测同时服用不同药品可能产生的作用。可以构建机器学习模型来帮助预测最优服药量，以达到医疗从业人员的目标[⊖]。下图左边展示了一个数据集的散点图，该数据集用于训练一个能够辨别服用两种药物会产生危险的相互作用还是安全的相互作用的模型。数据集中仅有两个连续特征 DOSE1 和 DOSE2（都区间归一化到了区间（−1，1）），以及两个目标级别，*dangerous* 和 *safe*。散点图中，DOSE1 显示于横轴，DOSE2 显示于纵轴，点的形状代表目标级别——十字代表 *dangerous* 相互作用，三角代表 *safe* 相互作用。

⊖ 本题使用的数据是为本书人工生成的，但 Mac Namee et al. (2012) 是用预测模型来帮助医生选择正确的服药量的一个很好的例子。

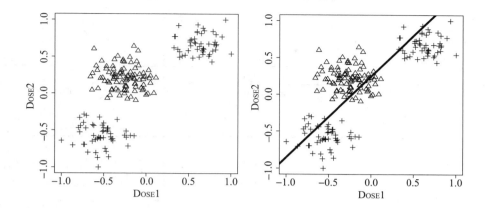

上图右边展示了为此任务训练的简单线性对数几率回归模型。模型为：

$$P(\text{Type} = dangerous) = \text{logistic}(0.6168 + 2.7320 \times \text{Dose1} - 2.4809 \times \text{Dose2})$$

显然，这一模型表现不佳。

a. 本书已经介绍过的基于相似性的、基于信息的或基于概率的预测建模方法是否能够比简单线性回归模型在该任务上的表现更好？

b. 修改对数几率回归模型以学习这类决策边界的简单方法是引入能够使模型学习非线性决策边界的基函数集。这个例子中，能生成三阶决策边界的基函数集将很好地完成这项工作。一个合适的基函数集如下：

$$\varphi_0(\langle\,\text{Dose1},\,\text{Dose2}\,\rangle) = 1 \qquad \varphi_1(\langle\,\text{Dose1},\,\text{Dose2}\,\rangle) = \text{Dose1}$$
$$\varphi_2(\langle\,\text{Dose1},\,\text{Dose2}\,\rangle) = \text{Dose2} \qquad \varphi_3(\langle\,\text{Dose1},\,\text{Dose2}\,\rangle) = \text{Dose1}^2$$
$$\varphi_4(\langle\,\text{Dose1},\,\text{Dose2}\,\rangle) = \text{Dose2}^2 \qquad \varphi_5(\langle\,\text{Dose1},\,\text{Dose2}\,\rangle) = \text{Dose1}^3$$
$$\varphi_6(\langle\,\text{Dose1},\,\text{Dose2}\,\rangle) = \text{Dose2}^3 \qquad \varphi_7(\langle\,\text{Dose1},\,\text{Dose2}\,\rangle) = \text{Dose1} \times \text{Dose2}$$

使用以上基函数集训练对数几率回归模型可得到如下模型：

$$P(\text{Type} = dangerous) =$$
$$\text{logistic}(-0.848 \times \varphi_0)(\langle\,\text{Dose1},\,\text{Dose2}\,\rangle) + 1.545 \times \varphi_1(\langle\,\text{Dose1},\,\text{Dose2}\,\rangle)$$
$$-1.942 \times \varphi_2(\langle\,\text{Dose1},\,\text{Dose2}\,\rangle) + 1.973 \times \varphi_3(\langle\,\text{Dose1},\,\text{Dose2}\,\rangle)$$
$$+2.495 \times \varphi_4(\langle\,\text{Dose1},\,\text{Dose2}\,\rangle) + 0.104 \times \varphi_5(\langle\,\text{Dose1},\,\text{Dose2}\,\rangle)$$
$$+0.095 \times \varphi_6(\langle\,\text{Dose1},\,\text{Dose2}\,\rangle) + 3.009 \times \varphi_7(\langle\,\text{Dose1},\,\text{Dose2}\,\rangle)$$

使用该模型对如下查询实例进行预测：

ID	Dose1	Dose2
1	0.50	0.75
2	0.10	0.75
3	−0.47	−0.39
4	−0.47	0.18

*7. 下面的**多项对数几率回归**模型根据顾客每次到零售店花钱的平均金额（Spend）以及平均次数（Freq）来预测顾客的类型（Type，可以为单身（*single*）、家庭（*family*）或商务（*business*））：

$$\mathbb{M}_{\mathbf{w}_{single}}(\mathbf{q}) = \text{logistic}(0.7993 - 15.9030 \times \text{Spend} + 9.5974 \times \text{Freq})$$
$$\mathbb{M}_{\mathbf{w}_{family}}(\mathbf{q}) = \text{logistic}(3.6526 + (-0.5809) \times \text{Spend} - 17.5886 \times \text{Freq})$$

393

$$\mathbb{M}_{\mathbf{w}business}(\mathbf{q}) = \text{logistic}(4.6419 + 14.9401 \times \text{S}\textsc{pend} - 6.9457 \times \text{F}\textsc{req})$$

使用这一模型预测如下查询实例：

ID	SPEND	FREQ
1	−0.62	0.10
2	−0.43	−0.71
3	0.00	0.00

394

*8. 已构建一个支持向量机来预测患者是否有患心血管疾病的风险。在用于训练这一模型的数据集中存在两个目标级别——高风险（*high risk*，为正级别，+1）或低风险（*low risk*，为负级别，−1）——以及三个描述性特征——年龄（AGE）、身体质量指数 (BMI) 以及血压 (BLOOD PRESSURE)。训练好的模型中的支持向量如下表所示（所有描述性特征都已经标准化）。

AGE	BMI	BLOOD PRESSURE	RISK
−0.4549	0.0095	0.2203	*low risk*
−0.2843	−0.5253	0.3668	*low risk*
0.3729	0.0904	−1.0836	*high risk*
0.558	0.2217	0.2115	*high risk*

模型中 w_0 的值为 −0.0216，α 参数的值为 $\langle 1.6811, 0.2384, 0.2055, 1.7139 \rangle$。模型会为如下查询实例做出何种预测？

ID	AGE	BMI	BLOOD PRESSURE
1	−0.8945	−0.3459	0.552
2	0.4571	0.4932	−0.4768
3	−0.3825	−0.6653	0.2855
4	0.7458	0.1253	−0.7986

395

第 8 章

评　估

> 本质上来说，所有的模型都是错误的，不过其中一些还有用。
>
> ——乔治·E. P. 博克斯

本章我们将介绍如何评估为预测数据分析任务构建的机器学习模型。我们先概述评估的基本目标，然后介绍测量模型在**留出测试集**（hold-out test set）上的**误分类率**（misclassification rate）的标准方法。然后，我们介绍这一方法的延伸与拓展，这些延伸与拓展描述预测类别目标、连续目标、多项目标的模型的不同性能度量、如何设计有效的评估实验以及如何在部署模型后持续测量模型的性能。

8.1　大思路

假设你是 1904 年在法国南锡大学物理学家勒内·布伦德洛教授的实验室工作的一名研究助理。最近，实验室中的热情空前高涨，因为去年年初发现了一种称为 **N 射线**的新型电磁波（Blondlot，1903）。你的实验室在进行一场旨在找出最近发现的 X 射线的确切性质的实验时，首次发现了 N 射线存在的痕迹。实验产生了并非 X 射线特性的现象，布伦德洛教授认为这种现象意味着一种新型电磁波的存在。这种新型电磁波被命名为 N 射线（代表南锡大学的名字），许多实验被设计用于表明其存在性。这些实验都在南锡进行，并最终证实 N 射线的确存在——这令所有相关人员都感到满意。这个新发现在国际物理学界引发了令人兴奋的涟漪，极大地提升了南锡的实验室以及布伦德洛教授的声望。

然而，围绕着 N 射线现象的质疑也随之而来，许多国际上的物理学家没法复现表明其存在的实验结果。你现在正在为美国物理学家罗伯特·W. 伍德教授的到访作准备，布伦德洛教授已经同意向他演示表明 N 射线产生的效应的实验。其中一个实验是观测当一个能发射所谓的 N 射线的物体靠近微小的火花时能使火花变亮。另一个实验是演示将 N 射线透过棱镜所产生的折射现象（X 射线并不会发生这种现象）。你仔细地准备实验装置，在 1904 年 9 月 21 日，你花了三个小时协助布伦德洛教授向伍德教授进行演示。

一周之后，你非常失望地读到伍德在《自然》杂志发表的文章（Wood，1904），这篇文章完全否定了 N 射线的存在。他认为你演示的实验的实验设计完全不妥。更为震惊的是，他在报告中称，他其实干扰了第二项实验——在演示进行时拿掉了实验装置中的棱镜（因为实验是在完全黑暗的环境中进行的，伍德可以在不引起任何人注意的情况下做到这件事），却没有对你测量和报告的结果产生任何影响，因此完全动摇了这些结果。这篇文章发表的数年内，物理学界就达成了共识：N 射线不存在。

布伦德洛教授和 N 射线的故事是真实的[⊖]，这也是科学界关于设计糟糕实验会导致完全错误的结论的一个最为著名的例子。南锡的实验室的成果中并不存在欺骗行为。设计的用于表

⊖　Klotz（1980）和 Ashmore（1993）详细讲述了布伦德洛教授和 N 射线的故事。

明 N 射线存在的实验太过于依赖主观测量（火花亮度的变化只是通过人类观察测量），并且没有考虑除了存在 N 射线之外可能导致观察到的现象的所有其他原因。

从这个例子中可以学习到的用于预测数据分析项目的大思路是，当评估预测模型时，我们必须确保评估实验的设计使其能够准确评估模型在部署后的性能。为预测模型设计评估实验最重要的部分是确保用于评估模型的数据与用于训练模型的数据不同。

8.2   基础知识

前面四章我们讨论了许多构建用于进行各种预测的机器学习模型的方法。在 CRISP-DM 流程（回忆一下 1.5 节）的**评估**阶段，我们必须要回答的问题是生成的模型是否能够完成预定的工作。评估的目的有以下三个：

398

- 确定我们为某个任务构建的模型中最为合适的那个模型；
- 估计模型部署后的性能；
- 使企业相信为其构建的模型将会满足其需求。

前两项目的侧重于度量和比较一些模型的性能来确定哪个模型能最好地完成其在构建时要解决的预测任务。而最好的定义非常重要。不存在完美的模型，因此所有模型都会或多或少地做出错误的预测。不过，模型犯错的方式有许多种，而随着分析项目的不同，项目更加重视的错误类型也不同。例如，在医疗诊断场景中，我们会要求预测模型非常准确地进行诊断，特别是不能将生病的患者诊断为健康，因为这会导致患者离开医疗健康系统，并可能进而导致患者产生严重的并发症。相对地，一个用于预测哪名客户最有可能对在线广告进行响应的模型只需要在找出实际响应了在线广告的客户这一任务上表现得比随机选择稍好，就能够实现使公司获利的目的。为了处理这些不同的项目需求，测量模型性能的方法也不一而足，将正确的方法与特定的建模任务进行匹配是非常重要的。本章大部分内容将讨论不同的评估方法及其最适用的建模任务类型。

正如上述第三点所述，评估不仅是度量模型误差而已。要成功部署一个模型，我们必须考虑模型进行预测的速度、人类分析师理解模型所做出的预测的难易程度、模型过时后重新训练的难度等问题。我们将在本章最后一节探讨这些问题。

8.3   标准方法：留出测试集上的误分类率

399

评估预测模型有效性的基本过程很简单。我们取一个已知模型应当做出的预测的数据集，称为**测试集**，然后我们将这个数据集中的实例提供给训练好的模型，并记录模型所做出的预测。这些预测随后可以与模型应当做出的预测进行比较。根据这种比较，可以用**性能度量**（performance measure）来从数值上刻画模型做出的预测与预计值匹配的程度。

从数据集中构建测试集的方法有许多种，最为简单的是使用叫作**留出测试集**的方法。留出测试集是通过随机从我们在**数据准备**阶段创建的 ABT 中采样一部分数据得到的。这个随机样本在训练过程中从未被使用过，并一直保留到模型训练完成之后，要进行性能评估之时。图 8.1 展示了这一过程。

使用留出测试集能够避免**窥视**（peeking）的问题，这一问题会在我们使用训练模型的数据集来评估模型性能时出现，因为模型已经看到过这一数据，因此在这个数据上评估模型时，它很可能表现得非常好。这一问题的一个极端的例子发生在使用 k 近邻模型的时候。如果让模型对训练它的实例进行预测，模型会寻找这一实例的最近邻，而在这个例子中，最近邻就是该实例本身。因此，如果将整个训练集都呈现给这个模型，那么其性能看起来就会非常完美。使用留出测试集能够避免这一问题的原因是测试集中的实例从来没有在训练中使用过。因此，模型在这一测试集上的性能是对模型真正部署后的表现的更好度量，同时也能表明模型**泛化**用于训练它的数据集的能力。模型评估中最重要的原则就是不要使用同一个数据集来训练预测模型和评估预测模型性能。

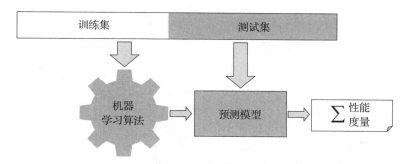

图 8.1　使用留出测试集构建和评估模型的过程

作为介绍如何评估预测模型性能的第一个例子，假设我们要解决具有二元类别目标特征且级别为垃圾邮件（*spam*）和正常邮件（*ham*）的邮件分类问题。当对类别目标进行预测时，我们需要测量模型做出正确预测的频繁度，以及模型预测错误时造成的后果的严重程度。表 8.1 展示了该问题的一个小样本测试集，其中含有实际目标以及训练好的模型对这一问题所做出的预测（稍后再解释结果列的 FP 和 FN）。

表 8.1　含有模型预测的样本测试集

ID	目标	预测	结果	ID	目标	预测	结果
1	*spam*	*ham*	FN	11	*ham*	*ham*	TN
2	*spam*	*ham*	FN	12	*spam*	*ham*	FN
3	*ham*	*ham*	TN	13	*ham*	*ham*	TN
4	*spam*	*spam*	TP	14	*ham*	*ham*	TN
5	*ham*	*ham*	TN	15	*ham*	*ham*	TN
6	*spam*	*spam*	TP	16	*ham*	*ham*	TN
7	*ham*	*ham*	TN	17	*ham*	*spam*	FP
8	*spam*	*spam*	TP	18	*spam*	*spam*	TP
9	*spam*	*spam*	TP	19	*ham*	*ham*	TN
10	*spam*	*spam*	TP	20	*ham*	*spam*	FP

用于评价模型在该问题上表现好坏的最简单的性能度量是**误分类率**。误分类率是模型做出错误预测的数量除以其做出的总预测数量：

$$误分类率 = \frac{错误预测数}{总预测数} \tag{8.1}$$

在表 8.1 的例子中，总共做出了 20 个预测，其中 5 个是错误的（实例 d_1、d_2、d_{12}、d_{17} 和 d_{20}）。因此，误分类率为 $\frac{5}{20} = 0.25$，通常用百分比表示为 25%。这就告诉我们模型大约有四分之一的时候会做出错误预测。误分类率的值域为 [0, 1]，值越低表明性能越好。

混淆矩阵（confusion matrix）是一个非常有用的工具，它能够较为细致地刻画评估试验的结果，并且也是计算其他多个性能度量的基础。混淆矩阵计算模型在测试集上做出的每种可能的预测结果的频率，以显示模型性能的具体细节。对于具有二元目标特征的预测问题（根据惯例，我们将其两个级别称为正（positive）和负（negative）），模型做出的预测只有四种结果：

- **真正例**（True Positive，TP）：测试集中的实例具有正目标特征，且模型做出的预测也为正目标特征值。
- **真负例**（True Negative，TN）：测试集中的实例具有负目标特征，且模型做出的预测也为负目标特征值。
- **假正例**（False Positive，FP）：测试集中的实例具有负目标特征，而模型做出的预测却为正目标特征值。
- **假负例**（False Negative，FN）：测试集中的实例具有正目标特征，而模型做出的预测却为负目标特征值。

表 8.1 的结果列显示了模型做出的预测所属的类别。值得我们记住的是，模型预测正确有两种情况——真正例和真负例，模型预测错误也有两种情况——假正例和假负例○。混淆矩阵能使我们刻画模型做出的不同类型的正确或错误的预测。

混淆矩阵中每个元素都表示为一种结果（TP、TN、FP、FN），并统计模型在测试集上得出这些结果的次数。表 8.2 展示了具有两个目标级别的简单预测任务的混淆矩阵结构。表中的列标为预测 – 正和预测 – 负，表示模型生成的为正或负的预测。表中的行标为目标 – 正和目标 – 负，表示预期的目标特征值。混淆矩阵的左上角标为 TP，显示测试集中具有正目标特征，并且也被模型预测为正目标特征值的实例的数量。类似地，矩阵左下角标为 FP，显示测试集中具有负目标特征，但实际上被模型预测为正目标特征值的实例的数量。TN 和 FN 的定义方式以此类推。

表 8.2　混淆矩阵的结构

目标		预测	
		正	负
	正	TP	FN
	负	FP	TN

我们很快就可以看出，如果混淆矩阵对角线上代表真正例和真负例的元素的值较高，就说明模型的表现较好。混淆矩阵上的其他元素能告诉我们模型犯了什么样的错误。表 8.3 展示了模型在表 8.1 中所示预测集上的混淆矩阵（本例中我们称 *spam* 目标级别为正级别，*ham* 为负级别）○。

表 8.3　表 8.1 中预测集的混淆矩阵

目标		预测	
		spam	*ham*
	spam	6	3
	ham	2	9

○ 统计学家常常将假正例称为 I 型错误，将假负例称为 II 型错误。类似地，假正例也常被称为假警报（false alarm），真正例称为命中（hit），假负例称为脱靶（miss）。

○ 通常，我们最感兴趣的级别被称为正级别。在电子邮件分类中，找出垃圾邮件是最重要的问题，因此 *spam* 级别被称为正级别。同样，在诈骗监测中，很可能将诈骗事件称为正级别；在信用评级中，拖欠事件很可能是正级别；而在疾病诊断中，确定患者患有疾病很可能是正级别。但我们也可以任意进行选择。

从对角线上真正例和真负例的值可以明显看出，模型的预测准确性较好。我们完全可以直接从混淆矩阵计算出**误分类率**：

$$误分类率 = \frac{(FP + FN)}{(TP + TN + FP + FN)} \tag{8.2}$$

403

在先前的邮件分类的例子中，误分类率为：

$$误分类率 = \frac{(2 + 3)}{(6 + 9 + 2 + 3)} = 0.25$$

考虑完整性，有必要提一下与误分类率相反的**分类准确率**（classification accuracy）。同样，我们也可以使用混淆矩阵将分类准确率定义为：

$$分类准确率 = \frac{(TP + TN)}{(TP + TN + FP + FN)} \tag{8.3}$$

分类准确率的值域为区间［0，1］，值越高表明性能越好。对于邮件分类任务来说，其分类准确率为：

$$分类准确率 = \frac{(6 + 9)}{(6 + 9 + 2 + 3)} = 0.75$$

我们也可以用混淆矩阵来开始对预测模型所犯错误的类型进行研究。例如，模型预测的 9 次 *ham* 中有 3 次错误，其正确预测应当为 *spam*（33.333% 的概率），而它预测的 11 次 *spam* 中出现过 2 次错误，其正确预测应当为 *ham*（18.182% 的概率）。这意味着当模型犯错时，最为常见的错误是预测错 *spam* 级别而非 *ham* 级别。我们从混淆矩阵中获得的这种观察能够帮助我们改进模型，因为它可以告诉我们下一步工作的着重点。

本节介绍了评估预测模型的一个基本方法。本节要掌握的重点是：

1. 使用未用于训练模型的数据集来评估模型是至关重要的。
2. 模型的总体性能可以用单个性能度量来刻画，如误分类率。
3. 要全面了解模型的表现，使用单一性能度量往往是不够的。

这个评估预测模型性能的标准方法还有许多种拓展，本章余下部分将讲解其中最为重要的几个方法。

404

8.4　延伸与拓展

当评估预测模型的性能时，始终存在全面了解模型性能的需求与将模型性能度量减少为单个度量以对模型性能进行排名的需求之间的冲突。例如，一个混淆矩阵的集合能够对训练好的模型集在类别预测任务上的表现提供详细描述，并可以用于对其性能进行详细比较。而我们无法对混淆矩阵进行排序，因此也就无法用它来对模型集的模型性能进行排名。要进行这样的排名，我们需要将混淆矩阵所包含的信息简化为单个度量，例如误分类率。所有信息简化的过程都会造成一些信息丢失，因此单一的模型性能度量被设计为强调模型某方面的性能并弱化或者说损失掉其他方面。考虑到这个原因，性能度量的种类非常多，却没有一种方法能适用于所有场景。

本节我们会介绍一些最重要的性能度量。我们还会介绍评估预测模型的不同实验设计，以及在模型部署后监测模型性能的一些方法。

8.4.1　设计评估实验

我们需要在评估训练好的模型时选择合适的性能度量，同样，也需要确保我们使用了合适的评估实验设计，目的是确保我们对预测模型部署在真实环境时的性能做出最佳的估计。本节我们将描述最为重要的评估实验设计，并说明每种实验最适用的场景。

8.4.1.1 留出采样

在 8.3 节我们使用了**留出测试集**来评估模型的性能。这个测试集的重要特性是我们在模型训练的过程中从未使用过它。因此，在该测试集上测量出的性能应该是模型部署后，在将来的未知数据集上进行预测的性能。这是评估模型性能的**采样法**（sampling method）中的一种方法，因为我们使用了更大数据集的一个专门、随机且非重叠的**样本**。当使用留出测试集时，我们从整个数据集中取一个样本来训练模型，并用另一个单独的样本来测试模型。

留出采样（hold-out sampling）很可能是我们能够使用的采样方法中最简单的一种，最适用于当要采样的数据集非常大时。这能够确保训练集和测试集都足够大，以训练精确的模型并全面评估这个模型的性能。有时我们会拓展留出采样来引入第三个样本，即**验证集**（validation set）。在需要使用训练集之外的数据来调整模型的某些方面时要用到验证集。例如，当使用**基于包装法的特征选取**（wrapper-based feature selection）方法时，需要使用验证集来评估在未用于训练的数据上不同特征子集的性能。在完成特征选取后，我们仍然有一个单独的测试集能够用于评估模型部署后在将来的未知数据上的预计性能，这一点是很重要的。图 8.2 展示了大型的 ABT 是如何被分为一个**训练集**、一个**验证集**和一个**测试集**的。使用留出采样时，对于每个不同数据集的大小并无一定之规，但常见的划分比例是训练集 : 验证集 : 测试集为 $50 : 20 : 30$ 或 $40 : 20 : 40$。

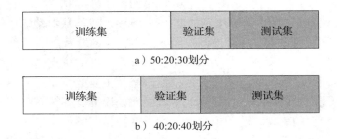

图 8.2   留出采样能将整个数据集分为训练集、验证集和测试集

验证集的一个常见用途是在使用递归构建越来越复杂的模型的机器学习算法时避免**过拟合**。这种方法的两个例子是构建**决策树**的 ID3 算法和构建回归模型的**梯度下降**算法。在算法的运行过程中，其构建的模型会变得越来越贴合训练数据的细节。我们可以在图 8.3 中的实线部分看到这一点。它展示了训练过程中，模型在训练实例的集合上的误分类率的变化。模型与数据集中的实例越来越匹配的情形几乎能无止境地继续下去。而在这个过程中的某处会开始出现过拟合，模型泛化到新实例的能力也会减小。

通过在训练过程中对比模型在用于构建它的训练集上的性能和模型在验证集上的性能，我们可以找出过拟合开始出现的点。图 8.3 中的虚线展示了训练中的模型在验证集上的性能。我们可以看到，起初，模型在验证集上的性能几乎与模型在训练集上的性能重合（通常模型在训练集上的性能会略好）。而在训练进行到大约一半的时候，模型在验证集上的性能开始变差。这就是我们所说的过拟合开始出现的点（用垂直虚线表示，位于图 8.3 中迭代次数 = 100 处）。要对抗过拟合，我们允许算法训练到超过该点的地方，但我们保存每次迭代所生成的模型。训练完成后，我们找出验证集上性能开始变差的那一点，并进而恢复该点处训练的模型。这一过程本质上与 4.4.4 节所述的决策树后剪枝过程相同。

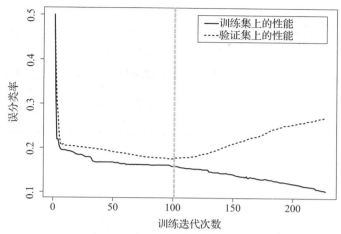

图 8.3　在迭代机器学习算法中使用验证集来避免过拟合

使用留出采样会产生两个问题。首先，使用留出采样需要我们有足够的数据以使训练集、测试集和（如果必要的话）验证集适当地大。但实际并不总是这样，如果使任意一个集合太小，则会导致较差的评估效果。其次，如果我们碰巧对数据进行了**幸运划分**（lucky split），将困难的实例分到训练集，将简单的实例分到测试集，那么使用留出采样测量出的性能就会具有误导性。这会使模型看起来比实际部署后具有的性能准确得多。解决这两个问题的一种常用方法是 k **重交叉验证**（k-fold cross validation）。

8.4.1.2　k 重交叉验证

当使用 k **重交叉验证**时，可用数据被分为 k 个大小相等的份（fold，或称为分块（partition）），并进行 k 次不同的评估实验。在第一次评估实验中，第 1 份数据被用作测试集，剩余 $k-1$ 份数据用作训练集。用该训练集训练一个模型，并记录其在相应测试集上的性能度量。随后使用第 2 份数据作为测试集，用其余 $k-1$ 份数据作为训练集进行第二次评估实验。同样，算出在对应测试集上的性能度量并进行记录。这一过程一直重复直到完成了 k 次评估实验，并记录下了 k 个性能度量。最后，合并这 k 个性能度量集来产生一个总的性能度量集。虽然 k 可以设定为任意值，但实践中最为常用的很可能是 10 重交叉验证。图 8.4 展示了可用数据在 k 重交叉验证中是如何划分的。每行代表划分中的一份，其中黑色矩形表示用于测试的数据，而白色部分表示用于训练的数据。

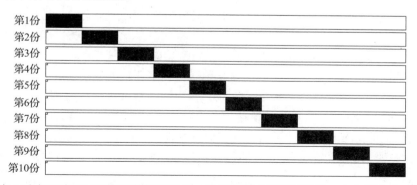

图 8.4　在 k 重交叉验证过程中对数据的划分。黑色矩形表示测试数据，白色部分表示训练数据

我们来思考一个例子。我们构建了一个能够自动确定 X 光胸透的方向（方向可以为侧面

（*lateral*）或正面（*frontal*））的预测系统，作为医疗决策系统的一部分⊖。基于总共有 500 个实例的数据集，我们决定使用 5 重交叉验证来评估这个系统的分类准确率性能。因此，整个数据集被分成了 5 份（每份含有 100 个实例），并使用其中 1 份作为测试集，其余几份作为训练集进行了五次评估实验。每份的混淆矩阵和分类准确率度量显示在表 8.4 中。

表 8.4　在胸部 X 光透视分类数据集上进行 5 重交叉验证得到的五个评估实验分别产生的性能度量及其合并度量

份			混淆矩阵		分类准确率
			预测		
			lateral	*frontal*	
1	目标	*lateral*	43	9	81%
		frontal	10	38	
			预测		
			lateral	*frontal*	
2	目标	*lateral*	46	9	88%
		frontal	3	42	
			预测		
			lateral	*frontal*	
3	目标	*lateral*	51	10	82%
		frontal	8	31	
			预测		
			lateral	*frontal*	
4	目标	*lateral*	51	8	85%
		frontal	7	34	
			预测		
			lateral	*frontal*	
5	目标	*lateral*	46	9	84%
		frontal	7	38	
			预测		
			lateral	*frontal*	
总体	目标	*lateral*	237	45	84%
		frontal	35	183	

　　每份的性能度量（本例中为一个混淆矩阵和一个分类准确率度量）可以被合并为刻画这 5 份验证的总体性能度量。通过将每份验证的混淆矩阵的对应元素加总得出的合并混淆矩阵显示在表 8.4 的下方。这样我们可以从合并的混淆矩阵算出总的分类准确率，本例中总分类准确率为 84%。当使用了不同的性能度量时，可以用同样的方式算得。

　　此处强调的重点从评估一个模型的性能稍微移到了评估 k 个模型的集合的性能上。而我们的目标仍然是估计一个模型部署后的性能。当我们的数据集较小时（增加了幸运划分的可能性），使用模型集的合并性能度量比使用单个模型的性能度量更能准确估计模型部署后的性能。在使用 k 重交叉验证估计了模型部署后的性能后，我们通常使用整个可用数据集来训练要部署的模型。这与留出采样的设计有所不同，后者直接部署评估后的模型。

8.4.1.3　留一交叉验证

留一交叉验证（leave-one-out cross validation），又称为**刀切法**（jackknifing），是 k 重交

⊖　Lehmann et al.（2003）讨论了为完成这一任务构建预测模型。

叉验证的一种极端形式，其份数与训练实例的数量相同。这就意味着每份测试集仅含有一个实例，而训练集则含有余下的数据。在可用数据量非常小，无法产生足够大的训练集来进行 k 重交叉验证时，留一交叉验证就非常有用。图 8.5 展示了在留一交叉验证过程中可用数据是如何划分的。每行表示划分中的一份，其中黑色矩形表示用于测试的实例，而白色部分表示用于训练的数据。

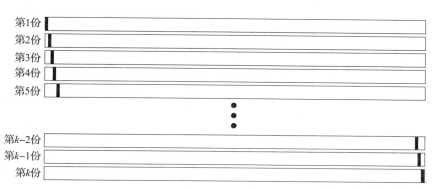

图 8.5　留一交叉验证中对数据的划分。黑色矩形表示测试集中的实例，白色部分表示训练数据

留一交叉验证为数据集中的每个实例计算性能度量。与我们在表 8.4 中看到的 k 重交叉验证的方法一样，在留一交叉验证的最后，全部份的度量被合并为一个总的模型性能度量。

8.4.1.4　自助法

我们来看下一种采样方法，**自助法**（bootstrapping），特别是 $\varepsilon 0$ **自助法**。在数据集非常小（大约小于 300 个实例）时，自助法比交叉验证法更受青睐。类似于 k 重交叉验证，$\varepsilon 0$ 自助法每次使用略有不同的训练集和测试集来迭代地进行多次评估实验，以评估模型的预期性能。生成每次迭代的数据分块时，随机从整个数据集选择 m 个实例来生成测试集，其余数据用作训练集。用训练集训练模型并使用测试集评估后，这次迭代会生成一个或一些性能度量。这一过程重复 k 次，计算每次迭代的性能度量的平均值——称为 $\varepsilon 0$——作为模型的总体性能。通常，在 $\varepsilon 0$ 自助采样时，k 设为大于等于 200 的值，远大于 k 重交叉验证的 k 值。图 8.6 展示了数据在 $\varepsilon 0$ 自助采样时数据的划分方式。每行代表一次迭代，其中黑色矩形表示用于测试的数据，白色部分表示用于训练的数据。

411

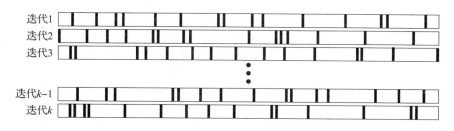

图 8.6　$\varepsilon 0$ 自助法对数据的划分。黑色矩形表示测试数据，白色部分表示训练数据

8.4.1.5　从时间采样

前面部分所讨论的采样方法都依赖于随机从较大的数据集中采样来创建测试集。在一些应用中，数据的天然结构有助于我们产生测试集。在包含时间维度的场景中，这样做尤为有效，它常被称为**从时间采样**（out-of-time sampling），因为我们使用一个时期的数据来构建训练集，使用另一

个时期的数据来构建测试集。例如，在客户流失场景中，我们可能使用某年客户行为的详情来构建训练集，使用下一年客户行为的详情来构建测试集。图 8.7 展示了从时间采样的过程。

图 8.7   从时间采样的过程

从时间采样本质上来说是一种定向采样而非随机采样形式的留出采样。当使用从时间采样时，我们应当非常小心，以确保取得训练集和测试集的时间不会因为其不真正具有代表性而在评估中引入偏差。例如，假设我们想评估为估计居民楼日能源需求而构建的预测模型的性能，其描述性特征为楼中居住的家庭数量、给定日期的天气及其处于该年的什么时候。如果训练样本包含的是夏天的一段时间，而测试样本包含的是冬天的一段时间，那么任何评估的结果都不能产生反映模型部署后真实性能的可靠度量。从时间采样选择时间段时，确保所选的时间跨度足够大，以考虑到所有周期行为模式，或使用考虑到这些情形的其他方法是非常重要的。

8.4.2   性能度量：类别目标

本节将描述用于评估具有类别目标特征的模型性能的最重要的性能度量。

8.4.2.1   基于混淆矩阵的性能度量

混淆矩阵是全面描述预测模型在测试集上性能的一种很便捷的方法，也是显示预测模型不同方面性能的多种性能度量的基础。其中最为基本的度量是**真正率**（True Positive Rate，TPR）、**真负率**（True Negative Rate，TNR）、**假负率**（False Negative Rate，FNR）以及**假正率**（False Positive Rate，FPR），它们将混淆矩阵中的数值转换为百分比[⊖]。这些度量的定义如下：

$$TPR = \frac{TP}{(TP + FN)} \tag{8.4}$$

$$TNR = \frac{TN}{(TN + FP)} \tag{8.5}$$

$$FPR = \frac{FP}{(TN + FP)} \tag{8.6}$$

$$FNR = \frac{FN}{(TP + FN)} \tag{8.7}$$

这些度量之间存在很强的联系，例如 FNR = 1 – TPR 以及 FPR = 1 – TNR。

这些度量的值都在区间 [0, 1] 之间，更高的 TPR 和 TNR 值表明更好的模型性能，对于 FNR 和 FPR 来说则相反。混淆矩阵常用这些度量取代原始数值，但我们还是推荐使用原始数量值，这样能表现出具有不同目标特征级别的实例数量。

对于表 8.1 给出的邮件分类数据，其基于混淆矩阵的值可计算如下：

$$TPR = \frac{6}{(6 + 3)} = 0.667$$

$$TNR = \frac{9}{(9 + 2)} = 0.818$$

⊖   **敏感度**（sensitivity）和**特异度**（specificity）常用于指代真正率和真负率。

$$FPR = \frac{2}{(9+2)} = 0.182$$

$$FNR = \frac{3}{(6+3)} = 0.333$$

这些值明显表示模型预测 *ham* 级别（TNR）的能力比预测 *spam* 级别（TPR）强。

8.4.2.2　精准率、召回率以及 F_1 度量

精准率（precision）、**召回率**（recall）以及 F_1 **度量**（F_1 measure）也是可以从混淆矩阵直接计算得出的常用性能度量。**精准率**和**召回率**的定义为：

$$精准率 = \frac{TP}{(TP + FP)} \tag{8.8}$$

$$召回率 = \frac{TP}{(TP + FN)} \tag{8.9}$$

召回率与真正率等价（比较式（8.4）和式（8.9））。召回率告诉我们，我们对模型找出所有具有正目标级别的实例具有多少信心。精准率刻画模型做出正预测时预测正确的频繁度。精准率告诉我们，我们对被模型预测为正目标级别的实例确实具有正目标级别有多少信心。精准率和召回率的取值范围为区间 [0，1]，它们的值越高表明模型性能越好。

回到邮件分类的例子中，假设 *spam* 邮件为正级别，精准率测量被标记为 *spam* 邮件的邮件实际上也为垃圾邮件的频繁度，而召回率测量测试集中的垃圾邮件实际上也被标记为 *spam* 的频繁度。表 8.1 中邮件分类数据的精准率和召回率为：

$$精准率 = \frac{6}{(6+2)} = 0.750$$

$$召回率 = \frac{6}{(6+3)} = 0.667$$

对于邮件分类的例子，精准率和召回率提供的不同信息非常有用。精准率告诉我们真实的 *ham* 邮件被标为 *spam* 并可能被删除的可能性为 25%（1- 精准率）。而召回率则告诉我们系统漏掉垃圾邮件并使其出现在我们的收件箱的可能性为 33.333%（即 1- 召回率）。这两个数值非常有用，它能让我们思考朝向一种错误调整模型还是朝向另一种错误调整模型。是真实邮件被标为 *spam* 并被删除更好些，还是垃圾邮件出现在收件箱更好些？表 8.1 中记录的性能表明这个系统略微倾向于犯第二种错误。

精准率和召回率可以被整合成称为 F_1 **度量**⊖的单个性能度量，它比更为简单的误分类率更有用。F_1 度量是精准率和召回率的**调和平均数**（harmonic mean），定义为：

$$F_1 度量 = 2 \times \frac{（精准率 \times 召回率）}{（精准率 + 召回率）} \tag{8.10}$$

在 A.1 节我们讨论了**中央趋势**是如何刻画一系列数值的平均值的。虽然**算术平均数**和**中位数**是最常用的此类度量，但也存在包括**调和平均数**在内的其他度量。调和平均数偏向于一系列数中的较小值，因此对较大的离群值更敏感，而算术平均数则与之相反。这种特性在生成像 F_1 这样的性能度量时非常有用，因为我们通常更喜欢能够凸显模型中缺点的度量，而非隐藏这些缺点的度量。F_1 度量的值域为区间 (0，1]，值越高说明性能越好。

⊖　F_1 度量常被称为 **F** 度量（F measure）、**F** 值（F score）或 F_1 值（F_1 score）。

对于表 8.1 中的邮件分类数据集，F₁ 度量（假设 *spam* 级别为正级别）的计算为：

$$F_1 度量 = 2 \times \frac{\left(\frac{6}{(6+2)} \times \frac{6}{(6+3)} \right)}{\left(\frac{6}{(6+2)} + \frac{6}{(6+3)} \right)} = 0.706$$

精准率、召回率和 F₁ 度量在具有二元目标特征的问题上特别适用，其还强调了对预测模型预测正级别或最重要级别时的性能的刻画。这些度量对模型在负目标级别上的性能关注较少。这在很多应用中都是恰当的。例如，在医疗应用中，预测患者患有一种疾病比预测患者没有某种疾病重要得多。而在很多情况下，认为某个目标级别更加重要是毫无道理的。在这些情况下，**平均分类准确率**（average class accuracy）性能度量非常有效。

8.4.2.3 平均分类准确率

分类准确率会掩盖糟糕的性能。例如，如表 8.5 和表 8.6 所示的混淆矩阵展示了关于预测客户是否流失的两个不同模型在测试集上的性能。表 8.5 中混淆矩阵对应的模型的准确率是 91%，而表 8.6 中混淆矩阵对应的模型的准确率仅是 78%。在这个例子中，测试集非常**不平衡**（imbalance），其中 90 个实例是**非流失**（non-churn）级别，而只有 10 个实例是**流失**（churn）级别。这就意味着在准确率的计算中，模型在 non-churn 级别上的性能压倒了在 churn 级别上的性能，也表明了分类准确率可以对模型性能的度量产生误导性。

表 8.5　为客户流失预测问题训练的 *k* 近邻模型的混淆矩阵

		预测	
		non-churn	*churn*
目标	*non-churn*	90	0
	churn	9	1

表 8.6　为客户流失预测问题训练的朴素贝叶斯模型的混淆矩阵

		预测	
		non-churn	*churn*
目标	*non-churn*	70	20
	churn	2	8

为解决这个问题，我们可以使用**平均分类准确率**[⊖]来替代分类准确率[⊖]。平均分类准确率的计算方法为：

$$average\ class\ accuracy = \frac{1}{|\text{levels}(t)|} \sum_{l \in \text{levels}(t)} recall_l \qquad (8.11)$$

其中 levels(*t*) 是目标特征可取级别的级别集，|levels(*t*)| 是这个集合的大小，*recall_l* 指的是模型在级别 *l* 上达到的召回率[⊜]。表 8.5 和表 8.6 中展示的模型的平均分类准确率分别为 $\frac{1}{2}(1 + 0.1) = 55\%$

⊖ 有时，类别预测问题中的目标级别被称为类别，这就是其名字的由来。

⊖ 目标级别不平衡会以相同的方式影响到误分类率，而同样可以计算平均误分类率来应对这一问题。

⊜ 虽然先前我们说召回率仅在正级别上计算，但实际上我们可以对任何级别计算召回率来作为针对该级别所做预测的准确率。

和 $\frac{1}{2}$（ 0.778 + 0.8 ）= 78.889%。这表明第二个模型实际上比第一个模型更加准确。这个结论与计算分类准确率所得出的结论相反，但在这个例子上却更为贴切，因为数据中的目标级别不平衡。

　　式（8.11）中的平均分类准确率度量使用了**算术平均**，因此可以被更为具体地记作 *average class accuracy*$_{AM}$。虽然这是对原始的分类准确率的一个改进，但在计算平均分类准确率时，许多人更倾向于使用**调和平均**⊖而非算术平均。算术平均更易受到较大离群点的影响，可能会夸大模型的实际性能。而**调和平均**强调了较小值的重要性，因此可以更真实地表现出模型的实际性能。调和平均的平均分类准确率定义如下：

$$average\ class\ accuracy_{HM} = \cfrac{1}{\cfrac{1}{|\text{levels}(t)|} \displaystyle\sum_{l \in \text{levels}(t)} \cfrac{1}{recall_l}} \qquad (8.12)$$

其中符号的含义与式（8.11）相同。表 8.5 和表 8.6 中的模型的 *average class accurary*$_{HM}$ 分别为：

$$\cfrac{1}{\cfrac{1}{2}\left(\cfrac{1}{1.0} + \cfrac{1}{0.1}\right)} = \cfrac{1}{5.5} = 18.2\%$$

以及

$$\cfrac{1}{\cfrac{1}{2}\left(\cfrac{1}{0.778} + \cfrac{1}{0.800}\right)} = \cfrac{1}{1.268} = 78.873\%$$

　　相比于算术平均，调和平均对模型性能更悲观一些。为进一步表明算术平均和调和平均的区别，图 8.8 展示了取值范围为 0 到 100 的特征 A 和 B 的所有组合的算术平均和调和平均。调和平均曲面的弯曲表明调和平均比算术平均更强调较小值的贡献——注意曲面两边被调和平均拉向图的底部的样子。总的来说，我们建议，当计算平均分类准确率时，应当使用调和平均而非算术平均。

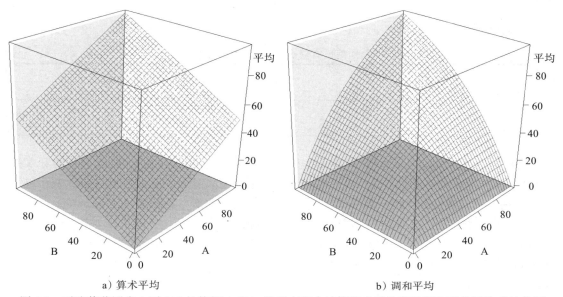

a）算术平均　　　　　　　　　　　　b）调和平均

图 8.8　对取值范围为 0 到 100 的特征 A 和 B 的所有组合计算算术平均以及调和平均所生成的曲面

⊖　别忘了我们在式（8.10）的 F_1 度量中使用过调和平均。

8.4.2.4　度量收益和损失

目前所讨论的所有性能度量所面临的问题之一是它们对混淆矩阵中的每个元素赋予了相同的价值。比如，在客户流失预测的例子中，正确地分类一名可能流失的客户与正确地分类一名不太可能流失的客户的价值是相同的。而平等地对待每种结果并不总是正确的。例如，如果一名客户实际上并不会流失，却被分类为可能流失，则公司因这个错误所产生的代价是为挽留该客户而提供的小额奖励。另一方面，错误分类一名确实存在流失风险的客户则很可能产生大得多的代价，因为本可以用小额奖励挽留的客户流失了。当评估模型的性能时，能够考虑到不同结果的代价是非常有用的。

实现这一点的一个方法是计算我们做出的每种预测的收益或者损失，并使用它们来确定模型的总体性能。为此我们首先需要创建一个记录它们的**收益矩阵**（profit matrix）。表 8.7 展示了一个收益矩阵的结构，它与混淆矩阵相同。TP_{Profit} 代表正确的正预测带来的收益，而 FN_{Profit} 则代表错误的负预测带来的收益，以此类推（注意收益可以是正值或者负值）。收益矩阵的实际值由领域专家确定。

表 8.7　一个收益矩阵的结构

		预测	
		正	负
目标	正	TP_{Profit}	FN_{Profit}
	负	FP_{Profit}	TN_{Profit}

要了解收益矩阵在实际中的用法，我们考虑一个预测问题：一家发薪日贷款公司[⊖]构建了一个信用评分模型来预测贷款者拖欠贷款的可能性。根据从贷款申请中提取出的描述性特征集（即年龄（AGE）、职业（OCCUPATION）和资产（ASSET）），模型将潜在贷款者分类为如下两类：全款偿还贷款的好（good）贷款者，以及拖欠部分贷款的坏（bad）贷款者。公司可以在贷款申请被提交时运行模型，并且仅向预测为 good 目标级别的贷款者发放贷款。表 8.8 展示了这一问题的收益矩阵。

表 8.8　发薪日贷款信用评分问题的收益矩阵

		预测	
		good	bad
目标	good	140	−140
	bad	−700	0

矩阵的值基于该公司发放贷款的历史记录数据。贷款的典型值为 \$1000，收取的利率是 14%。因此，当全额偿还贷款时，公司的收益通常是 \$140。因此，正确将潜在贷款者预测为 good 级别产生的收益是 \$140。错误地将本可以全额偿还的潜在贷款者预测为 bad 级别则会产生 −\$140 的负收益（或损失），因为公司失去了潜在的利息收入。正确预测具有 bad 级别的潜在贷款者不产生收益，因为没有贷款产生[⊖]。错误地将会拖欠贷款的贷款者预测为 good 级别会导致无法偿还的贷款。根据历史样本，这种情况的预计损失，称为**违约损失**（loss given

---

⊖　发薪日贷款是一种以个人信用做担保而无需担保人的小额短期贷款，虽然名为发薪日（pay-day）贷款，但其还款日期与发薪日并不一定有关。——译者注

⊖　确定这个类别的价值常常是十分有趣的。有些人可能会反驳，因为没有产生损失也是某种收益。

default），为 $700（大部分贷款者在拖欠贷款前会偿还部分贷款）。表 8.8 的数值就是根据这些数字产生。显然，不同的结果会造成对应的不同收益或者损失。尤其是，将贷款发放给 *bad* 级别贷款者是代价非常高昂的错误。

表 8.9a 和表 8.9b 显示了两个不同预测模型的混淆矩阵，一个是 *k* 近邻模型，另一个是决策树模型，它们都是为发薪日贷款信用评分问题而训练的。*k* 近邻模型的平均分类准确率（使用调和平均数）为 83.824%，决策树模型则为 80.761%，这意味着 *k* 近邻模型比决策树模型好一些。

表 8.9　a 是为发薪日贷款信用评分问题训练的 *k* 近邻模型的混淆矩阵（*average class accuracy$_{HM}$* = 83.824%）；
　　　　b 是为发薪日贷款信用评分问题训练的决策树模型的混淆矩阵（*average class accuracy$_{HM}$* = 80.761%）

a）*k* 近邻模型		预测		b）决策树模型		预测	
		good	*bad*			*good*	*bad*
目标	*good*	57	3	目标	*good*	43	17
	bad	10	30		*bad*	3	37

但我们可以使用收益矩阵中的值来计算这两个模型做出的预测的总收益。这是通过将混淆矩阵中的值乘以对应的收益矩阵中的值并加总得出的。表 8.10a 以及表 8.10b 分别展示了对 *k* 近邻和决策树模型进行的这样的运算。*k* 近邻模型的总收益是 $560，而决策树模型则是 $1540。这表明发薪日贷款生意很难赚到钱，同时也反转了平均分类准确率所给出的模型排序。决策树模型做出的预测比 *k* 近邻模型做出的预测所产生的收益高。这是由于 *k* 近邻模型比决策树模型更频繁地将 *bad* 贷款者误分类为 *good* 贷款者，这是代价最高的一种错误。通过收益对模型进行排名就可以考虑到模型产生的收益，而这是使用分类准确率或平均分类准确率所不可能办到的。

表 8.10　a 是使用表 8.8 的收益矩阵和表 8.9a 的混淆矩阵算出的 *k* 近邻模型的总收益；
　　　　b 是使用表 8.8 的收益矩阵和表 8.9b 的混淆矩阵算出的决策树模型的总收益

a）*k* 近邻模型		预测		b）决策树模型		预测	
		good	*bad*			*good*	*bad*
目标	*good*	7980	−420	目标	*good*	6020	−2380
	bad	−7000	0		*bad*	−2100	0
收益			560	收益			1540

值得一提的是，使用收益作为性能度量时，我们并不需要像我们在这个例子中做的那样完整地对每种结果的收益进行量化。我们只需要知道模型预测的每个不同结果（TP、TN、FP 和 FN）的相对收益。例如，在前述的垃圾邮件过滤问题中，我们只需要用到将 *ham* 邮件分类为 *spam*、将 *spam* 邮件分类为 *ham* 等结果的相对收益。

虽然使用收益看起来是评估模型性能的理想方法，但不幸的是，事情并没有那么简单。我们很少能为预测问题给出准确的收益矩阵。很多情况下，虽然我们可能可以说某些结果比其他结果更好，但我们却不可能对其进行量化。例如，在医疗诊断问题中，我们可以确定假

负（告诉一名生病的患者说他并未生病）比假正（告诉一名健康的患者说他患有疾病）更加

422
糟糕，但我们无法将其量化为糟糕 2 倍、糟糕 4 倍或者糟糕 10.75 倍。而当我们可以使用收益矩阵的时候，收益是非常有效的性能度量。

8.4.3 性能度量：预测得分

仔细研究我们从第 4 章到第 7 章讨论的不同分类模型的工作方式，我们会发现没有任何一个模型会将目标特征级别作为其输出。所有模型都只会产生**预测得分**（prediction score），并使用一个阈值将其转换为目标特征的一个级别。例如，朴素贝叶斯模型产生的概率通过使用最大后验概率方法被转换为类别预测，而对数几率回归模型对正目标级别产生的概率则通过使用阈值被转换为类别预测。即使在决策树中，预测也是基于叶子节点处的多数目标级别的，而这一级别的比例就能给出一个预测得分。在一个具有两个目标级别的典型场景中，模型生成取值范围为 [0，1] 的预测得分，并使用阈值 0.5 来将这一得分转换为类别预测：

$$\text{threshold}(\text{得分}, 0.5) = \begin{cases} \text{正，若得分} \geqslant 0.5 \\ \text{负，否则} \end{cases} \tag{8.13}$$

为对其进行阐明，表 8.11 展示了表 8.1 中的预测所基于的得分，假设阈值为 0.5，也就是说预测得分大于等于 0.5 的实例被划为 *spam*（正）级别，而预测得分小于 0.5 的实例被划为 *ham*（负）级别。该表中的实例已经根据其得分升序排列，因此，这些得分生成不同预测的分界线就非常明显了。从这种排序中也能看出模型性能的一些情况——从目标列可以看出，实际应当被预测为 *ham* 级别的实例大体上得分较低，而应当被预测为 *spam* 的实例大体上得分较高。

表 8.11　含有模型预测和得分的样本测试集

ID	目标	预测	得分	结果	ID	目标	预测	得分	结果
7	*ham*	*ham*	0.001	TN	5	*ham*	*ham*	0.302	TN
11	*ham*	*ham*	0.003	TN	14	*ham*	*ham*	0.348	TN
15	*ham*	*ham*	0.059	TN	17	*ham*	*spam*	0.657	FP
13	*ham*	*ham*	0.064	TN	8	*spam*	*spam*	0.676	TP
19	*ham*	*ham*	0.094	TN	6	*spam*	*spam*	0.719	TP
12	*spam*	*ham*	0.160	FN	10	*spam*	*spam*	0.781	TP
2	*spam*	*ham*	0.184	FN	18	*spam*	*spam*	0.833	TP
3	*ham*	*ham*	0.226	TN	20	*ham*	*spam*	0.877	FP
16	*ham*	*ham*	0.246	TN	9	*spam*	*spam*	0.960	TP
1	*spam*	*ham*	0.293	FN	4	*spam*	*spam*	0.963	TP

许多用于更好地评估预测模型性能的性能度量都利用了模型的这种能力，即将应当被预测为一个目标级别的实例排在应当被预测为另一个目标级别的实例之前的能力。大部分此类方法的根据是模型为不同目标级别产生的得分分布的分离程度。图 8.9 对其进行了阐释：假设预测得分为正态分布，我们分别展示了两个分类模型中两个目标级别的得分的分布。图 8.9a 所示的预测得分的分布比图 8.9b 的分布分得更开。我们可以利用预测得分分布的分离程度来构建类别预测模型的性能度量。

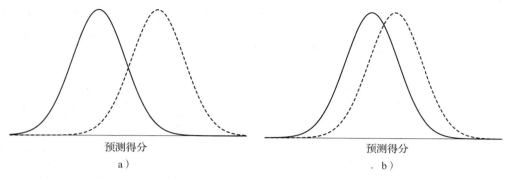

图 8.9　两个不同预测模型的预测得分分布；图 a 中的分布的分离程度比图 b 更高

　　如果预测模型的预测得分分布完美服从正态分布，像图 8.9a 那样，那么计算分离程度就非常简单，只需要比较平均值和标准差就可以了。不走运的是，一个模型的预测得分可以是任何一种分布。例如，根据表 8.11 的数据，图 8.10 中的密度直方图展示了 *spam* 和 *ham* 目标级别的预测得分分布。有许多基于比较预测得分分布这一想法的性能度量都试图迎合真实数据的独特性。本节会介绍这类度量中最为重要的一些。

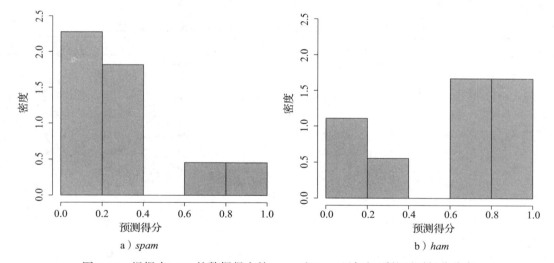

图 8.10　根据表 8.11 的数据得出的 *spam* 和 *ham* 目标级别的预测得分分布

8.4.3.1　接收者操作特征曲线

　　接收者操作特征（Receiver Operating Characteristic，ROC）指数基于**接收者操作特征曲线**[⊖]，是使用预测得分计算出的、广为使用的性能度量。我们在 8.4.2 节看到过真正率（TPR）和真负率（TNR）是如何从混淆矩阵中计算得出的。而这些度量都天生地与用于将预测得分转换为目标级别的阈值绑定在一起。表 8.11 展示的预测和表 8.3 展示的混淆矩阵是根据预测得分阈值为得出的。而这个阈值可以被更改，这也就会产生不同的预测和不同的混淆矩阵。例如，如果我们将用于生成表 8.11 中的预测的阈值从 0.5 改为 0.75，则实例 d_{17}、d_8 和 d_6 的预测就会从 *spam* 变为 *ham*，使得其结果分别变为 TN、FN 和 FN。这意味着混淆矩阵会因此

_____

⊖　接收者操作特征这个有些奇怪的名字源于一个事实，即该方法最先用于在第二次世界大战中对雷达信号进行调整。

423 ~ 424

425

变为表 8.12a 中所示的矩阵，进而使得 TPR 和 TNR 度量分别变为 0.5 和 0.833。

　　类似地，如果我们将阈值从 0.5 变为 0.25，则实例 d_{14}、d_5 和 d_1 的预测会从 ham 变为 spam，使得其结果分别变为 FP、FP 和 TP。这就意味着混淆矩阵会变为如表 8.12b 所示的矩阵，进而使得 TPR 和 TNR 度量分别变为 0.777 和 0.636。

表 8.12　表 8.11 中所示的预测集的混淆矩阵，分别使用预测得分阈值 0.75 以及预测得分阈值 0.25

a) 阈值: 0.75				b) 阈值: 0.25			
		预测				预测	
		spam	*ham*			*spam*	*ham*
目标	*spam*	4	4	目标	*spam*	7	2
	ham	2	10		*ham*	4	7

　　这一范围为 $[0, 1]$ 的阈值的所有可能值都对应着一个 TPR 和一个 TNR。如果继续改变阈值，上面两个例子体现出的变化就会继续：当阈值增加时，TPR 减小，TNR 增大，而当阈值减小时则相反。表 8.13 展示了阈值改变时，对测试实例做出的预测的变化情况。TPR、TNR、FPR、FNR 以及每个阈值的误分类率也呈现在表中。我们可以看到，当阈值变化时，误分类率的变化不大。这是因为假正例和假负例之间产生了互补。

表 8.13　样本测试集的预测得分以及根据不同阈值算出的预测结果

D	目标	得分	预测 (0.10)	预测 (0.25)	预测 (0.50)	预测 (0.75)	预测 (0.90)
7	*ham*	0.001	*ham*	*ham*	*ham*	*ham*	*ham*
11	*ham*	0.003	*ham*	*ham*	*ham*	*ham*	*ham*
15	*ham*	0.059	*ham*	*ham*	*ham*	*ham*	*ham*
13	*ham*	0.064	*ham*	*ham*	*ham*	*ham*	*ham*
19	*ham*	0.094	*ham*	*ham*	*ham*	*ham*	*ham*
12	*spam*	0.160	*spam*	*ham*	*ham*	*ham*	*ham*
2	*spam*	0.184	*spam*	*ham*	*ham*	*ham*	*ham*
3	*ham*	0.226	*spam*	*ham*	*ham*	*ham*	*ham*
16	*ham*	0.246	*spam*	*ham*	*ham*	*ham*	*ham*
1	*spam*	0.293	*spam*	*spam*	*ham*	*ham*	*ham*
5	*ham*	0.302	*spam*	*spam*	*ham*	*ham*	*ham*
14	*ham*	0.348	*spam*	*spam*	*ham*	*ham*	*ham*
17	*ham*	0.657	*spam*	*spam*	*spam*	*ham*	*ham*
8	*spam*	0.676	*spam*	*spam*	*spam*	*ham*	*ham*
6	*spam*	0.719	*spam*	*spam*	*spam*	*ham*	*ham*
10	*spam*	0.781	*spam*	*spam*	*spam*	*spam*	*ham*
18	*spam*	0.883	*spam*	*spam*	*spam*	*spam*	*ham*
20	*spam*	0.877	*spam*	*spam*	*spam*	*spam*	*ham*
9	*spam*	0.960	*spam*	*spam*	*spam*	*spam*	*spam*
4	*spam*	0.963	*spam*	*spam*	*spam*	*spam*	*spam*
误分类率			0.300	0300	0.250	0.300	0.350
真正率（TPR）			1.000	0.778	0.667	0.444	0.222
真负率（TNR）			0.455	0.636	0.818	0.909	1.000
假正率（FPR）			0.545	0.364	0.182	0.091	0.000
假负率（FNR）			0.000	0.222	0.333	0.556	0.778

图 8.11a 展示了当阈值在 0 到 1 之间变化时根据表 8.13 的预测得分得出的 TPR 和 TNR 的变化[○]。该图表明改变阈值会引起预测正目标级别的准确率和预测负目标级别的准确率的此消彼长。刻画这种消长关系是 ROC 曲线的基础。

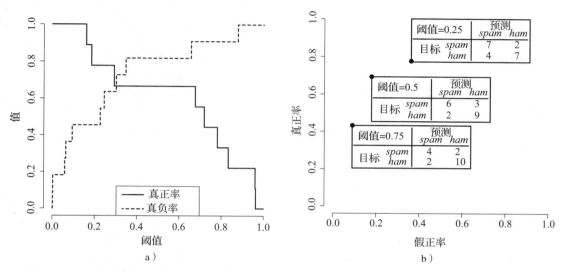

图 8.11　a 是表 8.13 中测试数据的 TPR 和 TNR 在阈值变化时的变化；b 是 ROC 空间中阈值为 0.25、0.5 和 0.75 时的点

要绘制 ROC 曲线，我们先创建一个纵轴为真正率、横轴为假正率（或 1 – 真负率）的图[○]。当在得分预测上应用了阈值后，这些度量的值就能在图中绘制成点，或者说在**接收者操作特征空间（ROC 空间）**中绘制成点。图 8.11b 展示了电子邮件分类数据集的 ROC 空间中的三个这样的点及其对应的混淆矩阵，其中阈值分别为 0.25、0.5 和 0.75。

ROC 曲线是通过为每个可行的阈值绘制一点，再将其结合起来得到的。图 8.12a 展示了表 8.13 中邮件预测问题的一个完整的 ROC 曲线。ROC 空间中沿着对角线（0，0）到（1，0）的线（即图 8.12a 中的虚线）是表示进行随机预测的模型的预计性能的参考线。我们总是可以预料到训练好的模型的 ROC 曲线位于这一随机预测参考线上方[○]。实际上当预测模型的能力增加时，ROC 曲线会向 ROC 空间中的左上角移动，逐渐远离随机参考线，即向 TPR 为 1.0、FPR 为 0.0 处移动。因此，ROC 曲线可以让我们直接目测模型的性能——曲线越接近左上角，模型的预测力越强。

单个 ROC 图中常常会绘制多个预测模型的 ROC 曲线，以便比较其性能。图 8.12b 展示了在表 8.13 中所示的电子邮件分类测试集的另一版本上测试的四个模型的 ROC 曲线，包含的实例数量远多于我们目前所讨论的例子，因此这些曲线比我们在图 8.12a 中看到的要平滑得多。这些较为平滑的曲线更能代表我们在现实中见到的 ROC 曲线。本例中，模型 1 的

426 ～ 428

[○]　这个图形的阶梯形状的产生是因为在阈值的许多范围内并无实例出现（例如，从 0.348 到 0.657），故而 TPR 和 TNR 不发生改变。较大的测试集会明显地使这些曲线变得平滑起来。

[○]　ROC 曲线的图像通常将敏感度绘制在纵轴，将 1 – 特异度绘制在横轴。我们说过，敏感度等于 TPR，而特异度等于 TNR，因此它们是等价的。

[○]　如果 ROC 曲线位于对角随机参考线下方，这就意味着模型一直将应当被预测为负级别的实例预测为正级别，反之亦然，而这实际上也是一个十分强大的模型。这种情况通常是由某种誊写错误导致的，应当研究其原因。

性能接近完美，模型 4 的性能只比随机猜测好一点。模型 2 和模型 3 的性能则居于这两者之间。

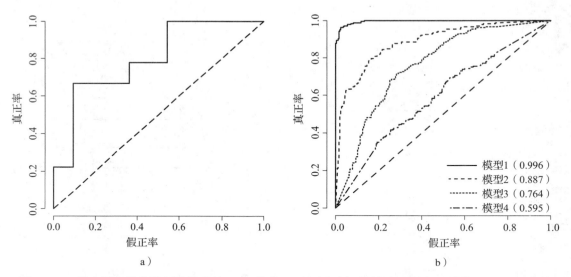

图 8.12   a 是电子邮件分类例子的完整 ROC 曲线；b 是为相同预测任务训练的不同模型的 ROC 曲线

虽然在 ROC 曲线上直观比较不同模型的性能很有用，但我们常常更倾向于使用单个数值性能度量来评估模型。幸运的是，可以通过简单的计算来将 ROC 曲线转换成数值。**ROC 指数**，或称为**曲线下面积**（Area Under the Curve，AUC），用于测量 ROC 曲线下的面积。我们说过，完美的模型在 ROC 空间中会出现在最左上角，因此直觉上来说，面积更大的曲线更接近这一最大的可能值。ROC 曲线下方的面积是通过计算曲线的积分得到的。因为 ROC 曲线是离散的，并且天生是步进的，可以简单地使用**梯形公式**（trapezoidal method）来计算其积分。ROC 指数的计算方法为：

$$\text{ROC指数} = \sum_{i=2}^{|\mathbf{T}|} \frac{\Big(\text{FPR}\big(\mathbf{T}[i]\big) - \text{FPR}\big(\mathbf{T}[i-1]\big)\Big) \times \Big(\text{TPR}\big(\mathbf{T}[i]\big) + \text{TPR}\big(\mathbf{T}[i-1]\big)\Big)}{2} \tag{8.14}$$

其中 $\mathbf{T}$ 是阈值集，$|\mathbf{T}|$ 是测试的阈值数量，TPR（$\mathbf{T}[i]$）以及 FPR（$\mathbf{T}[i]$）分别是在阈值为 i 时的真正率和假正率。

ROC 指数的值域是 [0，1]（虽然值不太可能小于 0.5——这通常意味着目标标注错误），值越大说明模型性能越好。例如，图 8.12a 中的 ROC 曲线的 ROC 指数为 0.798，图 8.12b 中模型 1 到模型 4 的 ROC 指数分别为 0.996、0.887、0.764 和 0.595（如图例所示）。虽然没有简便可行的方法来确定可接受的 ROC 指数的值——这需要根据具体应用来确定——但常用的经验值是，大于 0.7 的值表明这是一个强模型，而小于 0.6 的值则表明这是一个弱模型。ROC 指数在数据不平衡时非常健壮，因此成了实践中的常用选择，尤其是在比较多个建模方法的时候。

ROC 指数可以从概率上理解为模型为随机选择的正实例分配的排名高于随机选择的负实例的概率[⊖]。**基尼系数**[⊖]（Gini coefficient）是另一个常用的性能度量，它是对 ROC 指数的线

⊖   ROC 指数实际上等价于显著性检验中的 Wilcoxon-Mann-Whitney 统计量。
⊖   不要将基尼系数与 4.4.1 节描述的**基尼指数**弄混。它们的唯一联系是都得名于意大利统计学家科拉多·基尼。

性缩放：

$$基尼系数 = (2 \times ROC\ 指数) - 1 \qquad (8.15)$$

基尼系数的取值范围为 [0, 1]，值越高表明模型性能越好。图 8.12a 中所示的模型的基尼系数为 0.596，图 8.12b 中的四个模型的基尼系数分别为 0.992、0.774、0.527 和 0.190。在像信用评分这样的金融建模领域中，基尼系数很常用。

8.4.3.2　柯尔莫哥洛夫 – 斯米尔诺夫统计量

柯尔莫哥洛夫 – 斯米尔诺夫统计量（Kolmogorov-Smirnov statistic，K-S 统计量）是另一个刻画分类问题中不同目标级别预测得分的分布之间分离程度的性能度量。要计算 K-S 统计量，我们首先要确定正负目标级别的预测得分的累积概率分布。这是由下式算出的：

$$CP(positive, ps) = \frac{得分 \leqslant ps\ 的正测试实例数量}{正测试实例的数量} \qquad (8.16)$$

$$CP(negative, ps) = \frac{得分 \leqslant ps\ 的负测试实例数量}{负测试实例的数量} \qquad (8.17)$$

其中 ps 是预测得分的值，$CP(positive, ps)$ 是正预测得分的累积概率分布，$CP(negative, ps)$ 是负预测得分的累积概率分布。这些累积概率分布可以被绘制在**柯尔莫哥洛夫 – 斯米尔诺夫图（K-S 图）**上。图 8.13 展示了表 8.11 中所示的测试集的预测值的 K-S 图。我们可以看到找出 *ham*（或负）实例的累积可能性比找出 *spam*（或正）实例的累积可能性增长得快得多。这很容易理解，因为如果模型的表现非常准确，那么我们可以预料到负实例的得分很低（接近 0.0）而正实例的得分很高（接近 1.0）。

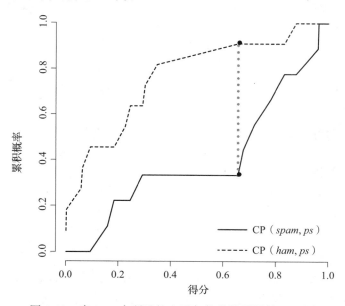

图 8.13　表 8.11 中所示的电子邮件分类预测的 K-S 图

K-S 统计量是通过确定正负目标级别的累积概率分布间的最大区别来计算的。它可以被形式化地定义为：

$$K\text{-}S = \max_{ps}\big(CP(positive, ps) - CP(negative, ps)\big) \qquad (8.18)$$

其中 CP（*positive*, *ps*）和 CP（*negative*, *ps*）与前文所述相同。这一距离用图 8.13 中的纵向虚线表示，其中明显可以看出 K-S 统计量是正负累积分布之间的最大距离。K-S 统计量的值居于 0 和 1 之间，值越高则说明模型为正负级别的实例分别预测的得分区别越明显，表明模型性能越好。

实践中，为模型对测试集做出的预测计算 K-S 统计量最简单的方式是先为测试集中每个实例的预测得分建立正负累积概率表格，并以其得分高低升序排列，随后计算模型对测试集中每个实例预测的得分的正负累积概率之间的距离。K-S 统计量就是这些距离中最大的那个。表 8.14 根据表 8.11 的邮件分类问题预测展示了一个例子。我们已经用黑体和星号（*）标出了形成 CP（*spam*, *ps*）和 CP（*ham*, *ps*）之间最大距离的实例。这个距离为 0.576，是这个例子的 K-S 统计量。

表 8.14 生成 K-S 统计量所需计算的表格

D	预测得分	正（*spam*）累积数量	负（*ham*）累积数量	正（*spam*）累积概率	负（*ham*）累积概率	距离
7	0.001	0	1	0.000	0.091	0.091
11	0.003	0	2	0.000	0.182	0.182
15	0.059	0	3	0.000	0.273	0.273
13	0.064	0	4	0.000	0.364	0.364
19	0.094	0	5	0.000	0.455	0.455
12	0.160	1	5	0.111	0.455	0.343
2	0.184	2	5	0.222	0.455	0.232
3	0.226	2	6	0.222	0.545	0.323
16	0.246	2	7	0.222	0.636	0.414
1	0.293	3	7	0.333	0.636	0.303
5	0.302	3	8	0.333	0.727	0.394
14	0.348	3	9	0.333	0.818	0.485
17	**0.657**	**3**	**10**	**0.333**	**0.909**	**0.576**[①]
8	0.676	4	10	0.444	0.909	0.465
6	0.719	5	10	0.556	0.909	0.354
10	0.781	6	10	0.667	0.909	0.242
18	0.833	7	10	0.778	0.909	0.131
20	0.877	7	11	0.778	1.000	0.222
9	0.960	8	11	0.889	1.000	0.111
4	0.963	9	11	1.000	1.000	0.000

① 标出了最大距离，即 K-S 统计量。

为阐明 K-S 统计量和 K-S 图是如何为模型性能提供见解的，图 8.14 展示了为邮件分类任务训练的四个不同的预测模型，并在大型测试集上进行了评估。该图包括一张模型预测的 *spam* 得分的直方图、一张模型预测的 *ham* 得分的直方图以及对应的 K-S 图，其中标明了 K-S 统计量。

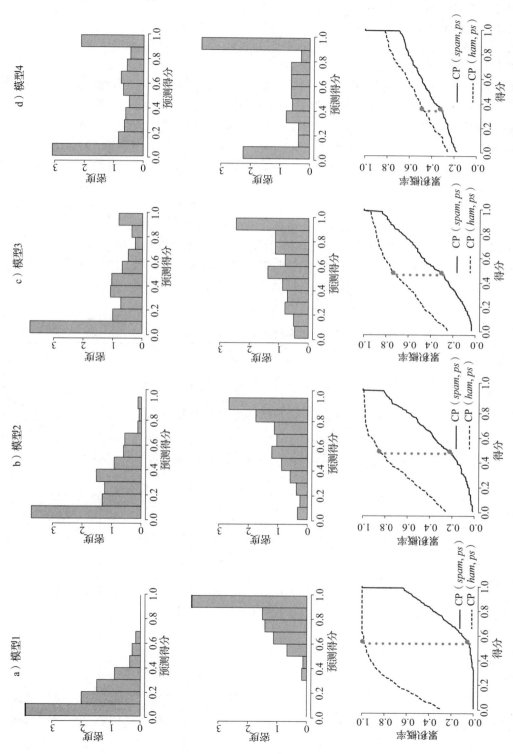

图 8.14　不同模型性能的图表，使用了与生成图 8.12b 的 ROC 曲线相同的大型电子邮件分类测试集。从上到下，每列含有一个模型预测的 *ham* 得分的直方图，一个模型预测的 *spam* 得分的直方图以及对应的 K-S 图

最终的 K-S 统计量分别为 0.940、0.631、0.432 以及 0.164。这些结果表明在分离两个目标级别上，模型 1 比其他模型要强得多。我们可以在得分直方图和 K-S 图中看出这一点，K-S 统计量也很好地刻画了这一点。

8.4.3.3　测量增益和提升

在我们有特别感兴趣的正目标级别的场景（比如垃圾邮件、诈骗交易或对优惠做出回应的客户）中，相比于关注模型分辨两个目标级别的能力来说，模型仅对正级别实例做出预测的能力常常更受重视。虽然这其中的区别很微小，但相比于其他性能度量来说，这种度量可能会引起模型排名的变化。**增益**（gain）和**提升**（lift）（我们还会看到与其相关的性能度量，**累积增益**（cumulative gain）和**累积提升**（cumulative lift），它们也是非常有用的）是关于这方面的两个有用的性能度量。

提升和增益背后的基本假设是，如果要使用性能良好的模型来对测试集中的实例依据预测得分进行降序排列的话，我们会预计到大部分正实例处于排名的前部。增益和提升试图测量模型产生的预测集在多大程度上满足这一假设。

要计算增益和提升，我们首先对模型在测试集上做出的预测的预测得分进行降序排列，并将其分为**十分位**[⊖]（decile）。一个十分位包括数据集中 10% 的数据。表 8.15 展示了十等分后表 8.11 的数据。其中共有 20 个实例，因此每个十分位只包含两个实例。第一个十分位包括实例 9 和 4，第二个十分位包括实例 18 和 20，以此类推。

表 8.15　表 8.11 中模型预测和得分的测试集，被划分为十分位

十分位	ID	目标	预测	得分	结果
第 1	9	*spam*	*spam*	0.960	TP
	4	*spam*	*spam*	0.963	TP
第 2	18	*spam*	*spam*	0.833	TP
	20	*ham*	*spam*	0.877	FP
第 3	6	*spam*	*spam*	0.719	TP
	10	*spam*	*spam*	0.781	TP
第 4	17	*ham*	*spam*	0.657	FP
	8	*spam*	*spam*	0.676	TP
第 5	5	*ham*	*ham*	0.302	TN
	14	*ham*	*ham*	0.348	TN
第 6	16	*ham*	*ham*	0.246	TN
	1	*spam*	*ham*	0.293	FN
第 7	2	*spam*	*ham*	0.184	FN
	3	*ham*	*ham*	0.226	TN
第 8	19	*ham*	*ham*	0.094	TN
	12	*spam*	*ham*	0.160	FN
第 9	15	*ham*	*ham*	0.059	TN
	13	*ham*	*ham*	0.064	TN
第 10	7	*ham*	*ham*	0.001	TN
	11	*ham*	*ham*	0.003	TN

增益是测量一个特定十分位中包括了总测试集中的多少正实例的度量。为此，我们计算

⊖　任意百分位（见 A.1 节）都可以，但十分位最为常见。

每个十分位中有多少正实例（根据已知的目标值），并将其除以测试集中的正实例总数。因此，一个十分位的增益的算法为：

$$\text{gain}(dec) = \frac{\text{十分位 } dec \text{ 中的正测试实例数量}}{\text{正测试实例数量}} \qquad (8.19)$$

其中 *dec* 是特定的十分位。表 8.16 展示了邮件分类测试集中每个十分位的增益是如何计算的。其中显示了每个十分位中正负实例的数量。根据这些数字，使用式（8.19）算出每个十分位的增益（表中还包括了一些其他度量的计算，我们稍后对其进行解释）。

表 8.16　对表 8.11 中数据计算增益、累积增益、提升和累积提升所需的计算结果

十分位	正 (*spam*) 计数	负 (*ham*) 计数	增益	累积增益	提升	累积提升
第 1	2	0	0.222	0.222	2.222	2.222
第 2	1	1	0.111	0.333	1.111	1.667
第 3	2	0	0.222	0.556	0.222	1.852
第 4	1	1	0.111	0.667	1.111	1.667
第 5	0	2	0.000	0.667	0.000	1.333
第 6	1	1	0.111	0.778	1.111	1.296
第 7	1	1	0.111	0.889	1.111	1.270
第 8	1	1	0.111	1.000	1.111	1.250
第 9	0	2	0.000	1.000	0.000	1.111
第 10	0	2	0.000	1.000	0.000	1.000

图 8.15a 绘制了每个十分位的增益来产生**增益图**。我们可以从图中看到，较低的十分位增益较高，其中包括了得分最高的实例。这表明模型的性能相当好。**累积增益**是某个特定十分位及以下的正测试实例数量除以测试集中的总正测试实例数量，即

$$\text{cumulative gain}(dec) = \frac{\text{十分位 } dec \text{ 及以下的正测试实例数量}}{\text{正测试实例数量}} \qquad (8.20)$$

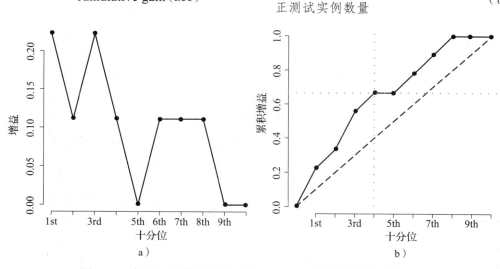

图 8.15　表 8.11 中邮件预测在每个十分位处的增益以及累积增益

电子邮件分类数据集中的每个十分位的累积增益显示在表 8.16 中。图 8.15b 展示了该数据的**累积增益图**。累积增益图便于我们理解在整个测试集的每个十分位处大概有多少正实例。例如，图 8.15b 表明在第 4 个十分位（测试数据中的 40%）处我们已经找出了整个测试

集中的 66.667% 垃圾邮件。这能够证明模型的表现有多好。累积增益图中对角的虚线展示了随机猜测的性能，累积增益线越接近图的左上角，模型的性能越好。

某个特定十分位的**增益**可以理解为模型做出的预测比随机猜测好多少。**提升**更为形式化地刻画了这一点。如果模型的表现并不比随机猜测更好，我们就可以预料到在每个十分位中，正实例的占比与整个数据集中正实例的占比相同。提升告诉我们正实例在十分位 *dec* 中的实际占比比预计占比高多少。因此，在十分位 *dec* 处的提升是正实例在该十分位中的百分比与正实例在总体中的百分比的比值：

$$\text{lift}(dec) = \frac{\text{正测试实例在十分位 } dec \text{ 中的百分比}}{\text{正测试实例的百分比}} \tag{8.21}$$

在邮件分类例子中，整个测试集中正（*spam*）实例的百分比为 $\frac{9}{20} = 0.45$。因此，每个十分位 *dec* 处的提升是 *spam* 实例在该十分位中的百分比除以 0.45。表 8.16 展示了表 8.11 中邮件分类问题预测的每个十分位的提升。如果比较图 8.16a 中预测的提升和图 8.15a 中预测的增益，我们可以看到它们的形状是相同的。对于性能良好的模型来说，提升曲线应当从远高于 1.0 的位置开始，并在较低的十分位上穿过 1.0。提升可以取 $[0, \infty]$ 内的值，值越高说明模型在该十分位的性能越好。

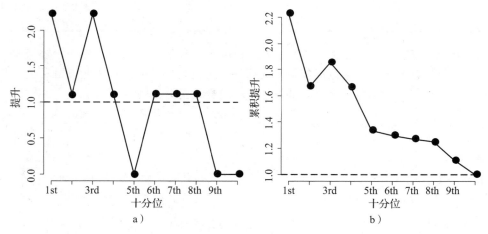

图 8.16   表 8.11 中邮件预测在每个十分位处的提升以及累积提升

我们用与计算累积增益相同的方式来计算累积提升。在十分位处 *dec* 的**累积提升**定义为：

$$\text{cumulative lift}(dec) = \frac{\text{十分位 } dec \text{ 及以下的正实例百分比}}{\text{正测试实例百分比}} \tag{8.22}$$

表 8.16 展示了表 8.11 中邮件分类问题预测的每个十分位的累积提升，这些值被绘制在了图 8.16b 的**累积提升曲线**上。

图 8.17 展示了为四个不同模型对大型邮件分类测试集（与图 8.12b 和图 8.14 的 ROC 图和 K-S 图所用的数据一样）的预测绘制的累积增益、提升和累积提升图（未绘制增益图，因为它与提升图本质上是一样的）。在累积增益图中，我们可以看到对于模型 1，在模型预测的前 40% 中找出了 80% 的垃圾邮件。对于模型 2，我们几乎要到前 50% 的预测中才能找到相同比例的垃圾邮件。而对于模型 3 和 4，我们则需要从分别为前 60% 和前 75% 的预测中寻找。这表明模型 1 最为有效地分辨出了目标级别。

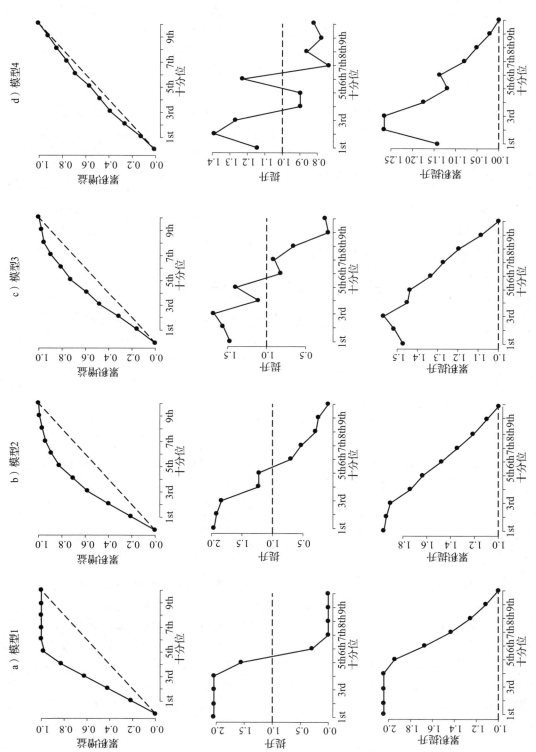

图 8.17　拓展的邮件分类测试集的四个不同模型的累积增益、提升以及累积提升图

累积增益在像**交叉销售**（cross-sell）和**增销**模型这样的**客户关系管理**（Customer Relationship Management，CRM）应用中特别有用。累积增益告诉我们，我们总共需要联系多少客户才能覆盖到可能对促销做出回应的客户中的特定百分比，这在编制客户联络预算时是极为有用的信息。

8.4.4　性能度量：多项目标

前面小节所述的所有性能度量都预设要评估的预测问题仅含有两个目标级别。我们为之构建模型的许多预测问题都是**多项的**，也就是说它们具有多个目标级别。当处理多项预测问题时，我们需要很多不同的性能度量。本节将描述其中最为常见的一些性能度量。我们首先讨论如何拓展混淆矩阵来处理多个目标级别。

如果我们有多个目标级别，那么图 8.2 中所示的混淆矩阵的结构就不再适用于数据了。类似地，正级别和负级别的概念也不再适用了。但我们可以很容易地对混淆矩阵进行拓展来处理多个目标级别，我们只需对每个目标级别增加一行和一列就可以了。表 8.17 展示了多项预测问题的混淆矩阵的结构，其中目标特征具有 *l* 个级别。

表 8.17　具有 *l* 个目标级别的多项预测问题的混淆矩阵的结构

		预测					召回率
		级别 1	级别 2	级别 3	…	级别 *l*	
	级别 1	-	-	-		-	-
	级别 2	-	-	-		-	-
目标	级别 3	-	-	-		-	-
	⋮				⋱		⋮
	级别 *l*	-	-	-		-	-
	精准率	-	-	-	…	-	

在表 8.17 中，我们已经为每个目标级别添加了精准率和召回率度量。多项问题的精准率和召回率的计算与二元问题完全一样。去掉正负级别的概念后，我们有：

$$precision(l) = \frac{\text{TP}(l)}{\text{TP}(l) + \text{FP}(l)} \tag{8.23}$$

$$recall(l) = \frac{\text{TP}(l)}{\text{TP}(l) + \text{FN}(l)} \tag{8.24}$$

其中 TP(*l*) 是被正确预测为目标级别 *l* 的实例的数量，FP(*l*) 是被错误预测为目标级别的实例的数量，FN(*l*) 是本应被预测为级别 *l* 但实际被预测为其他级别的实例数量。

表 8.18 展示了一个多项预测问题的实际目标以及模型预测，该问题使用对样品进行光谱鉴定的结果来确定样品中细菌的物种[○]。在这个例子中，我们试图分辨嗜果糖乳杆菌（*Fructobacillus*）属的四种细菌，即榴莲果糖乳杆菌（*durionis*）、无花果果糖乳杆菌（*ficulneus*）、果糖乳杆菌（*fructosus*）以及假无花果果糖乳杆菌（*pseudoficulneus*，在所有表中都简写为 *pseudo.*）。表 8.19 展示了这些预测对应的混淆矩阵，其中包含了精准率和召回率度量。

[○]　参见 De Bruyne et al.（2011）以了解将机器学习模型用于这一任务的例子。

表 8.18　含有模型预测的细菌物种鉴别测试集样本

ID	目标	预测	ID	目标	预测
1	*durionis*	*fructosus*	16	*ficulneus*	*ficulneus*
2	*ficulneus*	*fructosus*	17	*ficulneus*	*ficulneus*
3	*fructosus*	*fructosus*	18	*fructosus*	*fructosus*
4	*ficulneus*	*ficulneus*	19	*durionis*	*durionis*
5	*durionis*	*durionis*	20	*fructosus*	*fructosus*
6	*pseudo.*	*pseudo.*	21	*fructosus*	*fructosus*
7	*durionis*	*fructosus*	22	*durionis*	*durionis*
8	*ficulneus*	*ficulneus*	23	*fructosus*	*fructosus*
9	*pseudo.*	*pseudo.*	24	*pseudo.*	*fructosus*
10	*pseudo.*	*fructosus*	25	*durionis*	*durionis*
11	*fructosus*	*fructosus*	26	*pseudo.*	*pseudo.*
12	*ficulneus*	*ficulneus*	27	*fructosus*	*fructosus*
13	*durionis*	*durionis*	28	*ficulneus*	*ficulneus*
14	*fructosus*	*fructosus*	29	*fructosus*	*fructosus*
15	*fructosus*	*ficulneus*	30	*fructosus*	*fructosus*

表 8.19　为细菌物种鉴别问题训练的模型的混淆矩阵

		预测				召回率
		durionsi	*ficulneus*	*fructosus*	*psedudo.*	
	durionis	5	0	2	0	0.714
目标	*ficulneus*	0	6	1	0	0.857
	fructosus	0	1	10	0	0.909
	pseduo.	0	0	2	3	0.600
	精准率	1.000	0.857	0.667	1.000	

虽然这个预测集上的总分类准确率为 80%⊖，但每个目标级别的召回得分表明这个模型在四个级别上的性能是不同的：在 *ficulneus* 和 *fructosus* 上的准确率相当高（分别为 85.714% 和 90.909%），而对于 *durionis* 和 *pseudoficulneus* 级别来说准确率则相当低（分别为 71.429% 和 60.000%）。可以对多项问题应用 *average class accuracy*$_{HM}$ 度量，它能够有效地测量性能。使用式（8.12），我们可以计算这个问题的平均分类准确率：

$$\frac{1}{\frac{1}{4}\left(\frac{1}{0.714}+\frac{1}{0.857}+\frac{1}{0.909}+\frac{1}{0.600}\right)}=\frac{1}{1.333}=75.000\%$$

对于多项问题很难使用基于预测得分的度量。虽然也有这样做的例子，但业内尚未对如何在所有情形下最好地应用这些度量达成广泛的共识，所以我们在本书中对此不作深入讨论。

8.4.5　性能度量：连续目标

我们目前所讨论的所有性能度量都关注于具有类别目标的预测问题。当评估为连续目标

⊖　对于具有四个目标级别的预测问题来说，均匀随机猜测的准确率仅为 25%。

构建的预测模型时，我们所具有的选择更少。本节我们将讲述用于连续目标的最流行的性能度量。其基本过程与用于类别目标的度量相同。我们有一个包含我们已经知道其中实例的正确目标值的测试集，还有一个含有模型做出的预测的预测集。我们要测量预测值与正确目标值的匹配有多么准确。

8.4.5.1　误差的基本度量

在 7.2.2 节介绍基于误差的学习时，我们讨论了最常见的对连续目标的性能度量——**误差平方和**的基本概念。模型 $\mathbb{M}$ 产生的预测集的误差平方和函数 L_2 定义为：

$$误差平方和 = \frac{1}{2} \sum_{i=1}^{n} \left(t_i - \mathbb{M}(\mathbf{d}_i) \right)^2 \tag{8.25}$$

其中 $t_1 \cdots t_n$ 是 n 个实际目标值的集合，$\mathbb{M}(d_1) \cdots \mathbb{M}(d_n)$ 是对测试实例 $d_1 \cdots d_n$ 做出的 n 个预测。我们对其稍加改动以给出**均方误差**（Mean Squared Error，MSE）性能度量，它能够刻画测试集的实际目标值和模型预测值的平均差异。**均方误差**性能度量的定义为：

$$均方误差 = \frac{\sum_{i=1}^{n} \left(t_i - \mathbb{M}(\mathbf{d}_i) \right)^2}{n} \tag{8.26}$$

均方误差能够使我们对关于同一个具有连续特征的预测问题的多个模型的性能进行排名。均方误差的值在 $[0, \infty]$ 之间，值越小说明模型性能越好。

表 8.20 展示了一个测试集的实际目标值、两个不同模型（一个多变量线性回归模型和一个 k 近邻模型）的预测值以及这些预测的误差（我们稍后解释其他误差度量）。这个例子中的预测问题是确定为达到特定凝血水平而给患者使用的抗凝血药的用量（以毫克（mg）为单位）。例子中的描述性特征是应有的凝血水平、患者的人口统计学指标以及患者进行过的多项医学检测的结果。医生可以使用这种系统的输出来帮助他们更好地确定用量[⊖]。多变量线性回归模型的均方误差是 1.905，而 k 近邻模型则是 4.394。这表明回归模型能够比最近邻模型更为精确地预测正确的用药量。

表 8.20　抗凝血药物用量预测问题测试集的实际目标值、模型预测值以及根据这些预测产生的误差

ID	目标	线性回归模型		k 近邻模型	
		预测	误差	预测	误差
1	10.502	10.730	0.228	12.240	1.738
2	18.990	17.578	−1.412	21.000	2.010
3	20.000	21.760	1.760	16.973	−3.027
4	6.883	7.001	0.118	7.543	0.660
5	5.351	5.244	−0.107	8.383	3.032
6	11.120	10.842	−0.278	10.228	−0.892
7	11.420	10.913	−0.507	12.921	1.500
8	4.836	7.401	2.565	7.588	2.752
9	8.177	8.227	0.050	9.277	1.100
10	19.009	16.667	−2.341	21.000	1.991
11	13.282	14.424	1.142	15.496	2.214
12	8.689	9.874	1.185	5.724	−2.965
13	18.050	19.503	1.453	16.449	−1.601

⊖　构建机器学习模型来预测药物用量的一个很好的例子可以在 Mac Namee et al.（2002）中找到。

（续）

ID	目标	线性回归模型		k 近邻模型	
		预测	误差	预测	误差
14	5.388	7.020	1.632	6.640	1.252
15	10.646	10.358	−0.288	5.840	−4.805
16	19.612	16.219	−3.393	18.965	−0.646
17	10.576	10.680	0.104	8.941	−1.634
18	12.934	14.337	1.403	12.484	−0.451
19	10.492	10.366	−0.126	13.021	2.529
20	13.439	14.035	0.596	10.920	−2.519
21	9.849	9.821	−0.029	9.920	0.071
22	18.045	16.639	−1.406	18.526	0.482
23	6.413	7.225	0.813	7.719	1.307
24	9.522	9.565	0.043	8.934	−0.588
25	12.083	13.048	0.965	11.241	−0.842
26	10.104	10.085	−0.020	10.010	−0.095
27	8.924	9.048	0.124	8.157	−0.767
28	10.636	10.876	0.239	13.409	2.773
29	5.457	4.080	−1.376	9.684	4.228
30	3.538	7.090	3.551	5.553	2.014
	MSE		1.905		4.394
	RMSE		1.380		2.096
	MAE		0.975		1.750
	R^2		0.889		0.776

　　均方误差常被人诟病的一点是，虽然它可以有效地对模型进行排名，但均方误差本身对于模型所应用的场景来说并不是特别有意义。例如，在药物用量预测问题中，我们不能根据均方误差值判断模型产生了多少毫克的误差。这是因为在均方误差的计算中使用了平方项，但这一问题可以用**均方根误差**（Root Mean Squared Error，RMSE）来轻松解决。模型在测试集上产生的预测集的**均方根误差**的计算为：

$$均方根误差 = \sqrt{\frac{\sum_{i=1}^{n}\left(t_i - \mathbb{M}(\mathbf{d}_i)\right)^2}{n}} \tag{8.27}$$

其中各项的含义与前述相同。均方根误差的值与目标值的单位相同，因此使我们能够对模型做出的预测的误差进行更有意义的判断。例如，对于药物用量预测问题来说，回归模型的均方根误差为 1.380，最近邻模型为 2.096。这意味着我们可以预计回归模型做出的预测平均有 1.38mg 的误差，而最近邻模型做出的预测平均看来则有 2.096mg 的误差。

　　由于引入了平方项，均方根误差倾向于略微高估误差，因为它过于强调单个较大的误差。解决这一问题的一种度量是**平均绝对误差**（Mean Absolute Error，MAE），它不包含平方项[○]。平均绝对误差的计算方法为：

$$平均绝对误差 = \frac{\sum_{i=1}^{n}\text{abs}\left(t_i - \mathbb{M}(\mathbf{d}_i)\right)}{n} \tag{8.28}$$

　　○　这与 5.2.2 节所述的欧氏距离和曼哈顿距离的区别很类似。

其中各项的含义与前述相同，abs 是绝对值。平均绝对误差的值的范围为 $[0, \infty]$，值越小说明模型性能越好。

对于表 8.20 中的药物用量预测来说，回归模型的平均绝对误差为 0.975，最近邻模型为 1.750。平均绝对误差与预测值的单位相同，因此我们可以说，根据平均绝对误差，我们可以预计回归模型每个预测的误差约为 0.975mg，最近邻模型则为 1.750mg。这与使用均方根误差算出的结果没有很大区别。与我们在计算平均分类准确率中使用调和平均数而非算术平均数一样，我们也建议使用均方根误差而非平均绝对误差，因为在估计模型性能时还是悲观一些比较好。

8.4.5.2　领域无关误差度量

均方根误差和平均绝对误差与目标特征本身的单位相同这一事实很具有吸引力，因为它能够得出模型性能的非常直观的度量——例如，模型预测的用药量通常有 1.38mg 的误差。而其缺点则是，如果缺乏对一个领域的深入了解的话，这些度量本身并不足以准确评价模型做出的预测是否准确。例如，在不了解用药量预测这一领域的情况下，我们如何能判断一个均方根误差为 1.38mg 的用药量预测模型确实做出了准确的预测？要做出这些判断，使用归一化的、领域无关的模型性能度量是很有必要的。

R^2 系数是模型性能的领域无关度量，常常用于具有连续目标的预测问题。R^2 系数将模型在测试集上的性能与总是预测测试集的平均值的假想模型进行比较。R^2 系数的计算为：

$$R^2 = 1 - \frac{误差平方和}{总平方和} \tag{8.29}$$

其中**误差平方和**使用式（8.25）算出，而**总平方和**（total sum of square）则由下式得出[⊖]：

$$总平方和 = \frac{1}{2}\sum_{i=1}^{n}(t_i - \overline{t})^2 \tag{8.30}$$

R^2 系数的值的范围为 $[0, 1)$，值越大表明模型性能越好。对 R^2 系数的一种理解是目标特征的值中可以用模型的描述性特征进行解释的部分。

表 8.20 给出的用药量预测测试集的平均目标值是 11.132。使用这一数值算出的回归模型的 R^2 系数为 0.889，而最近邻模型则为 0.776。这与均方根误差得出的模型排名一样，也就是说，回归模型在这一任务上的表现比最近邻模型好。而总的来说，R^2 系数的优点是它能让我们对模型性能进行领域无关的评价。

8.4.6　评估部署后的模型

预测模型所基于的假设是在训练数据中学习到的模式与模型将来所要见到的未知实例相关。而数据与世界上的所有其他事物一样，不是一成不变的。人会衰老，通货膨胀会推高工资，垃圾邮件的内容会改变，人们使用科技的方式也在改变。这一现象常被称为**概念漂移**。概念漂移意味着我们构建的几乎所有预测模型都会在某个时候**过时**（stale），它们学习到的描述性特征和目标特征间的关系也不再适用。模型部署后，我们实施**持续模型验证**（on-going model validation）计划来监控模型以找出模型开始过时的时间点，这是非常重要的。如果能找到这个时间点，那么我们就可以进行适当的应对。

⊖ 与式（7.4）一样，总平方和的 $\frac{1}{2}$ 项是为了抵消计算误差平方和时引入的、便于求导后计算的 $\frac{1}{2}$ 项。如果不在误差平方和的计算中使用该项，则总平方和的计算也不加入这一项。——译者注

要监视模型的持续性能，我们需要一个表明事情已发生变化的信号。我们可以从三个源头来提取这种信号：

- 使用合适的性能度量测得的模型性能；
- 模型输出的分布；
- 提供给模型的查询实例中的描述性特征的分布。

一旦信号发现概念漂移已经发生而且模型已经过时，我们就需要纠正措施。这一纠正措施的特性依赖于具体应用场景以及所使用的模型的类型。但在大多数情况下，纠正措施涉及搜集新的有标签数据集并使用这一新数据集重新开始模型构建过程。 |447|

8.4.6.1　监控性能度量的变化

获取概念漂移已经发生的信号的最简单方式是使用在部署前评估模型所使用的性能度量来反复评估模型。我们可以计算部署后模型的性能度量，并将其与模型部署前评估的性能进行比较。如果模型的性能发生明显变化，则强烈地表明已经发生了概念漂移，并且模型已经过时。例如，如果我们在留出测试集上使用了均方根误差来评估模型部署前的性能，那么我们可以在模型部署后的一段时间内收集提供给模型的所有查询实例，并在获取其真实目标特征值后计算在这个新查询实例集上的均方根误差。均方根误差发生较大变化表明模型已经过时。使用这种方法检测模型是否过时的缺点是，估计多大的误差变化能够表明模型已经过时完全依赖于对应的领域[⊖]。

虽然监控模型性能的变化是最简单的表明模型是否已经过时的方法，但这一方法却做出了一个很强的假设，即我们能在查询被提供给模型后不久便获取到查询实例的正确目标值。这适用于许多场景，例如，对于客户流失模型来说，客户会流失或不流失，而对于信用评分模型来说，客户会偿还或拖欠贷款。但在更多的场景中，目标特征的正确值要么永远无法获取，要么不能在持续模型验证需要这些值之前获取。这些情况下，这种持续模型验证的方法就完全不能使用了。

8.4.6.2　监控模型输出分布的变化

除了使用模型性能的改变之外，也可以使用模型输出的分布变化作为概念漂移的信号。如果先前做出 80% 正预测的模型突然开始仅做出 20% 的正预测，我们就可以认为发生概念漂移并且模型有很大的可能性已经过时。为了对分布进行比较，我们测量模型在最开始用于 |448|
评估它的测试集上的输出的分布，然后在模型部署后的某个时期收集到的新实例集上重复这些测量。随后我们使用适当的度量来计算模型在部署后产生的分布和原始分布之间的差异。其中最为常用的度量之一是**稳定性指数**（stability index）。稳定性指数的计算为：

$$稳定性指数 = \sum_{l \in \text{levels}(t)} \left(\left(\frac{|\mathcal{A}_{t=l}|}{|\mathcal{A}|} - \frac{|\mathcal{B}_{t=l}|}{|\mathcal{B}|} \right) \times \log_e \left(\frac{|\mathcal{A}_{t=l}|}{|\mathcal{A}|} \Big/ \frac{|\mathcal{B}_{t=l}|}{|\mathcal{B}|} \right) \right) \qquad (8.31)$$

其中 $|\mathcal{A}|$ 是原始性能度量的测试集的大小，$|\mathcal{A}_{t=l}|$ 是模型在原始测试集上将实例的目标 t 预测为 l 的实例数量。对应地，$|\mathcal{B}|$ 和 $|\mathcal{B}_{t=l}|$ 是模型在新收集的数据集上将实例的目标 t 预测为 l 的实例数量，$\log_e$ 是**自然对数**[⊖]（natural logirithm）。总的来说，

- 如果稳定性指数的值小于 0.1，则新收集的测试集的分布大体上与原始测试集的分布相似。
- 如果稳定性指数的值介于 0.1 和 0.25 之间，则数据已经出现了一些变化，我们可能需

⊖　像西电规则（Western Electric rule）这样在过程工程中广泛使用的系统（Montgomery, 2004）在这方面非常有用。

⊖　数值 a 的自然对数 $\log_e(a)$ 是 a 以 e 为底的对数，其中 e 是欧拉数（Euler's number），约等于 2.718。

要进行进一步调查。

● 稳定性指数大于 0.25 说明数据已经出现了重大变化，需要对模型采取纠正措施。

表 8.21 展示了如何使用基于表 8.18 的细菌物种鉴定问题来对两个部署后的模型在不同时间收集的不同的查询实例集计算稳定性指数。对于原始测试集和分别称为新样本 1 和新样本 2 的两个新测试集，表中给出了每个目标值的数量和百分比（注意，因为我们使用了相对分布，所以测试集的大小不需要相同）。原始基准频率基于表 8.18 的预测，并在图 8.18a 中进行了可视化。

表 8.21   为细菌物种鉴定问题中模型部署后两个不同时期的新测试集计算稳定性指数

	原始数据		新样本 1			新样本 2		
目标	数量	%	数量	%	SI_t	数量	%	SI_t
durionis	7	0.233	12	0.267	0.004	12	0.200	0.005
ficulneus	7	0.233	8	0.178	0.015	9	0.150	0.037
fructosus	11	0.367	16	0.356	0.000	14	0.233	0.060
pseudo.	5	0.167	9	0.200	0.006	25	0.417	0.229
合计	30		45		0.026	60		0.331

注：原始测试集和两个部署后样本的每个目标级别的频率和百分比显示在表中。标为 SI_t 的列显示了根据式（8.31）求得的不同部分的稳定性指数项及其总和。

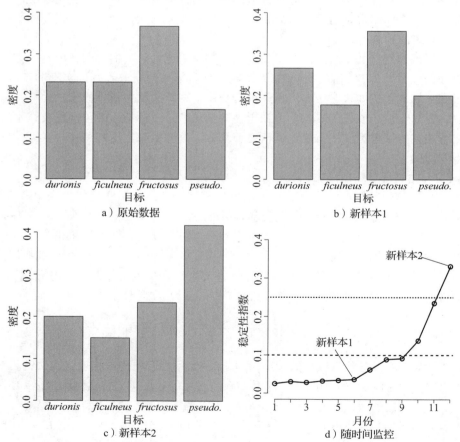

图 8.18   为细菌物种鉴定问题训练的模型对原始评估测试集（a）以及两个模型部署后的时期（b 和 c）产生的预测的分布；d 则显示了随时间跟踪稳定性指数来监控概念漂移的曲线

图 8.18b 和图 8.18c 展示了模型部署后两段时间内的目标级别分布，我们可以对其计算

稳定性指数。这些条形图表明新样本 1 的目标级别分布与原始测试集类似，而新样本 2 的目标级别分布则与原始测试集相去甚远。在表 8.21 中用式（8.31）算出的稳定性指数可以反映出这一点。例如，对于新样本 1 来说，其稳定性指数是：

$$
\begin{aligned}
\text{稳定性指数} =& \left(\frac{7}{30}-\frac{12}{45}\right)\times\log_e\left(\frac{7}{30}\Big/\frac{12}{45}\right) \\
&+\left(\frac{7}{30}-\frac{8}{45}\right)\times\log_e\left(\frac{7}{30}\Big/\frac{8}{45}\right) \\
&+\left(\frac{11}{30}-\frac{16}{45}\right)\times\log_e\left(\frac{11}{30}\Big/\frac{16}{45}\right) \\
&+\left(\frac{5}{30}-\frac{9}{45}\right)\times\log_e\left(\frac{5}{30}\Big/\frac{9}{45}\right)=0.026
\end{aligned}
$$

其中对应的实例数量来自于表 8.21。用同样方式计算的新样本 2 的稳定性指数是 0.331。这意味着在收集新样本 1 的时候，模型的输出与模型起初评估时的分布几乎完全相同，而当收集新样本 2 的时候，模型输出的分布发生了显著变化。

要监视模型中出现了概念漂移，持续跟踪稳定性指数是非常重要的。图 8.18d 展示了细菌物种鉴定问题中如何在模型部署后的十二个月内每月追踪稳定性指数。短虚线表示稳定性指数的值为 0.1，高于这个值就需要密切监视模型。而长虚线则代表稳定性指数为 0.25，如果高于这个值我们建议采取纠正措施。

450
～
451

稳定性指数可以同时用于类别和连续目标。当模型预测连续目标时，目标区间被分箱，使用装有值的箱子来计算值的分布。十等分在这一任务中最为常见。实际上对于预测二元类别目标特征的模型也可以进行相同的操作，我们可以将其预测得分十等分。稳定性指数只是测量两个不同分布的差异的度量之一，还有许多其他选项供我们使用。例如，对于类别目标来说，也常使用 χ^2 统计量，而对于连续目标来说，也可使用 K-S 统计量。

像稳定性指数这样的基于比较模型输出分布的评估方法的优点是它们不需要在做出预测后很快就得到查询实例的真实目标。其缺点则是这类度量并不直接测量模型的性能，因此稳定性指数较高可能反映出的是潜在总体的变化，而非模型性能的变化。因此，仅依靠稳定性指数可能会导致对模型进行不必要的重建。

8.4.6.3　监控描述性特征分布的变化

与我们可以在模型构建并部署后比较模型在不同时间段的输出的分布一样，我们也可以对模型所使用的描述性特征的分布进行相同的比较。我们可以使用能够刻画两个不同分布的差异的任何合适的度量，包括稳定性指数、χ^2 统计量以及 K-S 统计量。

但这里有一个难点，因为通常需要为大量描述性特征计算并追踪其度量。而且，在多个特征的模型中，单个描述性特征的分布变化不太可能对模型性能造成较大影响。因此，除非模型使用的描述性特征的数量非常少（大概小于 10 个），否则我们并不推荐这种方法。但测量描述性特征的分布差异对于理解模型过时的原因来说非常有用。因此，我们建议如果模型被性能度量监控或输出分布监控认定为已经过时，那么我们就应当将模型构建时的描述性特征分布和模型过时时的描述性特征分布进行比较，来帮助我们理解发生变化的因素。这些信息有助于重建模型来解决模型过时的问题。

452

8.4.6.4　使用控制组进行对照实验

在本章开头，我们强调了在评估模型时，不仅要重视模型的预测力，也要考虑到模型在将要部署到的任务中的适用性。作为这种广义的评估的一部分，使用含有**控制组**（control group）的**对照实验**（comparative experiment）非常有效。读过关于医学试验的文章的读者可能对控制组的概念比较熟悉。要试验一种新药，医生通常会组织一群患有该药所应治疗的疾病的患者。在试验中，一半的患者，即**实验组**（treatment group），被给予这种新药，而另外一半，即控制组，被给予**安慰剂**（placebo，本质上是一种没有实际治疗效果的假药）。患者对于他们被分配到哪个组并不知情（因此需要安慰剂）。只要实验组和控制组能够代表其样本总体，那么在试验结束时，进行试验的医生就可以确信他们在实验组的患者身上看到，但没有在控制组中看到的好转情况是由于这种新药的作用。

我们可以采用完全一样的思路来评估预测模型的影响。此处要重点注意的是我们使用控制组并不是为了评估模型本身的预测力，而是为了评估它们部署后能在多大程度上解决商业问题。如果开发了一个用于特定商业业务的预测模型，那么我们可以同时在有该模型的情况下（即实验组）和没有该模型的情况下（即控制组）并行执行这个业务，来评估使用预测模型在多大程度上改善了这项商业业务。

考虑一个例子：移动通信运营商构建了一个客户流失预测模型来解决客户转投其他通信网络的问题。公司想评估模型能在多大程度上解决这一流失问题。在流失模型投入使用前，公司每周从其客户群中随机选择 1000 名客户，并让公司客户联络中心呼叫这些客户来讨论他们对网络性能的满意程度，进而为其诉求提供帮助。这就假设了这样的通话能够鼓励正在考虑切换到其他运营商网络的客户留在当前网络中。我们用流失模型取代了对客户的随机选择，它为公司客户群中的每名客户分配一个流失风险得分，并选择 1000 名流失风险得分最高的客户来接听客户联络中心的电话。其他流程与前述相同。

为了评估该模型在公司客户流失问题中的作用，公司进行了对照实验。公司的所有客户被随机分为两组，即实验组和对照组——每组大约包括 400 000 名客户。公司对实验组的客户使用预测模型，以决定联络哪名客户来讨论满意度问题。对控制组的客户则使用随机选择程序。这两种方法同时实行十二周，这段时间过后，公司测量每组客户中分别有多少人转投另一家运营商。表 8.22 展示了在这十二周的试验中每组客户的流失数量，以及对应的平均值和标准差。这些数字表明，平均来说，使用流失预测模型选择进行呼叫的用户后，流失的客户更少了。这不仅告诉我们关于流失预测模型的准确度，更重要的是，使用这个模型确实在公司试图解决的商业问题中产生了作用⊖。

表 8.22   在对照实验中控制组（随机选择）和实验组（模型选择）每周离开移动通信网络运营商的客户数量

周	控制组（随机选择）	实验组（模型选择）
1	21	23
2	18	15
3	28	18
4	19	20
5	18	15
6	17	17
7	23	18
8	24	20
9	19	18

⊖ 形式化地检验其**统计显著性**就可以轻易地巩固这一结论。

（续）

周	控制组（随机选择）	实验组（模型选择）
10	20	19
11	18	13
12	21	16
平均值	20.500	17.667
标准差	3.177	2.708

为了在评估中使用控制组，我们需要能够将总体划为两个组，并行执行两个版本的商业业务，并准确测量这一商业业务的业绩。因此，使用控制组并不适用于所有场景，但在它适用的时候，它能够为我们的评估提供一个新的维度，即不仅考虑到模型进行预测的性能，也考虑到预测模型能在多大程度上解决最初的商业问题。

8.5　总结

本章讲述了很多评估预测模型性能的方法。对特定的问题选择正确的性能度量依赖于将这个预测问题的特点（例如，连续或类别）、数据集特性（例如，平衡或不平衡）以及应用需求（例如，医疗诊断或营销响应预测）结合起来。最后一点很有趣，因为有时特定的性能度量在某些行业内非常流行，很多情况下这会影响到对性能度量的选择。例如，在金融信用评分中，几乎总是使用**基尼系数**来评估模型性能。

对于在选择合适的性能度量时遇到困难的人来说，在没有更多相关信息的情况下，我们推荐：

- 对类别预测问题使用基于**调和平均数**的**平均分类准确率**。
- 对连续预测问题使用 R^2 系数。

进行评估实验有许多不同的方法，如 8.4.1 节所述。选择使用哪一个方法取决于有多少可用数据。下面的经验法则可能会有用（尽管"每个场景都有所不同"这条老生常谈的忠告在此仍然适用）。在数据集非常小的情况下（大约小于 300 个实例），自助法比交叉验证法好。交叉验证总体来说很好，除非数据集非常大，此时**幸运划分**的可能性变得非常低，因此可以使用留出方法。与所有事情一样，实验设计中要考虑应用特有的因素——例如，**从时间采样**在时间维度非常重要的场景中是一个很好的选择。

454
∼
455

8.6　延伸阅读

机器学习模型的评估仍是活跃的研究课题，有大量文献对本章讨论过的所有问题进行研究。Japkowicz and Shah（2011）对关于评估类别预测模型的问题进行了详细的讨论。David Hand 也针对不同性能度量的适用性进行了大量讨论，非常值得一读。例如，Hand and Anagnostopoulos（2013）讨论了使用 ROC 指数的问题。

Japkowicz and Shah（2011）也讨论了用统计显著性检验来比较多个模型性能的问题。Demsar（2006）则总述了多个建模类型的比较，已经成为机器学习界众多讨论的基础。这是对比较不同机器学习算法的总体能力感兴趣的机器学习研究者更为关心的话题。不过，在大多数预测分析项目中，我们的重点是确定针对某个问题的最佳模型。

模型评估实验的设计是实验设计这一更大的学科的技术应用。实验设计在制造业等其他领域中有大量应用。Montgomery（2012）是这一话题的优秀参考文献，很值得一读。

最后，R 编程语言的 ROCR 包（Sing et al., 2005）包含了大量评估度量方法，以供对使
456 用不同评估度量进行实验有兴趣的读者参考。

8.7 习题

1. 下表显示了模型在测试集上为类别目标特征做出的预测。根据这个测试集，计算下列评估度量。

ID	目标	预测	ID	目标	预测	ID	目标	预测
1	*false*	*false*	8	*true*	*true*	15	*false*	*false*
2	*false*	*false*	9	*false*	*false*	16	*false*	*false*
3	*false*	*false*	10	*false*	*false*	17	*true*	*false*
4	*false*	*false*	11	*false*	*false*	18	*true*	*true*
5	*true*	*true*	12	*true*	*true*	19	*true*	*true*
6	*false*	*false*	13	*false*	*false*	20	*true*	*true*
7	*true*	*true*	14	*true*	*true*			

a. 混淆矩阵和误分类率

b. 平均分类准确率

c. 精准率、召回率和 F_1 度量

2. 下表显示了两个不同的预测模型为测试集做出的连续目标特征预测。

ID	目标	模型 1 预测	模型 2 预测	ID	目标	模型 1 预测	模型 2 预测
1	2623	2664	2691	16	2570	2577	2612
2	2423	2436	2367	17	2528	2510	2557
3	2423	2399	2412	18	2342	2381	2421
4	2448	2447	2440	19	2456	2452	2393
5	2762	2847	2693	20	2451	2437	2479
6	2435	2411	2493	21	2296	2307	2290
7	2519	2516	2598	22	2405	2355	2490
8	2772	2870	2814	23	2389	2418	2346
9	2601	2586	2583	24	2629	2582	2647
10	2422	2414	2485	25	2584	2564	2546
11	2349	2407	2472	26	2658	2662	2759
12	2515	2505	2584	27	2482	2492	2463
13	2548	2581	2604	28	2471	2478	2403
14	2281	2277	2309	29	2605	2620	2645
15	2295	2280	2296	30	2442	2445	2478

457

a. 根据这些预测，计算每个模型的下列评估度量。

i. 误差平方和

ii. R^2 度量

b. 根据算出的评估度量，你认为哪个模型在这个数据集上的表现更好？

*3. 一家信用卡发行机构建了两个预测客户拖欠贷款倾向的信用评分模型。第一个模型在测试集上的

输出显示于下表。

D	目标	得分	预测	ID	目标	得分	预测
1	bad	0.634	bad	16	good	0.072	good
2	bad	0.782	bad	17	bad	0.567	bad
3	good	0.464	good	18	bad	0.738	bad
4	bad	0.593	bad	19	bad	0.325	good
5	bad	0.827	bad	20	bad	0.863	bad
6	bad	0.815	bad	21	bad	0.625	bad
7	bad	0.855	bad	22	good	0.119	good
8	good	0.500	good	23	bad	0.995	bad
9	bad	0.600	bad	24	bad	0.958	bad
10	bad	0.803	bad	25	bad	0.726	bad
11	bad	0.976	bad	26	good	0.117	good
12	good	0.504	bad	27	good	0.295	good
13	good	0.303	good	28	good	0.064	good
14	good	0.391	good	29	good	0.141	good
15	good	0.238	good	30	good	0.670	bad

第二个模型在相同测试集上的输出显示于下表。

458

ID	目标	得分	预测	ID	目标	得分	预测
1	bad	0.230	bad	16	good	0.421	bad
2	bad	0.859	good	17	bad	0.842	good
3	good	0.154	bad	18	bad	0.891	good
4	bad	0.325	bad	19	bad	0.480	bad
5	bad	0.952	good	20	bad	0.340	bad
6	bad	0.900	good	21	bad	0.962	good
7	bad	0.501	good	22	good	0.238	bad
8	good	0.650	good	23	bad	0.362	bad
9	bad	0.940	good	24	bad	0.848	good
10	bad	0.806	good	25	bad	0.915	good
11	bad	0.507	good	26	good	0.096	bad
12	good	0.251	bad	27	good	0.319	bad
13	good	0.597	good	28	good	0.740	good
14	good	0.376	bad	29	good	0.211	bad
15	good	0.285	bad	30	good	0.152	bad

根据这些模型的预测，完成如下的任务来比较其性能。

a. 下图显示了每个模型的 ROC 曲线。每条曲线都有一个缺失点。

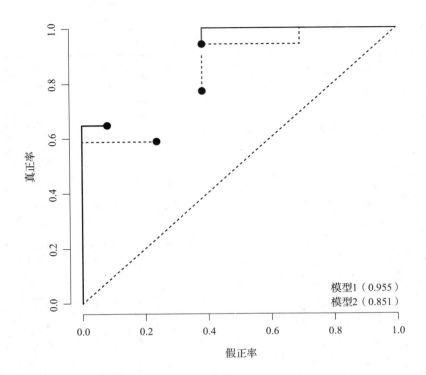

模型1（0.955）
模型2（0.851）

计算 ROC 曲线上模型 1 和模型 2 的缺失点。使用阈值 0.51 为模型 1 生成该点，使用阈值 0.43 为模型 2 生成该点。

b. 模型 1 的 **ROC 曲线下面积**（AUC）为 0.955，模型 2 为 0.851。哪个模型性能最好？

c. 根据模型 1 和模型 2 的 AUC 值，计算每个模型的**基尼系数**。

4. 一家连锁零售超市构建了一个识别客户身份是单身（*single*）、商务（*business*）还是家庭（*family*）的预测模型。部署后，连锁超市的分析团队使用**稳定性指数**来监控模型的性能。下表展示了针对构建模型时的原始验证数据集、部署后一个月的数据集、部署后第七个月的数据集来预测三个不同级别的频率。

目标	原始样本	第 1 个新样本	第 2 个新样本
single	123	252	561
business	157	324	221
family	163	372	827

这三组预测频率的条形图显示于下图。

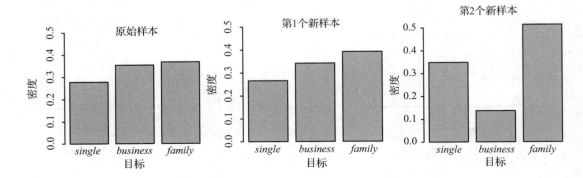

计算这两个新时期的**稳定性指数**，并确定模型在每个时间点是否应当重新训练。

*5. 解释使用单个准确度数值测量预测模型性能会产生的问题。

*6. 一家为慈善机构工作的营销公司开发了两个不同的预测捐赠者对要求他们进行特别额外捐赠的邮寄广告做出回应的可能性的模型。这两个模型在测试集上的预测得分如下表所示。

ID	目标	模型1得分	模型2得分	ID	目标	模型1得分	模型2得分
1	*false*	0.1026	0.2089	16	*true*	0.7165	0.4569
2	*false*	0.2937	0.0080	17	*true*	0.7677	0.8086
3	*true*	0.5120	0.8378	18	*false*	0.4468	0.1458
4	*true*	0.8645	0.7160	19	*false*	0.2176	0.5809
5	*false*	0.1987	0.1891	20	*false*	0.9800	0.5783
6	*true*	0.7600	0.9398	21	*true*	0.6562	0.7843
7	*true*	0.7519	0.9800	22	*true*	0.9693	0.9521
8	*true*	0.2994	0.8578	23	*false*	0.0275	0.0377
9	*false*	0.0552	0.1560	24	*true*	0.7047	0.4708
10	*false*	0.9231	0.5600	25	*false*	0.3711	0.2846
11	*true*	0.7563	0.9062	26	*false*	0.4440	0.1100
12	*true*	0.5664	0.7301	27	*true*	0.5440	0.3562
13	*true*	0.2872	0.8764	28	*true*	0.5713	0.9200
14	*true*	0.9326	0.9274	29	*false*	0.3757	0.0895
15	*false*	0.0651	0.2992	30	*true*	0.8224	0.8614

a. 使用分类阈值0.5，假设*true*为正目标级别，构建每个模型的**混淆矩阵**。

b. 计算每个模型的分类准确率和**平均分类准确率**（使用**算术平均数**）。

c. 根据平均分类准确率度量，哪个模型在这一任务上表现最好？

d. 生成每个模型的**累积增益图**。

e. 构建模型的慈善机构通常只能拿出向其联系人列表中的前20%邮寄广告的费用。根据前面小题生成的累积增益图，你认为对于这家慈善机构来说，是模型1的表现好还是模型2的表现好？

*7. 你要为一家给汽车生产电子部件的工厂的线上质保构建预测模型。这个系统将集成在工厂的生产线上，用于根据一系列检测结果确定一个部件是否达到可接受的质量标准。预测主体是一个部件，描述性特征是可以在生产线上收集到的该部件的一系列特征。目标特征是二元的，将部件标为好（*good*）或者差（*bad*）。

这个系统无论如何都不能减缓生产线的生产速度，并且要能尽可能地最小化缺陷部件被系统通过的概率。而且，当系统犯错时，需要系统能够立刻使用产生这个错误的实例来进行重新训练。当产生错误时，生产线操作员最好可以查询模型来了解为何它会做出导致错误的预测。已有标注过的大型历史数据集可用于训练这个系统。

a. 讨论在评估这个系统中使用的不同机器学习方法的适用性时所需考虑的不同问题。

b. 就这个任务来讨论决策树、*k*近邻、朴素贝叶斯和对数几率回归模型的适用性。你认为哪个是最合适的？

第 9 章

案例研究：客户流失

客户是唯一的老板。他只需到别处花钱，就能开除公司里从主席到员工的所有人。

——山姆·沃尔顿

极致通信（AcmeTelephonica，AT）是一家移动通信运营商，其客户遍布美国各州。像所有其他电信公司一样，AT 面临着客户**流失**（churn）的难题——客户离开 AT 转投另一家移动运营商。AT 一直在寻找解决流失问题的新方法，并在 2008 年成立了**客户挽留**(customer retention) 团队。客户挽留团队监控每名客户对 AT 客户支持中心的呼叫次数，并将进行了大量呼叫的客户认定为具有流失风险。客户挽留中心联系这些客户，并提供特别优惠来鼓励他们留在 AT。但这个方法并没有显示出其成功性，过去五年当中客户流失一直在稳定增长。

在 2010 年，AT 雇用了预测数据分析专家罗斯来采用新方法减少客户流失。这一案例研究描述了罗斯为这一商业问题开发预测数据分析解决方案而对 AT 应用 CRISP-DM 流程[⊖]时所进行的工作。本章余下部分将讨论项目中如何处理 CRISP-DM 流程的每个阶段。

9.1 商业理解

如同在大多数预测数据分析项目中一样，AT 没有将非常明确的预测分析解决方案呈现给罗斯。公司只是将商业问题呈现给他，即减少客户流失。因此，罗斯的第一个目标是将这一商业问题转换为实际的分析解决方案。在尝试这种转换之前，罗斯必须完全理解 AT 的商业目标。这相当容易，因为 AT 的管理层已经说明了他们的目标是降低客户流失率。唯一没有明确的因素是公司期望的降低程度。根据他先前参与过的项目、AT 当前的客户挽留方法以及 AT 的历史数据，罗斯与 AT 管理层一致认为，从当前高达约 10% 的流失率降低到约 7.5% 是现实可行的。罗斯也向管理层强调，在实际检查数据之前，他不确定他能够构建的模型用处有多大。

罗斯的下一个任务是全面评估 AT 的当前状况。特别是，罗斯需要理解公司当前的分析能力以及公司是否愿意根据分析解决方案提供的见解来采取行动。AT 已经积极地建立了客户挽留团队，通过进行干预来努力减少客户流失。而且，这个团队已经在使用组织内的数据来选择针对哪名客户进行干预，这表明团队成员已经准备好使用预测数据分析模型。

为了理解客户挽留团队的工作方式，罗斯花了大量时间同凯特会面。凯特是客户挽留团队的领导。凯特解释称，在每月月底，会生成一份记录有过去两个月内给 AT 客户支持服务拨打电话超过三次的客户的呼叫名单。这些客户被认为在下个月具有流失风险，因此客户挽留团队开始联络他们来提供特别优惠。通常，这份优惠是在未来三个月中降低电话资费，但挽留团队成员可以自由选择其他优惠。

罗斯也同 AT 的首席技术官（CTO）格蕾丝进行了沟通，以了解可供使用的数据源。罗斯了解到，AT 拥有相当完善的交易系统，用于记录最近的通话活动以及付款信息。历史呼

⊖ 参见 1.5 节。

叫、付款记录以及客户人口学信息存储在数据仓库中。格蕾丝在开发将客户支持联络人信息提供给客户挽留团队的程序中扮演了重要的角色。罗斯希望这能使他的任务更加轻松一些，因为格蕾丝是 AT 所有数据源的主要负责人，取得她对项目的支持非常重要。罗斯花了许多时间访问公司的其他部门，包括公司的开单部门、销售和市场团队以及网络管理团队。

　　在项目的早期，罗斯有意识地拓展他的**环境流畅性**。他在与 AT 管理团队、凯特以及格蕾丝的讨论中学到了许多关于移动通信行业的知识。AT 的基本业务结构，是客户与 AT 签订由 AT 提供呼叫服务的合同。这些合同没有固定的期限，并且本质上都是每月更新的，更新时间是当客户为这个月支付固定的**重复性费用**（recurring charge）的时候。支付重复性费用让用户有权使用含有通话分钟数的**套餐**（bundle），其费用低于标准通话资费。支付不同重复性费用的客户会收到含有不同通话分钟数的套餐。当用户用光了他套餐内的分钟数后，产生的呼叫时间被称为**套餐外分钟数**（over bundle minute）。这会比客户套餐内的通话费用贵一些。在 AT 中，所用通话被分为**高峰时通话**（peak time call）和**非高峰时通话**（off-peak time call）。高峰时间为周一到周五的 08:00 到 18:00，高峰时的呼叫比非高峰时的呼叫贵。 464

　　根据他对 AT 内部当前状况的评估，罗斯列出了预测分析能够帮助解决 AT 客户流失问题的几种方式。这包括找出下列问题的答案：

- **一名客户在生命周期内的总价值是多少？**可以构建模型来预测 AT 可能能够从一名特定客户的客户生命周期中得到的总价值。这可以用于找出目前看起来不是很有价值但可能在其客户生命周期中的下一个阶段变为高价值的客户（大学生常常会处于这一类别）。通过现在为这些客户提供激励措施来避免流失，就能确保 AT 在未来收获这些客户的全部价值。
- **近期哪些客户最可能流失？**可以训练预测模型来从 AT 的客户群体中找出近期最有可能流失的客户。挽留团队可以将其挽留工作重点投入到这些客户身上。AT 挽留团队在项目开始时使用单一特征的方法识别可能流失的客户，他们仅考察客户给 AT 客户支持服务打过多少次电话。考察多个特征的机器学习模型在识别可能流失的客户上的表现可能更好。
- **某名特定的客户最可能会响应哪种挽留优惠？**可以构建一个系统来预测当 AT 挽留团队联系一名客户时，这名用户最有可能响应一系列可能的挽留优惠中的哪一个。这能够帮助挽留团队说服更多的客户留在 AT。 465
- **近期网络基础设施的哪一部分可能会出现故障？**使用网络负载、网络用量以及设备诊断信息，可以构建预测模型来提示即将来临的设备故障，以便预先采取行动。网络崩溃是客户产生不满并最终流失的推手，因此减少此类问题可能会对改善客户流失率产生正面作用。

　　在与 AT 执行团队讨论后，决定最适合将重点放在预测哪些客户最有可能在近期流失。选择这一项目有几个原因：

- 罗斯先前与 AT 的 CTO 格蕾丝的讨论证实，构建流失预测模型所需的数据很可能可以使用，并且较容易获取。
- 这一预测模型可以与 AT 当前的业务流程轻易结合。AT 已经拥有一个采取预先干涉来避免客户流失的挽留团队，尽管他们使用非常简单的系统来识别要联系哪些客户。通过构建更为复杂的模型来识别这些客户，现有的业务就能得到改进。
- 构建流失预测模型对于 AT 执行团队来说很有吸引力，因为他们希望在降低流失率的同时，模型能够帮助解释客户流失背后的主要原因。更好地理解客户流失的原因对于 AT 的其他业务也十分有用。

作为对比，开发其他分析解决方案会面临数据缺乏（比如 AT 没有可用的成功或失败的挽留优惠数据），或需要对当前的业务流程做出重大改变（而 AT 目前无法完成这项改变，比如生成对客户生命周期总价值的预测），或构建在缺乏根据的假设之上（比如客户流失会受到网络故障的严重影响）。

确定了分析解决方案后，下一步就是对新的分析模型的性能达成共识。根据最近的历史性能评估，AT 管理层确信在当前他们所使用的鉴别可能流失的客户的系统的准确率约为 60%，因此所有新开发的系统都必须要比这一系统强得多才值得投入。在与 AT 执行团队和挽留团队的成员进行讨论后，罗斯同意将他的目标设定为构建一个预测准确率超过 75% 的流失预测系统。

9.2 数据理解

在决定哪个分析解决方案最适用于 AT 当前状况的过程中，罗斯已经开始了解可用的数据源。他的下一个任务是根据 2.3 节所述的过程来大大提高了解的深度。这包括与格蕾丝紧密协作来理解有哪些可用数据、这些数据保存的结构以及存储的位置。这些理解构成了罗斯设计**分析基础表**（ABT）中的**领域概念**和**描述性特征**的基础，分析基础表将用于驱动预测模型的构建。这是一个不断反复的过程，罗斯需要在 AT 挽留团队的凯特、CTO 格蕾丝以及公司对有关客户流失的数据有所见解的其他部门之间反复移动。罗斯很快就弄清楚了 AT 的数据资源中对项目可能会非常重要的关键数据是：

- 来自 AT 数据仓库的客户人口统计学信息。
- AT 出单数据库中存储的过去五年中客户的账单记录。
- 过去 18 个月中每名客户进行呼叫的交易记录。
- 销售团队的交易数据库，含有发放给客户的手机详情。
- 挽留团队的简单事务型数据库，含有他们与客户进行的所有联络以及这些联络的结果，时效为过去 12 个月。

在进一步深入前，罗斯必须定义 ABT 的**预测主体**和目标特征。目标是开发能预测客户是否会在下个月流失的模型。这就意味着这一场景中的预测主体是客户，因此构建的 ABT 中每名客户都应当占据一行。

流失预测是**倾向性建模**[⊖]的一种，其中我们感兴趣的事件是客户决定流失。因此，罗斯需要就流失的定义与企业（尤其是客户挽留团队）达成一致。这个定义将用于识别 AT 历史数据中的流失事件，是构建这个项目中的 ABT 的基础。公司同意将不活跃时间达一个月的客户（即没有进行任何呼叫也没有支付账单）、主动取消合约或停止更新合约的客户认定为已经流失的客户。罗斯还需要定义模型的**观测时段**和**结果时段**的长度。他决定将收集用户行为数据的观测时段的长度设为过去 12 个月。这个决定是根据罗斯的估计——比 12 个月更早的数据很可能对预测流失几乎没有作用——以及可用数据的情况这两点做出的。而在定义**结果时段**方面，公司认定在客户流失发生前的三个月就做出客户很可能流失的预测最为有用，因为这能给他们以充分的反应时间。因此，结果时段被定义为三个月[⊜]。

⊖ 参见 2.4.3 节。

⊜ 显然，不同客户出现流失事件的时间不同；因此要构建 ABT，不同客户的观测和结果时段需要进行对齐。这一状况属于 2.4.3 节中如图 2.6 所示的倾向性模型场景。

定义了合适的目标特征后，罗斯的下一个任务是确定支撑 ABT 设计的领域概念。领域概念是企业认为会对客户的流失决定产生影响的方面。领域概念是通过与 AT 业务的不同部门的代表进行一系列会谈得出的，尤其是挽留团队，但也包括销售、市场和开单部门。AT 认为影响流失的主要概念隐含在客户的人口学资料（比如，也许更年轻的客户更有可能流失）中，客户账单信息（特别是账单模式的改变，比如，也许账单金额突然增加的客户更有可能流失）中，客户手机设备的详情（比如，持有一部手机时间很长的客户更有可能流失）中，客户与 AT 客服的互动（比如，也许与客服进行了大量通话的客户遇到了 AT 网络中的问题，因此很可能流失）中，以及客户进行的实际呼叫（特别是呼叫模式的改变，比如，也许开始与一群不同的人通话的客户更有可能流失）中。这些领域概念应该已经足够广泛，能够涵盖所有可能促使客户流失可能性增加的特征。这些概念显示在图 9.1 中。

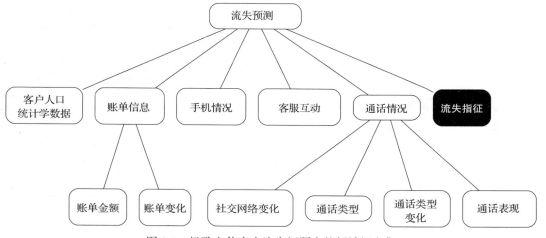

图 9.1　极致电信客户流失问题中的领域概念集

从这些领域概念中，罗斯衍生出了一个描述性特征集。一些描述性特征只是原始数据的副本。例如来自客户人口统计学数据仓库的年龄（AGE）、性别（GENDER）、信用评级（CREDITRATING）和职业（OCCUPATION）列可以直接作为 ABT 的描述性特征来刻画客户人口统计学（CUSTOMER DEMOGRAPHICS）领域概念。更值得研究的描述性特征是需要从原始数据源中衍生出的特征。例如，罗斯了解到，挽留团队认为客户流失的主要原因之一是其他运营商提供了新款、高端手机。为了尝试刻画手机情况（HANDSET INFORMATION）这个领域概念，罗斯设计了三个描述性特征：

- 智能手机（SMARTPHONE）：这一特征表明客户目前使用的手机是不是智能手机，这是从客户最新的所持手机数据项中衍生出的。
- 手机数量（NUMHANDSET）：过去三年中用户使用了多少个不同的手机。这是通过统计一个客户所持手机数据项的数量得出的。
- 手机机龄（HANDSETAGE）：根据客户的最后一条所持手机数据项，这一特征刻画客户拥有当前手机的天数。

在流失分析以及任何倾向性建模中，变化通常是客户行为的驱动因素。再加上与 AT 团队的讨论，罗斯决定将账单变化（BILL CHANGE）和社交网络变化（SOCIAL NETWORK CHANGE）领域概念纳入 ABT 中。AT 挽留团队认为如果客户的账单金额因呼叫模式的变化而显著增加，或当他们开始向其他使用运营商的朋友或同事拨打大量电话时，客户往往就决定流失。

因此罗斯设计了如下的描述性特征：

- 通话分钟数变化百分比（CALLMINUTESCHANGEPCT）：从原始数据衍生而来，该特征刻画客户本月进行呼叫的分钟数与上月相比的变化。
- 账单金额变化百分比（BILLAMOUNTCHANGEPCT）：从原始数据衍生而来，该特征刻画客户本月账单金额与上月相比的变化。
- 新频繁号码（NEWFREQUENTNUMBERS）：对原始呼叫数据中的实际呼叫号码分析得出，该特征试图刻画客户本月开始拨打的新号码的数量。频繁号码定义为占用户呼叫总数以上的号码。

很可能会非常有用的描述性特征常常由于数据不可用而无法实现。例如，AT 团队认为开始频繁呼叫其他运营商的客户是很好的流失指征，但无法提取合适的数据特征来刻画这一点。在通话记录中，AT 没有纳入呼叫拨打到哪个网络的信息，加之客户可以自由地携号转网，号码本身也不能可靠地指示所在网络。

罗斯创建的所有描述性特征及其简短描述显示在表 9.1 中。

470

表 9.1　为极致电信流失预测任务创建的 ABT 中的描述性特征

特征	描述
BILLAMOUNTCHANGEPCT	客户本月账单与上月账单相比的变化百分比
CALLMINUTESCHANGEPCT	客户本月使用的通话分钟数与上月相比的变化百分比
AVGBILL	平均每月账单金额
AVGRECURRINGCHARGE	客户平均每月支付的重复性费用
AVGDROPPEDCALLS	客户平均每月通话掉线的次数
PEAKRATIOCHANGEPCT	客户本月高峰期通话量与非高峰期通话量的比例与上月相比的变化百分比
AVGRECEIVEDMINS	客户平均每月接听电话的次数
AVGMINS	客户平均每月使用的通话分钟数
AVGOVERBUNDLEMINS	客户平均每月使用的套餐外通话分钟数
AVGROAMCALLS	客户平均每月进行的漫游通话次数
PEAKOFFPEAKRATIO	客户本月的高峰期和非高峰期呼叫比例
NEWFREQUENTNUMBERS	客户本月频繁呼叫的新号码数量
CUSTOMERCARECALLS	客户上月呼叫客服的次数
NUMRETENTIONCALLS	挽留团队拨打客户电话的次数
NUMRETENTIONOFFERS	客户接受的挽留优惠数量
AGE	客户的年龄
CREDITRATING	客户的信用评级
INCOME	客户的收入水平
LIFETIME	客户使用 AT 的月数
OCCUPATION	客户的职业
REGIONTYPE	客户居住的地区类型
HANDSETPRICE	客户当前手机的价格
HANDSETAGE	客户当前手机的机龄
NUMHANDSETS	客户过去 3 年持有过的手机数量
SMARTPHONE	客户当前手机是否是智能手机
CHURN	目标特征

9.3 数据准备

在格蕾丝帮忙用 AT 的可用工具实现了实际数据操纵和数据整合脚本后，罗斯生成了含有表 9.1 中所有特征的 ABT。罗斯采样了从 2008 年到 2013 年的所有数据。将流失定义为客户一个月内未拨打任何电话或未支付账单后，罗斯可以在这一时间段中识别流失事件。为收集非流失客户的实例，罗斯随机采样了不符合流失定义并同时也被认为是活跃用户的客户。罗斯与凯特一同将活跃用户定义为每周至少拨打 5 个电话并且已经使用 AT 网络 6 个月以上的当前客户[一]。这一定义确保了数据集中的非流失实例仅包括表现正常并具有足够长的历史数据以供计算真实的描述性特征的客户。

最终的 ABT 含有 10 000 个等分为流失客户和非流失客户的实例。原始数据中，非流失客户以 10 比 1 的数量超过了流失客户。它属于**不平衡数据集**，其中不同目标特征的级别——此处为流失客户或非流失客户——并没有在数据中均等地分布。我们在前述章节讨论的一些机器学习算法在使用**平衡样本**（balanced sample）训练时效果更好，这就是罗斯创建每个目标级别的实例数相等的 ABT 的原因[二]。

罗斯随后为 ABT 创建了完整的数据质量报告，包括许多数据可视化图表。数据质量报告显示于表 9.2 中。罗斯先评估了数据中的**缺失值**水平。连续特征中，仅有 AGE 具有高达 11.47% 的缺失值。这可以用填充方法较为轻松地解决[三]，但罗斯决定在这一阶段暂不进行填充。REGIONTYPE 和 OCCUPATION 类别特征都具有大量的缺失值——分别为 74% 和 47.8%。经过认真考虑，罗斯决定将这些特征完全移除。

表 9.2 极致电信的 ABT 的数据质量报告

a）连续特征的数据质量报告

特征	数量	缺失值 %	基数	最小值	第 1 四分位数	平均值	中位数	第 3 四分位数	最大值	标准差
AGE	10 000	11.47	40	0.00	0.00	30.32	34.00	48.00	98.00	22.16
INCOME	10 000	0.00	10	0.00	0.00	4.30	5.00	7.00	9.00	3.14
NUMHANDSETS	10 000	0.00	19	1.00	1.00	1.81	1.00	2.00	21.00	1.35
HANDSETAGE	10 000	0.00	1923	52.00	590.00	905.52	887.50	1198.00	2679.00	453.75
HANDSETPRICE	10 000	0.00	16	0.00	35.73	0.00	59.99	499.99	57.07
AVGBILL	10 000	0.00	5588	0.00	33.33	58.93	49.21	71.76	584.23	43.89
AVGMINS	10 000	0.00	4461	0.00	150.63	521.17	359.63	709.19	6336.25	540.44
AVGRECURRINGCHARGE	10 000	0.00	1380	30.00	46.24	44.99	59.9	337.98	23.97
AVGOVERBUNDLEMINS	10 000	0.00	2808	0.00	40.65	0.00	37.73	513.84	81.12
AVGROAMCALLS	10 000	0.00	850	0.00	0.00	1.19	0.00	0.26	177.99	6.05
CALLMINUTESCHANGEPCT	10 000	0.00	10 000	−16.422	−1.49	0.76	0.50	2.74	19.28	3.86
BILLAMOUNTCHANGEPCT	10 000	0.00	10 000	−31.67	−2.63	2.96	1.96	7.56	42.89	8.51
AVGRECEIVEDMINS	10 000	0.00	7103	0.00	7.69	115.27	52.54	154.38	2006.29	169.98
AVGOUTCALLS	10 000	0.00	524	0.00	3.00	25.29	13.33	33.33	610.33	35.66

[一] 活跃客户被定义为当前客户，意味着他们在同一个日期内活跃——即 ABT 生成的那天。这可能会产生问题：在这个数据上训练的模型可能会忽略时令因素的影响，如圣诞节。另一种方法是将 AT 数据中的活跃客户定义为在某个时间点活跃。但这种定义可能会使同一名客户在 ABT 中既是活跃客户又是流失客户，尽管这两个实例的描述性特征将在不同日期段上计算得出。

[二] 我们将在 9.5 节和 10.4.1 节对其进行讨论。

[三] 参见 3.4 节。

（续）

a）连续特征的数据质量报告

特征	数量	缺失值 %	基数	最小值	第 1 四分位数	平均值	中位数	第 3 四分位数	最大值	标准差
AVGINCALLS	10 000	0.00	310	0.00	0.00	8.37	2.00	9.00	304.00	17.68
PEAKOFFPEAKRATIO	10 000	0.00	8307	0.00	0.78	2.22	1.40	2.50	160.00	3.88
PEAKRATIOCHANGEPCT	10 000	0.00	10 000	−41.32	−6.79	−0.05	0.01	6.50	37.78	9.97
AVGDROPPEDCALLS	10 000	0.00	1479	0.00	0.00	0.50	0.00	0.00	9.89	1.41
LIFETIME	10 000	0.00	56	6.00	11.00	18.84	17.00	24.00	61.00	9.61
CUSTOMERCARECALLS	10 000	0.00	109	0.00	0.00	1.74	1.33	365.67	5.76
NUMRETENTIONCALLS	10 000	0.00	5	0.00	0.00	0.05	0.00	0.00	4.00	0.23
NUMRETENTIONOFFERS	10 000	0.00	5	0.00	0.00	0.02	0.00	0.00	4.00	0.155
NEWFREQUENTNUMBERS	10 000	0.00	4	0.00	0.00	0.20	0.00	0.00	3.00	0.64

b）类别特征的数据质量报告

特征	数量	缺失值 %	基数	众数	众数频率	众数 %	第 2 众数	第 2 众数频率	第 2 众数 %
OCCUPATION	10 000	74.00	8	*professional*	1705	65.58	*crafts*	274	10.54
REGIONTYPE	10 000	47.80	8	*suburb*	3085	59.05	*town*	1483	28.39
MARRIAGESTATUS	10 000	0.00	3	*unknown*	3920	39.20	*yes*	3594	35.94
CHILDREN	10 000	0.00	2	*false*	7559	75.59	*true*	2441	24.41
SMARTPHONE	10 000	0.00	2	*true*	9015	90.15	*false*	985	9.85
CREDITRATING	10 000	0.00	7	*b*	3785	37.85	*c*	1713	17.13
HOMEOWNER	10 000	0.00	2	*false*	6577	65.77	*true*	3423	34.23
CREDITCARD	10 000	0.00	6	*true*	6537	65.37	*false*	3146	31.46
CHURN	10 000	0.00	2	*false*	5000	50.00	*true*	5000	50.00

当罗斯考察**基数**时，他注意到一些连续特征的基数非常低——例如，INCOME、AGE、NUMHANDSETS、HANDSETPRICE 以及 NUMRETENTIONCALLS。罗斯与凯特和格蕾丝进行确认后了解到，在大多数情况下这些特征是有效的，因为它们的值可取的范围本身就比较小。例如，HANDSETPRICE 只能取少数几个数值——如 59.99、129.99 和 499.99 等。但 INCOME 特征却仅有 10 个不同的值（图 9.2a 的直方图也确认了这一点）。格蕾丝向罗斯解释说收入实际上是以区间而非精确值记录的，因此它实际上是一个类别特征。CREDITCARD（信用卡）和 REGIONTYPE 类别特征的基数比预计的要高（这些特征的直方图显示于图 9.2b 以及图 9.2c 中）。问题在于某些级别有多种表示方法，例如对于 REGIONTYPE 特征来说，乡镇被表示为 *town* 和 *t*。罗斯通过将特征的级别映射到统一的记法来轻松地纠正了这一问题。

四个连续特征显示出很可能具有**离群点**：最小值为 0 的 HANDSETPRICE 似乎很不寻常；最大值为 6336.25 的 AVGMINS 与这一特征的平均值和第 3 四分位数也相去甚远；AVGRECEIVEDMINS 最大值为 2006.29，也与其平均值和第 3 四分位数差别很大；以及 AVGOVERBUNDLEMINS，其最小值、第 1 四分位数和中位数都为 0，而其平均值则为 40。图 9.2 展示了这些特征的直方图。罗斯与格蕾丝和凯特确认后了解到这些值是有效的——例如，有些手机是免费发放的，有些客户确实会拨打许多电话。但他们花了很多时间讨论 AVGOVERBUNDLEMINS。这个特征的直方图的形状非常特别，导致其最小值、第 1 四分位数和中位数都很不寻常（见图 9.2a）。通过仔细检查这一特征的数据，他们最后将其解释为大多数客户呼叫时间都不会超过套餐所涵盖的时间这一现象，进而导致了直方图中值为 0 的条形非常高。超过零的值看起来接近于服从非常宽的正态分布，尽管零是有效的值，但如此大量的零值导致了不寻常的最小值、第 1 四分位数和中位数。罗斯此时将这些离群点标记为可能需要在建模阶段处理的事务。

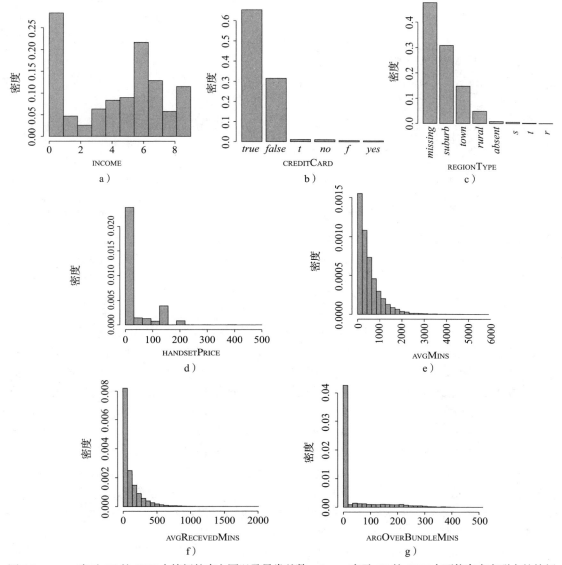

图 9.2　a ～ c 表示 AT 的 ABT 中特征的直方图以及异常基数；d ～ g 表示 AT 的 ABT 中可能存在离群点的特征

　　罗斯随后将注意力转向检查每个描述性特征和目标特征之间关系的数据可视化图表。没有任何特征表现出具有很强的关联，但可以看到描述性特征与目标特征之间有关联的证据。例如，图 9.3a 显示出居住在乡村地区的客户有较高的流失倾向。类似地，图 9.3b 显示出已经流失的客户倾向于比没有流失的客户在套餐外拨打的电话更多。

　　详细浏览了整个数据质量报告后，罗斯对找出的有问题的特征做出了以下决定。首先，他决定删除 AGE 和 OCCUPATION 特征，因为这两个特征中的缺失值比例太高。但他决定保留 REGIONTYPE 特征，因此它似乎与目标具有某种关系。他还对 REGIONTYPE 使用了计划中的一致

记法：{*s*|*suburb*} → *suburb*、{*t*|*town*} → *town* 以及 {*missing*|*absent*} → *missing*。

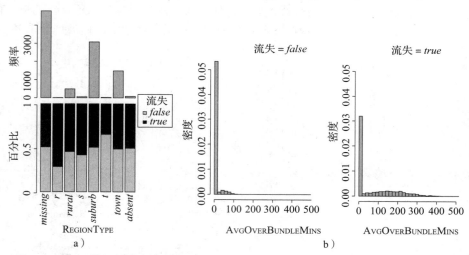

图 9.3   a 是 REGIONTYPE 特征的堆叠条形图；b 是不同目标特征值时 AVGOVERBUNDLEMINS 特征的直方图

472
∼
476

　　罗斯进一步将数据集随机分为三部分——一个训练集（50%）、一个验证集（20%）和一个测试集（30%）。训练集用作构建预测模型的核心训练数据。验证集用于调整模型，测试集最终仅用于测试模型以评估其性能。

9.4   建模

　　对于这个模型的要求是精确并能够整合到 AT 的广大业务中，有可能还包括能够作为了解关于客户可能流失的原因的见解的来源。在选择合适的模型时，上述所有方面，以及数据的结构都应当纳入考虑范围。在这一场景中，ABT 混合有连续和类别描述性特征，并具有类别目标特征。尤其是，类别目标特征使得决策树成为这一建模任务的合适选择。此外，决策树算法能够同时处理类别和连续描述性特征，也能够在无须转换数据的情况下处理缺失值和离群值。最后，决策树很容易理解，这就意味着模型的结构可以对客户的行为进行某种解释。综合所有这些因素表明，决策树是建模这一问题的合适选择。

　　罗斯使用这一 ABT 训练、调整以及测试了一系列决策树来根据描述性特征预测流失。罗斯构建的第一个决策树使用了基于熵的信息增益作为划分条件，将连续划分限制为二元选择，并且不进行剪枝。罗斯再一次咨询了企业后，确定简单分类准确率是这一任务最合适的评估度量。构建的第一棵树在留出测试集上达到了 **74.873%** 的**平均分类准确率**[一]，这十分令人鼓舞。

　　这棵树显示在图 9.4 中，由于没有剪枝，因而非常复杂。这种复杂性以及过深的深度意味着过拟合。在罗斯构建的第二棵树中，他应用了使用**减少错误剪枝**[二]的**后剪枝**，它使用从初始数据中分出的验证集。罗斯在一开始使用了相当大的数据集，进而产生了较大的验证集，意味着此处使用减少错误剪枝是合适的[三]。图 9.5 展示了这次训练产生的决策树。我们应该可以明显看出这棵树比之前的那棵简单得多。两棵树上部所使用的特征——也是算法认为最有信息量的特征——是相同的：AVGOVERBUNDLEMINS、BILLAMOUNTCHANGEPCT 以及 HANDSETAGE。

　　[一]　本节所有平均分类准确率都使用**调和平均数**。

　　[二]　参见 4.4.4 节。

　　[三]　如果数据缺乏，则使用如 χ^2 的统计检验来剪枝是更为明智的方法。

图 9.4　为 AT 客户流失预测问题构建的未经剪枝的决策树（仅为表明其规模和复杂性）。过分的复杂性和深度是过拟合很可能已经出现的征兆

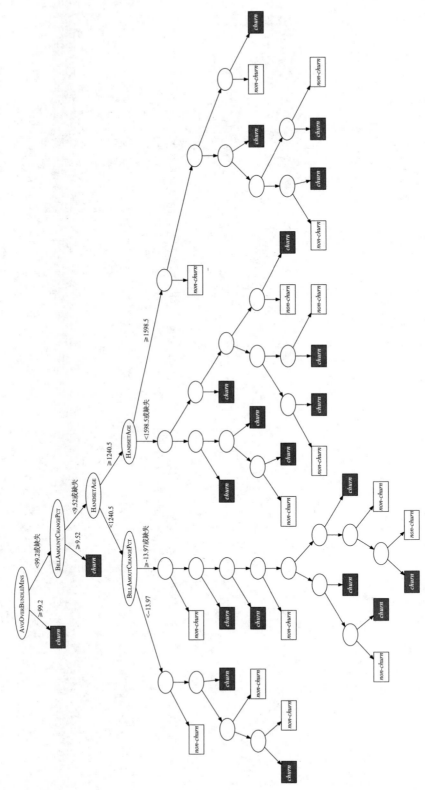

图 9.5 为 AT 客户流失问题构建的剪枝后的决策树。灰色叶子节点表示流失预测，无色叶子节点表示非流失预测。为节省空间，我们仅显示树上部所检验的特征

使用了剪枝，罗斯可以将模型在留出测试集上的平均分类准确率提高到 79.03%，与先前的模型相比有显著的改善。表 9.3 展示了这一测试的混淆矩阵。混淆矩阵表明这一模型预测 *non-churn*（非流失）目标级别的准确率略高于 *churn*（流失）目标级别。基于这些结果，罗斯确信这棵树是 AT 流失预测问题的良好解决方案。

表 9.3　AT 客户流失预测在分层留出测试集上进行测试的混淆矩阵，使用了图 9.5 中所示的剪枝后的决策树

		预测		召回率
		churn	*non-churn*	
目标	*churn*	1058	442	70.53
	non-churn	152	1348	89.86

9.5　评估

上节所说的根据误分类率评估模型是评估所创建的预测模型性能的第一步。分类准确率 79.03% 大大超过了公司提出的目标。但它具有误导性。这一性能是基于分层留出测试集的，即含有相同数量的流失客户和非流失客户。而 AT 的客户群所含的流失客户和非流失客户的分布区别很大，其实际比例接近于 10:90 而非 50:50。因此，在能够反映目标特征值的实际分布的测试集上进行第二次评估在这一商业场景中非常重要。

罗斯让 AT 生成了没有根据目标特征的值进行分层的第二份数据样本（与前面用到的第一份完全没有重叠）。展示预测模型在这一测试集上的性能的混淆矩阵显示于表 9.4 中。

表 9.4　AT 客户流失预测在非分层留出测试集上进行测试的混淆矩阵

		预测		召回率
		churn	*non-churn*	
目标	*churn*	1115	458	70.88
	non-churn	1439	12 878	89.95

非分层留出测试集上的准确率是 79.284%。罗斯为数据集生成了**累积增益**、**提升**和**累积提升**图。它们显示在图 9.6 中。特别是，累积增益图显示出 AT 仅需呼叫其客户群的 40% 就能找出很可能要流失的客户中的大约 80%，这极强地显示出模型在辨别不同客户类型上做得非常出色。

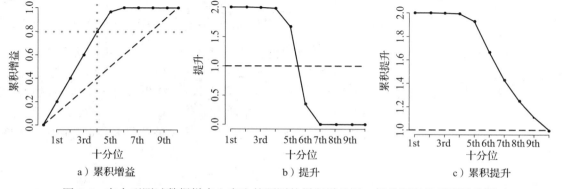

a）累积增益　　　　　　b）提升　　　　　　c）累积提升

图 9.6　在大型测试数据样本上产生的预测的累积增益图、提升图以及累积提升图

○　累积增益、提升和累积提升在 8.4.3.3 节进行了介绍。

由于这些结果非常好，因此罗斯确定可以将模型呈现给公司的其他部门了。这是为模型获得信誉的重要一步。图 9.5 的树非常容易理解，但将其呈现给公司其他部门时，人们可能难以处理如此大量的信息。因此，罗斯决定创建一个刻意矮化的决策树，其中仅包含较少的层数，以供公司进行查看（尽管他仍旧使用那个较大的剪枝后的树用于实际部署）。这背后的逻辑是矮化决策树能使其更容易被理解。由于最具信息量的特征占据了树的顶部，因此生长不完全的树通常能刻画最重要的信息。许多机器学习工具允许设定树的最大深度，因此能够用来创建这种**矮化树**（stunted tree）。

480   图 9.7 展示了罗斯为流失问题生成的矮化树，树的深度被限制为 5 层。这棵树在测试集上的准确率稍低，为 78.5%，但非常容易理解——决定流失的关键特征明显是 avgOverBundleMins、billAmountChangePct 以及 handsetAge。从这个数据似乎可以看出，当账单变化很大、当开始超过套餐内分钟数或当使用一部手机的时间太长并考虑更换为新款手机时，客户最有可能流失。这对企业来说是非常有用的信息，企业可以尝试推出其他流失处理策略，并同时使用这个模型为挽留团队生成呼叫名单。企业对在树中非常重要的特征很感兴趣，并针对树中不含有描述客户与 AT 客服互动的特征（这是该组织先前模型的基础）这一现象进行了大量的讨论。

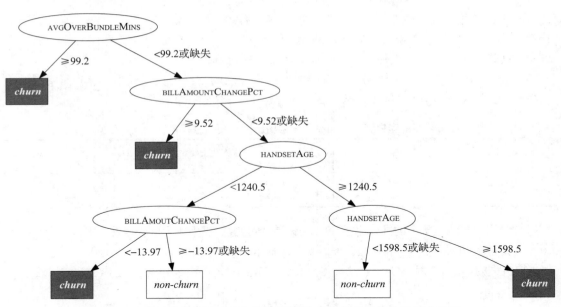

图 9.7   为极致电信客户流失预测问题构建的剪枝并矮化后的决策树

为进一步证明他的模型，罗斯组织了控制组试验（见 8.4.6 节），试验为期两个月，期间客户群被随机分为两组，提供给挽留团队的名单中第一组客户是用旧方法选择的，第二组客户是用新的决策树模型选择的。在两个月后，试验结果表明使用新模型的样本——即挽留团队使用新模型构建呼叫名单的那一组客户——流失率约为 7.4%，而使用旧模型的那一组客户的流失率超过 10%。实验在 AT 执行组面前显示出新决策树模型能够显著降低 AT 客户群的流失率。

481

9.6   部署

由于 AT 已经使用了挽留团队根据收集的数据生成呼叫名单的流程，因此部署新的决策树模型就相当简单。主要的挑战是每月需要回到数据准备过程来进行例行的数据提取，以确保 ABT 足够健壮可靠，可以用于生成新的查询实例。这需要与 AT 的 IT 部门合作来开发面向部署的**提取 – 转换 – 加载**（Extract-Transformation-Load，ETL）程序。随后写代码将先前在生成挽留呼叫列表时使用的简单客服联系规则替换为决策树。

　　部署的最后一步是制订**持续模型验证**计划来在部署的模型出现**过时**的征兆时进行警示。在本场景中，对模型性能的反馈隐含在做出预测后的短时间内——流失预测可以轻易地与客户实际行为进行比较（已考虑到了公司对流失进行干预的情况）。罗斯使用的监控系统在每个季度末生成一份评估这一季度模型性能的报告，报告比较挽留团队未联系的客户中有多少客户实际出现流失。如果这一数字与构建模型时所用的数据差异显著，模型就出现了过时，并且需要重新训练。

第 10 章

案例研究：星系分类

天文学的历史就是视野变远的历史。

——爱德文·鲍威尔·哈勃

由于数字成像的成本降低，**天文学**（astronomy）近年来经历了一场革命，天文学家收集到的数据比以前多了几个数量级。大规模天空扫描项目用来给整个夜空绘制极为精细的星图。这为基于大量数据收集活动的新科学研究提供了巨大的潜力。但进步是有代价的，因为所有数据必须是有标签、标记和目录的。由于数据量太大，传统的人工方法已经渐渐被淘汰了。

斯隆数字巡天（Sloan Digital SkySurvey，SDSS）是极为精细地收录夜空天体的标志性项目，正面临着与上述完全相同的难题[一]。SDSS 望远镜每晚能够收集到超过 175GB 的数据，要完全发掘这些数据的科学价值，必须在数据中几乎实时地识别和收录每晚捕捉到的天体。尽管 SDSS 已经具有在其拍摄的图片中识别特定天体的算法解决方案，但仍有许多困难。特别是，SDSS 还不能自动地将星系归类为**形态**（morphological）类别——例如，漩涡星系或椭圆星系。

本案例研究[二]描述了分析专家乔斯林所做的工作，2011 年 SDSS 聘请她来构建星系形态分类模型作为其数据处理流水线的一部分。本章剩余部分描述乔斯林在 CRISP-DM 流程的每个阶段为这一项目所做的工作。

10.1 商业理解

当乔斯林来到 SDSS 时，她高兴地发现要求由她解决的商业问题已经用预测分析的方式被良好定义过了。SDSS 流水线使用由 SDSS 仪器捕捉的数据并进行处理，然后将结果存储到可以集中访问的数据库。乔斯林到达的时候，SDSS 流水线已有能够将夜空天体分为大类（例如恒星和星系）的基于规则的系统。但 SDSS 的科学家却难以构建能够进行更为细粒度分类的基于规则的系统。特别是，SDSS 的科学家想要一个能够可靠地将星系分类为重要形态（即形状）类型的系统，即分为**椭圆星系**（elliptical galaxy）和**漩涡星系**（spiral galaxy）。根据**星系形态学**（galaxy morphology）对星系进行分类是天文学中的标准操作[三]，形态类别已经被证明与星系的其他重要特征高度相关。因此，根据形态类型将星系分组是分析星系特性的重要基本步骤。

这就是 SDSS 聘请乔斯林来解决的难题。SDSS 的科学家希望乔斯林构建一个机器学习模型，其能够检查已经被他们当前的基于规则的系统标为星系的天体，并将其归类为合适的形态类别。虽然尚有一些细节需要核实，但 SDSS 从分析学角度定义好了问题，意味着乔斯林非常轻松地完成了将商业问题转换为分析方案这一重要步骤。爱德文被指派给乔斯林作为

[一] www.sdss.org 上有 SDSS 项目令人着迷的全部详细情况。

[二] 尽管本案例研究基于从 SDSS 下载的真实数据，但本案例研究本身则完全是为本书的目的而虚构的。不过，也确实有人从事过与本章所述的极为类似的工作，其中具有代表性的例子在 10.6 节详述。

[三] 这一操作由爱德文·哈勃于 1936 年首先进行了系统的应用（Hubble，1936）。

她的 SDSS 主要科学联系人，他非常愿意解答乔斯林的任何问题，因为他看到了她所开发的模型的真正价值。

乔斯林需要与爱德文达成一致的第一个细节是天体需要被归类的类别集。SDSS 的科学家列出了他们感兴趣的两个重要的星系形态：椭圆状和漩涡状。漩涡星系又进一步分为顺时针漩涡和逆时针漩涡子类别。图 10.1 展示了这些不同星系类别的示意图。乔斯林建议她先将星系粗分为椭圆和漩涡类别，随后根据这一模型的表现，再研究分类为更细粒度的类别。考虑到上一步中 SDSS 标为星系的天体可能实际上并不是星系，乔斯林还建议加入第三个类别：其他。爱德文接受了这两项建议。

　　a）椭圆　　　　　　　　　b）顺时针漩涡　　　　　　　c）逆时针漩涡

图 10.1　SDSS 科学家要归类的不同星系形态类别的样本。感谢这些来自斯隆数字巡天 www.sdss3.org 的图片

乔斯林需要与爱德文达成一致的第二个细节是，为了使她要构建的系统对科学家有所助益，系统所需的目标准确率是多少。在商业理解中，分析专家对客户期望的管理极为重要，在预期模型性能水平上达成一致是完成这项工作最简单的方法。这能够避免失望，同时也能避免在项目后期遇到困难。经过漫长的讨论后，乔斯林和爱德文都同意，为了使系统有用，需要大约 80% 的准确率。乔斯林强调，在看到数据并进行实验之前，她无法对分类准确率进行任何预测。但她向爱德文解释，由于星系形态学分类某种程度上是一个主观任务（即使人类专家也不总是能完全对一个夜空中的天体应当属于的类别达成一致），因此分类准确率达到 90% 以上不太可能。

最后，爱德文与乔斯林讨论了构建的模型需要多快才能在现有 SDSS 流水线中使用。来自 SDSS 流水线的完全处理过的数据大约在 SDSS 望远镜捕获到夜空天体图像的一周之后就可以供科学家使用了[一]。乔斯林构建的系统会加入这个流水线的末端，因为它需要用到现有数据处理步骤的输出。乔斯林部署的模型不对科学家等待数据的时间增加太大的延迟是非常重要的。根据预计 SDSS 产生的图片量，乔斯林和爱德文同意开发的模型每秒应当能够在最新配置的专用服务器上处理约 1000 张图片。

环境流畅性

环境流畅性[二]的概念在应对科学场景时非常重要。分析专家对他们的科学界合作伙伴所

〇　这是一个老旧技术仍是良好解决方案的有趣例子：SDSS 在新墨哥州的望远镜所捕获的图像是使用磁带存储的，随后磁带被运送到伊利诺伊州费米实验室的费曼计算中心，两地相隔超过 1000 英里。这是传输如此大量数据的最有效方式！

〇　参见第 2 章。

从事的工作有基本的了解是非常重要的，这能使他们之间进行流畅的交流。拓展环境流畅性的真正技巧是确定分析专家需要对应用领域有多少了解才能成功地完成项目。期望乔斯林完全熟悉精密的 SDSS 及其所进行的天文学研究既不合理又无必要。取而代之的是，她需要足够的信息来理解涉及的设备的关键部分，她要分类的夜空天体的重要方面，以及涉及的关键术语。

虽然复杂的科学场景会使这一过程比典型的商业应用更困难，但优点在于，科学项目通常都会产出明白地解释其工作的著作。这类著作是试图掌握新议题的分析专家的珍贵资源。在与爱德文进行一系列会谈来讨论他与他的同事所做的工作前，乔斯林阅读了 SDSS 团队[⊖]的一些著作。下面对她了解到的重要内容所进行的简短总结显示了这类场景所需的环境流畅性。

SDSS 项目使用两种不同的设备——成像相机和摄谱仪——来捕捉两种不同的数据：夜空天体的图像以及夜空天体的**摄谱图**（spectrograph）。

|486|

SDSS 成像相机捕捉五个不同的**测光波段**[⊖]（photometric band）：紫外线（u）、绿光（g）、红光（r）、远红光（i）和近红外光（z）。SDSS 望远镜捕获的原始图像数据会经过识别单个夜空天体并提取每个天体的若干属性的处理流水线。对于星系分类来说，从这些图像中提取出的最重要的属性是亮度、颜色和形状。SDSS 流水线使用的亮度度量称为**星等**（magnitude）。**通量**（flux）是试图将亮度度量标准化的另一种亮度度量，它考虑到了不同物体与望远镜之间的距离。SDSS 成像系统所使用的每个测光波段都会测量通量和星等。通过比较不同测光波段的通量来测量夜空天体的颜色。表示星系总体形状的基于图像的度量是使用**形态**和**矩**（moment）图像处理运算从图像中提取出来的。这些度量测量物体与模板形状的匹配程度——尽管都不能准确到用于进行星系形态预测。

摄谱仪（spectrograph）是将物体发射的光线分为不同的波长并测量每个波长的强度的仪器——一组这样的测量被称为**光谱图**（spectrogram）。SDSS 摄谱仪用于人工识别夜空天体的任务，并产出波长从可见蓝光到近红外光的光谱图。摄谱数据可能会有助于星系分类，因为不同的星系类型发射出的不同波长的光强很可能不同。摄谱仪也可以用于测量**红移**（redshift），这被用于确定夜空天体与观测者之间的距离。

一旦乔斯林感到她已经对 SDSS 的状况达到了适当的流畅性，就会立刻继续到 CRISP-DM 流程的数据理解阶段，以便进一步理解可用数据。

|487|

10.2　数据理解

乔斯林全面理解可用数据的第一步是定义**预测主体**。在这个情形中，任务是根据形态对星系进行分类，因此将星系作为预测主体是合理的。这一任务所需的数据集的结构是，每个星系占据一行，每行含有一系列描述该星系特性的描述性特征，以及一个表明该星系形态类别的目标特征。

根据对 SDSS 流程的理解，乔斯林草拟了星系分类问题的第一个领域概念图，如图 10.2

⊖　Stoughton et al.（2002）提供了 SDSS 收集的数据的深入讨论。skyserver.sdss3.org/dr9/en/sdss/data/data. asp 提供了较简短的概述。

⊖　大多数数码相机通过分别捕捉红色、绿色和蓝色成像传感器上的图像并进行结合来捕捉全色图像。这里，红色、绿色和蓝色就是**测光波段**。SDSS 成像相机捕获的测光波段与这些波段类似，它们只是定义在了光谱的不同部分。

所示。乔斯林感到，重要的领域概念很可能是目标（星系类型）、星系外观度量（例如颜色）、摄谱信息（例如红移）以及位置信息（夜空中每个天体的位置也可从 SDSS 流水线中获取）。根据这些领域概念实现特征所要用到的数据很可能来自原始相机成像以及摄谱图像本身，或来自 SDSS 处理流水线的结果。

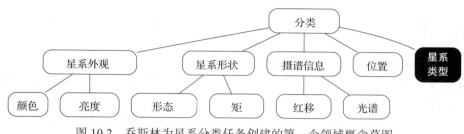

图 10.2　乔斯林为星系分类任务创建的第一个领域概念草图

乔斯林带着第一个领域概念草图与 SDSS 的首席数据架构师泰德会面，以讨论可用于构建模型的数据资源。泰德很快发现了两个问题。首先，SDSS 望远镜收集到的摄谱数据远少于收集到的相机成像数据——虽然有几百万个星系的成像数据，但仅有几十万个光谱图。收集摄谱信息比获取图像数据复杂得多，因此仅用于天空中的较少部分。这一状况很可能仍将持续，因此同时依赖于摄谱数据和成像数据的解决方案仅能用于 SDSS 望远镜的部分观测。 488

泰德发现的第二个问题是，虽然有大量过去观测的夜空天体数据可用，但其中仅有极小部分含有表明其所属的形态类别的人工标签。这就意味着 SDSS 的可用数据不含有乔斯林可以用于训练预测模型的合适目标特征。这种让预测模型构建者感到棘手的情况非常常见——尽管通常有几乎无穷的数据可用于训练，但其中只有极少甚至没有数据被标出了相关的目标特征，这使得数据实际上毫无用处。

乔斯林此时的选项是启动大规模人工数据标注项目，这样的话她需要雇佣专家对足够大的历史夜空天体观测数据集进行人工标注，或者找到可以附加到 SDSS 数据的其他数据源作为目标特征。虽然第一个选项常被用到，但乔斯林却幸运地找到了另外的可用数据源。经过与爱德文交谈，乔斯林察觉到有一个与 SDSS 并行的项目能为她的问题提供有趣的解决办法。**星系动物园**（Galaxy Zoo）是**众包**（crowdsourced）的**公众科学**（citizen science）项目，人们可以登录其网站并对来自 SDSS 的星系图像进行分类。星系动物园自 2007 年启动至今已经收集了几十万个星系的几百万个分类。

星系动物园的公众科学家可以选择的星系类型是椭圆（*elliptical*）、顺时针漩涡（*clock wise spiral*）、逆时针漩涡（*anti-clockwise spiral*）、侧向盘（*edge-on disk*）、混合（*merger*）以及未知（*don't know*）。前三个类型的含义如其名字所示，与 SDSS 项目所感兴趣的类别直接对应。*edge-on disk* 是从侧面观测到的漩涡星系，因而无法弄清其旋臂方向。*merger* 是多个星系混合在一起的天体。当星系动物园参与者无法将某天体纳入某个类别时会将其标为 *don't know*。 489

来自星系动物园的数据面向大众开放，因此乔斯林很容易获取数据。大约 600 000 个 SDSS 星系具有星系动物园的标注，乔斯林认为这已经足够用于训练和测试星系形态分类模

⊖　Lintott et al.（2011，2008）描述了星系动物园项目的详情和发布的数据。此处所说的星系动物园（www.galaxyzoo.org）项目指的是星系动物园 I。

型了。这也顺理成章地确定了乔斯林要在项目中使用的 SDSS 数据集的子集（即在星系动物园项目中用到的星系）。知道了星系动物园标签能够为她提供目标特征后，乔斯林与泰德进行进一步交谈并获取 SDSS 数据。

获取 SDSS 处理流水线产出的结果实际上非常简单，因为它已经被收集到 SDSS 数据资源库的一张大表格当中。泰德从 SDSS 照片图像数据资源库下载了所有存在星系动物园标签的天体数据。数据集含有 600 000 行、547 列[⊖]，每个观测到的星系都拥有一行，同时包括识别码、位置信息以及描述这个星系特性的度量。

乔斯林决定通过关注目标特征来开始她的数据探索工作。星系动物园项目可用数据的结构显示在表 10.1 中。每个星系的类别由多名星系动物园参与者投票，数据包括了每个类别的投票的比例。

表 10.1   SDSS 和星系动物园结合的数据集的结构

名称	类型	描述
OBJID	连续	唯一 SDSS 天体识别码
P_EL	连续	椭圆星系类别得票比例
P_CW	连续	顺时针漩涡星系类别得票比例
P_ACW	连续	逆时针漩涡星系类别得票比例
P_EDGE	连续	侧向盘星系类别得票比例
P_MG	连续	混合星系类别得票比例
P_DK	连续	未知类别得票比例

原始数据并不包括可以用作目标特征的列，因此乔斯林必须用得到的数据源来设计目标特征列。她从数据中生成了两个可能的目标特征。两个目标特征的级别都被设为收到最多投票的星系类别。在第一个目标特征中，仅使用了三个级别：*elliptical*（P_EL 多数）、*spiral*（P_CW、P_ACW 或 P_EDGE 多数）以及 *other*（P_MG 或 P_DK 多数）。第二个目标特征将漩涡星系分为三种：*spiral_cw*（P_CW 多数）、*spiral_acw*（P_ACW 多数）以及 *spiral_edge*（P_EDGE 多数）。图 10.3 展示了 3 个目标特征级别和 5 个目标特征级别的频率的条形图。乔斯林从中得出的主要判断是，数据集中不同形态类型的星系不是均匀分布的。相反，在这两种情况下 *elliptical* 级别出现的次数都比其他级别要多得多。乔斯林首先关注使用 3 个目标特征级别的情况。她开始研究从 SDSS 数据资源库中下载的数据的不同描述性特征，这可能有助于构建模型来预测星系形态。

乔斯林可以访问的 SDSS 下载数据是一个很大的数据集——超过 600 000 行。尽管最新的预测分析和机器学习工具可以处理这样大小的数据，但大型数据集却不便于进行数据探索操作——计算概括统计量、生成可视化图表和进行相关性检验所花费的时间太长。因此，乔斯林从完整数据集中提取了 10 000 行的小样本来使用**分层采样**进行探索性分析。

⊖ SDSS 和星系动物园免费在线公开其数据对世界科学研究来说是一项巨大的贡献。本案例研究使用的数据可以通过简单的 SQL 查询从 skyserver.sdss3.org/dr9/en/tools/search/sql.asp 获取。用于从 SDSS 为每个天体发布的数据中选择所有被星系动物园涵盖的具有星系动物园分类的相机成像数据的查询语句是 SELECT * FROM PhotoObj AS p JOIN ZooSpec AS zs ON zs.objid = p.objid ORDER BY p.objid。SDSS 的所有可用数据表的详细情况可以从 skyserver.sdss3.org/dr9/en/help/docs/tabledesc.asp 获取。

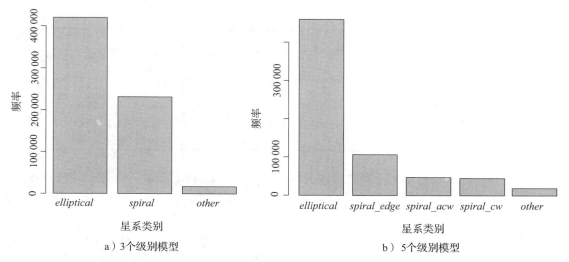

a）3个级别模型　　　　　　　　　　　　　　b）5个级别模型

图 10.3　整个 SDSS 数据集中含有的不同星系类型的条形图，分 3 个目标特征级别和 5 个目标特征级别两种情况

考虑到下载的 SDSS 数据已经在一张表中，数据已经具有合适的预测主体（每个星系一行），以及数据集的很多列都很有可能直接用作要构建的 ABT 中的特征，乔斯林决定在这一数据集上构建**数据质量报告**。表 10.2 展示了数据质量报告的一部分。此时，乔斯林对于可用数据的数量、缺失值可能造成的问题以及数据集每列的类型最感兴趣。

表 10.2　SDSS 数据集中特征子集的分析

特征	数量	缺失值 %	基数	最小值	第 1 四分位数	平均值	中位数	第 3 四分位数	最大值	标准差
RUN	10 000	0.00	380	109.00	2821.00	3703.45	3841.00	4646.00	8095.00	1378.82
RA.1	10 000	0.00	9964	0.03	151.38	185.26	185.02	220.56	359.99	59.12
DEC.1	10 000	0.00	9928	−11.23	9.71	24.87	23.41	39.11	69.83	18.92
ROWC_U	10 000	0.00	1	0.00	0.00	0.00	0.00	0.00	0.00	0.00
ROWC_G	10 000	0.00	1	0.00	0.00	0.00	0.00	0.00	0.00	0.00
ROWC_R	10 000	0.00	1	0.00	0.00	0.00	0.00	0.00	0.00	0.00
ROWC_I	10 000	0.00	1	0.00	0.00	0.00	0.00	0.00	0.00	0.00
ROWC_Z	10 000	0.00	1	0.00	0.00	0.00	0.00	0.00	0.00	0.00
SKYIVAR_U	10 000	0.00	9986	−9999.00	459.81	78.89	798.27	1083.65	2197.09	450.26
SKYIVAR_G	10 000	0.00	9989	−9999.00	439.55	965.88	2957.92	6005.71	9913.59	2766.70
SKYIVAR_R	10 000	0.00	9988	−9999.00	123.31	201.91	1091.78	3347.77	4623.07	1514.50
SKYIVAR_I	10 000	0.00	9986	−9999.00	46.02	174.79	434.48	1825.93	2527.57	851.42
SKYIVAR_Z	10 000	0.00	9986	−9999.00	13.60	−234.23	49.57	75.39	205.07	44.51
PSFMAG_U	10 000	0.00	9768	7.47	20.60	21.08	21.13	21.598	26.19	0.85
PSFMAG_G	10 000	0.00	9743	8.30	19.06	19.48	19.54	19.967	26.17	0.78
PSFMAG_R	10 000	0.00	9744	7.45	18.23	18.65	18.68	19.113	26.49	0.76
PSFMAG_I	10 000	0.00	9744	7.13	17.83	18.27	18.26	18.722	25.46	0.80
PSFMAG_Z	10 000	0.00	9747	7.40	17.47	17.93	17.90	18.381	23.92	0.82
DEVFLUX_U	10 000	0.00	9990	−3.68	11.64	43.05	23.07	44.31	28 616.04	194.73

（续）

特征	数量	缺失值 %	基数	最小值	第 1 四分位数	平均值	中位数	第 3 四分位数	最大值	标准差
DEVFLUX_G	10 000	0.00	9987	−1278.28	48.79	143.71	77.06	133.46	614 662.80	2401.59
DEVFLUX_R	10 000	0.00	9983	−4.37	111.04	267.74	152.75	250.65	137 413.00	993.65
DEVFLUX_I	10 000	0.00	9980	−4.06	160.42	390.98	216.57	351.21	608 862.80	3041.20
DEVFLUX_Z	10 000	0.00	9983	−14.72	204.72	528.69	276.99	447.45	2 264 700.00	9073.95

491
～
492

乔斯林惊讶于没有任何一列含有缺失值。虽然这并非闻所未闻（特别是在像 SDSS 这样的数据由全自动流程生成的项目中），但很不寻常。SKYIVAR_U/G/R/I/Z 列（以及未显示于表 10.2 的一些列）的最小值是 −9999，这与其他列的测量值差别极大，意味着最终还是可能存在缺失值[注]。也有一些列——例如 ROWC_U/G/R/I/Z——的基数为 1，表明每行的值都是相同的。这些特征不含有实际信息，因此应当从数据集中移除。

进行了这样的初步分析后，乔斯林再次与爱德文和泰德会面来讨论数据质量问题，并大致审查图 10.2 中所示的领域概念，以便开始设置置于 ABT 中的实际描述性特征。爱德文大体上同意乔斯林创建的领域概念集，也非常赞同使用星系动物园分类作为生成目标特征的数据源。但他解释称乔斯林的使用位置信息的提议很可能没有用处，因此位置信息被排除出领域概念集。爱德文赞同泰德的观点，即大部分天体的摄谱数据无法获取，因而也被移出领域概念。最终的领域概念图如图 10.4 所示。爱德文帮助乔斯林将原始 SDSS 数据集的列对应到不同的领域概念，使得每个领域概念中都生成了不少描述性特征。

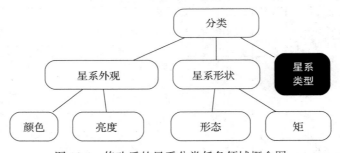

图 10.4   修改后的星系分类任务领域概念图

493

爱德文和泰德都惊异于在数据中看到缺失值，因为它们都是由全自动流程产生的。仅通过目视检查数据，乔斯林发现几乎在所有情况下，当数据集中的一行出现一个可疑的 −9999 值时，这一行还会出现多个可疑的 −9999（数据集中 2% 的行出现了这种情况）。虽然爱德文和泰德不能理解这究竟是如何发生的，但他们都认为这些情况下处理流水线显然出现了故障，−9999 这一数值肯定代表缺失值[注]。乔斯林使用了**完整实例分析**来彻底去除含有两个或多个 −9999——或缺失值——的行。但在进行这项操作前，她先确认了 3 个级别中每个级别（以及 5 个级别的模型中的每个级别）的缺失值都约为 2%，以确保缺失值与星系类型没有关系。由于不存在明显的关系，因此乔斯林确信去除含有缺失值的行不会对不同目标级别产生

⊖   许多系统都使用像 −9999 这样的值来表明值实际上是缺失的。

⊖   一行中同时出现多个缺失值是通过对数据进行概括分析难以发现的事情，这也是分析实践者应当始终在数据探索过程中目视检查数据集的原因之一。

不同的影响。

　　在科学场景中工作的一个优势是有大量文献讨论其他科学家解决类似问题的方式。乔斯林与爱德文一同浏览了相关文献并发现了一些非常有帮助的文章，其中讨论了可能对于星系形态分类非常有用的描述性特征⊖。特别是文献中提到，一些非常有趣的特征可以从已经存在于 SDSS 数据集的通量和星等测量值衍生得出。乔斯林实现了这些衍生特征，用于纳入最终 ABT。

　　在 SDSS 数据集的许多实例中，夜空天体在 SDSS 望远镜的五个不同成像波段分别测得的测量值是相同的。因此，乔斯林怀疑数据中存在大量冗余，因为不同波段的测量值很可能高度相关。为了验证这一想法，她为数据集中一些列的不同成像波段的版本生成了 SPLOM 图（如图 10.5 所示），图中显示出了显著的相关关系，证实了她的怀疑。乔斯林将这些图呈现给爱德文。爱德文同意不同成像波段的测量之间存在相关，但强调这些波段之间的区别可能对于预测星系形态非常重要。测量值之间的高度相关表明，特征选取在之后的建模阶段中非常重要，因为它具有大大降低数据集维度的潜力。

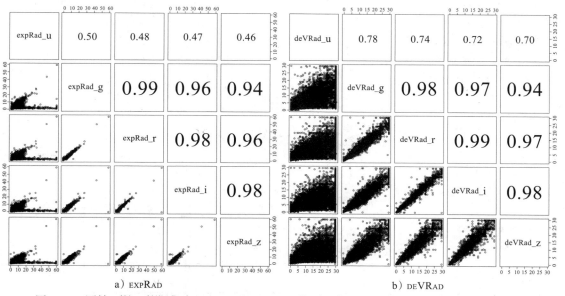

图 10.5　原始 SDSS 数据集中 exrRad 和 deVRad 的测量值的 SPLOM 图。每个 SPLOM 都展示了 SDSS 望远镜捕获的五个不同成像波段（u、g、r、i 和 z）的测量

　　此时 ABT 的设计已经完成。乔斯林在其中大多数地方直接使用了原始 SDSS 数据的描述性特征，并加入了少量在与爱德文进行文献调查时找出的衍生特征。乔斯林现在可以进入到**数据准备**阶段，届时她将用实例填充 ABT，详细分析其内容，并进行解决数据质量问题所需的变换。

10.3　数据准备

　　从原始 SDSS 数据集中去掉了大量列、引入了若干衍生特征、生成了两个目标特征之后，乔斯林生成了含有 327 个描述性特征和 2 个目标特征的 ABT。表 10.3 列出了这些特征

⊖　感兴趣的读者可能会发现 Tempel et al.（2011）、Ball et al.（2004）和 Banerji et al.（2010）是这一主题的优秀参考文献。

（在所有五个成像波段都出现的特征被记为 NAME_U/G/R/I/Z 以节省空间）[⊖]。

表 10.3　SDSS 星系分类问题的 ABT 中的特征

特征	特征	特征
SKYIVAR_U/G/R/I/Z	UERR_U/G/R/I/Z	EXPFLUX_U/G/R/I/Z
PSFMAG_U/G/R/I/Z	ME1_U/G/R/I/Z	EXPFLUXIVAR_U/G/R/I/Z
PSFMAGERR_U/G/R/I/Z	ME2_U/G/R/I/Z	MODELFLUXIVAR_U/G/R/I/Z
FIBERMAG_U/G/R/I/Z	ME1E1ERR_U/G/R/I/Z	CMODELFLUX_U/G/R/I/Z
FIBERMAGERR_U/G/R/I/Z	ME1E2ERR_U/G/R/I/Z	CMODELFLUXIVAR_U/G/R/I/Z
FIBER2MAG_U/G/R/I/Z	ME2E2ERR_U/G/R/I/Z	APERFLUX7_U/G/R/I/Z
FIBER2MAGERR_U/G/R/I/Z	MRRCC_U/G/R/I/Z	APERFLUX7IVAR_U/G/R/I/Z
PETROMAG_U/G/R/I/Z	MRRCCERR_U/G/R/I/Z	LNLSTAR_U/G/R/I/Z
PETROMAGERR_U/G/R/I/Z	MCR4_U/G/R/I/Z	LNLEXP_U/G/R/I/Z
PSFFLUX_U/G/R/I/Z	DEVRAD_U/G/R/I/Z	LNLDEV_U/G/R/I/Z
PSFFLUXIVAR_U/G/R/I/Z	DEVRADERR_U/G/R/I/Z	FRACDEV_U/G/R/I/Z
FIBERFLUX_U/G/R/I/Z	DEVAB_U/G/R/I/Z	DERED_U/G/R/I/Z
FIBERFLUXIVAR_U/G/R/I/Z	DEVABERR_U/G/R/I/Z	DEREDDIFF_U_G
FIBER2FLUX_U/G/R/I/Z	DEVMAG_U/G/R/I/Z	DEREDDIFF_G_R
FIBER2FLUXIVAR_U/G/R/I/Z	DEVMAGERR_U/G/R/I/Z	DEREDDIFF_R_I
PETROFLUX_U/G/R/I/Z	DEVFLUX_U/G/R/I/Z	DEREDDIFF_I_Z
PETROFLUXIVAR_U/G/R/I/Z	DEVFLUXIVAR_U/G/R/I/Z	PETRORATIO_I
PETRORAD_U/G/R/I/Z	EXPRAD_U/G/R/I/Z	PETRORATIO_R
PETRORADERR_U/G/R/I/Z	EXPRADERR_U/G/R/I/Z	AE_I
PETROR50_U/G/R/I/Z	EXPAB_U/G/R/I/Z	PETROMAGDIFF_U_G
PETROR50ERR_U/G/R/I/Z	EXPABERR_U/G/R/I/Z	PETROMAGDIFF_G_R
PETROR90_U/G/R/I/Z	EXPMAG_U/G/R/I/Z	PETROMAGDIFF_R_I
PETROR90ERR_U/G/R/I/Z	EXPMAGERR_U/G/R/I/Z	PETROMAGDIFF_I_Z
Q_U/G/R/I/Z	CMODELMAG_U/G/R/I/Z	GALAXY_CLASS_3
QERR_U/G/R/I/Z	CMODELMAGERR_U/G/R/I/Z	GALAXY_CLASS_5
U_U/G/R/I/Z		

乔斯林填充 ABT 之后生成了数据质量报告（最初的数据质量报告仅包含原始 SDSS 数据集的数据，因此需要包含实际 ABT 的第二份报告）并对每个描述性特征的特性进行了深入的分析。部分数据质量报告呈现于表 10.4 中。

FIBER2FLUXIVAR_U 特征的最大值的大小与其中位数和第 3 四分位数相比很不寻常，表明其中存在离群点。SKYIVAR_R 特征的平均值和中位数之间的差异也意味着其中存在离群点。类似地，LNLSTAR_R 特征的平均值和中位数之间的差异也表明这一特征的分布是严重偏斜的，进而表明其中存在离群点。图 10.6 展示了这些特征的直方图。可以从图中明显看出偏态分布和离群点的问题。一些其他特征也表现出类似的情况。

⊖　要了解这些特征的含义，读者可访问 http://skyserver.sdss3.org/dr9/en/sdss/data/data.asp。

表 10.4　SDSS 的 ABT 中特征子集的数据质量报告

特征	数量	缺失值 %	基数	最小值	第 1 四分位数	平均值	中位数	第 3 四分位数	最大值	标准差
SKYIVAR_U	640 432	0.00	639 983	0.00	465.53	784.78	793.20	1079.53	2190.05	447.36
SKYIVAR_G	640 432	0.00	640 081	0.00	442.55	3318.72	2949.62	6008.31	9898.47	2769.84
SKYIVAR_R	640 432	0.00	640 178	0.00	127.18	1629.86	1094.93	3342.65	4596.46	1513.38
SKYIVAR_I	640 432	0.00	640 042	0.00	48.28	842.18	436.13	1825.88	2515.35	852.73
SKYIVAR_Z	640 432	0.00	640 042	0.00	13.90	52.19	49.76	75.10	205.69	44.19
ME2_G	640 432	0.00	629 246	-0.96	-0.13	0.01	0.01	0.15	0.97	0.28
FIBER2FLUXIVAR_U	640 432	0.00	639 827	0.00	20.31	27.24	25.96	32.40	170.70	11.02
PSFMAG_U	640 432	0.00	632 604	13.76	20.59	21.05	21.12	21.58	25.56	0.81
PETROFLUXIVAR_U	640 432	0.00	627 391	0.00	0.16	0.40	0.31	0.53	6.29	0.36
LNLSTAR_R	640 432	0.00	639 690	-218 875.30	-12 623.05	-12 009.95	-6771.37	-4308.99	0.00	16 193.73
PETROMAG_R	640 432	0.00	628 562	11.72	16.76	17.08	17.29	17.61	22.72	0.75
EXPAB_I	640 432	0.00	623 467	0.05	0.49	0.65	0.67	0.81	1.00	0.20
DEREDDIFF_U_G	640 432	0.00	630 319	-2.47	1.29	1.61	1.67	1.89	6.67	0.40
DEREDDIFF_G_R	640 432	0.00	631 627	-1.06	0.64	0.82	0.84	0.99	4.70	0.27
DEREDDIFF_R_I	640 432	0.00	611 597	-4.46	0.36	0.39	0.40	0.44	2.22	0.10
DEREDDIFF_I_Z	640 432	0.00	615 131	-2.29	0.23	0.28	0.30	0.34	5.33	0.11
PETRORATIO_I	640 432	0.00	640 432	1.12	2.33	2.67	2.68	3.01	25.52	0.46
PETRORATIO_R	640 432	0.00	640 432	1.18	2.29	2.63	2.64	2.96	10.05	0.42
AE_I	640 432	0.00	640 432	0.00	0.13	0.27	0.23	0.38	0.90	0.18
MODELMAGDIFF_U_G	640 432	0.00	630 476	-2.45	1.33	1.65	1.71	1.94	6.83	0.40
MODELMAGDIFF_G_R	640 432	0.00	630 437	-1.05	0.68	0.85	0.87	1.03	4.75	0.27
MODELMAGDIFF_R_I	640 432	0.00	613 667	-4.46	0.38	0.41	0.42	0.47	2.25	0.10
MODELMAGDIFF_I_Z	640 432	0.00	615 346	-2.27	0.25	0.29	0.32	0.35	5.34	0.11
PETROMAGDIFF_G_R	640 432	0.00	631 901	-1.99	0.64	0.83	0.84	1.00	5.13	0.28
PETROMAGDIFF_R_I	640 432	0.00	612 827	-3.32	0.35	0.39	0.41	0.45	2.83	0.11
PETROMAGDIFF_I_Z	640 432	0.00	620 422	-4.43	0.19	0.24	0.27	0.33	3.69	0.15

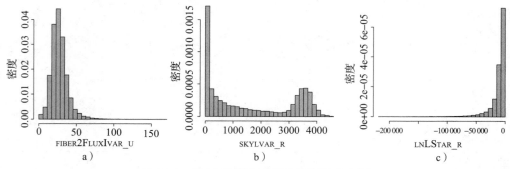

图 10.6　SDSS 数据集中部分特征的直方图

在爱德文的帮助下，乔斯林检查了 ABT 中的实际数据以确定特征中表现出明显偏斜或离群的极端值是**有效离群点**还是**无效离群点**。所有情形中的极端值最后都被确认是有效离群点。乔斯林决定使用**夹钳变换**来改变这些离群点，使其接近特征中央趋势。所有超过第 1 四分位数加上 2.5 倍四分位距的值都被减为这个值。变换中，标准的 1.5 倍四分位距被改为 2.5 倍以稍微减少这一操作的影响。

乔斯林还决定用标准分数将所有描述性特征归一化。ABT 中不同描述性特征的取值范围之间差异非常大。例如，deVAB_r 的取值范围很小，为 [0.05, 1.00]，而 aperFlux7Ivar_u 的取值范围很大，为 [−265 862, 15 274]。用这种方法标准化描述性特征可能能够改善最终预测模型的准确率。标准化的唯一缺点是使模型的可理解性下降。但在这个 SDSS 场景中，可理解性并不十分重要（构建的模型将添加到现有 SDSS 流水线，每天处理数千星系天体），因此标准化是合适的。

乔斯林还使用 3 级别模型进行了简单的一过（first-pass）特征选取来观察哪些特征可能会对星系形态具有较高的预测性。乔斯林使用了**信息增益**度量来对数据集中不同特征的预测性进行排名（进行这个分析时，只需忽略缺失值）。找出的对于预测星系形态最具预测力的列是 expRad_g（0.3908）、expRad_r（0.3649）、deVRad_g（0.3607）、expRad_i（0.3509）、deVRad_r（0.3467）、expRad_z（0.3457）以及 mRrCc_g（0.3365）。乔斯林为所有这些特征生成了相对于目标特征的直方图——例如，图 10.7 展示了 expRad_r 的直方图。很多情况下，不同星系类型对应着不同分布的直方图，这非常令人鼓舞。图 10.8 展示了 ABT 中一些由星系类型划分的特征的小型多重箱形图。每张图中三个箱形的差异表明每个特征都可能具有预测性。其中也可以看到大量离群点。

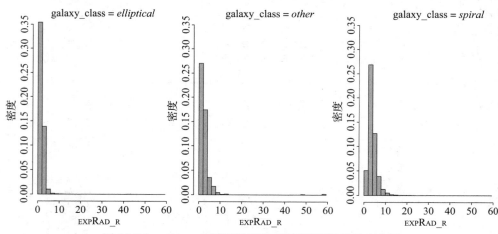

图 10.7　expRad_r 特征关于不同目标特征级别的直方图

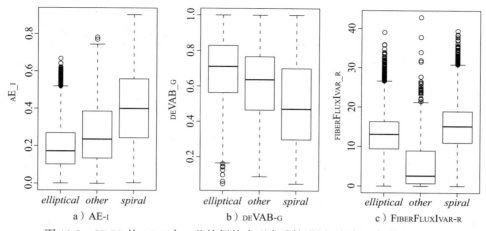

图 10.8　SDSS 的 ABT 中一些特征的小型多重箱形图（根据目标特征划分）

10.4　建模

SDSS 数据集中的描述性特征主要是连续特征。因此，乔斯林考虑试试 k **近邻**这个基于相似性的模型，以及**对数几率回归**和**支持向量机**这两个基于误差的模型。乔斯林先从用 3 级别目标特征构建简单的基准模型开始。

10.4.1　基准模型

由于 ABT 的大小问题，乔斯林决定将数据集分为**训练集**和一个大型**留出测试集**。训练集的子集还将在模型构建过程中用于**验证**。训练集构成了 ABT 中 30% 的数据（大约 200 000 个实例），测试集含有剩余 70%（大约 450 000 个实例）$^\ominus$。使用这一训练集，乔斯林对使用整个描述性特征集来预测 3 级别目标的模型进行了 10 重交叉验证实验。她将其用作基准性能分数，并在这一性能上谋求改善。在交叉验证实验中，k 近邻、对数几率回归和支持向量机分别达到了 82.912%、86.041% 和 85.942% 的准确率。评估这三个模型的混淆矩阵显示于表 10.5 中。

497
~
500

表 10.5　基准模型的混淆矩阵

a）k 近邻模型（分类准确率：82.912%，平均分类准确率：54.663%）				
		预测		召回率
		elliptical	*spiral*	*other*	
目标	*elliptical*	115 438	10 238	54	91.814%
	spiral	19 831	50 368	18	71.731%
	other	2905	1130	18	0.442%

b）对数几率回归模型（分类准确率：86.041%，平均分类准确率：62.137%				
		预测		召回率
		elliptical	*spiral*	*other*	
目标	*elliptical*	115 169	10 310	251	91.600%
	spiral	13 645	56 321	251	80.209%
	other	2098	1363	592	14.602%

$\ominus$　以相反的方式划分 ABT（70% 作为训练集，30% 作为测试集）更为常见。但在这个场景中，由于 ABT 太大，因而使用较大的测试样本会更加有用，含有 200 000 个实例的测试集已经完全够用。

（续）

c）支持向量机模型（分类准确率：85.942%，平均分类准确率：58.107%)				
		预测		召回率
		elliptical	*spiral*	*other*	
目标	*elliptical*	114 721	10 992	18	91.244%
	spiral	13 089	57 092	36	81.307%
	other	2654	1327	72	1.770%

这些初始基准的结果看起来很不错，但还是有一个关键的问题。使用 SDSS 数据训练的模型的性能受到数据中**不平衡目标级别**（target level imbalance）的严重影响——具有 *elliptical* 目标级别的样本数量大大多于 *spiral*，更远多于 *other* 目标级别。主导目标级别——例如本例中的 *elliptical* 目标级别——的存在，意味着用这个数据训练出的模型会对多数级别过度补偿而忽略了少数级别。例如，根据表 10.5c 的混淆矩阵，*elliptical* 目标级别的误分类率仅为 8.756%，而对于 *spiral* 目标级别则略高，为 18.693%。对于 *other* 目标级别，误分类率则达到了惊人的 98.230%。单个分类准确率性能度量隐藏了少数目标级别上的糟糕性能。而平均分类准确率则能凸显出这一问题。*k* 近邻、对数几率回归和支持向量机模型达到的平均分类准确率分别为 54.663%、62.137% 和 58.107%。乔斯林决定构建第二个模型集来解决目标级别不平衡的问题。

SDSS 数据集中的目标级别不平衡是由**相对稀缺性**（relative rarity）产生的[⊖]。在 SDSS 的大规模数据集中，*other* 和 *spiral* 类别中有大量星系，但 *elliptical* 类别中的星系数量则还要多得多。这种情况下，乔斯林使用**欠采样**来生成所有三个目标级别分布相等的新训练数据集。这种训练集叫作**欠采样训练集**（under-sampled training set）。乔斯林对这三种使用了新数据集的模型进行了相同的基准测试，产生的混淆矩阵如表 10.6 所示。

表 10.6　显示在欠采样训练集上训练的模型性能的混淆矩阵

a）*k* 近邻模型（分类准确率：73.965%)				
		预测		召回率
		elliptical	*spiral*	*other*	
目标	*elliptical*	23 598	4629	5253	70.483%
	spiral	4955	24 734	3422	74.700%
	other	3209	4572	25 628	76.711%

b）对数几率回归模型（分类准确率：78.805%)				
		预测		召回率
		elliptical	*spiral*	*other*	
目标	*elliptical*	25 571	4203	3706	76.378%
	spiral	3677	26 267	3166	79.331%
	other	2684	3763	26 963	80.705%

⊖　目标级别不平衡通常是由少数目标级别的**绝对稀缺性**（absolute rarity）或**相对稀缺性**产生的。绝对稀缺性指的是少数目标级别的样本数量太少的场景——例如，在产品线上的自动检查任务中，常常会出现可用于训练的缺陷产品样本数量太少的问题。而相对稀缺性则指的是具有多数目标级别的样本的比例远高于少数目标级别样本的比例，但实际上少数目标级别本身并不稀少。

（续）

c）支持向量机模型（分类准确率：78.226%）				
		预测		召回率
		elliptical	*spiral*	*other*	
目标	*elliptical*	24 634	4756	4089	73.579%
	spiral	3763	26 310	3038	79.460%
	other	2584	3550	27 275	81.640%

　　10 重交叉验证实验得出的分类准确率（这个情形中平均分类准确率和分类准确率相同，因为数据集是平衡的）对于 k 近邻、对数几率回归和支持向量机模型分别为 73.965%、78.805% 以及 78.226%。平衡数据集上的总体性能不如原始数据集上的性能，但对数据集进行平衡使得每个目标级别上的性能更为平均。这次我们可以对 *other* 目标级别进行真正的预测，而先前的结果中，这一目标级别实际上被完全忽略了。在这类场景中很难对模型做出选择，因为这实际上是在平衡应用中的需要——当系统出错时（因为总是无法避免其产生），哪种错误是最不糟糕的？在这个例子中，将本应为 *other* 的星系分类为 *elliptical* 更好还是更糟糕？乔斯林与爱德文就这一问题以及两个基准实验的结果进行了讨论，他们共同决定追求总分类准确率测得的最优性能是最好的，因为实践中，对于 SDSS 系统来说，关键就在于尽可能准确地分类 *elliptical* 和 *spiral* 星系。

　　建立了基准性能度量后，乔斯林将注意力转移到特征选取上，以期改善这些性能分数。

10.4.2　特征选取

　　在 SDSS 数据集中，许多特征在五个不同的成像波段中被表达了很多次，这使得乔斯林怀疑其中许多特征可能是冗余的，可以从数据集中删除。搜索特征子集的**特征选取**方法（称为**包装法**）由于同时考虑一组特征，因而在移除冗余特征方面比排名修剪方法表现得更好。因此，乔斯林选择使用**步进顺序搜索**（step-wise sequential search）来对三种模型进行特征选取。在所有情形中都使用了总分类准确率作为驱动搜索的适应度函数。特征选取后，测试集上 k 近邻、对数几率回归和支持向量机模型的分类准确率分别为 85.557%、88.829% 以及 87.188%。表 10.7 显示了产生的混淆矩阵。特征选取改善了所有情况下的性能。性能最佳的模型是对数几率回归模型。这个模型中，总共有 327 个特征，仅选取了 31 个特征[⊖]。在特征集中存在大量冗余的情况下，这并不奇怪。

502 ～ 503

表 10.7　特征选取后模型的混淆矩阵

a）k 近邻模型（分类准确率：85.557%，平均分类准确率：57.617%）				
		预测		召回率
		elliptical	*spiral*	*other*	
目标	*elliptical*	116 640	9037	54	92.770%
	spiral	15 833	54 366	18	77.426%
	other	2815	1130	108	2.655%

⊖　选取的特征是 AE_I、APERFLUX7IVAR_G、APERFLUX7IVAR_I、APERFLUX7_U、DERED_U、DEVAB_R、DEVRADERR_Z、DEVRAD_U、DEREDDIFF_G_R、EXPRAD_G、EXPRAD_R、FIBER2FLUXIVAR_Z、FIBER2MAGERR_G、FIBERFLUXIVAR_R、FRACDEV_Z、LNLDEV_G、LNLDEV_R、LNLDEV_U、LNLDEV_Z、MCR4_Z、PETROFLUXIVAR_G、PETROFLUXIVAR_I、PETROR50ERR_R、PETROR50_G、PETROR90_G、PETRORATIO_R、PSFFLUXIVAR_I、PSFMAGERR_R、PSFMAG_R、SKYIVAR_U 以及 SKYIVAR_Z。

（续）

b) 对数几率回归模型（分类准确率：88.829%，平均分类准确率：67.665%）				
		预测		召回率
		elliptical	*spiral*	*other*	
目标	*elliptical*	117 339	8302	90	93.326%
	spiral	10 812	59 297	108	84.448%
	other	1757	1273	1022	25.221%

c) 支持向量机模型（分类准确率：87.188%，平均分类准确率：60.868%）				
		预测		召回率
		elliptical	*spiral*	*other*	
目标	*elliptical*	115 152	10 561	18	91.586%
	spiral	11 243	58 938	36	83.938%
	other	2528	1237	287	7.080%

504

根据这些结果，乔斯林确定了使用精简特征集的对数几率回归模型是用于星系分类的最佳模型。该模型的预测准确率最好，并具有进行高速分类的潜力，这非常利于将其集成到 SDSS 流水线中。对数几率回归模型还能随预测产生信心程度，爱德文对此很感兴趣，因为这就意味着他可以在流水线中构建测试，将分类信心程度低的星系进行转发以便人工确认自动系统所做出的预测。

10.4.3   5 级别模型

要解决更为细致的 5 级别（*elliptical*、*spiral_cw*、*spiral_acw*、*spiral_eo* 以及 *other*）分类任务，乔斯林尝试了两种方法。第一种是使用 5 目标级别模型进行预测。第二种是使用**两阶段模型**（two-stage model）。此时，首先使用用于 3 目标特征级别的对数几率回归模型，然后训练一个仅分辨不同漩涡星系类别（*clockwise*、*anti-clockwise* 以及 *edge-on*）的模型来进一步对第一阶段中被分类为 *spiral* 的星系进行分类。

根据 3 级别分类问题中对数几率回归模型的性能，乔斯林在 5 级别数据集上训练了一个对数几率回归分类器，并使用 10 重交叉验证进行评估。与之前模型所用的方法类似，乔斯林使用了**步进顺序搜索**选取特征来找出模型的最佳特征子集。整个特征集中仅选取出了 11 个特征[⊖]。乔斯林能够构建的性能最好的模型的最终分类准确率是 77.528%（其平均分类准确率为 43.018%）。这一测试的混淆矩阵显示于表 10.8。这个模型的总准确率某种程度上可以与 3 级别模型的总准确率相比。分类器准确地预测了具有 *elliptical* 目标级别的星系，并较为准确地预测出了具有 *spiral_eo* 目标级别的星系。但模型区分顺时针（*spiral_cw*）和逆时针（*spiral_acw*）漩涡星系的能力非常差。

505

表 10.8   5 级别对数几率回归模型的混淆矩阵（分类准确率：77.528%，平均分类准确率：43.018%）

		预测					召回率
		elliptical	*spiral_cw*	*spiral_acw*	*spiral_eo*	*other*	
	elliptical	120 625	46	1515	3450	95	95.939%
	spiral_cw	7986	373	4715	2176	30	2.443%
目标	*spiral_acw*	8395	435	4928	2272	35	30.673%
	spiral_eo	8719	75	1018	28 981	78	74.556%
	other	3038	30	218	619	148	3.660%

⊖   选出的特征为 skyIvar_u、petroFluxIvar_i、petroR50Err_g、deVRad_g、deVRadErr_r、deVRadErr_i、deVAB_g、expFlux_z、aperFlux7_z、aperFlux7Ivar_r 以及 modelMagDiff_i_z。

为测试两阶段分类器，乔斯林从原始 ABT 中提取了一个仅包含漩涡星系的小 ABT。乔斯林使用这一新 ABT 训练了一个区分三种漩涡星系（*spiral_cw*、*spiral_acw* 以及 *spiral_eo*）的对数几率回归模型。她再次使用步进顺序特征选取，这次选出了 32 个特征[⊖]。这一模型能够达到 68.225% 的分类准确率（其平均分类准确率为 56.621%）。其混淆矩阵显示于表 10.9。尽管从混淆矩阵可以看出模型能够对侧向漩涡星系和其他两种类型进行区分，但它却无法区分顺时针和逆时针漩涡星系。

表 10.9　仅分辨漩涡星系的类型的对数几率回归模型的混淆矩阵
（分类准确率：68.225%，平均分类准确率：56.621%）

| | | 预测 | | | 召回率 |
		spiral_cw	*spiral_acw*	*spiral_eo*	
	spiral_cw	5753	6214	3319	37.636%
目标	*spiral_acw*	6011	6509	3540	40.528%
	spiral_eo	1143	2084	35 643	91.698%

506

尽管模型难以分辨顺时针和逆时针漩涡星系，乔斯林还是对**两阶段模型**进行了评估。这个模型首先使用 3 级别对数几率回归模型来分辨 *elliptical*、*spiral* 和 *other* 目标级别。被归类为 *spiral* 目标级别的所有天体随后都被提供给训练用于分辨这三个漩涡星系类型的模型。两阶段模型达到了 79.410% 的分类准确率。其混淆矩阵显示于表 10.10。

表 10.10　5 级别两阶段模型的混淆矩阵（分类准确率：79.410%，平均分类准确率：53.118%）

| | | 预测 | | | | | 召回率 |
		elliptical	*spiral_cw*	*spiral_acw*	*spiral_eo*	*other*	
	elliptical	117 339	76	2510	5716	90	93.326%
	spiral_cw	2354	4859	5242	2802	23	31.799%
目标	*spiral_acw*	2473	5079	5499	2990	25	34.229%
	spiral_eo	5985	965	1760	30 102	60	77.439%
	other	1757	98	341	834	1022	25.222%

尽管两阶段模型的性能好于更为简单的 5 级别模型，但它在分辨不同旋涡星系类型上的表现仍然非常糟糕。乔斯林与爱德文讨论了这个模型，他们都认为这一性能无法达到 SDSS 科学家所要求的能够纳入 SDSS 处理流水线的程度。构建一个能够分辨顺时针和逆时针漩涡星系的模型是几乎完全可以做到的，但这很可能需要根据对原始星系图像应用图像处理技术来算出新特征。由于这一项目的剩余时间已经不充裕了，乔斯林没有采取这种方法。在与爱德文进行协商后，她决定仅使用 3 级别模型。性能最好的模型是特征选取后的 3 级别对数几率回归模型（该模型的性能显示于表 10.7b）。选择了这个性能最佳的模型后，乔斯林就可以进行最终的评估实验了。

507

10.5　评估

乔斯林进行的最终评估分为两部分。第一部分中，她在 10.4 节提到过的大型测试集上

⊖　选出的特征为 AE_I、APERFLUX7IVAR_R、CMODELFLUXIVAR_U、DEVABERR_G、DEVABERR_Z、DEVAB_G、DEVAB_I、DEVFLUXIVAR_U、DEVMAGERR_U、DEVRAD_G、DEVRAD_U、DEREDDIFF_U_G、EXPABERR_U、EXPAB_G、EXPMAG_Z、EXPRADERR_U、FIBER2FLUXIVAR_R、FIBER2MAG_I、FIBERFLUXIVAR_G、FIBERFLUX_G、FIBERFLUX_R、FIBERFLUX_Z、LNLDEV_R、MCR4_Z、ME1E1ERR_Z、ME1_U、MODELMAGDIFF_R_I、PETROMAGDIFF_R_I、PETROR90_R、PSFMAG_U、SKYIVAR_U 以及 U_R。

对选择的最终模型——使用选取后特征子集的 3 级别对数几率回归模型——进行了评估实验。在训练中没有使用过这一数据集，因此模型在这一数据集上的性能应当能体现出模型部署后在真实的未知数据上的表现。表 10.11 显示了这一测试的混淆矩阵。其分类准确率为 87.979%（平均分类准确率为 67.305%），这与它在训练数据上的性能类似，大大超过了乔斯林和爱德文在项目开始时确定的目标。

表 10.11　最终的对数几率回归模型在大型留出测试集上的混淆矩阵（分类准确率：87.979%，平均分类准确率：67.305%）

		预测			召回率
		elliptical	*spiral*	*other*	
目标	*elliptical*	251 845	19 159	213	92.857%
	spiral	25 748	128 621	262	83.179%
	other	4286	2648	2421	25.879%

　　第二部分评估的目的是在 SDSS 科学家中树立他们对乔斯林构建的模型的信心。这一评估中，爱德文和他的四名同事独立地查看了 200 个从最终测试集随机选取的星系图片，并将其归类为三种星系类型中的一种。从每个星系的五个人工分类结果中计算出其多数类别。通过比较人工分类与乔斯林构建的模型的分类，乔斯林提取出了两个关键指标。首先，乔斯林通过比较她的模型对这 200 个星系的预测和 SDSS 科学家做出的人工预测，计算了平均分类准确率。平均分类准确率为 78.278%，这与在整个测试集上测得的准确率相似。

508　　然后，乔斯林计算了五名 SDSS 科学家进行人工分类的**评分者间一致性**（inter-annotator agreement）统计量。乔斯林使用**评分者间一致性**的**科恩卡帕**[○]（Cohen's kappa）度量来测量人工分类之间的匹配程度，结果为 0.6。乔斯林表明了即使是 SDSS 科学家本身也不能在某个星系的类型上达成一致。这在这类场景中并不罕见，其中分类在边界附近具有某种程度的模糊性——比如，*elliptical* 和 *spiral* 之间的那条线很难准确定义。这一结果还促使科学家之间进行了很有意思的讨论！

　　综合模型在大型测试数据集上的出色表现和通过人工标注实验构建起来的信心，意味着爱德文和他的同事非常乐意将 3 级别模型整合到 SDSS 处理流水线中。

10.6　部署

　　爱德文认可了乔斯林构建的模型后，乔斯林再一次与泰德见面来开始将模型整合到 SDSS 处理流水线中。这是一个相当简单的过程，仅需要讨论几个问题。首先是，乔斯林已经将 SDSS 数据进行了预处理以标准化所有描述性特征。标准化参数（每个特征的平均值和标准差）需要被纳入流水线中，用以在新实例到达模型前对其进行相同的预处理。

　　其次是在星系分类处理中加入了一个允许 SDSS 专家进行人工审核的程序。使用对数几率回归模型的一个好处是，在进行分类时模型还能给出概率。由于有三个目标级别，预测概率约为 0.333 就表明模型做出的预测非常不确定。一个系统被加入 SDSS 处理流水线，用来标记被赋予低概率的预测的星系，以供人工审核。

　　最后，需要加入一个长期监视模型性能的策略，以便在出现任何**概念漂移**时进行提示。509 ～ 510乔斯林与泰德同意加入一个使用**稳定性指数**的警告系统。这个系统会在稳定性指数高于 0.25 时报警，以提醒相关人员考虑对模型进行重新训练。

○　科恩卡帕统计量是由 Cohen（1960）首先提出的。使用科恩卡帕统计量，值为 1.0 表示完全一致，值为 0.0 表示一致性不强于随机。0.6 左右的值通常被认为表明可接受的一致水平，虽然确定可接受或不可接受的具体数值非常依赖于所处的任务环境。

第 11 章

面向预测数据分析的机器学习艺术

在得到资料前就妄下结论是一个巨大的错误。人们不知不觉地就会扭曲事实以符合他的结论，而非从事实中得出结论。

——夏洛克·福尔摩斯

预测数据分析项目使用机器学习来构建模型，这个模型刻画大型数据集中若干描述性特征和一个目标特征之间的关系。当学习涉及从一组特定实例的集合中推导一个总的规则时，我们使用一种称为归纳学习的特定学习方法。这一观测结论十分重要，因为它凸显出机器学习与归纳学习具有相同的性质。其中一项性质是，归纳学习到的模型不能被确保是正确的。或者说，从样本中归纳出的总的规则并不一定在总体中的所有实例上成立。

归纳学习的另一项重要性质是，只有使用某种方法偏置了学习程序才可能进行学习。这就意味着我们需要告诉学习程序要在数据中寻找何种模式。这种偏置叫作归纳偏置。学习算法归纳偏置由定义算法要进行探索的搜索空间的假设集和算法使用的搜索程序构成。

除了机器学习算法编码的归纳偏置之外，我们还以许多方式对预测数据分析项目的结果进行偏置。考虑如下的问题：

预测分析的目标是什么？我们要使用/排除哪些描述性特征？我们将如何处理缺失值？我们将如何归一化特征？我们将如何表示连续特征？我们要创建哪种模型？我们要如何设置学习算法的参数？我们要遵循哪种评估程序？我们要使用哪些性能度量？

构建任何模型时都会涉及这些问题，而每个问题的答案都会引入某种偏置。我们常常被迫地根据直觉、经验和实验来回答这些问题，以及其他类似的问题。这就使得机器学习在某种程度上像一门艺术，而非一门严格的科学。而这也使机器学习成为一个非常迷人、非常值得投入的领域。

要成功地完成预测数据分析项目所必须回答的所有问题似乎令人喘不过气。这就是我们推荐使用 **CRISP-DM** 流程来在项目的生命周期中对其进行管理的原因。表 11.1 展示了 CRISP-DM 的各个阶段、在预测数据分析项目中每个阶段必须要回答的关键问题以及本书解决这些问题的章节之间的对应关系。

表 11.1　CRISP-DM 各个阶段在分析项目中提出的关键问题和本书章节的对应关系

CRISP-DM	开放性问题	章节
商业理解	要解决的组织问题是什么？预测模型能够用何种方法解决这个组织问题？我们是否具有环境流畅性？企业利用预测模型输出的接纳力有多少？可用的数据有哪些	第 2 章
数据理解	预测主体是什么？领域概念是什么？目标特征是什么？要使用哪些描述性特征	第 2 章

（续）

CRISP-DM	开放性问题	章节
数据准备	是否存在数据质量问题？我们如何处理缺失值？我们如何归一化特征？我们要使用什么特征	第3章
建模	我们要使用哪种模型？我们如何设置机器学习算法的参数？是否出现了欠拟合或过拟合	第4、5、6、7章
评估	我们要使用哪种评估程序？我们要使用哪些性能度量？模型是否满足需要	第8章
部署	我们如何在部署后评估模型？模型如何整合到组织当中	8.4.6节、第9和10章

别忘了，分析项目经常会出现反复，项目的不同阶段会反馈到先前的阶段而形成循环。另一个重点是，分析项目的目的是解决现实世界中的问题，要将注意力集中到解决问题而非花哨精致的建模技术上。我们坚定地认为，以分析项目为中心、提高项目成功率的最佳方法是使用结构化的项目生命周期，如我们推荐使用的 CRISP-DM。

11.1　预测模型的不同视角

在所有预测分析项目中，一个关键的步骤是确定使用何种预测模型。本书中我们已经呈现了一些最常用的预测模型以及用于构建它们的机器学习算法。我们围绕四种学习方法来组织这些内容：基于信息的、基于相似性的、基于概率的和基于误差的。这些方法的数学基础可以使用四个简单（但重要）的公式来描述：克劳德·香农的**熵模型**（式（11.1））、**欧几里得距离**（式（11.1））、**贝叶斯定理**（式（11.3））以及**误差平方和**（式（11.4））。

$$H\left(t,\mathcal{D}\right)=-\sum_{l\in\text{levels}(t)}\left(P\left(t=l\right)\times\log_2\left(P\left(t=l\right)\right)\right) \tag{11.1}$$

$$\text{dist}\left(\mathbf{q},\mathbf{d}\right)=\sqrt{\sum_{i=1}^{m}\left(\mathbf{q}[i]-\mathbf{d}[i]\right)^2} \tag{11.2}$$

$$P\left(t=l\,|\,\mathbf{q}\right)=\frac{P\left(\mathbf{q}\,|\,t=l\right)P\left(t=l\right)}{P\left(\mathbf{q}\right)} \tag{11.3}$$

$$L_2\left(\mathbb{M}_{\mathbf{w}},\mathcal{D}\right)=\frac{1}{2}\sum_{i=1}^{n}\left(t_i-\mathbb{M}_{\mathbf{w}}\left(\mathbf{d}_i\right)\right)^2 \tag{11.4}$$

理解这四个公式是理解科学建模的诸多方面的数学根基。了解这四个公式如何用于我们描述过的机器学习算法（ID3、k 近邻、使用梯度下降的多变量线性回归以及朴素贝叶斯）是在预测数据分析领域开创事业的根基。

我们用于区分不同机器学习算法的分类法是基于人类进行学习的方法的，可以说算法是在模仿这种学习方法。这不是区分算法和算法产生的模型的唯一方法。对其他常用的区分算法的方法进行了解是有益的，因为这种了解能够让我们对在特定场景中选择最合适的算法和模型产生见解。

我们要讨论的第一种对模型的区分是**参数**（parametric）和**非参数**（non-parametric）模型的区别。这种区别不是绝对的，但它大体上说明了用于定义模型的**领域表示**（domain representation）的大小是仅由这个领域中的特征数量决定还是受数据集实例数量的影响。在参数模型中，领域表示的大小（比如参数的数量）独立于数据集中实例的数量。参数模型的例子有第 6 章的朴素贝叶斯和贝叶斯网络模型，以及第 7 章的简单线性回归和对数几率回归模型。例如，朴素贝叶斯模型所需的参数仅依赖于领域中特征的数量，而与实例的数量无关。类似地，对数几率回归模型中所使用的权值数量是由描述性特征的数量确定的，与训练数据中的实例数量无关。

在非参数模型中，模型使用的参数数量随实例数量的增加而增加。最近邻模型显然是一种非参数模型。当新实例被加入特征空间后，模型对领域的表示的大小也随之增加。决策树也被认为是一种非参数模型。原因是当从数据中训练决策树时，我们在训练前不假设定义这棵树的参数集是固定的。相反，树的分支和深度与训练这棵树的数据集的复杂程度相关。如果数据集中加入了新实例并且重新训练决策树，那么我们很可能会得到另外一颗（可能会非常）不同的树。支持向量机也是非参数模型。它会保留数据集中的某些实例——有可能是所有实例，虽然在实践中保留的实例数量非常少——作为领域表示的一部分。因此，支持向量机使用的领域表示的大小可能因数据集中新增了实例而改变。

总的来说，参数模型对一个领域内数据隐含的分布的假设更强。例如，线性回归模型假设描述性特征和目标特征之间的关系是线性的（这是对该领域中分布的强假设）。非参数模型更为灵活，但难于应对大型数据集。例如，1 近邻模型能够对不连续决策曲面进行灵活建模，但当实例的数量增加时，模型的时间和空间复杂度也会增加。

当数据集很小时，参数模型的性能可能会很好，因为如果模型做出的强假设正确的话，便能够使模型避免过拟合。而当数据集的大小增加时，尤其是如果类别之间的决策边界非常复杂，那么让数据更为直接地将这一情况告诉预测模型就更加合理。显然，与非参数模型和大数据集对应的计算开销是不容忽视的。然而，支持向量机是一种很大程度上能够避免这些问题的非参数模型。因此，支持向量机往往是有许多数据的复杂领域的好选择。

另一种重要的分类模型的区别是，它们是**生成式**（generative）的还是**判别式**（discriminative）的。如果模型可以用来生成与产生模型的数据集具有相同特性的数据，则该模型是生成式的。为此，生成式模型必须学习或编码每个类别的数据的分布。第 6 章所述的贝叶斯网络模型便是一种生成式模型⊖。实际上，用于估计概率的马尔科夫链蒙特卡洛方法正是基于这种事实，即我们可以运行模型来生成类似用于生成模型的数据集的分布的数据。由于 k 近邻模型显式地对每个类别的数据分布进行建模，因此它也是生成式模型。

相对地，判别式模型学习类别之间的边界，而非不同类别的分布特性。支持向量机与第 7 章所述的其他模型是判别式模型。一些情况下它们学习类别之间的硬边界，而在另一些情况下——比如对数几率回归——它们学习考虑了与边界距离的软边界。但这些模型都学习了一个边界。决策树模型也是判别式模型。决策树模型是通过迭代地将特征空间划分为属于不同类别的区域来工作的，因此它通过聚合属于同一类别的相邻区域来定义决策边界。基于**装袋法和提升法**的决策树**模型组合**也是判别式模型。

这种生成式与判别式的区分方法不仅是标注方式的不同而已。生成式和判别式模型学习不同的概念。从概率的角度来说，使用 **d** 来表示描述性特征值的向量并使用 t_l 来表示目标级别，生成式模型的工作方式是：

1. 学习类别条件密度（即每个目标级别的数据的分布）$P(\mathbf{d} \mid t_l)$ 以及类别先验 $P(t_l)$；

⊖ 在此将模型归类为生成式或者判别式时，我们所说的是一般情况。实际上，所有模型都可以用生成式或判别式的方法训练。不过，一些模型适合于生成式训练，另一些则适合于判别式训练，这是我们进行讨论的出发点。

2. 随后使用贝叶斯定理来计算类别后验概率 $P(\mathbf{d} \mid t_l)^{\ominus}$；

3. 最后在类别后验上应用决策规则来返回目标级别。

相对地，判别式模型的工作方式是：

1. 直接从数据学习类别后验概率 $P(t_l \mid \mathbf{d})$；

2. 随后在类别后验上应用决策规则来返回目标级别。

这一生成式模型和判别式模型学习内容的不同非常重要，因为类别条件密度 $P(\mathbf{d} \mid t_l)$ 与类别后验概率 $P(t_l \mid \mathbf{d})$ 相比可能非常复杂（如图 11.1 所示）。因此，生成式模型试图学习的预测问题的解决方案比判别式模型的更为复杂。

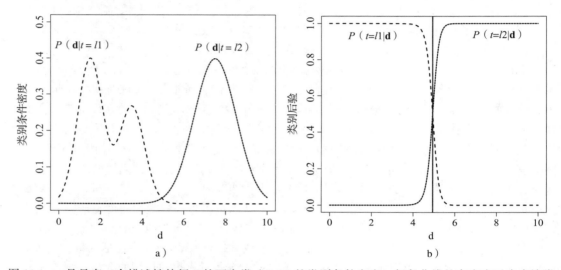

图 11.1　a 是具有一个描述性特征 $\mathbf{d}$ 的两个类（$l1, l2$) 的类别条件密度。每条曲线的高度表示来自该类的实例的 $\mathbf{d}$ 值密度。b 是每个类别不同 $\mathbf{d}$ 值的后验概率。注意类别后验概率 $P(t = l1|\mathbf{d})$ 不受对应的类别条件密度 $P(\mathbf{d}|t = l1)$ 的影响。这表明类别后验概率比类别条件概率要简单。b 中的垂直实线绘制出了假设两个目标级别（即 $P(t = l1) = P(t = l2)$) 均匀分布的先验时能最小化误分类率的 $\mathbf{d}$ 值决策边界。此图基于 Bishop（2006）的图 1.27

在描述性特征非常多的时候，学习类别条件密度而非后验类别概率的潜在困难更大，因为当 $\mathbf{d}$ 的维数增加，我们就需要越来越多的数据来构建对 $P(t_l \mid \mathbf{d})$ 的估计。因此，在复杂领域中，判别式模型很可能更为准确。然而，正如机器学习中常常出现的情况，这并不是关于生成式模型与判别式模型优劣的讨论的终点。生成式模型倾向于具有更高的偏置——它对要学习的分布的形式进行了更多的假设。例如，就像我们在第 6 章对概率的讨论，生成式模型编码关于 $\mathbf{d}$ 中描述性特征独立的假设。这听起来像是生成式模型的另一大问题。不过，在我们已对特征之间独立关系具有相当多先验知识的领域中，我们可以将这一先验结构信息编码到生成式模型中。这种结构信息能够将模型偏置为有助于避免过拟合的形式。因此，生成式模型在具有良好先验知识的小数据集上的性能可能会强于判别式模型。而相反，当训练数据的数量增加时，施加于生成式模型上的偏置就可能会变得大于训练好的模型的误差。一旦数据集的大小超出这一转折点，判别式模型的性能就会优于生成式模型。

关于生成式模型和判别式模型的优点和缺点的辩论可以不局限于模型准确性。在不同的

⊖　我们也可以将生成式模型形式化为直接学习联合概率 $P(\mathbf{d}, t_l)$ 并从这一分布计算所需的后验。

讨论主题下，它也可以包括处理缺失值、未标注的数据和特征预处理的能力。我们此处不讨论这些主题。不过值得一提的是，合适地选择生成式模型或判别式模型依赖于具体场景，对许多不同类型的模型进行评估是最保险的做法。表 11.2 总结了本书呈现的模型类型的不同视角。

516
～
517

表 11.2　基于参数和非参数以及生成式和判别式的区别的模型分类

模型	参数 / 非参数	生成式 / 判别式
k 近邻	非参数	生成式
决策树	非参数	判别式
装袋法 / 提升法	参数[①]	判别式
朴素贝叶斯	参数	生成式
贝叶斯网络	参数	生成式
线性回归	参数	判别式
对数几率回归	参数	判别式
支持向量机	非参数	判别式

①尽管组合中的单个模型可以是非参数的（例如，使用决策树时），但组合模型本身被认为是参数的。

11.2　选择机器学习方法

本书呈现的每种机器学习方法都包括独特的预测模型，它们各自具有强项和弱项。这就产生了何时使用何种机器学习方法的问题。首先要理解的一件事情是，不存在一种总是能胜过其他方法的最好方法。这也被称为**没有免费午餐定理**（Wolpert，1996）。直觉上来看，这个定理是有道理的，因为每个算法都编码一组独有的假设（即学习算法的**归纳偏置**），而适合于某个领域的假设未必适用于另一个领域。

我们可以看到每个算法所编码的假设反映在它们在类别预测任务中学到的**决策边界**的特性上。为阐明这种特性，我们创建了三个人工数据集，并在每个数据集上训练了四种不同的模型。图 11.2 的第一行图像展示了三个人工数据集是如何生成的。第一行的每张图像都展示了一个由两个连续描述性特征 F1 和 F2 定义的特征空间，并被三种人工生成的决策边界划分为好（*good*）区域和坏（*bad*）区域⊖。接下来的图像中，我们展示了四个不同的机器学习算法在根据第一行所示的决策边界生成的训练数据集上学习到的决策边界。顺序从上到下，我们展示了决策树（未剪枝）、最近邻模型（$k = 3$ 并使用了多数投票）、朴素贝叶斯模型（使用了正态分布来表示两个连续特征的值）以及对数几率回归模型（使用了简单线性模型）。这些图中，训练数据的实例显示为特征空间中的符号（三角代表 *good*，十字代表 *bad*），每种算法学习到的决策边界用黑色粗线表示，而其实际决策边界通过背景填充色表示。

518

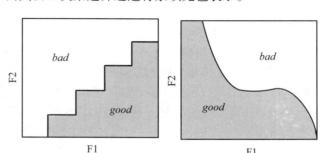

图 11.2　在三个人工数据集上由四种不同的机器学习算法所习得的决策边界的图示

⊖　这个例子部分受到 Tom Fawcett 的"机器学习分类器图库"的启发，网址为 home.comcast.net/~tom.fawcett/public_html/ML-gallery/pages/。

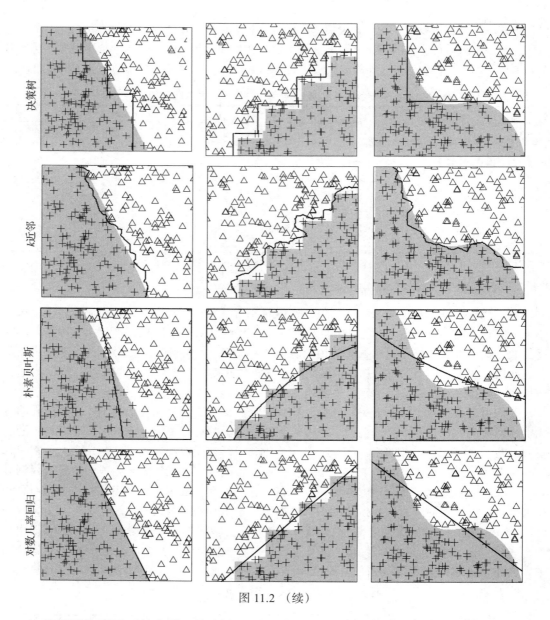

图 11.2 （续）

这些例子表明了两件事情。首先，每种算法学习到的决策边界都是算法的特性。例如，由于受特征的值在决策树中进行划分的方式影响，决策树模型的决策边界具有阶梯形的特性，而 k 近邻模型的决策边界则明显是参差不齐的，因为它仅关注局部。决策边界的独特外观与模型内部所使用的表示方法和算法用于构建模型所编码的归纳偏置有关。从图 11.2 的图像中可以明显看出的第二件事是一些模型比其他模型能更好地表示隐含的决策边界。对数几率回归模型学习到的决策边界与第一列数据集的隐含决策边界最为匹配，决策树模型似乎最适于第二列的数据集，而 k 近邻模型则看起来最适于第三列的数据集。

真实的数据分析项目使用的数据集比图 11.2 中所示的数据集要复杂得多。因此，选择使用哪种模型应当取决于项目特定目标的优先度以及数据中描述性特征和目标特征的类型。同时，总的来说，在项目初期仅选择一种机器学习方法并仅使用该方法并不是一个好主意。

相反，选择一些不同的方法并进行实验以评估哪种对特定项目来说最好则是更恰当的做法。然而，这仍然需要选择一些初始的方法。有两个问题需要考虑：

1. 机器学习方法是否与项目的要求相匹配？
2. 该方法是否适用于我们要进行预测的类型以及我们所使用的描述性特征类型？

519
〜
520

11.2.1　将机器学习方法和项目匹配

在许多情况下，一个项目的首要要求是创建一个准确的预测模型。准确性常常关乎机器学习算法刻画描述性特征与目标特征之间交互关系的能力。Caruana and Niculescu-Mizil（2006）以及 Caruana et al.（2008）研究了一系列模型在一些领域上的实证评估结果。他们发现，平均来看，组合模型和支持向量机属于最为精确的模型。而对于这些实验的一致性研究则表明，事实上对于某些领域，这些更为强大的模型表现得相当差，而在其他领域表现很弱的模型则取得了最佳的结果。这一研究和其他类似研究的主要结论是，不存在总是表现最好的机器学习方法，对不同方法进行实验是确保构建精确模型的最佳办法。

在特定部署场景下评估模型时，我们需要考虑的问题不仅是模型的准确性。为成功解决商业问题，模型必须准确，但它还必须满足这一商业场景的其他要求。有三个问题需要重点考虑：

- **预测速度**：模型进行预测的速度有多快？例如，对数几率回归模型能够非常快速地进行预测，因为预测仅需要计算回归方程并进行阈值化操作。而另一方面，k 近邻模型进行预测的速度非常慢，因为它必须将查询实例与训练集（通常很大）中的每个实例进行比较。这一不同计算量带来的时间差异也会影响到模型选择。例如，在实时信用卡欺诈预测系统中，可能会要求模型每秒进行数千次预测。即使为该问题部署了大量计算资源，k 近邻模型也不太可能达到所要求的计算速度。

- **重训练接纳力**：在 8.4.6 节我们讨论了可以用于监控模型性能的方法，以便提示已经出现的概念漂移并指示模型是否已经过时。当这些情况发生时，需要在某种程度上对模型进行改变以适应新的场景。对于一些建模方法来说这很简单，而对于另一些方法来说，则几乎不可能改造模型，仅有的选择就是放弃当前的模型并使用更新后的数据来训练一个新模型。朴素贝叶斯和 k 近邻模型是前者的典型例子，而决策树模型和回归模型则属于后者。

521

- **可理解性**：在许多场景中，企业不愿意仅是接受模型做出的预测并将其整合进自己的决策中。确切地说，他们会要求模型做出的预测能够得到解释和证明。不同的模型能提供不同水平的解释力，进而有不同水平的可理解性。例如，决策树模型和线性回归模型很容易被解释，而支持向量机和组合模型则几乎完全不可解释（因此它们常被称为**黑箱**（black box））。

总之，组合模型、支持向量机和贝叶斯网络总体上是比我们呈现的其他模型更为强大的机器学习方法。然而，这些方法更为复杂，需要更长的时间来训练，使用了更多的归纳偏置，并且与我们呈现的更简单的模型相比更难解释。此外，对机器学习方法的选择也依赖于应用场景的上述几个方面（速度、重训练接纳力以及可理解性），在选择机器学习方法上，这些因素常常比模型预测准确性更为重要。

11.2.2　将机器学习方法和数据匹配

将机器学习算法和数据集的特性进行匹配时，别忘了几乎每种方法都可以用于连续和类别描述性特征和目标特征。但某些方法比其他方法能更自然地用于某类数据，因此我们可以进行一些推荐。在数据方面，要考虑的第一件事是，目标特征是连续特征还是类别特征。如线性回归这样通过减少误差平方和来训练的模型天生适用于对连续目标特征进行预测。在我们考虑过的所有不同模型中，基于信息和基于概率的方法最不适用于这一情形。而如果目标特征是类别的，则基于信息和基于概率的方法很可能会表现得很好。在目标特征的级别数量超过两个时，使用基于误差的方法训练的模型会过于复杂。

如果数据集中的所有描述性特征都是连续的，则基于相似性的模型最为适用，特别是对于类别目标特征的情况。如果目标特征也是连续的，则基于误差的模型更好。当连续特征的数量很多时，基于概率的模型和基于信息的模型会变复杂，但如果数据集中的所有特征都是类别特征，那么基于信息和基于概率的模型更为合适。基于误差的模型此时不太适用，因为它需要将类别特征转换为一系列二元特征，这会导致维数增加。在许多情况下，数据集既包括类别描述性特征，也包括连续描述性特征。在这些场景中，最自然的方法很可能是最适用于多数特征类型的方法。

在选择机器学习方法时，关于数据要考虑的最后一点是**维度诅咒**。如果存在大量描述性特征，我们就需要大的训练数据集。**特征选取**是所有机器学习项目中的重要程序，一般都应当使用，不论要开发的是何种模型。即便如此，一些模型也比其他模型更容易受到维度诅咒的影响。基于相似性的模型对于维度诅咒特别敏感，在具有大量描述性特征的数据集上很难表现得较好。决策树模型在归纳算法中自带了特征选取机制，因此对这一问题更为健壮。

11.3 总结

从很多方面来看，预测数据分析项目中最为简单的部分是构建模型。机器学习算法告诉我们如何构建模型。找出围绕项目建模阶段的所有问题的答案是预测数据分析中困难而又迷人的部分。在预测数据分析项目的整个航程中，我们不得不使用直觉、经验以及实验来将项目驶向最佳的解决方案。要确保项目成功，我们应当根据如下几点来支撑决策：

- 变得环境流畅，这样我们可以与应用领域的专家进行交流；
- 探索数据以对其产生正确的理解；
- 认真清洗数据；
- 努力思考表示特征的最佳方式；
- 以及认真设计正确的评估程序。

本书的独到之处在于我们选择在场景中呈现机器学习。为此，我们加入了许多机器学习书籍不会讨论的话题，包括对商业理解、数据探索和准备以及案例分析的讨论。我们也为一些最流行的机器学习方法提供了深入的介绍，并包含了展示算法如何工作的例子。我们相信这本书将为你提供对于大量场景和机器学习核心技术的广泛理解，这能使你在预测数据分析领域成功地开拓事业。

然而，机器学习是一个很大的话题，一本书的篇幅却只有这么长。因此，我们不得不牺牲关于机器学习的某些方面的讨论，来纳入其他话题和实用范例。我们相信这本书将赋予你自己探索这些话题的知识和技能。为了提供一些帮助，我们推荐 Hastie et al.（2001）、Bishop（2006）以及 Murphy（2012）提供的、本书没有涵盖的对机器学习算法的更为广泛的讨论，包括无监督和强化学习方法。这些书籍适合为经验丰富的实践者以及机器学习方向本科以上的研究人员提供参考。你也许希望了解的其他机器学习话题包括**深度学习**（Bengio，2009; Hinton and Salakhutdinov，2006）、**多标签分类**（Tsoumakas et al.，2012）以及**图模型**（Kollar and Friedman，2009）。最后，希望你像我们一样发现机器学习的迷人和有益之处，也祝你在未来的学习中一切顺利。

机器学习的描述性统计量与数据可视化

本附录中我们会介绍对**中央趋势**（central tendency）和**离散度**（variation）的基础统计度量。我们还会介绍三个最重要和实用的、用于可视化单个特征的数据可视化技术：**条形图**（bar plot）、**直方图**（histogram）以及**箱形图**（box plot）。

A.1 连续特征的描述性统计量

为理解连续特征的特性，重点测量两个属性：特征的**中央趋势**以及特征的**离散度**。这是所有后续内容的基石，彻底理解它们是很重要的。

A.1.1 中央趋势

样本的中央趋势指的是样本的典型值，因此能够用来概括该样本。**算术平均**（arithmetic mean，又称为**样本平均**（sample mean），或仅称为**平均值**（mean））是最广为人知的对中央趋势的度量。一个特征 a 的 n 个值的算术平均用符号 $\bar{a}$ 来表示，计算方法为：

$$\bar{a} = \frac{1}{n}\sum_{i=1}^{n} a_i \tag{A.1}$$

图 A.1 展示了学校篮球队的一组球员及其身高。使用式（A.1），我们可以计算这些球员身高的算术平均：

$$\overline{\text{Height}} = \frac{1}{8} \times (150 + 163 + 145 + 140 + 157 + 151 + 140 + 149) = 149.375$$

这一平均身高在图 A.1 中用灰色虚线表示。算术平均是对**样本**（对于我们的目的来说，一个样本就是 ABT 中某个特征的值的集合）中央趋势的一个度量。由于算术平均易于计算和解释，因此它常常用作对 ABT 中某个特征的中央趋势的一个良好估计，是数据探索过程的一部分。

然而，对于中央趋势的任何度量都只是一种估计，因此我们必须认识到我们所使用的任何度量的局限性。例如，算术平均对于样本中很大或很小的值非常敏感。比如，假设我们的篮球队设法雇用了一名身高为 229cm 的冒名顶替球员，如图 A.2a 所示。全队的算术平均现在是 158.222cm，如图 A.2a 中的灰色虚线所示，不再能真正代表该球队的中

150 163 145 140 157 151 140 149

图 A.1　学校篮球队的球员。每名球员的身高列在该球员下方。灰色虚线表明这些球员身高的算术平均

央趋势。像这种异常大或小的值被称为**离群点**，而算术平均对离群点的存在非常敏感。

我们可以用不像平均值一样对离群点那么敏感的统计量来度量中央趋势。**中位数**（median）是样本中央趋势的另一种非常有用的度量。一系列值的中位数可以通过将这些值从小到大排序，并选择中间的值来算出。如果样本中值的数量为偶数，那么中位数就可以通过计算中间两个数的算术平均来获得。中位数不像算术平均那样对离群点敏感，因此，如果存

在离群点的话，中位数可以更为准确地估计一系列值的中央趋势。实际上，中位数与平均值之间差异过大表明特征值中可能有离群点。

图 A.2　图 A.1 中学校篮球队的球员。加入一名"冒名顶替球员"后：a 中的灰色虚线显示了球员身高的平均值；b 中的灰色虚线显示了球员身高的中位数，球员按身高排序

图 A.2b 展示了扩编的篮球队；按身高从低到高排序，每个球员的身高列在该球员下方。这个集合的中位数是 150，用灰色虚线显示在图 A.2b 中。在这个例子中，中位数能更好地刻画这一数值集合的中央趋势。

另一个常用的中央趋势度量是**众数**（mode）。众数就是一个样本中最常出现的值（通过样本中出现的每个值的频率来确定）。如果一个样本中的所有值出现的频率相同，那么就没有众数。对于图 A.2 中所示的扩编篮球队球员的身高来说，众数是 140，因为仅有这一个值出现了两次。在这个例子中，众数在度量中央趋势上并不是特别有效。相比于在连续特征中来说，众数在类别特征中更为有用，但当连续特征的样本足够大时，众数也可能会很有用。

A.1.2　离散度

在使用中央趋势的度量来描述数据的中心位置后，我们将注意力转移到数据的**离散度**上。图 A.3 展示了图 A.1 中所示球队的对手学校校篮球队。每名球员的身高列在该球员下方，灰色虚线展示了球员身高的算术平均，为 149.375，与先前的球队相同。第二支球队中每名球员的身高差异程度比第一支大得多（见图 A.1 和图 A.3）。描述性统计量为我们提供了一系列用于对离散程度进行测量的工具，用以区别这两支球队的身高集。实际上，统计学（乃至分析学）的大部分内容是关于描述与理解离散度的。

图 A.3　对手校篮球队的球员。球员的身高列在每名球员的下方。灰色虚线显示了球员身高的算术平均

最易计算的离散度度量是**极差**（range）。拥有 n 个值的样本的特征 a 的极差计算方法如下：

$$极差 = \max(a) - \min(a) \tag{A.2}$$

图 A.1 中所示的篮球队员的身高的极差是 163 – 140 = 23，而图 A.3 的球队则为 192 – 102 = 90。这些测量值符合我们对这些图的直观感觉——第二支球队的身高差异比第一支球队要大得多。使用极差的主要好处在于其计算的简便性。而主要缺点则是它对离群点非常敏感。

样本的**方差**（variance）是更有用的离散度的度量。方差测量样本中的每个值与样本平均值的平均差异。特征 a 中 n 个值的方差用 $\mathrm{var}(a)$ 来表示，计算方法为：

$$\mathrm{var}(a) = \frac{\sum_{i=1}^{n}(a_i - \bar{a})^2}{n-1} \tag{A.3}$$

526
〜
527

为了允许值和平均值的差可以为正数也可以为负数，我们对每个差值进行平方⊖。对于图 A.1 中给出的球员的身高来说，其平均值为 149.375，因此其方差的计算方法为：

$$\text{var}(\text{HEIGHT}) = \frac{(150-149.375)^2 + (163-149.375)^2 + \cdots + (149-149.375)^2}{8-1} = 63.125$$

对于图 A.3 中给出的球员的身高来说，其平均值也是 149.375，因此其方差的计算方法为：

$$\text{var}(\text{HEIGHT}) = \frac{(192-149.375)^2 + (102-149.375)^2 + \cdots + (188-149.375)^2}{8-1} = 1012.55$$

这个例子表明方差也能刻画第二支球队球员身高差别较第一支球队大得多的直观感受。这也显示出使用方差时产生的一个问题。由于取了这些差异的平方，方差的单位与原始数值的单位不同，因此并不能提供太多有用的信息——告诉一个人一支球队身高的方差是 63.125 而另一支是 1012.55，除了让他知道一支球队的方差大于另一支球队外，并不能提供其他特别有用的信息。

一个样本的**标准差**（standard deviation），即 sd，是用该样本方差的平方根来算得的：

$$\text{sd}(a) = \sqrt{\text{var}(a)}$$

$$= \sqrt{\frac{\sum_{i=1}^{n}(a_i - \overline{a})^2}{n-1}} \tag{A.4}$$

这就意味着标准差的度量单位与样本的单位相同，因此远比方差具有可解释性。只用平均值和标准差来对样本进行描述是很常见的。

第一支球队球员身高的标准差是 7.96，第二支球队则为 31.82。由于这些度量的单位与身高相同，因此它们能为我们提供对数据更为直观的理解，也容易对其进行比较。我们可以说，平均来看，第一支球队相对于平均值 149.375cm 来说差异为 8cm，而第二支的差异则约为 32cm。

百分位数（percentile）是另一种很有用的对特征离散度的度量。样本所有值的 $\frac{i}{100}$ 所取的值小于或等于样本的第 i 个百分位数。反过来，样本所有值的 $\frac{(100-i)}{100}$ 所取的值大于第 i 个百分位数。为计算特征 a 中 n 个值的第 i 个百分位数，我们首先降序排列这些值，并用 n 乘以 $\frac{i}{100}$ 来确定索引。如果索引是整数，我们就在排序后的数值列表中将位于索引位置的数值取出，作为第 i 个百分位数。如果索引不是整数，那么我们对第 i 个百分位数计算插值：

$$\text{第 } i \text{ 个百分位数} = (1 - index\_f) \times a_{index\_w} + index\_f \times a_{index\_w+1} \tag{A.5}$$

其中 $index\_w$ 是索引的整数部分，$index\_f$ 是索引的小数部分，而 a_{index_w} 则是排序后的值列表中位于第 $index\_w$ 个位置的数值。

例如，图 A.4 展示了图 A.3 中的校篮球队的球员，以身高排序。为计算其第 25 个百分位数，我们首先用 $\frac{25}{100} \times 8 = 2$ 算出索引。因此，第 25 个百分位数是有序列表中的第二个

⊖　我们除以 $n-1$（而不是 n），因为我们只是在用一个样本来计算方差，而一般来说，除以 $n-1$ 比除以 n 给出的对方差的估计更好。

数，即 122。为计算第 80 个百分位数，我们首先计算其索引，为 $\dfrac{80}{100} \times 8 = 6.4$。由于索引不是整数，我们令 *index_w* 为索引的整数部分 6，而 *index_f* 为小数部分 0.4。然后我们用表中的第 6 个数 165 和第 7 个数 188 来计算第 80 个百分位数：

$$(1 - 0.4) \times 165 + 0.4 \times 188 = 174.2$$

我们其实恰好已经使用过度量中央趋势的百分位数。中位数实际上就是第 50 个百分位数。

我们可以使用百分位数来描述被称为**四分位距**（Inter-Quartile Range，IQR）的离散度度量。四分位距是通过计算第 25 个百分位数和第 75 个百分位数的差得出的。这两者也分别被称为**下四分位数**（lower quartile，或第 1 四分位数）和**上四分位数**（upper quartile，或第 3 四分位数），因而得名四分位差。对于第一支篮球队的身高来说，四分位差是 151 – 140 = 11，而第二支球队则为 165 – 122 = 43。

图 A.4   图 A.3 中对手校篮球队的球员，以身高排序

A.2   类别特征的描述性统计量

上一节提到的统计量非常适用于描述连续特征，却无法用于描述类别特征。对于类别特征来说，我们主要关心其**频率计数**（frequency count）以及**比例**（proportion）。每个级别[（脚注）](#)的频率计数是通过统计该级别在样本中出现的次数而得出的。每个级别的比例则是通过用该级别的频率除以样本大小而计算出的。频率和比例一般呈现在**频率表**（frequency table）中，频率表显示某个特征每个级别的频率和比例，通常以频率降序排列。

例如，表 A.1 列出了学校篮球队每名球员在比赛中的位置，以及每名球员每月的平均训练开销。表 A.2 展示了球队中球员所在位置的频率和比例，基于表 A.1 所示的 POSITION 特征不同级别的出现次数。我们可以从本例看出，*guard* 级别出现得最为频繁，紧接着是 *forward* 和 *center*。

表 A.1   显示学校篮球队的各个位置（POSITION）及其月训练开销（TRAINING）的数据集

ID	POSITION	TRAINING EXPENSES	ID	POSITION	TRAINING EXPENSES
1	*center*	56.75	11	*center*	550.00
2	*guard*	1800.11	12	*center*	223.89
3	*guard*	1341.03	13	*center*	103.23
4	*forward*	749.50	14	*forward*	758.22
5	*guard*	1150.00	15	*forward*	430.79
6	*forward*	928.30	16	*forward*	675.11
7	center	250.90	16	*guard*	1657.20
8	*guard*	806.15	18	*guard*	1405.18
9	*guard*	1209.02	19	*guard*	760.51
10	*forward*	405.72	20	*forward*	985.41

注：POSITION 特征包含前锋（*forward*）、中锋（*center*）和后卫（*guard*）三类。

⊖   别忘了，我们将某个类别特征所能取到的每个值称为该特征的级别。

表 A.2　表 A.1 中学校篮球队数据集 Position 特征的频率表

级别	数量	比例
guard	8	40%
forward	7	35%
center	5	25%

根据这些频率计数以及比例，可以计算类别特征的**众数**（mode）。众数就是一个类别特征最频繁出现的级别，是类别特征中央趋势的一种度量方法。根据表 A.2 的计数，Position 特征的众数是 *guard*。我们也常常计算**第二众数**，就是一个特征第二常见的级别。本例中，第二众数是 *forward*。

A.3　总体与样本

在前面章节关于中央趋势和离散度的讨论中，我们一直使用**样本**一词来指代 ABT 中某个特征的值的集合。理解统计学中**总体**（population）与样本之间的差别非常重要。统计学中，总体这个术语用来代表某个研究或分析中我们感兴趣的所有可能的测量值或结果。而样本这个术语则指的是为进行分析而从总体中选择的一个子集。

例如，考虑表 A.3 展示的在 2012 年美国总统选举前不久进行的民意调查的一系列结果，其中米特·罗姆尼和巴拉克·奥巴马居于领先地位[⊖]。来自 PewResearch 的表内的第一个民意调查中，我们可以看到仅使用了有 2709 名潜在选民[⊜]的样本。这一民意调查在入主白宫的竞赛中将奥巴马置于罗姆尼前面。本例中，相关的实际总体是美国的全部选举人口，大约 240 926 957 人。在选举前逐一询问整个选举人口的选举倾向几乎是不可能的——毕竟真正的选举才会这么做——因此民意调查公司只选取一个样本。

表 A.3　2012 年美国总统选举前夕的一些民意调查结果

民意调查	奥巴马	罗姆尼	其他	日期	误差范围	样本大小
Pew Research	50	47	3	11 月 4 日	± 2.2	2709
ABC News/Wash Post	50	47	3	11 月 4 日	± 2.5	2345
CNN/Opinion Research	49	49	2	11 月 4 日	± 3.5	963
Pew Research	50	47	3	11 月 3 日	± 2.2	2709
ABC News/Wash Post	49	48	3	11 月 3 日	± 2.5	2069
ABC News/Wash Post	49	49	2	10 月 30 日	± 3.0	1288

尽管 2709 个选民构成的样本对于总体 240 926 957 来说可能太小了，但我们也能看到表中给出的民意调查的**误差范围**（margin of error）为 ±2.2%。误差范围考虑了这只是一个大得多的总体的一个样本这一事实[⊜]。表中的其他民意调查也是用类似大小的样本进行的。不过，你应当已经注意到了，总体来说，样本越大，误差范围越小。这反映了这样一个事实：如果使用更大的样本，那么我们对总体特征的估计就更有信心。

⊖　数据采集于 Real Clear Politics：www.realclearpolitics.com/epolls/2012/president/us/general_election_romney_vs_obama-1171.html。
⊜　潜在选民是注册选民的子集，被认定是最有可能在选举中真正进行投票的选民。
⊜　对于这类选举民意调查来说，这样大小的误差范围十分常见。

在选择样本时，使样本对总体具有代表性是很重要的。本例中，样本应当代表选举人口——例如，样本中的性别比例、年龄段比例应当具有代表性。如果样本缺乏代表性，那么我们可以说这个样本是**有偏**（biased）**样本**。使用**简单随机样本**（simple random sample）是避免有偏样本最为直接的方法。在简单随机样本中，总体中的每个条目进入样本的可能性是相同的。其他更加精心设计的采样方法可以用于确保样本能够保持总体中所具有的关系不变。我们在 3.6.3 节更为详细地讨论了采样方法。

在预测分析的场景中，样本是在 ABT 中出现的值的集合。总体是所有可能出现的值的集合。例如，在汽车保险索赔诈骗预测问题的 ABT 中，我们可能采用了过去发生的 500 起索赔案件。这就是我们的样本。总体就是过去发生过的所有索赔案件。

到此为止，我们已经概述了描述样本中数值的描述性统计量。我们如何将这些值与其背后的实际总体联系起来？描述总体的统计量被称为**总体参数**（population parameter）。我们一般使用样本的统计量（正如我们所计算过的那些）来估计总体参数。一个特征的总体平均通常用 μ 表示，而一般来说，给定一个足够大的样本，我们使用样本平均 $\bar{a}$ 作为 μ 的点估计。一个特征的总体方差通常用 σ^2 来表示。一般地，给定一个足够大的样本，我们使用样本方差 $\mathrm{var}(a)$ 作为 σ^2 的点估计。这一过程被称为统计推理。

细心的读者可能已经注意到在式（A.3）给出的方差的计算公式中，针对特征 a 的值与 $\bar{a}$ 的差的总和，我们并不是将其除以 a 在 ABT 中的值的总数 n，而是除以 $n-1$。我们除以 $n-1$，使得样本方差是总体方差的无偏估计。如果估计的方差平均来看等于总体的方差，我们便说估计是无偏的。而如果我们除以 n，则会得到有偏的估计，并且平均来看低估了方差。这样的微小区别正体现了在样本而不是总体上进行操作的不同。

A.4 数据可视化

数据可视化对数据探索的实施往往有极大的帮助。本节我们将介绍用于可视化单个特征值的三种重要的数据可视化技术：**条形图**、**直方图**以及**箱形图**。本节的所有例子都使用表 A.1 中的数据集，其中列出了一支学校篮球队每名球员在比赛中的位置，以及他们平均每月所需的训练开销。

A.4.1 条形图

我们能够用于数据探索的最简单的数据可视化形式就是条形图。条形图为一个类别特征的每个级别创建一个垂直的条形。每个条形的高度表明其相关级别的频率（读者很可能已经对条形图非常熟悉了）。条形图的一个轻度变体中，我们可以通过用频率除以数据集数值的总数来显示**密度**而非频率。这能让不同大小的数据集或样本的条形图进行比较，也被称为**概率分布**（probability distribution），因为密度实际上会告诉我们当在数据集中随机选择实例时我们选到某个级别的概率。

另一种基本条形图的简单变体使用降序排列条形[○]。通常我们用条形图来发现一个特征出现最频繁的级别，这种排序就使这一点更为明显。图 A.5 的范例展示了这三种不同的条形图，绘制的是表 A.1 中的 POSITION 特征。我们可以看出 *guard* 是出现最频繁的级别。

○ 这种图常被称为**帕累托图**（Pareto chart），特别是当图中还呈现了表明累积总频率或密度的线。

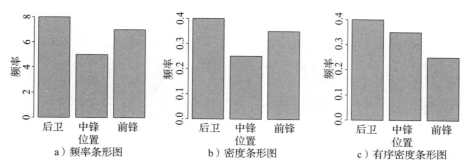

图 A.5　表 A.1 中 Position 特征的范例条形图

A.4.2　直方图

图 A.6 是表 A.1 中 Training Expenses 特征的条形图。该图表明了为何条形图不适用于可视化连续特征：连续特征一般情况下具有的值的数量与实例数量一样多，因此直方图中条形的数量与实例数量一样多，每个条形的高度为 1.0。

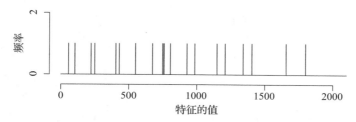

图 A.6　表 A.1 中连续特征 Training Expenses 的条形图

解决此问题的方法是可视化区间而非单个值，这正是直方图的用处。图 A.7a 展示了在定义十个涵盖特征取值范围的 200 单位的区间时，Training Expenses 特征的频率直方图（频率来源于表 A.4a）。这个直方图中，每个条形的宽度表示该条形所代表区间的范围，而每个条形的高度则是基于数据集中数值居于该区间的实例的数量来确定的。这种直方图常常被称为**频率直方图**（frequency histogram）。一般来说，对于一个给定的特征，不存在最优的区间配置。例如，基于表 A.4b 给出的频率，我们也可以使用四个 500 单位的区间来生成直方图——见图 A.7b——或者，其他任何区间配置方案。

535

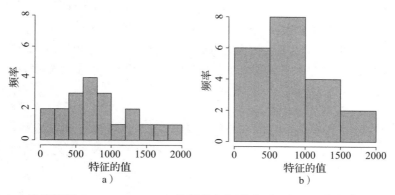

图 A.7　表 A.1 中连续特征 Training Eepenses 的频率直方图（a 和 b）以及密度直方图（c 和 d），展示了使用区间是如何解决图 A.6 所示的问题的，以及不同区间大小产生的效果

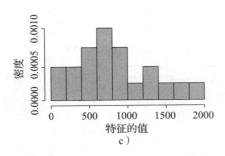
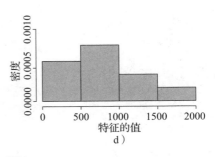

图 A.7　（续）

表 A.4　使用十个 200 单位的区间以及四个 500 单位的区间对表 A.1 中 TRAINING EXPENSES 特征进行的密度计算

a) 200 单位的区间				b) 500 单位的区间			
区间	计数	密度	概率	区间	计数	密度	概率
[0, 200)	2	0.000 50	0.1	[0, 500)	6	0.0006	0.3
[200, 400)	2	0.000 50	0.1	[500, 1000)	8	0.0008	0.4
[400, 600)	3	0.000 75	0.15	[1000, 1500)	4	0.0004	0.2
[600, 800)	4	0.001 00	0.2	[1500, 2000)	2	0.0002	0.1
[800, 1000)	3	0.000 75	0.15				
[1000, 1200)	1	0.000 25	0.05				
[1200, 1400)	2	0.000 50	0.1				
[1400, 1600)	1	0.000 25	0.05				
[1600, 1800)	1	0.000 25	0.05				
[1800, 2000)	1	0.000 25	0.02				

　　我们可以通过用每个区间数值的数量除以数据集中观测值的总数和区间宽度的积来将直方图转换为概率分布。这样，每个条形的面积（条形的高度乘以条形的宽度）给出了特征取条形所代表的区间内的值的概率。这样产生的直方图被称为**密度直方图**，因为每个条形的高度代表数据集中落入该区间的实例被包含到条形的面积中的密度。

　　图 A.7c 展示了使用 200 单位的区间时 TRAINING EXPENSES 特征的密度直方图，而图 A.7d 则展示了使用 500 单位的区间时的密度直方图。注意这两幅图的纵轴被标为**密度**，而非频率。表 A.4a 展示了使用十个 200 单位的区间为 TRAINING EXPENSES 进行的密度和概率的计算，而表 A.4b 则展示了在使用四个 500 单位的情况下的相同计算⊖。别忘了，我们通过用落入区间的观测数据的数量除以区间宽度和观测数据总数的积来计算每个区间的密度。注意，两张表的概率的总和（即直方图中条形的总面积）都是 1.0，其也是我们对概率分布的预期——所有概率分布的和为 1.0。

A.4.3　箱形图

　　我们所讨论的最后一个用于可视化单个特征的数据可视化技术是**箱形图**⊖。箱形图是对连

⊖　当定义区间时，方括号 " [" 或 "] " 表明边界值包含在区间内，而圆括号 " (" 或 ") " 表明边界值不包含在区间内。

⊖　箱形图是 Tukey 在 1977 年出版的颇具影响力的书 *Exploratory Data Analysis*（Tukey, 1977）中所述的一系列视觉数据探索技术的一种。

续特征的五个重要统计量的视觉呈现：最小值、第 1 四分位数、中位数、第 3 四分位数以及最大值。图 A.8a 展示了箱形图的结构。箱形图中纵轴显示一个特征可取值的范围。图中间的长方形箱形范围的顶端由第 3 四分位数确定，底端由第 1 四分位数确定。因此，这个长方形的高度显示了四分位距。穿过长方形中间的黑色粗实线显示了中位数。

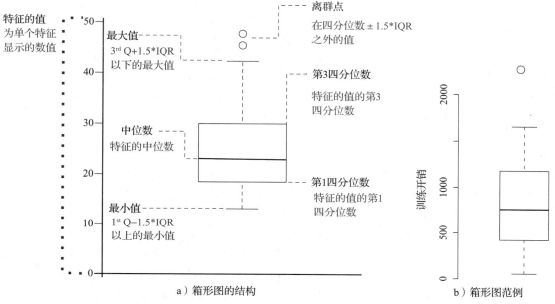

图 A.8　a 是箱形图的结构；b 是表 A.1 中篮球队数据集的 Training Expenses 特征的箱形图

　　箱形图中，从主长方形上下两段伸出的胡须被设计为用来显示数据的取值范围。顶端的胡须延伸到特征的最大值或上四分位数加 1.5 倍的 IQR 中较小的值。类似地，底端的胡须延伸到特征的最小值或下四分位数减 1.5 倍的 IQR 中较大的值。胡须之外的数值为离群点，用小圆圈显示。

　　图 A.8b 展示了表 A.1 数据集中 Training Expenses 特征的箱形图。从该图我们可以得到对特征简洁而又详细的描述，也会注意到离群点的存在。相比于箱形图，单个直方图提供的信息更多；例如，直方图显示一个特征的值的分布。而箱形图却可以紧挨着放置，在 3.5.1.2 节我们可以看到能够紧挨着放置多个箱形图是箱形图相比于直方图的主要优点。

538

539

附录 B

机器学习的概率论导论

本附录将介绍我们在基于概率的机器学习算法中用到的**概率论**（probability theory）基础概念。具体来说，我们介绍基于**相对频率**（relative frequency）计算概率的基本方法、**条件概率**（conditional probability）的计算、概率的**乘积法则**（product rule）、概率的**链式法则**（chain rule）、以及**全概率定理**（theorem of total probability）。

B.1 概率论基础

概率论是数学的一个分支，解决测量事件可能性（或不确定性）的问题。概率论源于赌博，可想而知，赌徒希望能够根据事件发生的可能性来对其进行预测。计算未来事件的可能性有两种方法：①使用事件过去的**相对频率**；②使用**主观估计**（subjective estimate）（最好是来自专家的！）。在预测分析的场景中，标准方法是使用相对频率，本章我们也会专注于该方法。

概率论历史悠久，应用范围也远不止预测分析一种。因此，概率论的标准语言发展出了一些艰涩难懂的术语，包括像**样本空间**、**试验**、**结果**、**事件**以及**随机变量**这样的术语。因此我们先从解释这些术语并将其与我们熟知的预测分析的术语联系起来开始。

概率论中，我们所感兴趣的**域**（domain）是用一个**随机变量**的集合来表示的。例如，如果要使用概率论对一个骰子的行为进行建模，那么我们会从创建一个随机变量开始，不妨称其为 X。X 的域与我们掷骰子时产生的可能结果的集合相同，也就是集合 $\{⚀, ⚁, ⚂, ⚃, ⚄, ⚅\}$。拓展一下这个例子，如果研究两个骰子的行为，那么我们就会创建两个随机变量，我们可能称它们为 $Dice_1$ 和 $Dice_2$，各自具有域 $\{⚀, ⚁, ⚂, ⚃, ⚄, ⚅\}$。在这个拓展的情况下，**试验**就是掷这两个骰子，**样本空间**定义该试验的所有可能的结果（如图 B.1 所示）。那么，一个**事件**就是一次**结果**确定了随机变量的值的试验。比如，本问题中的一个**事件**可能被表示为 $Dice_1 = ⚁$、$Dice_2 = ⚄$。

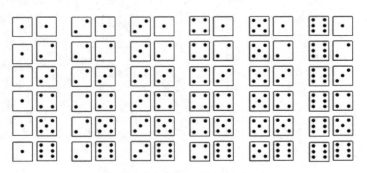

图 B.1　两个骰子的域的样本空间

表 B.1 列出了来自图 B.1 中样本空间的一个小实例数据集。我们将使用这个示例数据集来说明如何将概率论的术语映射到预测分析的语言中：

- 一个域中随机变量的集合映射到一个数据集中特征的集合（包括描述性特征和目标特征）。Dice1 和 Dice2 与随机变量是等价的。
- 一个域的**样本空间**是为特征赋值的所有可能的组合的集合。
- 数据集的一行是一次已经记录了结果的**试验**。表 B.1 的每行记录着一次试验的结果。
- 尚未知道结果而需要进行预测的**试验**是我们进行建模的预测任务。
- 一个**事件**是一次试验的子集。事件可能描述对某域内所有特征的一次赋值（例如，数据集的一整行）或对域内一个或多个特征的一次赋值。比如 Dice1 = ⚄，是一个事件 Dice1 = ⚀、Dice2 = ⚅。也是一个事件。

表 B.1　来自图 B.1 的样本空间的实例数据集

ID	Dice 1	Dice2
1	⚄	⚄
2	⚀	⚄
3	⚅	⚄
4	⚄	⚄
5	⚄	⚀

540 ～ 542

　　这样我们全书所使用的术语就一致了，本章剩余部分我们会使用预测分析术语（特征、数据集、预测以及事件）而非概率论传统上使用的术语。

　　一个特征可以在一个域内取一个或多个值，我们可以使用**概率函数** P() 来找出特征取任意特定值的可能性。概率函数是以事件作为参数，且返回该事件发生的可能性的函数。例如，P(Dice1 = ⚄) 会返回事件 Dice1 = ⚄ 的概率，而 P(Dice1 = ⚄, Dice2 = ⚅) 会返回事件 Dice1 = ⚄ 且 Dice2 = ⚅ 的概率。如果我们要定义类别特征的概率函数，那么这种函数被称为**概率质量函数**（probability mass function），因为可以将其理解成为每个特征域内的级别返回离散的**概率质量**的函数。概率质量就是一个事件的概率。反过来，如果我们要处理的特征是连续特征，那么概率函数就被称为**概率密度函数**（probability density function）。对于本部分导论来说，我们关注于类别特征和概率质量函数。

　　概率质量函数有两个性质：①它返回的值始终介于 0.0 和 1.0 之间；②在一个涵盖了所有对特征可能赋值的事件集合上的概率之和必然等于 1.0。这两个性质的正式定义如下：

$$0 \leqslant P(f = level) \leqslant 1$$
$$\sum_{l \in \text{levels}(f)} P(f = l) = 1.0$$

其中 levels(f) 在特征 f 的域内返回级别的集合。

　　概率函数是概率论的基本组成元素，并且也非常易于从数据集中创建。概率函数为一个事件返回的值就是这个事件在数据集中的**相对频率**。事件的相对频率是通过用事件发生的次数除以事件能够发生的次数而算出的。例如，事件 Dice1 = ⚄ 的相对频率就是数据集中 Dice1 的值为 ⚄ 的行的数量除以数据集的总行数。根据表 B.1，事件 Dice1 = ⚄ 的概率是⊖：

$$P(\text{Dice1} = ⚄) = \frac{|\{\mathbf{d}_1, \mathbf{d}_4\}|}{|\{\mathbf{d}_1, \mathbf{d}_2, \mathbf{d}_3, \mathbf{d}_4, \mathbf{d}_5\}|} = \frac{2}{5} = 0.4$$

543

⊖　本书中使用的符号 $\mathbf{d}_1$ 指的是数据集中 ID 为 1 的实例，以此类推。

到目前为止我们关注的都是单个事件的概率计算。在预测分析任务中，我们常常对计算多于一个事件的概率感兴趣。例如，我们可能想知道目标特征取某个特定值并且一个描述性特征也取某个特定值的概率。严格地说，如果一个事件涉及不止一个特征，那么它就可以被认为是若干基本事件的组合。这种情况下算得的概率被称为**联合概率**（joint probability）。联合事件的概率就是联合事件在数据集中的相对频率。对于数据集的行来说，这个计算就是使联合事件列出的赋值成立的行数除以数据集中的总行数。例如，联合事件$^\ominus$DICE1 = ⚃，DICE2 = ⚄，可以计算如下：

$$P(\text{DICE1} = ⚃, \ \text{DICE2} = ⚄) \frac{|\{\mathbf{d}_3\}|}{|\{\mathbf{d}_1, \mathbf{d}_2, \mathbf{d}_3, \mathbf{d}_4, \mathbf{d}_5\}|} = \frac{1}{5} = 0.2$$

我们目前为止计算的概率被称为**先验概率**（prior probability）或**无条件概率**（unconditional probability）。而我们常常想知道在已知一个或多个其他事件发生的情况下某个事件的概率。这种使用一个或多个已经成立的事件计算的概率被称为**后验概率**（posterior probability），因为它是在其他事件已经发生之后计算的。它也常被称为**条件概率**（conditional probability），因为算出的概率是在给定事件（或证据）的条件下有效的。当我们想要表示这种概率时，形式上我们使用一条竖线"|"来分隔要计算概率的事件（列在竖线左边）与已知发生了的事件。竖线符号可以读作给定。因此在给定 DICE2 = ⚄ 时 DICE1 = ⚃ 的概率写作：

$$P(\text{DICE1} = ⚃ \mid \text{DICE2} = ⚄)$$

当已知另一给定事件为真时一个事件的**条件概率**是通过将数据集中两个事件都为真的行数除以数据集中只有给定事件为真的行数而算出的。例如，给定 DICE2 = ⚄ 时事件 DICE1 = ⚃ 的条件概率可写作：

$$P(\text{DICE1} = ⚃ \mid \text{DICE2} = ⚄) = \frac{|\{\mathbf{d}_3\}|}{|\{\mathbf{d}_2, \mathbf{d}_3\}|} = \frac{1}{2} = 0.5$$

我们现在理解了如何用数据集计算简单的无条件概率、联合概率以及条件概率的理论。现在正是将这些知识用在更为有趣的、侧重于预测数据分析的例子中的好时机。我们将为此使用表 B.2 中的数据集$^\ominus$。该数据集要预测的目标是病人是否患有脑膜炎，而描述性特征是与脑膜炎相关的常见症状。

表 B.2 脑膜炎（MENINGITIS）的一个简单数据集，含有三个该病的常见症状作为描述性
特征：头痛（HEADACHE）、发热（FEVER）和呕吐（VOMITING）

ID	头痛	发热	呕吐	脑膜炎
11	*true*	*true*	*false*	*false*
37	*false*	*true*	*false*	*false*
42	*true*	*false*	*true*	*false*
49	*true*	*false*	*true*	*false*
54	*false*	*true*	*false*	*true*
57	*true*	*false*	*true*	*false*
73	*true*	*false*	*true*	*false*
75	*true*	*false*	*true*	*true*
89	*false*	*true*	*false*	*false*
92	*true*	*false*	*true*	*true*

$\ominus$ 当列出联合事件时，我们用逗号"，"来表示逻辑与。

$\ominus$ 这个数据集是为此例而人工生成的。

快速提一下我们所使用的符号。本章中，有名字的特征使用其名字的大写首字母表示——例如，名为 MENINGITIS 的特征使用 M 表示。同时，当有名字的特征是二元特征时，我们使用该特征名字的小写首字母表示特征的值为真的事件，用紧挨在 ¬ 后的特征名字的小写首字母表示特征的值为假的事件。所以，m 代表 MENINGITIS = *true* 而 ¬m 代表 MENINGITIS = *false*。有了表 B.2 的数据集，病人出现头痛的概率为：

$$P(h) = \frac{\left|\{\mathbf{d}_{11}, \mathbf{d}_{42}, \mathbf{d}_{49}, \mathbf{d}_{57}, \mathbf{d}_{73}, \mathbf{d}_{75}, \mathbf{d}_{92}\}\right|}{\left|\{\mathbf{d}_{11}, \mathbf{d}_{37}, \mathbf{d}_{42}, \mathbf{d}_{49}, \mathbf{d}_{54}, \mathbf{d}_{57}, \mathbf{d}_{73}, \mathbf{d}_{75}, \mathbf{d}_{89}, \mathbf{d}_{92}\}\right|} = \frac{7}{10} = 0.7 \quad\text{（B.1）}$$

病人出现头痛并且患有脑膜炎的概率为：

$$P(m, h) = \frac{\left|\{\mathbf{d}_{75}, \mathbf{d}_{92}\}\right|}{\left|\{\mathbf{d}_{11}, \mathbf{d}_{37}, \mathbf{d}_{42}, \mathbf{d}_{49}, \mathbf{d}_{54}, \mathbf{d}_{57}, \mathbf{d}_{73}, \mathbf{d}_{75}, \mathbf{d}_{89}, \mathbf{d}_{92}\}\right|} = \frac{2}{10} = 0.2 \quad\text{（B.2）}$$

已知病人出现头痛，则病人患有脑膜炎的概率为：

$$P(m \mid h) = \frac{\left|\{\mathbf{d}_{75}, \mathbf{d}_{92}\}\right|}{\left|\{\mathbf{d}_{11}, \mathbf{d}_{42}, \mathbf{d}_{49}, \mathbf{d}_{57}, \mathbf{d}_{73}, \mathbf{d}_{75}, \mathbf{d}_{92}\}\right|} = \frac{2}{7} = 0.2857 \quad\text{（B.3）}$$

B.2 概率分布与加出

有时探讨一个特征所有可能的赋值的概率是有用处的。为此我们使用**概率分布**（probability distribution）的概念。概率分布是描述一个特征依次取所有可能取到的值的概率的数据结构。类别特征的概率分布是一个列出了特征域中取每个值的概率的向量。一个向量是一个有序列表，因此在这个向量中匹配域内的特定值的概率只需要在向量内查找概率的位置。我们使用黑体符号 $\mathbf{P}()$ 来区分概率分布和概率函数 $P()$。例如，表 B.2 的二元特征 MENINGITIS 为 *true* 的概率为 0.3，沿用令向量的第一个元素用来表示 *true* 的概率的惯例，则其概率分布可写作 $\mathbf{P}(M) = \langle 0.3, 0.7 \rangle$。

概率分布的概念也可应用于联合概率，它给我们带来了**联合概率分布**的概念。联合概率分布是一个矩阵，矩阵中每个元素都列出样本空间中由特征的值的组合定义的一个事件的概率。矩阵的维数依赖于特征的数量和特征域内值的数量。表 B.2 中四个二元特征（HEADACHE、FEVER、VOMITING 以及 MENINGITIS）的联合概率分布可写作：

$$\mathbf{P}(H, F, V, M) = \begin{bmatrix} P(h, f, v, m), & P(\neg h, f, v, m) \\ P(h, f, v, \neg m), & P(\neg h, f, v, \neg m) \\ P(h, f, \neg v, m), & P(\neg h, f, \neg v, m) \\ P(h, f, \neg v, \neg m), & P(\neg h, f, \neg v, \neg m) \\ P(h, \neg f, v, m), & P(\neg h, \neg f, v, m) \\ P(h, \neg f, v, \neg m), & P(\neg h, \neg f, v, \neg m) \\ P(h, \neg f, \neg v, m), & P(\neg h, \neg f, \neg v, m) \\ P(h, \neg f, \neg v, \neg m), & P(\neg h, \neg f, \neg v, \neg m) \end{bmatrix}$$

别忘了概率分布中所有元素的和一定是 1.0。因此，联合概率分布中所有元素的和也一定为 1.0。**全联合概率分布**就是一个域内全部特征的概率分布。给定全联合概率分布，我们可以通过对分布内事件为真的元素求和来计算一个域内任意事件的概率。例如，假设我们想在由联合分布 $\mathbf{P}(H, F, V, M)$ 确定的域内计算 $P(h)$ 的概率。为此我们只需要对含有 h 的元素

（也就是，分布的第一列的元素）的值求和。这样计算概率被称为**加出**（summing out）或**边缘化**（marginalization）$^{\ominus}$。

我们也可以用加出来从联合概率分布中计算条件概率。例如，假设我们想计算给定 f 的条件下 h 的概率，而不关心 V 和 M 的取值。这个场景中，V 和 M 是**隐特征**（hidden feature）。隐特征是其值没有被作为证据的特征。我们可以通过加出 h 和 f 符合要求的元素（第一列中前四个元素）的值来从 $\mathbf{P}\,(H,F,V,M)$ 中计算 $P\,(h, V = ?,\ M = ?\mid f)$。

加出的过程是基于概率的预测中的一个重要概念。为了进行预测，模型必须计算在一些其他事件（证据）已知时以及有潜在的一个或多个隐特征时目标事件的概率。正如我们所看到的，使用联合概率分布，模型可以简单地通过限定证据特征并加出隐特征的方法来进行这种计算。不走运的是，联合概率分布的大小随域内特征数和值的数量的增长而呈指数级增长。因此，由于维度诅咒，很难生成联合概率分布：计算联合概率表中每个元素的概率需要一个实例集合，而由于元素数量的增长指数式地伴随于特征以及特征的值的增加，因此所需的用于生成联合概率分布的数据集的大小也是呈指数级增长的。所以，对于任何具有相当复杂度的领域来说，定义全联合概率分布是不可行的，因此基于概率的预测模型会构建对全联合概率分布更为紧凑的表示来解决这一问题。

B.3　一些有用的概率法则

概率论中一些有用的法则能让我们通过先前计算得到的概率来计算新的概率。注意，在本章的剩余部分，我们使用大写字母来表示不特定的特征（或特征的集合）被赋值（或值的集合）的一般事件。为此，我们通常使用字母表末尾处的字母（例如 X、Y、Z）。同时，我们还在大写字母上使用下标来切换不同的事件。因此，$\sum_i P(X_i)$ 应当看作是对特征 X 所有可能的赋值的组合的求和。

我们要介绍的第一个法则从联合概率的角度定义**条件概率**：

$$P(X\mid Y)=\frac{P(X,Y)}{P(Y)} \tag{B.4}$$

我们已经从表 B.2 的数据集中直接计算了给定条件 h 时事件 m 的条件概率，为 $P(m\mid h)=0.2857$（见式（B.3））。我们现在使用基于法则的条件概率定义来重新计算这一概率。根据先前的计算，我们已经知道 $P(h)=0.7$（见式（B.1））以及 $P(m,h)=0.2$（见式（B.2））。所以我们对 $P(m\mid h)$ 的计算为：

$$P\big(m\mid h\big)=\frac{P\big(m,h\big)}{P\big(h\big)}=\frac{0.2}{0.7}=0.2857$$

使用式（B.4），我们可以对联合事件的概率进行另一种定义，也被称为**乘积法则**：

$$P(X,Y)=P(X\mid Y)\times P(Y) \tag{B.5}$$

我们可以用先前的计算结果重新计算 $P(m,h)$ 来演示乘积法则：

$$P(m,h)=P(m\mid h)\times P(h)=0.2857\times 0.7=0.2$$

计算的结果再次符合从数据集直接计算得出的结果（见式（B.2））。

乘积法则有几点需要注意的地方。首先，它用条件（或后验）概率 $P\,(X\mid Y)$ 乘以无条件（或先验）概率 $P(Y)$ 定义了联合事件 $P\,(X,\ Y)$ 的概率。其次，乘积法则中事件的顺序并不重

$\ominus$　加出有时被称为边缘化，因为统计学家常常在他们正在处理的概率表的边缘进行这些计算！

要，我们可以以与运算符中列出的任意事件为条件（逻辑学中，与运算是对称的）：

$$P(X,Y) = P(X|Y)P(Y) = P(Y|X)P(X)$$

我们还可以拓展乘积法则来定义两个以上事件的联合概率。如果这样推广这一法则，就可以得到概率的**链式法则**：

$$P(A, B, C, \cdots, Z) = P(Z) \times P(Y|Z) \times P(X|Y, Z) \times \cdots \times P(A|B, \cdots, X, Y, Z) \quad (B.6)$$

与两个事件的简单版本一样，链式法则中事件的顺序并不重要。

最后，**全概率定理**定义事件 X 的无条件概率为：

$$P(X) = \sum_i P(X|Y_i)P(Y_i) \quad (B.7)$$

其中每个 Y_i 是事件集 Y_1 到 Y_k 中的一个，涵盖了一个域内所有可能的结果，并且互相之间没有重叠。由于一个事件定义数据集的一部分（数据集中符合该事件的行），则每个 Y_i 定义数据集中一个行的集合，因而由 Y_1 到 Y_k 定义的数据划分一定会涵盖整个数据集，并且互相之间没有重叠。全概率定理是我们之前在 B.2 节介绍的**加出**过程的形式化表述。

为阐明如何用全概率定理来计算概率，我们通过加出 M 来计算 $P(h)$（注意：之前在式（B.1）中，我们算出 $P(h) = 0.7$）：

$$P(h) = (P(h|m) \times P(m)) + (P(h|\neg m) \times P(\neg m))$$
$$= (0.6666 \times 0.3) + (0.7143 \times 0.7) = 0.7$$

如果愿意的话，我们可以加出不止一个特征。例如，我们可以通过加出数据集中的所有其他特征来计算 $P(h)$：

$$P(h) \sum_{i \in \text{level}(M)} \sum_{j \in \text{level}(F)} \sum_{k \in \text{level}(V)} P(h|M_i, F_j, V_k) \times P(M_i, F_j, V_k)$$

但我们会把计算过程留给感兴趣的读者（结果应该仍然是 0.7）。

B.4　总结

概率论是机器学习的重要支柱。本部分内容概览了读者理解本书其他部分所需的一些概率论知识。需要注意的是，我们所呈现出的许多法则和技巧是实现一件事情的不同方式——比如，为计算 $P(h)$，我们可以使用简单的计数法、从全联合概率分布加出的方法或者全概率定理。这是概率论的初学者有时会感到吃力的部分。但要记住一个重点，就是之所以存在不同的方法，是因为在不同场景下使用一种方法往往比使用另一种方法容易。正如那句俗语里的猫一样，剥下概率问题的皮的办法不止一种⊖！

⊖ 英语中，"There is more than one way to skin a cat"，即"剥下猫皮的办法不止一种"，是用来比喻做一件事有多种方法的俗语。——译者注

附录 C

机器学习中的求导方法

本附录将介绍理解线性回归如何用于构建预测分析模型所需的基本求导方法。具体来说，我们将解释什么是导数、如何对连续函数求导、求导的链式法则以及什么是偏导数。

首先，我们想象一次汽车旅行，汽车首先在小路上以大约 30 英里每小时的速度行驶，随后进入高速公路，以大约 80 英里每小时的速度行驶，直到发现了一场交通事故后急刹车。图 C.1a 展示了旅程中在不同时间点测得的速度。图 C.1b 展示了旅程中的加速度变化。我们可以看到，当汽车的行驶速度在小路或者高速路上是恒定的，那么加速度为零，因为速度没有发生变化。相反地，在我们起步和到达高速路提高速度时，加速度分别为较小的正值和稍大些的正值。行程最后的急刹车导致了很大的负值，随后逐渐回到零以匹配图 C.1a 的速度变化。

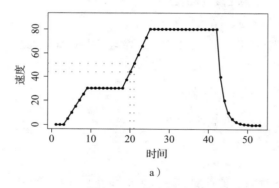
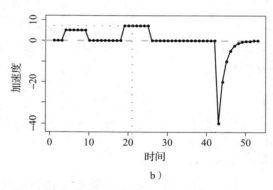

图 C.1　a 是一辆汽车在旅程中先沿着小路而后进入高速公路并最终突然停止的速度；b 是这段旅程的加速度，也就是速度对时间的积分

加速度是速度随时间变化的程度的度量。我们可以更加形式化地说，加速度实际上是速度关于时间的导数。**求导**（differentiation）是来自**微积分**（calculus，数学中研究事物如何变化的一个分支）的一系列方法，让我们能计算**导数**（derivative）。在刚刚说到的汽车旅行的例子中，我们有一个离散的测量值的集合，计算导数就只是确定相邻测量值的差。例如，在时间值为 21 处的速度关于时间的导数就是时间为 21 时的速度值减去时间为 20 处的速度值，也就是 51.42 – 44.28 = 7.14。这些值被标记在了图 C.1 中。加速度的所有值都是这样算出的。

C.1　连续函数的导数

尽管理解在离散的例子中如何计算导数相当有趣，但我们需要计算连续函数的导数的情形更为常见。连续函数 $f(x)$ 根据含有变量 x 的某种表达式来为 x 的每个值生成一个输出。例如：

$$f(x) = 2x + 3$$
$$f(x) = x^2$$
$$f(x) = 3x^3 + 2x^2 - x - 2$$

都是含有单变量 x 的连续函数。这些函数的图形显示在图 C.2 中。每个图形也都显示了函数的导数。我们稍后再研究它们。

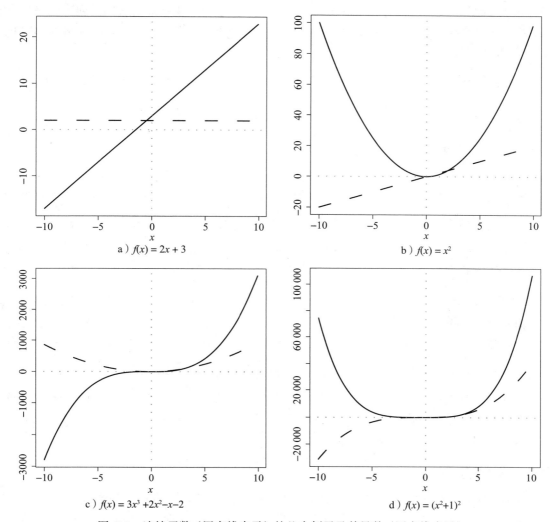

a）$f(x) = 2x + 3$

b）$f(x) = x^2$

c）$f(x) = 3x^3 + 2x^2 - x - 2$

d）$f(x) = (x^2+1)^2$

图 C.2 连续函数（用实线表示）的几个例子及其导数（用虚线表示）

函数 $f(x) = 2x + 3$ 被称为**线性函数**（linear function），因为其输出只是含有 x 的加法和乘法[○]。另外两个函数被称为**多项函数**（polynomial function），因为它们含有加法、乘法以及自乘指数。其中，$f(x) = x^2$ 是**二阶多项函数**，又被称为**二次函数**（quadratic function），因为其最高指数为 2，而 $f(x) = 3x^2 + 2x^2 - x - 2$ 是**三阶多项函数**，也被称为**三次函数**（cubic function），因为其最高指数为 3。

首先看图 C.2a，此处的函数非常简单，为 $f(x) = 2x + 3$，它形成了一条笔直的对角线。直线的变化率是恒定的（这个例子中 x 每增加 1，函数的值就增加 2），因此这个函数关于 x 的导数是常数，用水平虚线表示。

我们可以直观地从图 C.2b 看出，函数 $f(x) = x^2$ 的值的变化率很可能在曲线陡峭的两边较

○ 注意，减法被看作是负数的加法，而除法被看作是倒数的乘法，因此这两者也都符合定义。

高，而在底部较低（想象有一个球沿这个形状滚动！）。这种直觉反映在这个函数关于 x 的导数上。我们可以看到，在图的左边（x 为较大负值处），变化率为较大的负值，而在图的右边（x 为较大正值处），变化率为较大的正值。在图的中间，即曲线底部，变化率为零。很自然地，我们发现函数关于 x 的导数也能告诉我们这个函数在 x 处的斜率。图 C.2c 中导数的形状可以做类似的理解。

要实际计算一个简单的连续函数 $f(x)$ 的导数，记为 $\frac{\mathrm{d}}{\mathrm{d}x}f(x)$，我们使用一些求导法则：

1. $\dfrac{\mathrm{d}}{\mathrm{d}x}a = \times 0$　　　　　　（其中 a 为任意常数）

2. $\dfrac{\mathrm{d}}{\mathrm{d}x}ax^n = a \times n \times x^{n-1}$

3. $\dfrac{\mathrm{d}}{\mathrm{d}x}a + b = \dfrac{\mathrm{d}}{\mathrm{d}x}a + \dfrac{\mathrm{d}}{\mathrm{d}x}b$　　（其中 a 和 b 是含有或不含有 x 的表达式）

4. $\dfrac{\mathrm{d}}{\mathrm{d}x}a \times c = a \times \dfrac{\mathrm{d}}{\mathrm{d}x}c$　　（其中 a 是任意常数，c 是含有 x 的表达式）

对先前的第一个例子 $f(x) = 2x + 3$ 应用这些法则（见图 C.2a），我们首先应用法则 3 来将函数分为两部分，$2x$ 和 3，然后分别应用求导法则。根据法则 2 我们求出 $2x$ 的导数为 2（别忘了 x 实际上是 x^1）。3 是常数，因此根据法则 1 其导数为零。因此这个函数的导数是 $\frac{\mathrm{d}}{\mathrm{d}x}f(x) = 2$。

对于最后一个函数 $f(x) = 3x^3 + 2x^2 - x - 2$（见图 C.2c），我们首先应用法则 3 来将其分为四部分：$3x^3$、$2x^2$、$-x$ 以及 -2。为前三部分应用法则 2，得到 $9x^2$、$4x$ 以及 -1。最后一部分的 2 是常数，其导数为零。因此这个函数的导数是 $\frac{\mathrm{d}}{\mathrm{d}x}f(x) = 9x^2 + 4x - 1$。

我们可以从这些例子看出，计算简单函数的导数就是相当机械地应用这四个法则。计算其他两个函数的导数留作读者练习。本章稍后会遇到的一些函数更为复杂，因此我们需要更多的求导法则来处理它们。

C.2　链式法则

函数 $f(x) = (x^2 + 1)^2$（见图 C.2d）无法用上述的法则求导，因为它是一个**复合函数**（composite function）——它是函数的函数。我们可将 $f(x)$ 重写为 $f(x) = (g(x))^2$，其中 $g(x) = x^2 + 1$。求导的**链式法则**让我们能够对这种函数求导[⊖]。链式法则是：

$$\frac{\mathrm{d}}{\mathrm{d}x}f\big(g(x)\big) = \frac{\mathrm{d}}{\mathrm{d}g(x)}f\big(g(x)\big) \times \frac{\mathrm{d}}{\mathrm{d}x}g(x) \tag{C.1}$$

我们用两个步骤完成求导。首先，将 $g(x)$ 看作一个单元，我们求 $f(g(x))$ 关于 $g(x)$ 的导数，随后求 $g(x)$ 关于 x 的导数，两步都是用上一节所述的求导法则。$f(g(x))$ 关于 x 的导数则是这两部分的乘积。

对例子 $f(x) = (x^2 + 1)^2$ 应用此法则，我们有：

$$\frac{\mathrm{d}}{\mathrm{d}x}\big(x^2 + 1\big)^2 = \frac{\mathrm{d}}{\mathrm{d}\big(x^2 + 1\big)}\big(x^2 + 1\big)^2 \times \frac{\mathrm{d}}{\mathrm{d}x}\big(x^2 + 1\big) = \big(2 \times \big(x^2 + 1\big)\big) \times (2x) = 4x^3 + 4x$$

图 C.2d 展示了这个例子中的函数及其用该法则得出的导数。

⊖　不要将 B.3 节讨论的概率的链式法则与此弄混。它们是两种完全不同的运算。

C.3 偏导数

一些函数不只是关于一个变量定义的。例如 $f(x, y) = x^2 - y^2 + 2x + 4y - xy + 2$ 是关于两个变量 x 和 y 定义的。这个函数并不定义一条曲线（像先前例子中的函数那样），而是定义一个曲面，如图 C.3a 所示。使用**偏导数**（partial derivative）为我们提供了计算此类函数的导数的简单方法。多变量函数的偏导数（用符号 ∂ 表示）是关于其中一个变量的导数，此时其他变量固定为常数。

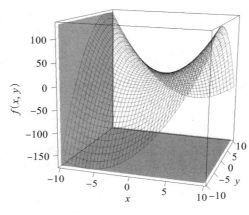

a) $f(x, y) = x^2 - y^2 + 2x + 4y - xy + 2$

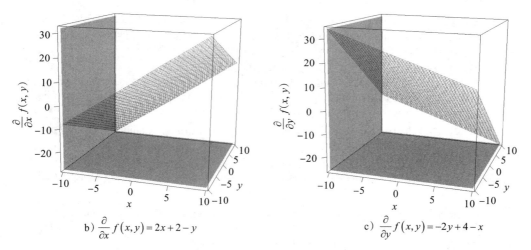

b) $\dfrac{\partial}{\partial x} f(x, y) = 2x + 2 - y$ c) $\dfrac{\partial}{\partial y} f(x, y) = -2y + 4 - x$

图 C.3   a 是含有两个变量 x 和 y 的连续函数；b 是这个函数关于 x 的偏导数；c 是这个函数关于 y 的偏导数

对于例子中的函数 $f(x, y) = x^2 - y^2 + 2x + 4y - xy + 2$，我们有两个偏导数：

$$\frac{\partial}{\partial x}\left(x^2 - y^2 + 2x + 4y - xy + 2\right) = 2x + 2 - y$$

其中 y^2 和 $4y$ 这两项不含有 x，故被视为常数，以及

$$\frac{\partial}{\partial y}\left(x^2 - y^2 + 2x + 4y - xy + 2\right) = -2y + 4 - x$$

其中 x^2 和 $2x$ 这两项不含有 y，故被视为常数。图 C.3b 和 C.3c 展示了这两个偏导数。

参 考 文 献

Andoni, A. and P. Indyk (2006). Near-optimal hashing algorithms for approximate nearest neighbor in high dimensions. In *Foundations of Computer Science, 2006. FOCS'06. 47th Annual IEEE Symposium on*, pp. 459–468. IEEE.

Anscombe, F. J. (1973). Graphs in statistical analysis. *American Statistician 27*(1), 17–21.

Anton, H. and C. Rorres (2010). *Elementary Linear Algebra: Applications Version*. John Wiley & Sons.

Ashenfelter, O. (2008). Predicting the quality and prices of bordeaux wine*. *The Economic Journal 118*(529), F174–F184.

Ashmore, M. (1993). The theatre of the blind: Starring a promethean prankster, a phoney phenomenon, a prism, a pocket, and a piece of wood. *Social Studies of Science 23*(1), 67–106.

Ayres, I. (2008). *Super Crunchers: Why Thinking-By-Numbers is the New Way To Be Smart*. Bantam.

Bache, K. and M. Lichman (2013). UCI machine learning repository.

Ball, N. M., J. Loveday, M. Fukugita, O. Nakamura, S. Okamura, J. Brinkmann, and R. J. Brunner (2004). Galaxy types in the sloan digital sky survey using supervised artificial neural networks. *Monthly Notices of the Royal Astronomical Society 348*(3), 1038–1046.

Banerji, M., O. Lahav, C. J. Lintott, F. B. Abdalla, K. Schawinski, S. P. Bamford, D. Andreescu, P. Murray, M. J. Raddick, A. Slosar, A. Szalay, D. Thomas, and J. Vandenberg (2010). Galaxy zoo: Reproducing galaxy morphologies via machine learning. *Monthly Notices of the Royal Astronomical Society 406*(1), 342–353.

Barber, D. (2012). *Bayesian reasoning and machine learning*. Cambridge University Press.

Batista, G. E. A. P. A. and M. C. Monard (2003). An analysis of four missing data treatment methods for supervised learning. *Applied Artificial Intelligence 17*(5-6), 519–533.

Bayes, T. and R. Price (1763). An essay towards solving a problem in the doctrine of chances. by the late rev. mr. bayes, frs communicated by mr. price, in a letter to john canton, amfrs. *Philosophical Transactions (1683-1775)*, 370–418.

Bejar, J., U. Cortés, and M. Poch (1991). Linneo+: A classification methodology for ill-structured domains. Research report RT-93-10-R, Dept. Llenguatges i Sistemes Informatics. Barcelona.

Bengio, Y. (2009). Learning deep architectures for ai. *Foundations and trends in Machine Learning 2*(1), 1–127.

Bentley, J. L. (1975). Multidimensional binary search trees used for associative searching. *Commun. ACM 18*(9), 509–517.

Berk, R. A. and J. Bleich (2013). Statistical procedures for forecasting criminal behavior. *Criminology & Public Policy 12*(3), 513–544.

Bertin, J. (2010). *Semiology of Graphics: Diagrams, Networks, Maps*. ESRI Press.

Bishop, C. (2006). *Pattern recognition and machine learning*. Springer.

Bishop, C. M. (1996). *Neural Networks for Pattern Recognition*. Oxford University Press.

Blondot, R. (1903). Sur une nouvelle action produite par les rayons n et sur plusieurs fait relatifs à ces radiations. *Comptes Rendus de l'Académie des Sciences de Paris 137*, 166–169.

Breiman, L. (1993). *Classification and regression trees*. CRC press.

Breiman, L. (1996). Bagging predictors. *Machine learning 24*(2), 123–140.

Breiman, L. (2001). Random forests. *Machine learning 45*(1), 5–32.

Burges, C. J. C. (1998). A tutorial on support vector machines for pattern recognition. *Data Min. Knowl. Discov. 2*(2), 121–167.

Caruana, R., N. Karampatziakis, and A. Yessenalina (2008). An empirical evaluation of supervised learning in high dimensions. In *Proceedings of the 25th international conference on Machine learning*, pp. 96–103. ACM.

Caruana, R. and A. Niculescu-Mizil (2006). An empirical comparison of supervised learning algorithms. In *Proceedings of the 23rd international conference on Machine learning*, pp. 161–168. ACM.

Casscells, W., A. Schoenberger, and T. B. Graboys (1978). Interpretation by physicians of clinical laboratory results. *The New England Journal of Medicine 299*(18), 999–1001.

Chang, W. (2012). *R Graphics Cookbook: Practical Recipes for Visualizing Data*. O'Reilly Media.

Chapman, P., J. Clinton, R. Kerber, T. Khabaza, T. Reinartz, C. Shearer, and R. Wirth (2000, August). CRISP-DM 1.0 Step-by-step data mining guide. Technical report, The CRISP-DM consortium.

Cleary, D. and R. I. Tax (2011). Predictive analytics in the public sector: Using data mining to assist better target selection for audit. In *The Proceedings of the 11th European Conference on EGovernment: Faculty of Administration, University of Ljubljana, Ljubljana, Slovenia, 16-17 June 2011*, pp. 168. Academic Conferences Limited.

Cohen, J. (1960). A coefficient of agreement for nominal scales. *Educational and Psychological Measurement 20*(1), 34–46.

Cooper, G. F. and E. Herskovits (1992). A bayesian method for the induction of probabilistic networks from data. *Machine learning 9*(4), 309–347.

Cover, T. and J. Thomas (1991). *Elements of information theory*. Wiley New York.

Cristianini, N. and J. Shawe-Taylor (2000). *An Introduction to Support Vector Machines and Other Kernel-based Learning Methods*. Cambridge University Press.

Cunningham, P. (2009). A taxonomy of similarity mechanisms for case-based reasoning. *IEEE Transactions on Knowledge and Data Engineering 21*(11), 1532–1543.

Daelemans, W. and A. van den Bosch (2005). *Memory-based language processing*. Studies in natural language processing. Cambridge University Press.

Dalgaard, P. (2008). *Introductory Statistics with R*. Springer.

Davenport, T. H. (2006, January). Competing on Analytics. *Harvard Business Review 84*(1), 98–107.

Davenport, T. H. and J. Kim (2013). *Keeping Up with the Quants: Your Guide to Understanding and Using Analytics*. Harvard Business Press Books.

Davies, E. (2005). *Machine vision: theory, algorithms, practicalities* (3rd Edition ed.). Elsevier.

De Bruyne, K., B. Slabbinck, W. Waegeman, P. Vauterin, B. De Baets, and P. Vandamme (2011). Bacterial species identification from maldi-tof mass spectra through data analysis and machine learning. *Systematic and applied microbiology 34*(1), 20–29.

Demsar, J. (2006). Statistical comparisons of classifiers over multiple data sets. *Journal of Machine Learning Research 7*, 1–30.

Doctorow, C. (2010). *Little Brother*. Macmillan.

Eco, U. (1999). *Kant and the platypus*. Vintage U.K. Random House.

Esposito, F., D. Malerba, and G. Semeraro (1997). A comparative analysis of methods for pruning decision trees. *Pattern Analysis and Machine Intelligence, IEEE Transactions on 19*(5), 476–491.

Fanaee-T, H. and G. Gama (2014, June). Event labeling combining ensemble detectors and background knowledge. *Progress in Artifical Intelligence 2*(2-3), 113–127.

Frank, E. (2000). *Pruning decision trees and lists*. Ph. D. thesis, Department of Computer Science, The University of Waikato.

Franklin, J. (2009). *Mapping Species Distributions: Spatial Inference and Prediction (Ecology, Biodiversity and Conservation)*. Cambridge Univ Press.

Franklin, J., P. McCullough, and C. Gray (2000). Terrain variables used for predictive mapping of vegetation communities in southern california. In J. C. G. John P. Wilson (Ed.), *Terrain analysis: principles and applications*. Wiley.

Freund, Y. and R. E. Schapire (1995). A desicion-theoretic generalization of on-line learning and an application to boosting. In *Computational learning theory*, pp. 23–37. Springer.

Friedman, J., J. Bently, and R. Finkel (1977). An algorithm for finding the best matches in logarithmic expected time. *ACM Transactions on Mathematical Software 3*(3), 209–226.

Friedman, J., T. Hastie, and R. Tibshirani (2000). Additive logistic regression: a statistical view of boosting. *The Annals of Statistics 28*(2), 337–407.

Fry, B. (2007). *Visualizing Data: Exploring and Explaining Data with the Processing Environment*. O'Reilly Media.

G¨adenfors, P. (2004). *Conceptual Spaces: The geometry of throught*. MIT Press.

Gleick, J. (2011). *The information: A history, a theory, a flood*. HarperCollins UK.

Gross, P., A. Boulanger, M. Arias, D. L. Waltz, P. M. Long, C. Lawson, R. Anderson, M. Koenig, M. Mastrocinque, W. Fairechio, J. A. Johnson, S. Lee, F. Doherty, and A. Kressner (2006). Predicting electricity distribution feeder failures using machine learning susceptibility analysis. In *AAAI*, pp. 1705–1711. AAAI Press.

Guisan, A. and N. E. Zimmermann (2000). Predictive habitat distribution models in ecology. *Ecological modelling 135*(2), 147–186.

Gwiazda, J., E. Ong, R. Held, and F. Thorn (2000, 03). Vision: Myopia and ambient night-time lighting. *Nature 404*(6774), 144–144.

Hand, D. J. and C. Anagnostopoulos (2013). When is the area under the receiver operating characteristic curve an appropriate measure of classifier performance? *Pattern Recognition Letters 34*(5), 492–495.

Hart, P. (1968). The condensed nearest neighbor rule. *Information Theory, IEEE Transactions on 14*(3), 515–516.

Hastie, T., R. Tibshirani, and J. Friedman (2009). *The Elements of Statistical Learning*. Springer, New York.

Hastie, T., R. Tibshirani, and J. J. H. Friedman (2001). *The elements of statistical learning*. Springer.

Hinton, G. E. and R. R. Salakhutdinov (2006). Reducing the dimensionality of data with neural networks. *Science 313*(5786), 504–507.

Hirschowitz, A. (2001). Closing the crm loop: The 21st century marketer's challenge: Transforming customer insight into customer value. *Journal of Targeting, Measurement and Analysis for Marketing 10*(2), 168–178.

Hubble, E. (1936). *The Realm of the Nebulæ.* Yale University Press.

Japkowicz, N. and M. Shah (2011). *Evaluating Learning Algorithms: A Classification Perspective.* Cambridge University Press.

Jaynes, E. T. (2003). *Probability theory: the logic of science.* Cambridge University Press.

Jurafsky, D. and J. H. Martin (2008). *Speech and language processing: an introduction to natural language processing, computational linguistics, and speech recognition (Second Edition).* Prentice Hall.

Keri, J. (2007). *Baseball Between the Numbers: Why Everything You Know About the Game is Wrong.* Basic Books.

Klotz, I. M. (1980). The n-ray affair. *Scientific American 242*(5), 122–131.

Kohavi, R. (1996). Scaling up the accuracy of naive-bayes classifiers: A decision-tree hybrid. In *KDD*, pp. 202–207.

Kollar, D. and N. Friedman (2009). *Probabilistic graphical models: principles and techniques.* The MIT Press.

Kuncheva, L. I. (2004). *Combining Pattern Classifiers: Methods and Algorithms.* Wiley.

Kutner, M., C. Nachtsheim, J. Neter, and W. Li (2004). *Applied Linear Statistical Models.* McGraw-Hill.

Lehmann, T. M., M. O. Güld, D. Keysers, H. Schubert, M. Kohnen, and B. B. Wein (2003). Determining the view of chest radiographs. *J. Digital Imaging 16*(3), 280–291.

Levitt, Steven, D. and J. Dubner, Stephen (2005). *Freakonomics: A Rogue Economist Explores the Hidden Side of Everything.* Penguin.

Lewis, M. (2004). *Moneyball: The Art of Winning an Unfair Game.* W.W. Norton and Company.

Lintott, C., K. Schawinski, S. Bamford, A. Slosar, K. Land, D. Thomas, E. Edmondson, K. Masters, R. C. Nichol, M. J. Raddick, A. Szalay, D. Andreescu, P. Murray, and J. Vandenberg (2011, January). Galaxy Zoo 1: data release of morphological classifications for nearly 900 000 galaxies. *Monthly Notices of the Royal Astronomical Society 410*, 166–178.

Lintott, C. J., K. Schawinski, A. Slosar, K. Land, S. Bamford, D. Thomas, M. J. Raddick, R. C. Nichol, A. Szalay, D. Andreescu, P. Murray, and J. Vandenberg (2008, September). Galaxy Zoo: morphologies derived from visual inspection of galaxies from the Sloan Digital Sky Survey. *Monthly Notices of the Royal Astronomical Society 389*, 1179–1189.

Loh, W.-Y. (2011). Classification and regression trees. *Wiley Interdisciplinary Reviews: Data Mining and Knowledge Discovery 1*(1), 14–23.

Mac Namee, B., P. Cunningham, S. Byrne, and O. I. Corrigan (2002). The problem of bias in training data in regression problems in medical decision support. *Artificial Intelligence in Medicine 24*(1), 51–70.

MacKay, D. J. (2003). *Information theory, inference and learning algorithms.* Cambridge university press.

McGrayne, S. B. (2011). *The Theory that Would Not Die: How Bayes' Rule Cracked the Enigma Code, Hunted Down Russian Submarines, and Emerged Triumphant from Two Centuries of Controversy.* Yale University Press.

Mingers, J. (1987). Expert systems - rule induction with statistical data. *Journal of the Operational Research Society 38*, 39–47.

Mingers, J. (1989). An empirical comparison of selection measures for decision-tree induction. *Machine learning 3*(4), 319–342.

Mitchell, T. (1997). *Machine Learning*. McGraw Hill.

Mitchell, T. M., S. V. Shinkareva, A. Carlson, K.-M. Chang, V. L. Malave, R. A. Mason, and M. A. Just (2008, May). Predicting Human Brain Activity Associated with the Meanings of Nouns. *Science 320*(5880), 1191–1195.

Montgomery, D. (2004). *Introduction to Statistical Quality Control*. Wiley.

Montgomery, D. C. (2012). *Design and Analysis of Experiments*. Wiley.

Montgomery, D. C. and G. C. Runger (2010). *Applied statistics and probability for engineers*. Wiley. com.

Murphy, K. P. (2012). *Machine learning: a probabilistic perspective*. The MIT Press.

Neapolitan, R. E. (2004). *Learning bayesian networks*. Pearson Prentice Hall Upper Saddle River.

OECD (2013). *The OECD Privacy Framework*. Organisation for Economic Co-operation and Development.

Osowski, S., L. T. Hoai, and T. Markiewicz (2004, April). Support vector machine-based expert system for reliable heartbeat recognition. *Biomedical Engineering, IEEE Transactions on 51*(4), 582–589.

Palaniappan, S. and R. Awang (2008). Intelligent heart disease prediction system using data mining techniques. *International Journal of Computer Science and Network Security 8*(8), 343–350.

Pearl, J. (1988). *Probabilistic reasoning in intelligent systems: networks of plausible inference*. Morgan Kaufmann.

Pearl, J. (2000). *Causality: models, reasoning and inference*, Volume 29. Cambridge Univ Press.

Quinlan, J. R. (1986). Induction of decision trees. *Machine learning 1*(1), 81–106.

Quinlan, J. R. (1987). Simplifying decision trees. *International Journal of Man-Machine Studies 27*(3), 221–234.

Quinlan, J. R. (1993). *C4. 5: programs for machine learning*. Morgan Kaufmann.

Quinn, G. E., C. H. Shin, M. G. Maguire, and R. A. Stone (1999, 05). Myopia and ambient lighting at night. *Nature 399*(6732), 113–114.

Rice, J. A. (2006). *Mathematical Statistics and Data Analysis*. Cengage Learning.

Richter, M. M. and R. O. Weber (2013). *Case-Based Reasoning: A Textbook*. Springer Berlin Heidelberg.

Samet, H. (1990). *The design and analysis of spatial data structures*, Volume 199. Addison-Wesley Reading, MA.

Schapire, R. E. (1990). The strength of weak learnability. *Machine learning 5*(2), 197–227.

Schapire, R. E. (1999). A brief introduction to boosting. In *Ijcai*, Volume 99, pp. 1401–1406.

Schwartz, P. M. (2010). Data protection law and the ethical use of analytics. Technical report, The Centre for Information Policy Leadership (at Hunton & Williams LLP).

Segata, N., E. Blanzieri, S. J. Delany, and P. Cunningham (2009). Noise reduction for instance-based learning with a local maximal margin approach. *Journal of Intelligent Information Systems 35*, 301–331.

Shannon, C. E. and W. Weaver (1949). *The mathematical theory of communication.* Urbana: University of Illinois Press.

Siddiqi, N. (2005). *Credit Risk Scorecards: Developing and Implementing Intelligent Credit Scoring.* Wiley.

Siegel, E. (2013). *Predictive Analytics: The Power to Predict Who Will Click, Buy, Lie, or Die* (1st ed.). Wiley Publishing.

Silver, N. (2012). *The Signal and the Noise: Why So Many Predictions Fail — but Some Don't.* The Penguin Press.

Sing, T., O. Sander, N. Beerenwinkel, and T. Lengauer (2005). Rocr: visualizing classifier performance in r. *Bioinformatics 21*(20), 3940–3941.

Smyth, B. and M. Keane (1995). Remembering to forget: A competence preserving case deletion policy for cbr systems. In C. Mellish (Ed.), *The Fourteenth International Joint Conference on Artificial Intelligence*, pp. 337–382.

Stewart, J. (2012). *Calculus* (7e ed.). Cengage Learning.

Stoughton, C., R. H. Lupton, M. Bernardi, M. R. Blanton, S. Burles, F. J. Castander, A. J. Connolly, D. J. Eisenstein, J. A. Frieman, G. S. Hennessy, R. B. Hindsley, Ž. Ivezić, S. Kent, P. Z. Kunszt, B. C. Lee, A. Meiksin, J. A. Munn, H. J. Newberg, R. C. Nichol, T. Nicinski, J. R. Pier, G. T. Richards, M. W. Richmond, D. J. Schlegel, J. A. Smith, M. A. Strauss, M. SubbaRao, A. S. Szalay, A. R. Thakar, D. L. Tucker, D. E. V. Berk, B. Yanny, J. K. Adelman, J. John E. Anderson, S. F. Anderson, J. Annis, N. A. Bahcall, J. A. Bakken, M. Bartelmann, S. Bastian, A. Bauer, E. Berman, H. Böhringer, W. N. Boroski, S. Bracker, C. Briegel, J. W. Briggs, J. Brinkmann, R. Brunner, L. Carey, M. A. Carr, B. Chen, D. Christian, P. L. Cole-stock, J. H. Crocker, I. Csabai, P. C. Czarapata, J. Dalcanton, A. F. Davidsen, J. E. Davis, W. Dehnen, S. Dodelson, M. Doi, T. Dombeck, M. Donahue, N. Ellman, B. R. Elms, M. L. Evans, L. Eyer, X. Fan, G. R. Federwitz, S. Friedman, M. Fukugita, R. Gal, B. Gillespie, K. Glazebrook, J. Gray, E. K. Grebel, B. Greenawalt, G. Greene, J. E. Gunn, E. de Haas, Z. Haiman, M. Haldeman, P. B. Hall, M. Hamabe, B. Hansen, F. H. Harris, H. Harris, M. Harvanek, S. L. Hawley, J. J. E. Hayes, T. M. Heckman, A. Helmi, A. Henden, C. J. Hogan, D. W. Hogg, D. J. Holmgren, J. Holtzman, C.-H. Huang, C. Hull, S.-I. Ichikawa, T. Ichikawa, D. E. Johnston, G. Kauffmann, R. S. J. Kim, T. Kimball, E. Kinney, M. Klaene, S. J. Kleinman, A. Klypin, G. R. Knapp, J. Korienek, J. Krolik, R. G. Kron, J. Krzesiński, D. Q. Lamb, R. F. Leger, S. Limmongkol, C. Lindenmeyer, D. C. Long, C. Loomis, J. Loveday, B. MacKinnon, E. J. Mannery, P. M. Mantsch, B. Margon, P. McGehee, T. A. McKay, B. McLean, K. Menou, A. Merelli, H. J. Mo, D. G. Monet, O. Nakamura, V. K. Narayanan, T. Nash, J. Eric H. Neilsen, P. R. Newman, A. Nitta, M. Odenkirchen, N. Okada, S. Okamura, J. P. Ostriker, R. Owen, A. G. Pauls, J. Peoples, R. S. Peterson, D. Petravick, A. Pope, R. Pordes, M. Postman, A. Prosapio, T. R. Quinn, R. Rechenmacher, C. H. Rivetta, H.-W. Rix, C. M. Rockosi, R. Rosner, K. Ruthmansdorfer, D. Sandford, D. P. Schneider, R. Scranton, M. Sekiguchi, G. Sergey, R. Sheth, K. Shimasaku, S. Smee, S. A. Snedden, A. Stebbins, C. Stubbs, I. Szapudi, P. Szkody, G. P. Szokoly, S. Tabachnik, Z. Tsvetanov, A. Uomoto, M. S. Vogeley, W. Voges, P. Waddell, R. Walterbos, S. i Wang, M. Watanabe, D. H. Weinberg, R. L. White, S. D. M. White, B. Wilhite, D. Wolfe, N. Yasuda, D. G. York, I. Zehavi, and W. Zheng (2002). Sloan digital sky survey: Early data release. *The Astronomical Journal 123*(1), 485.

Svolba, G. (2007). *Data Preparation for Analytics Using SAS.* SAS Institute.

Svolba, G. (2012). *Data Quality for Analytics Using SAS.* SAS Institute.

Taleb, N. N. (2008). *The Black Swan: The Impact of the Highly Improbable.* Penguin.

Tempel, E., E. Saar, L. J. Liivamägi, A. Tamm, J. Einasto, M. Einasto, and V. Müller (2011). Galaxy morphology, luminosity, and environment in the sdss dr7. *A&A 529*, A53.

Tene, O. and J. Polonetsky (2013). Big data for all: Privacy and user control in the age of analytics. *Northwestern Journal of Technology and Intellectual Property 11*(5), 239–247.

Tijms, H. (2012). *Understanding probability*. Cambridge University Press.

Tsanas, A. and A. Xifara (2012). Accurate quantitative estimation of energy performance of residential buildings using statistical machine learning tools. *Energy and Buildings 49*, 560–567.

Tsoumakas, G., M.-L. Zhang, and Z.-H. Zhou (2012). Introduction to the special issue on learning from multi-label data. *Machine Learning 88*(1-2), 1–4.

Tufte, E. R. (2001). *The Visual Display of Quantitative Information*. Graphics Press.

Tukey, J. W. (1977). *Exploratory Data Analysis*. Addison-Wesley.

Vapnik, V. (2000). *The Nature of Statistical Learning Theory*. Springer.

Widdows, D. (2004). *Geometry and Meaning*. Stanford, CA: Center for the Study of Language and Information.

Wirth, R. and J. Hipp (2000). Crisp-dm: Towards a standard process model for data mining. In *Proceedings of the 4th International Conference on the Practical Applications of Knowledge Discovery and Data Mining*, pp. 29–39. Citeseer.

Wolpert, David, H. (1996). The lack of a priori distinctions between learning algorithms. *Neural Computation 8*(7), 1341–1390.

Wood, R. W. (1904). The n-rays. *Nature 70*, 530–531.

Woolery, L., J. Grzymala-Busse, S. Summers, and A. Budihardjo (1991). The use of machine learning program lers lb 2.5 in knowledge actuitiion for expert system development in nursing. *Computers in Nursing 9*, 227–234.

Zadnik, K., L. A. Jones, B. C. Irvin, R. N. Kleinstein, R. E. Manny, J. A. Shin, and D. O. Mutti (2000, 03). Vision: Myopia and ambient night-time lighting. *Nature 404*(6774), 143–144.

Zhang, N. L. and D. Poole (1994). A simple approach to bayesian network computations. In *Proceedings of the Tenth Biennial Canadian Artificial Intelligence Conference*, pp. 171–178.

Zhou, Z.-H. (2012). *Ensemble methods: foundations and algorithms*. CRC Press.

索　引

索引中的页码为英文原书页码，与书中页边标注的页码一致。

C

推荐阅读

数据科学导论：Python语言（原书第3版）

作者：[意] 阿尔贝托·博斯凯蒂 ISBN: 978-7-111-64669-3 定价: 79.00元

计算机时代的统计推断：算法、演化和数据科学

作者：[美] 布拉德利·埃夫隆 等 ISBN: 978-7-111-62752-4 定价: 119.00元

统计反思：用R和Stan例解贝叶斯方法

作者：[美] 理查德·麦克尔里思 ISBN: 978-7-111-62491-2 定价: 139.00元

数据挖掘导论（原书第2版）

作者：[美] 陈封能 等 ISBN: 978-7-111-63162-0 定价: 139.00元

机器学习基础

作者：[美] 梅尔亚·莫里 等 ISBN: 978-7-111-62218-5 定价: 99.00元

机器学习：算法视角（原书第2版）

作者：[新西兰] 史蒂芬·马斯兰 ISBN: 978-7-111-62226-0 定价: 99.00元

推荐阅读

模式识别

作者：吴建鑫 ISBN:978-7-111-64389-0 定价：99.00元

吴建鑫教授是模式识别与计算机视觉领域的国际知名专家，不仅学术造诣深厚，还拥有丰富的教学经验。这本书是他的用心之作，内容充实、娓娓道来，既是优秀的教材，也是出色的自学读物。该书英文版将由剑桥大学出版社近期出版。特此推荐。

——周志华（南京大学人工智能学院院长，欧洲科学院外籍院士）

模式识别是从输入数据中自动提取有用的模式并将其用于决策的过程，一直以来都是计算机科学、人工智能及相关领域的重要研究内容之一。本书介绍模式识别中的基础知识、主要模型及热门应用，使学生掌握模式识别的基本原理、实际应用以及最新研究进展，培养学生在本学科中的视野与独立解决任务的能力，为学生在模式识别的项目开发及相关科研活动打好基础。

神经网络与深度学习

作者：邱锡鹏 书号：978-7-111-64968-7 定价：149.00元

近十年来，得益于深度学习技术的重大突破，人工智能领域得到迅猛发展，取得了许多令人惊叹的成果。邱锡鹏教授撰写的《神经网络和深度学习》是国内出版的第一部关于深度学习的专著。邱教授在自然语言处理、深度学习领域做出了许多业界领先的工作，他所讲授的同名课程深受学生们的好评，该课程的讲义也在网上广为流传。本书是基于他多年来研究、教学第一线的丰富经验撰写而成，内容详尽，叙述严谨，图文并茂，通俗易懂。确信一定会得到广大读者的喜爱。强烈推荐！

—— 李航（字节跳动AI Lab Director，ACL Fellow，IEEE Fellow）

邱锡鹏博士是自然语言处理领域的优秀青年学者，对近年来广为使用的神经网络与深度学习技术有深入钻研。这本书是他认真写就，对该领域初学者大有裨益。

—— 周志华（南京大学计算机系主任、人工智能学院院长，欧洲科学院外籍院士）

本书是深度学习领域的入门教材，系统地整理了深度学习的知识体系，并由浅入深地阐述了深度学习的原理、模型以及方法，使得读者能全面地掌握深度学习的相关知识，并提高以深度学习技术来解决实际问题的能力。